连续成藏与非连续成藏过渡带上的气藏分布特征

——以鄂尔多斯盆地北部东胜气田为例

李 良 张 威 齐 荣 安 川 等编著

石油工业出版社

内 容 提 要

本书介绍了鄂尔多斯盆地北部盆缘过渡带东胜气田的成藏条件与二叠系致密低渗透砂岩成藏地质特征，为致密砂岩连续聚集成藏向低渗透砂岩不连续聚集成藏横向过渡带的实例解剖。主要内容包括煤系源岩生烃特征、储层致密化特征、源储差异配置关系解剖、成藏关键时期相势耦合特征、区域封堵和层内封堵特征、气水关系分析、成藏特征分区与气藏类型有序分布、辫状河砂体构型与"甜点"预测评价技术方法。

本书可供从事油气地质研究，特别是从事致密油气地质研究的人员参考使用。

图书在版编目(CIP)数据

连续成藏与非连续成藏过渡带上的气藏分布特征：
以鄂尔多斯盆地北部东胜气田为例/李良等编著.—北京：
石油工业出版社，2021.8
ISBN 978-7-5183-4759-9

Ⅰ.①连… Ⅱ.①李… Ⅲ.①鄂尔多斯盆地-致密砂岩-砂岩油气藏-分布规律 Ⅳ.①P618.130.626

中国版本图书馆 CIP 数据核字(2021)第 140595 号

出版发行：石油工业出版社
（北京安定门外安华里2区1号楼　100011）
网　　址：www.petropub.com
编辑部：(010)64523687　图书营销中心：(010)64523633
经　　销：全国新华书店
印　　刷：北京中石油彩色印刷有限责任公司

2021年8月第1版　2021年8月第1次印刷
787×1092毫米　开本：1/16　印张：17.25
字数：370千字

定价：140.00元
(如出现印装质量问题，我社图书营销中心负责调换)
版权所有，翻印必究

前 言

坚持不懈的研究与勘探总会给我们带来新发现的惊喜。2019年9月25日，中国石化对外宣布，在鄂尔多斯盆地北部勘探发现"千亿立方米大气田"——东胜气田。1955年以来，几代石油人在鄂尔多斯盆地北部的伊盟隆起进行了长期研究和探索，为东胜气田的规模发现付出了艰辛努力，"千亿立方米大气田"的发现是对此艰辛努力的最好回报。

作者是勘探地质研究的一线技术人员，参与了20年来东胜气田的勘探评价过程，在东胜气田的勘探评价过程中，不断经历学习—实践—认识、再学习—再实践—再认识的轮回，见证了东胜气田从无到有、从小到大的历程。本书不是理论专著，而是一个气田的实例解剖，作者希望通过对东胜气田成藏条件与二叠系致密低渗透砂岩成藏地质特征的解剖，将一个致密砂岩连续聚集成藏与低渗透砂岩不连续聚集成藏横向过渡带的实例呈现出来。

东胜气田中西部公卡汉古凸起的南侧是下石盒子组致密岩性气藏发育区，钻井剖面上难以见到气水分异现象；东部（阿镇）、东北部（什股壕）构造上倾方向的下石盒子组低渗透储层区域是构造气藏、构造—岩性复合气藏发育区，钻井中常见上气下水分异现象；两个不同类型气藏区之间是十里加汗过渡带。这种宏观上的气、水倒置现象并非是一个气藏的气、水分布关系，而是很多个气藏的气、水关系在空间上的叠置结果，是不同物性级别的储层及构造起伏程度共同作用的结果。这种气藏类型及其气、水关系的宏观分布规律恰恰说明了盆地北部边缘上古生界含气系统存在两种不同聚集方式，即（准）连续聚集成藏和非连续聚集成藏模式的有序过渡。特别指出的是，这种成藏机理、气藏类型的有序过渡是在下石盒子组同一层位中表现的。

东胜气田的构造位置横跨鄂尔多斯盆地伊陕斜坡的北端和伊盟隆起，20世纪50年代至90年代进行过两轮油气普查勘探，是盆地最早发现上古生界天然气并进行区域普查的地区。20世纪末、21世纪初，东胜气田开始新一轮天然气勘探与研究。20年来，正是国内外非常规油气勘探开发快速发展的一个阶段，非常规油气地质已成为石油天然气地质学科前沿，并呈现快速发展趋势。2020年11月12—14日，在由中国石油学会天然气专业委员会主办的第32届全国天然气学术年会上，国内天然气行业达成的五大共识之一是油气成藏规律"非常规—致密—常规"的有序聚集与空间分布规律进一步明确。

近源大范围岩性气藏区的形成，作者认为一个关键因素是储层非均质性较强，使得天然气充注后在砂层内难以进行二次运移，相当于砂层内部在横向上具有封堵性（砂体连通而物性不连通），研究区辫状河砂体就具有这样的特性，因此高成熟源岩区的具有较强非均质性的复合河道区（带）是有利的源储配置关系。当连片的砂体储集物性变好、非均质性减弱，层内气水分异能力、输导能力就会加强，常规圈闭聚集成藏的特点就会凸显出来。

"十二五"以来，东胜气田下石盒子组富集区优选及其规模储量的发现，是非常规地质理论一次成功的实践。根据鄂尔多斯盆地北部盆缘过渡带的成藏地质特点，建立了"源岩、储层、封堵"三位一体的选区评价方法，进行近源致密岩性气藏区、低渗透构造—岩性复合气藏区的划分与评价，优选出了独贵加汗、新召东等千亿立方米富集区；建立了基于近源辫状河砂体构型基础上的心滩"甜点"和低幅复合气藏"甜点"预测技术方法，大幅度提高了钻井成功率。

本书是多年从事鄂尔多斯盆地东胜气田上古生界致密砂岩气勘探评价、地质研究的成果总结，也是东胜气田勘探、研究的回顾。第一章简要介绍了伊盟隆起区油气普查勘探历程和研究者对伊盟隆起区的油气成藏特征认识的演变；第二章从主要断裂描述、沉积充填特征、煤系烃源岩分布及生烃特征、致密储层成因及分布等方面论证了东胜气田二叠系大型层状含气系统成藏要素的差异配置关系；第三章探讨了东胜气田致密、低渗透砂岩气层的含水特征及气水宏观分布特征；第四章介绍了东胜气田处于伊陕斜坡范围的连续成藏模式和处于伊盟隆起杭锦旗断阶的非连续成藏区的成藏模式；第五章介绍了东胜气田富集区优选方法、致密岩性气藏富集带评价及基于近源辫状河砂体构型基础上的"甜点"预测技术方法；第六章主要介绍了杭锦旗断阶多类型气藏发育特征及低幅复合气藏预测评价技术方法。

本书编写分工如下：前言由李良编写；第一章由李良编写；第二章第一节由齐荣、安川编写，第二节由李良编写，第三节由张威、齐荣编写，第四节由李良、张威、齐荣、安川编写；第三章、第四章由李良、张威、齐荣、安川编写；第五章由张威、齐荣、李春堂、安川编写；第六章由齐荣、范玲玲、李良编写。全书由李良负责统稿。丁峰娟绘制了部分图件。

本书中的研究成果得到国家科技重大专项研究任务"鄂尔多斯盆地北缘低渗气藏成藏主控因素及分布特征"（2016ZX05048002-001）、中国石化科研项目"杭锦旗地区天然气成藏规律与大中型勘探目标评价"（P13109）的联合资助。

书中采用了许多参与东胜气田地质研究的学者、教授和技术人员的研究资料和观点，在此一并致以感谢。特别致谢：成都理工大学陈洪德、田景春、赵俊兴等教授，中国地质大学（武汉）陆永潮、石万忠、叶加仁等教授和曹强老师，中国石油大学（北京）杨明慧教授，在作者的研究工作中给予的指导和交流。

由于作者水平有限，书中的不当之处，敬请阅者批评指正。

2021 年 4 月 28 日

目 录

第一章 东胜气田区带划分与勘探认识历程 …………………………………… (1)
第一节 构造单元与区带划分 ………………………………………………… (2)
第二节 东胜气田的勘探与认识历程 ………………………………………… (7)

第二章 二叠系大型层状含气系统成藏要素的差异配置关系 ………………… (15)
第一节 区域构造和上古生界沉积充填特征 ………………………………… (17)
第二节 烃源岩特征与天然气资源量评价 …………………………………… (39)
第三节 致密低渗储层成因与分布 …………………………………………… (64)
第四节 二叠系层状含气系统成藏要素的差异配置关系 …………………… (105)

第三章 致密砂岩气的含水特征及其分布规律探讨 …………………………… (129)
第一节 气层四性关系分析与流体识别 ……………………………………… (130)
第二节 东胜气田致密低渗透气、水层产状分析 …………………………… (142)
第三节 气、水关系的研究与讨论 …………………………………………… (146)

第四章 连续成藏区与非连续成藏区的成藏模式 ……………………………… (159)
第一节 关于致密砂岩气成藏模式的探讨 …………………………………… (160)
第二节 斜坡致密区准连续聚集成藏模式 …………………………………… (164)
第三节 断裂带以北隆起低渗透区非连续成藏模式 ………………………… (178)

第五章 致密岩性气藏区选区及"甜点"一体化评价方法 …………………… (189)
第一节 选区、选带评价方法 ………………………………………………… (190)
第二节 下石盒子组辫状河砂体构型与"甜点"特征 ……………………… (194)
第三节 独贵加汗区带盒1段富集区评价描述 ……………………………… (208)
第四节 新召东区带盒1段富集"甜点"预测评价 ………………………… (218)

第六章 杭锦旗断阶多类型气藏发育特征及描述评价技术 …………………… (225)
第一节 沉积、构造背景与圈闭类型分布 …………………………………… (226)
第二节 小型构造气藏特征及其评价 ………………………………………… (230)
第三节 下石盒子组上部复合气藏特征及评价方法 ………………………… (239)

后记 ……………………………………………………………………………… (259)

参考文献 ………………………………………………………………………… (261)

第一章

东胜气田区带划分与勘探认识历程

随着非常规油气资源的勘探开发，人们逐渐认识到，在理想盆地中非常规油气藏与常规油气藏成藏和分布可能构成一个完整的序列，从盆地中心的非常规油气藏向盆地边缘的常规油气藏有序过渡。鄂尔多斯盆地内部石炭—二叠系发育大面积的致密砂岩岩性气藏，近十余年来，取得共识的是盆地内部伊陕斜坡是典型的连续聚集或准连续聚集成藏区，但对这一特大致密砂岩成藏区（含气系统）的边界特征缺乏系统研究。

东胜气田的命名源自中国石化华北油气分公司（简称华北油气分公司）2010年在什股壕区带获得第一笔天然气探明储量，气田处于鄂尔多斯盆地北部的伊陕斜坡和伊盟隆起过渡带上，油气成藏条件与盆内差异较大。自1977年位于什股壕区带的伊深1井试获工业气流，勘探工作几上几下、反反复复，历来业内专家对该区天然气成藏特征及其潜力看法不一，皆因烃源岩条件欠佳、断裂构造较发育、储层气水关系复杂。

与鄂尔多斯盆地内部相同的是，过渡带上古生界发育层状"广覆式"的成藏系统，具有大型化的成藏要素：大面积分布的煤系源岩，大面积河道砂岩储集体，大面积源储近源配置关系，大面积区域封堵条件，大面积同期生烃注入过程；与盆地内部不同的是，受构造、沉积条件差异的控制，成藏要素的差异化配置明显，造成了含气格局的复杂性。

2013年以来的研究工作，采用了常规油气—非常规油气共生的地质指导思想来把握东胜气田二叠系天然气成藏规律研究的总体研究思路，从成藏动力性质的差异分析和实际气藏类型分析两个角度去寻找成藏机理的变化；将成藏要素的现今特征描述与其地史演化相结合，重点解析成藏关键时期有效源岩与成藏动力分布、储层致密化过程、区域封堵输导条件及其配置关系；根据源、储、封、构等要素分布及其配置关系，划分成藏类型区带、建立富集区评价参数体系；深入进行河道砂体储层的非均质性及其构型研究，建立储层"甜点"地质—地震一体化预测评价技术。研究工作重点加强了以下几点。

（1）以生、储、盖、构造和区域封堵输导条件发育研究为主线，深入探讨成藏条件相互配置关系，分析源、储、封、构不同配置关系对气藏类型及气水关系的控制作用。

（2）以沉积构造演化控制下的储层致密化过程、有效源岩演化及其成藏关键时期成藏动力演化为主线，深入研究致密低渗含气系统成藏关键时期相—势耦合关系及其成藏特征，阐明不同成藏机理并存的地质条件。

（3）根据源、储、封、构配置关系分区建立成藏模式，进行成藏特征分区，建立富集区优选方法及其评价参数体系。

（4）针对复杂辫状河致密低渗储层，开展河道砂体构型研究，建立复合河道—单一辫流带心滩砂体发育模式，与地震叠前、叠后预测技术融合，建立心滩"甜点"储层预测技术。

第一节　构造单元与区带划分

一、盆地构造单元

依据盆地的构造形态、基底特征起伏、基底断裂、沉积盖层区域产状等特征，鄂尔多斯盆地划分为伊盟隆起、渭北隆起、西缘复杂构造带、晋西挠褶带、天环坳陷、伊陕斜坡等六个一级构造单元。东胜气田位于内蒙古自治区鄂尔多斯市境内，横跨伊盟隆起、伊陕斜坡和天环坳陷三个一级构造单元(图1-1-1)。

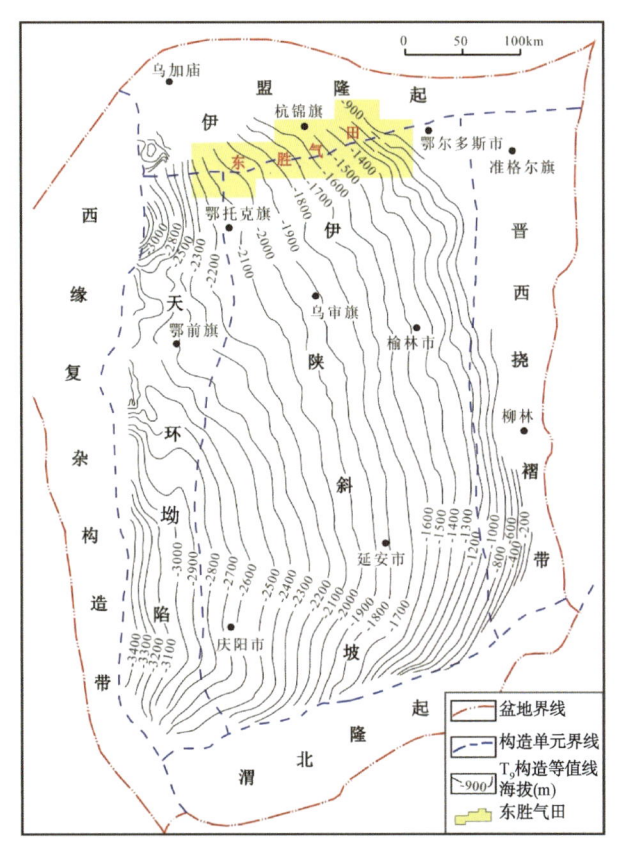

图1-1-1 东胜气田在鄂尔多斯盆地的位置

伊盟隆起(也称伊盟北部隆起)呈东西向展布，其北侧为新生代河套断陷盆地。古生代及以后为一继承性隆起，盖层总厚1000~3000m，各地层向隆起高部位减薄、尖灭或缺失。由泊尔江海子、乌兰吉林庙和三眼井断裂组成的断裂带以北缺失下古生界沉积，上古生界以不同层位超覆于太古界—中元古界之上。伊盟隆起现今呈东北抬升、向西南倾斜的平缓斜坡构造面貌，倾角仅1°~3°。

二、伊盟隆起构造单元划分

构造单元划分是盆地研究的重要内容，也是油气资源评价和油气勘探部署的重要基础或依据。构造单元划分涉及多种地质、地球物理资料的综合分析。通过盆地构造单元的划分，可以明确多种资料间的联系与差别，并为盆地形成和演化认识提供帮助。同一构造单元通常具有相同(或相似)的基底特征、地层系统、沉积充填和构造演化，因此构造单元划分的依据主要有断裂及其走向趋势线、地层尖灭线、基底起伏和重磁场特点等。

断裂及其走向趋势线。断裂的长期活动导致两盘的地层系统、沉积和构造演化存在巨大差异。具体依据包括：若为通天断裂，则以通天断点的平面连线作为构造单元边界；如断裂只断至地下某一层位，则采用垂直投影法确定断裂在地表的平面位置。大断裂一般切穿基底，不可能突然消失。由于资料缺失或认识程度差异，有时难以把握大断裂的延伸方向，但大断裂大多会向两侧延伸较远。

地层尖灭线。如某一重要的勘探目的层或烃源岩层沿某一界线尖灭时，该界线常会作为两个构造单元的边界线。重要地层层序的尖灭线常是构造单元的边界线。

基底起伏特征。基底的起伏特征即基底深度在平面上的变化，表现为隆凹相间，通常某一等深线也可作为划分构造单元的界线。在东西向上，杭锦旗地区晚古生代呈东低西高的构造格局；燕山期受区域构造应力场控制发生反转，则呈东高西低构造形态。现今构造格局继承燕山期格局，总体呈东高西低、北高南低的单斜面貌。地层倾角小，梯度变化平缓。天环向斜在杭锦旗地区位于鄂托克旗西凹陷，结晶基底埋深4000~6000m，因此可以基底起伏的2500m等深线(基准面1500m)作为构造单元边界线。

重磁场特征。在地震剖面上，一些隐伏的基底断裂难以识别、追踪和对比，需借助航磁和重力资料。重磁场解译的线性构造也是构造单元划分的重要界线。

此外，构造单元界线不宜穿过已发现的油藏、含油气构造和圈闭等。

构造单元划分涉及多种地质、地球物理资料的综合分析，通过构造单元的划分，可以明确多种资料间的联系与差别，并为盆地形成和演化认识提供帮助。同一构造单元通常具有相同(或相似)的基底特征、地层系统、沉积充填和构造演化，因此构造单元划分的依据主要有断裂及其走向趋势线、地层尖灭线、基底起伏和重磁场特点等。

多年来，由于不同时期研究者掌握的资料程度不同，使得伊盟隆起二级构造单元的划分界限存在一些差异。近二十年来，在东胜气田新一轮勘探中，本书仍采用原地质矿产部第三普查勘探大队对伊盟隆起二级构造单元的划分，即乌兰格尔凸起、杭锦旗断阶、乌加庙凹陷、公卡汉凸起四个二级构造单元(图1-1-2)。

需要指出的是，长庆油田关于伊盟隆起南界的划分与图1-1-2不同，其南界为一向南凸出的圆弧形，延伸到鄂托克旗、乌审召附近。按此划分，东胜气田构造位置全部处于伊盟隆起。

乌兰格尔凸起具有长期继承性隆起的特点，南以塔拉沟—牛家沟断裂为界。在乌兰格尔一带，白垩系直接覆盖太古宇之上。

公卡汉凸起位于伊盟隆起西部，南界为三眼井断裂及其走向趋势线和下古生界尖灭线，北东侧以浩绕召区带中新元古代裂陷槽边界断层为界。公卡汉凸起为中元古代—下石盒子期的长期隆起区，古生界向北依次减薄直至尖灭，上石盒子组、石千峰组在高部位直接覆盖中元古界。区内发育北西向、东西向断裂。

乌加庙凹陷是在中元古代裂谷充填型断陷基础上叠置的中生代凹陷。

杭锦旗断阶，南以泊尔江海子断裂为界，北至单家塔—塔拉沟—牛家沟断裂，西至浩绕召地区中新元古代坳拉槽边界断层的区域，具有同一构造单元的特征，区内缺失中新元古界和下古生界。在太古界—中元古界侵蚀面上，古潜丘广泛分布，上古生界披盖明显，形成众

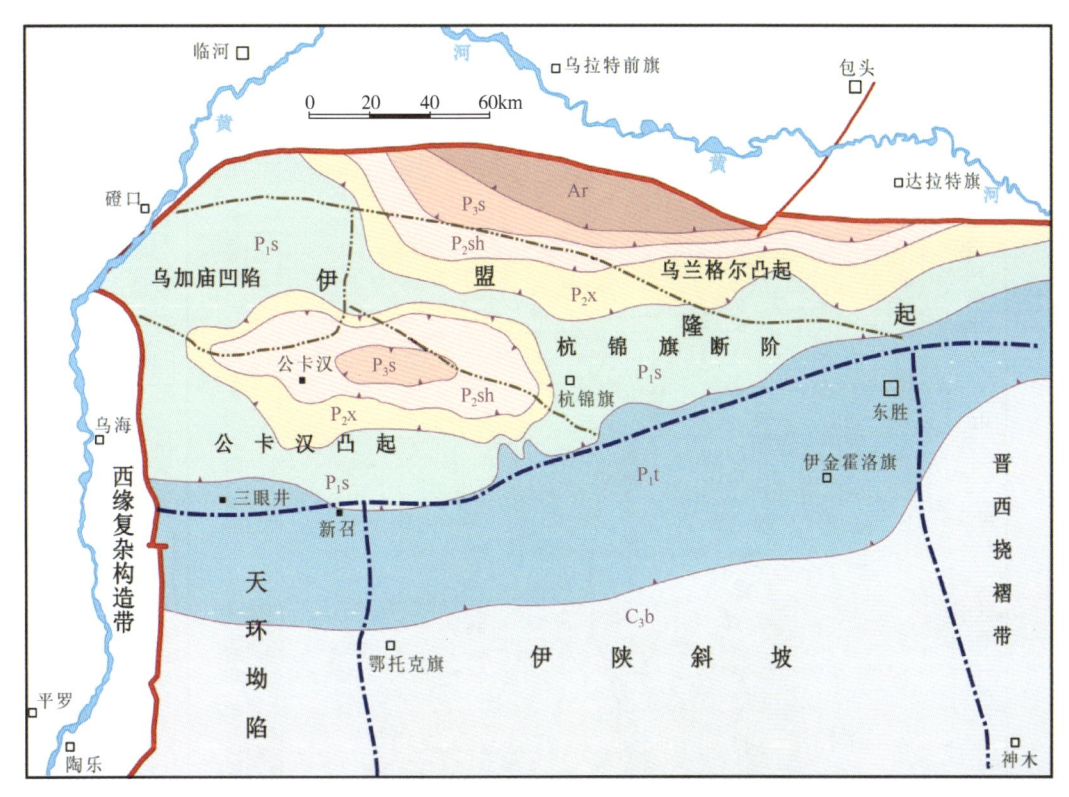

图 1-1-2　伊盟隆起构造单元划分及上古生界地层分布图

多中小型局部隆起。区内小型断层发育，大多为走向北东、倾向北西、断穿 T_9—T_9d(二叠系下统)层位的逆断层。在划分二级构造单元时通常将具有此特征的构造单元命名为断裂带。

天环坳陷(也称天环向斜)作为鄂尔多斯盆地的一级构造单元，西邻西缘复杂构造带，东与陕北斜坡在定边—环县一线相接，北为伊盟隆起，南至渭北隆起。该区在古生代呈现西倾斜坡；晚三叠世坳陷发育，并在侏罗—白垩纪持续发展；沉降中心逐渐向东偏移。在三眼井断裂南侧的新召地区，天环坳陷位于鄂托克旗西，基底埋深 4000~6000m，因此以基底起伏的-2500m 等深线(基准面 1500m)作为构造单元界线。

伊盟隆起南邻伊陕斜坡和天环坳陷(也称天环向斜)，在地震剖面上，泊尔江海子断裂、三眼井断裂断穿太古界基底以及盖层，具有明显的盖层基底断裂性质，并控制下古生界沉积。乌兰吉林庙断裂为断面南倾的正断层，属晚期断裂，其形成于早白垩世(燕山末期)，是区域拉张应力场下的产物，对下古生界的沉积不具有控制作用。因此，伊陕斜坡的北界分别以三眼井断裂、泊尔江海子断裂以及下古生界尖灭线分隔，界线以南具有相同的沉积体系，断裂发育程度不高，总体上呈现为东高西低的斜坡性质。

二、东胜气田勘探区带划分

2012 年以来，随着勘探程度逐步加深，根据构造、沉积、源岩、储层特点、气藏特征及地理位置等因素，将东胜气田分为 8 个区带(图 1-1-3)，分别是泊尔江海子断裂以北的

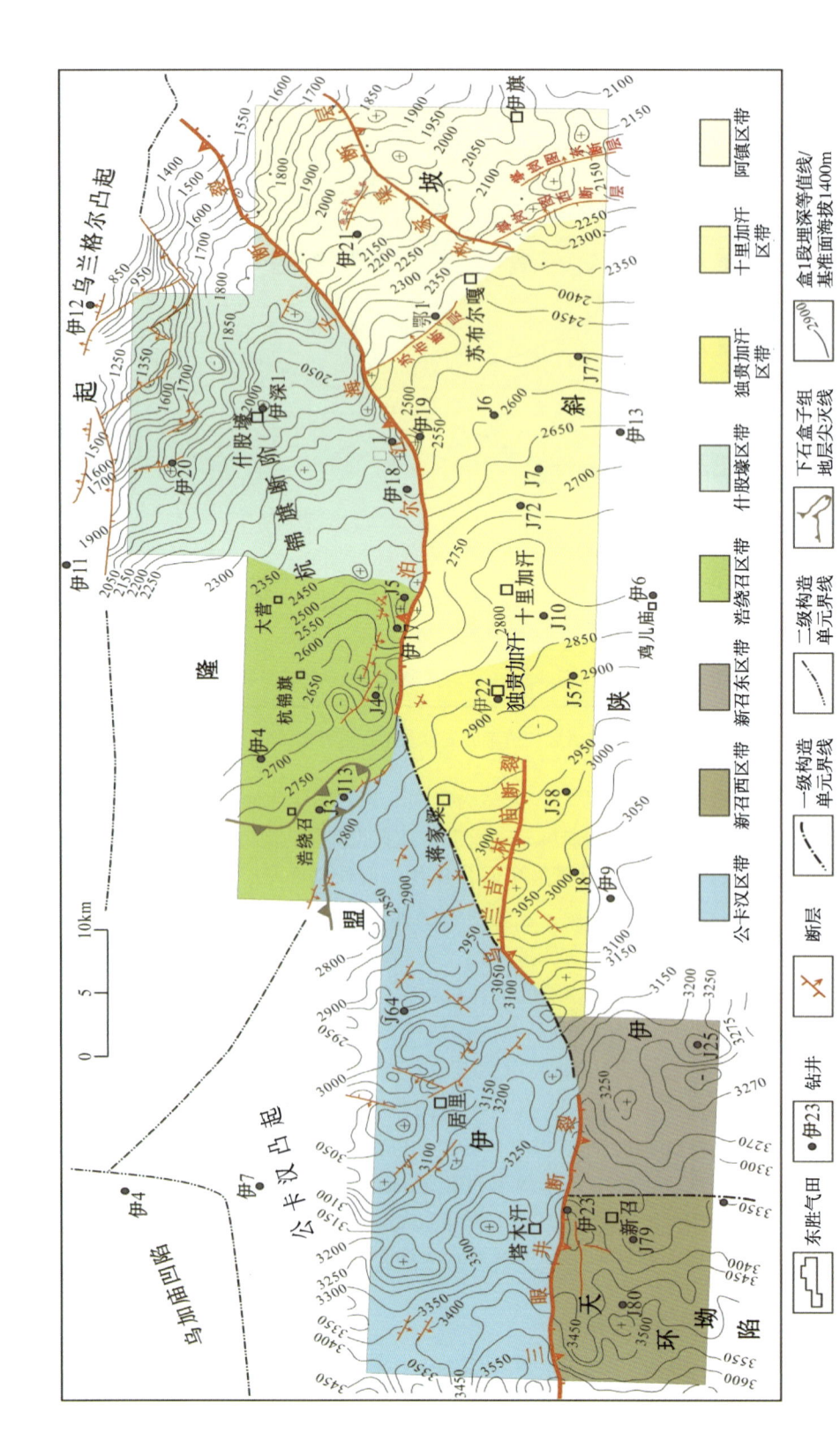

图 1-1-3 东胜气田上古生界勘探区带划分图

什股壕区带和浩绕召区带，泊尔江海子断裂以南的十里加汗区带区带和阿镇区带，乌兰吉林庙断裂以南的乌兰吉林庙区带，三眼井断裂以南的新召西和新召东区带，三眼井断裂以北的公卡汉区带。其中，什股壕区带、十里加汗区带位高勘探程度区带，其次是阿镇区带和新召东区带，公卡汉区带是勘探程度最低的区带（表1-1-1）。

表1-1-1 东胜气田勘探区带主要特征

勘探区带	位置与主要特征
新召西区带	三眼井断裂南、天环坳陷北端，主要目的层为山2段、盒1段，致密岩性气藏
新召东区带	三眼井断裂南、伊陕斜坡北端，主要目的层为山2段、盒1段，致密岩性气藏
公卡汉区带	公卡汉凸起，二叠系各层段逐层超覆，上古生源岩不发育，勘探程度低
独贵加汗区带	乌兰吉林庙断裂两侧，公卡汉凸起南侧超覆尖灭带，主要目的层为盒1段、盒2段、盒3段及太原组，气藏为致密、低渗岩性气藏
十里加汗区带	泊尔江海子断裂南、掌岗图—苏布断层以西的伊陕斜坡北端，南部岩性气藏、北部复合气藏
阿镇区带	掌岗图—苏布断层以西的伊陕斜坡北端
什股壕区带	杭锦旗断阶东部，主要目的层为盒1段、盒2段、盒3段，复合气藏为主
浩绕召区带	杭锦旗断阶西部，主要目的层为盒1段、盒2段、盒3段，复合气藏为主

第二节 东胜气田的勘探与认识历程

一、乌兰格尔凸起石油普查

据《华北石油局华北分公司志（1975—2005年）》记载，1955年初，老一代石油地质学家谢家荣先生提出了在鄂尔多斯地台边缘隆起找油的意见，他提出"伊陕台地的北缘吴四疙堵一带是隆起区，有可见的油砂，有可能找到储油构造，是首要的找油突破点"。同年，地质部成立了东胜石油普查队，在伊克昭盟哈什拉川以西、毛不浪沟以东进行1∶20万石油地质调查，发现了吴四疙堵（1960年7月更名为乌兰格尔）凸起南缘的白垩系油砂体，东西向展布达56km，并圈定了柳沟、长盛源等4个局部构造。1956年，扩至大青山以南、鄂托克旗以北、桌子山以东、准格旗以西地区。1957—1960年在吴四疙堵隆起上完成浅井一百余口，其中吴1-5井在白垩系见到油气显示，吴1-1井、吴1-6井、吴1-7井在二叠系石盒子组见油砂，达拉特旗境内的吴19井（完井井深为672.23m）在石盒子组油砂岩进行试油，见到少量气喷。这一时期的石油普查工作，形成了"在鄂尔多斯地台北部应向石炭、二叠系甚至更老的地层中去寻找石油，并建议在伊盟东胜至杭锦旗一带及其以北地区，以石盒子组为目的层找油是有希望的"等地质认识。

二、盆地北部古生界天然气勘查

1975年，按照鄂尔多斯盆地油气勘查的总体部署，国家地质总局第三普查大队开展了以伊克昭盟为重点工区的油气勘查工作，分别在杭锦旗的依克乌素、锡尼镇和鄂托克旗的新召、公卡汉等地开展地震勘探施工，1976年在乌兰格尔隆起南坡的什股壕构造上施工伊深1井。1977年7月19日，伊深1井在下石盒子组钻遇4层气层，经测试产天然气9387~13323m³/d，首战告捷，发现了什股壕上古生界构造气藏。其后1984年，在泊尔江海子断裂北侧拉不扔构造的伊17井下石盒子组气层经加砂压裂试获天然气无阻流量37592m³/d。1985年8月至1986年6月30日，部署在伊陕斜坡东北部榆林小壕兔乡的伊24井在奥陶系风化壳和奥陶系内部发现四层良好的天然气显示，并获得少量天然气和凝析油。到1986年，在盆地北部完成了以上、下古生界为目的层的伊字号探井26口，对盆地北部古生界天然气成藏条件有了初步认识，证实伊盟隆起区的构造圈闭具有一定的天然气勘探前景。

对于乌兰格尔的油苗来源，三普大队的地质研究认识是，乌兰格尔油苗出露于河床下白垩统砂岩中，油苗断续分布，长100km，宽20km，油砂厚2~14m，油质轻，有强弱不等的煤油味，附近浅井岩心的含油率高达12.4%，利用油砂分析资料推断母岩的R_o值约为0.71%~0.92%。显然，油苗的成熟度相当于什股壕地区山西组烃源岩的成熟度，表明油气有向北运移的过程。

1980年，三普大队陶庆才研究了盆地西缘、伊盟隆起山西组、太原组煤层、煤焦油、暗色泥岩、不同层位油砂的地化特征，认为伊深1井石盒子组与吴四圪堵（乌兰格尔）K_{1Z6}油砂具有相同的正构烷烃分布特点，有相同的母源。

三、致密砂岩气地质理论与认识的回顾

1959年大庆油田发现之后，中国石油地质学家根据松辽盆地石油自烃源岩生成后油气运移距离较短、就近聚集在生油有利区及邻近有利区带的特点，总结了松辽盆地生油区控制油气田分布的规律，1963年提出"源控论"的地质思想，强调"油气田环绕生油中心分布，并受生油区的严格控制，油气藏分布围绕生油中心呈环带状分布"。在该理论的指引下，中国油气勘探始终遵循寻找主力烃源岩中心和层系、寻找生油气范围内的有利目标，后续在中国中—新生界、上古生界陆相层系中发现了一大批油气田，到2016年底鄂尔多斯盆地上古生界探明的致密低渗大气田有苏里格、榆林、大牛地、乌审旗气田等，天然气探明储量已达6.23×10¹²m³（含基本探明储量3.13×10¹²m³）（贾承造 等，2018）。

20世纪70年代末，我国煤成气理论开始萌芽，1980年戴金星提出鄂尔多斯盆地石炭—二叠系煤系是煤成气聚集的有利场所。1983年首次开展了天然气方面的国家科技攻关——"煤成气的开发研究"，鄂尔多斯盆地首先成为煤成气的重点研究和勘探区，其研究和勘探历程见证了我国煤成气理论和勘探技术的发生、发展和确立（戴金星 等，2014）。这一阶段煤成气的科研攻关，使人们对盆地广泛分布的石炭—二叠系煤系烃源岩的巨大资源潜力有了一致认识，为后来鄂尔多斯盆地成为国内天然气主产区奠定了资源理论基础（戴金星 等，2009，2012，2019；王庭斌 等，2014）。

20世纪90年代后期，随着盆地天然气勘探重点转向上古生界，盆地内部上古生界勘探

资料和研究成果迅速增加，由于含气范围广、气层近源致密，许多学者开始用深盆气模式评价上古生界的天然气成藏规律，并进行有利区的预测。2000年7月在西安召开了"中国石油第二届深盆气学术讨论会"，对盆地上古生界煤系致密低渗层系大面积含气的成藏条件和勘探前景进行了广泛有益的探讨。

深盆气观点认为，鄂尔多斯盆地是一个极其巨大的深盆气田，伊陕斜坡大部为深盆气有利区，伊陕斜坡北部—伊盟隆起为气水过渡带和区域含水区（李振铎 等，1998，1999）。盆地边部因靠近物源，上古生界储层沉积颗粒粗，砂岩发育，由于构造断裂作用强烈，不利于形成大规模气藏，应以寻找小型背斜或断块气藏为主（付金华 等，2000）。

鄂尔多斯盆地具有形成深盆气的物质基础，上古生界气源岩从三叠纪至现今具有持续的供气能力，虽然早白至世后生气速率有明显降低，但是早白奎世后上古生界气源岩仍然具有可观的排气量，这为盆地大面积含气创造了有利的气源条件（赵林 等，2000）。

张金亮等（2000）认为，鄂尔多斯盆地上古生界气藏具有明显的气水倒置关系，气水分布不受构造控制，呈现南气北水、下气上水的特征，地层压力以异常低压为主。盆地东北部及东部相对较高的构造格局具备深盆地的盆地结构特征，因而也具备气水倒置的条件。从上古生界的沉积发育来看，泥质岩和煤层与上、下储层大都直接接触，这种有利的生储组合是深盆气形成的先决条件。

关于上古生界的成藏机理及研究评价要点，李明诚等（2001）指出，致密储层紧邻烃源岩上下发育是形成深盆气的关键地质条件。由于致密储层的物性与烃源岩相差无几，因此天然气的二次运移与初次运移的条件基本相同，运移动力主要是烃源岩生烃产生的膨胀压力（异常高压），而不是浮力和水动力。又由于二次运移与初次运移在时空上合为一体，因此深盆气运移的过程也就是深盆气聚集的过程。在亲水介质中，天然气要通过致密储层中的毛细管或微毛细管的孔喉运移，必须克服巨大的毛细管阻力，条件是膨胀压力大于毛细管阻力。只有此条件满足时，天然气才能不断排替致密储层中的孔隙水而整体地向前推进，形成下气上水的深盆气（藏）。致密储层和其中的"甜点"应在烃源岩大量生、排烃之前形成，要加强与此有关的沉积成岩作用和构造作用的"定时"研究，这样才能动态地预测和评价深盆气（藏）。

李本亮等（2002）认为，鄂尔多斯盆地上古生界是最为现实的深盆气勘探区域，经历了20世纪80年代西缘的构造找气及20世纪90年代以后的寻找岩性气藏到最近两年以深盆气理论为指导的油气勘探。在盆地边缘发现了刘家庄、胜利井等数十个具有底水和边水的小型天然气藏。盆地腹部40余口探井都在上古生界发现了气层或含气层，充满整个含煤层系及相邻层，没有发现含水层。这非常类似于阿尔伯达盆地"水封"的深盆气特征。从深盆气成藏条件、气水分布、压力特征及资源潜力诸多方面综合考虑后认为在鄂尔多斯盆地中部的伊陕斜坡发育深盆气藏，含气面积 $10\times10^4 km^2$，主要含气层位为下石盒子组和山西组地层，估计天然气资源总量为 $50\times10^{12}m^3$，潜在可探明储量为 $2\times10^{12}m^3$。

施继锡等（2002）认为，鄂尔多斯盆地上古生界区域构造总体上呈北高南低的平缓单斜型古构造背景。天然气主要的运移方向也是由南到北，上古生界主要储层段山西组和下石盒子组三角洲沉积的展布也近南北向，为上古生界深盆气藏的形成提供了条件。上古生界气源岩进入高熟、过熟阶段时，生成大量的气态烃，气态烃首先在源岩中富集，随着烃量增加，在压实和膨胀作用下形成压差，促使其在源岩与储层接触处聚集，并逐渐把储层底部的水往上部赶，形成气水倒置。南部（乌审旗以南）构造底部主要为气井；往北到鄂托克旗构造较高部位，为含气、水井；再往北杭锦旗一带处于构造高部位，主要为水井。流体包裹体研究表明，南部包裹体类型主要为气态烃包裹体，中部为气态烃包裹体及盐水溶液包裹体；北部构造上倾部位则主要为盐水溶液包裹体。分析结果表明，包裹体主要气相成分中水含量南部苏 8 井为 12.15%，到北部盟 4 井则为 34.11%。这些都反映出气水倒置的特征。深盆气藏的理论提示我们，在向斜、致密储层、水层之下也有可能找到气藏，拓宽了勘探领域。

侯洪斌等（2004）认为，从常规气藏的角度研究盆地北部上古生界成藏条件的较多，而从非常规气藏角度的研究较少，非常规气藏识别预测方法应用很少。鄂尔多斯盆地北部上古生界气藏与加拿大阿尔伯达深盆气藏具类似性，应属深盆气藏类型，"气水倒置"是该区气藏的一大特点。伊盟隆起区处于"水带"范围，气藏类型为常规的构造型或复合型气藏，伊盟隆起以南广大的斜坡区为"深盆气"有利区。

以深盆气理论在鄂尔多斯盆地进行的广泛研究，使人们逐步认识到了伊陕斜坡上古生界大面积致密气藏的多方面地质机理和成藏规律，以及其巨大的勘探开发前景，但普遍看淡伊盟隆起及伊陕斜坡北端。

与此同时，一些油气地质工作者从实际勘探评价的角度，提出了"大型岩性圈闭""大型岩性油气藏""隐蔽油气藏"的概念，以指导目标优选和勘探方案制定。1999 年，大牛地气田上古生界第一口工业气流发现井——大探 1 井，是按照近源岩性圈闭的概念进行部署的，在山西组、下石盒子组致密气层分别加砂压裂获得工业气流（李良 等，2000），到 2003 年，经过三年的勘探评价探明和控制储量超过 $1200×10^8 m^3$，是由 5~6 层大型致密岩性圈闭构成的大型气田（李良 等，2003）。

进入 21 世纪，特别是 2004 年以来，随着勘探开发程度的提高和地质研究的不断深化，许多盆地以往提出的深盆气或盆地中心气模式受到越来越多的挑战（赵靖舟 等，2017）。2005 年 4 月 24—29 日在美国科罗拉多州韦尔召开的主题为"致密砂岩气的认识、勘探与开发"的 AAPG Hedberg 会议上，多数学者倾向于使用致密砂岩气这一概念。

随着致密油气勘探开发的飞速发展及其研究深度和广度的提升，2009 年以来，国内外跳出了深盆气或盆地中心气与低渗透岩性油气藏的思维，国外形成了连续油气藏聚集理论并被引入国内得到接受，国内学者在重点研究鄂尔多斯盆地致密油气的过程中提出了准连续型油气聚集理论（赵靖舟 等，2012），从致密油气的角度研究其形成机理、分布规律、成藏模式与勘探思路（张哨楠，2008；李仲东 等，2007，2009；赵靖舟 等，2012），在一些老探区也取得了新发现。

赵靖舟等(2012)根据国内外致密油气聚集成藏特征的分析,提出致密大油气田存在三种成藏模式,既连续型(深盆气型)、准连续型和不连续型(常规圈闭型)。其研究认为,以深盆气或盆地中心气为代表的连续型油气藏与典型的不连续型常规圈闭油气藏,分别代表了复杂地质环境中致密油气藏形成序列中的两个端元类型,二者之间存在准连续油气藏这样一种过渡型的致密油气藏聚集。事实上,典型的连续型油气聚集应是那些形成于烃源岩内的油气聚集(如页岩气和煤层气),而像盆地中心气或深盆气那样的连续型聚集较为少见;典型的不连续型油气聚集则是那些形成于烃源岩外近源—远源的常规储层中、受常规圈闭严格控制的并且有边底水的油气聚集;形成于烃源岩外并且近源的致密油气藏主要为准连续型油气聚集,其次为非典型的不连续型(常规圈闭型)油气聚集。准连续型油气聚集定义为有多个相互邻近的中小型油气藏所构成的油气藏群,油气藏呈准连续分布,无明确的油气藏边界(李军 等,2013)。

贾承造(2017)认为我国油气地质科研工作者在非常规油气基础理论方面的研究进展取得了系统性的突破。在致密砂岩气地球化学组成特征及气源、生烃动力学研究、致密砂岩成因及储集空间表征、运聚动力及成藏机理、评价参数及标准、富集区评价预测等方面取得显著进展,认为中国致密砂岩气主要成因类型为煤成气,发育"连续型"和"圈闭型"两类致密砂岩气藏,建立了中国致密砂岩气地质理论体系(邹才能 等,2018,2019)。

四、东胜气田的勘探与发现

1999年以来,东胜气田的勘探工作经历了三个阶段。

1. 杭锦旗断阶构造圈闭勘探

"九五"后期至"十五"前期,华北油气分公司重上杭锦旗地区开展天然气勘探。1999—2003年在什股壕构造实施了JP1井、J2井,在浩绕召构造及其附近实施了J3井和J4井,在拉不扔构造实施了J5井,证实了杭锦旗断阶沿泊尔江海子断裂上盘发育构造气藏。2000年提交了什股壕构造下石盒子组气藏天然气控制储量 $20.73 \times 10^8 m^3$。

由于盒1段背斜构造规模较小(闭合面积 $2\sim10km^2$,闭合高度 $15\sim45m$)、单个圈闭资源量不大,加之当时对一些井层试气射孔段的选择没有充分考虑气、水界面的位置,致使气水同出,甚至只出水不产气,导致人们产生盒1段气水关系非常复杂的认识,影响了对其资源潜力的评价。

2. 泊尔江海子断裂南部"向源勘探"

2004年之后,随着大牛地气田的勘探进入高潮,对鄂尔多斯盆地北部上古生界天然气成藏规律有了更为深入的认识(郝蜀民 等,2007),本着"向源勘探"的思路,东胜气田的勘探重心由杭锦旗断阶南下转向泊尔江海子断裂以南的东部地区(十里加汗区带和阿镇区带)。十里加汗区带和阿镇区带的上古生界煤层厚度与大牛地气田相当,砂岩物性较大牛地气田为好(低渗透储层占优势),缺少局部构造,简单按照岩性气藏的思路进行部署,持续数年的勘探效果一直不理想。遇到的主要问题是,虽然一些河道砂体普遍含气,但产水量较高,天然气富集带难以确定。如阿镇区带的J16井、J23井，太原组煤层厚度15m左右，盒1段砂地比达到0.6左右，砂岩平均渗透率1.5mD，但均无气层。由此引出对该区成藏条件的深入思考。

3. 中西部斜坡高成熟源岩区勘探

"十五"末期，根据东部十里加汗区带、阿镇区带探井的成败经验，经过研究分析后认为，寻找规模岩性气藏有利区应向断裂带南侧中、西部高成熟源岩区进军。

2009年，华北油气分公司在西部三眼井断裂以南的新召区带查汗努拉附近部署实施了J25井，揭示了新召地区发育二叠系完整的生、储、盖层系，与南部苏里格气田可完全对比。J25井在二叠系下统山西组底部、中统下石盒子组下部均发现气层，其中盒1段气层经压裂求产获无阻流量为10435m³/d。2011年，在新召东部署实施了J30井，该井在山西组山2段压后试气稳定产量9813m³/d，盒1段无阻流量为17181m³/d。新召地区目的层无论是砂岩厚度、物性都不如东部的阿镇区带，且非均质性更强，但其含气性却远好于阿镇区带，说明不同的源储配置关系控制了近源致密低渗岩性气藏的发育。

2012年，以新召区带预探成功的思路为指导，在中部独贵加汗一带部署完成J57井、J58井两口预探井，主探二叠系下石盒子组复合河道的含气性，两口井在太原组、山西组山2段、下石盒子组盒1段及盒3段分别钻获气层，并试获工业气流，打开了气田中部勘探的新局面，进一步验证了致密低渗连片砂体与高成熟源岩的近源配置是寻找大型岩性气藏区的主导勘探思路。随后2013—2014年，一批评价井展开部署并取得成功，发现了独贵加汗多层岩性气藏叠合连片的千亿立方米储量富集区。

4. 东胜气田成藏认识的提升

2011年，CAPG第四届中国石油地质年会在北京召开，会议主题是"常规和非常规油气资源——中国石油工业可持续发展的基础"。2012年出版的会议论文集中，许多学者以鄂尔多斯盆地上古生界为对象，进行非常规天然气成藏认识的探讨。赵文智等认为中低丰度天然气藏是常规气和非常规气成藏的混合体；杨智等认为鄂尔多斯盆地上古生界是连续型致密砂岩气区，是研究其成藏机理与分布规律的理想地区；邹才能等认为非常规油气研究的灵魂是储层，目标是回答储层有多少油气，不同于常规油气的圈闭研究；邱中建等认为常规油气找圈闭就是找"甜点"，而非常规油气分布在大面积范围内，圈闭和运移不是特别重要的制约因素，由于储集岩的非均质性会造成"甜点"的规模不等；姜福杰等认为致密砂岩气藏成藏过程中存在三个地质门限，分别为天然气充注门限、天然气饱和门限和天然气终止门限，三个地质门限分别对应不同的储层孔隙空间流体组成，依次对应于自由水—束缚水共存、自由水—束缚水—天然气共存、天然气—束缚水共存、束缚水四种流体组成类型。

此次会议有关我国非常规油气成藏理论的探讨，对作者研究东胜气田成藏地质特征的思路产生了深度影响。2013年以来，在勘探实践与成藏特征研究相结合的过程中，逐步明晰了东胜气田是鄂尔多斯盆地石炭—二叠系致密砂岩含气区北部边缘的准连续—非连续成藏过渡带等重要地质认识，具备形成低丰度大面积大型致密砂岩气田成藏条件（郝蜀民 等，2016），同时在致密砂岩气近源成藏带外侧的隆起区还存在低渗透源侧成藏区，两大成藏区分别具有"河道砂体控藏""有效圈闭控藏"特征，二者之间存在"砂体—断层—不整合面"输导体系。在"十三五"期间，上述地质认识有效地指导了独贵加汗区带、新召区带、什股壕区带三个千亿立方米储量区带的勘探评价。

2017年以后，根据研究区主要目的层段区域超覆尖灭特征、储层致密化程度及构造发育特点，以源岩、储层、封堵、构造四要素组合形式为评价要点，将东胜气田已有规模发现的区域划分为四个成藏区带，分别是新召源内致密岩性成藏带、独贵源内致密地层—岩性成藏带、十里源内致密—低渗复合成藏带和什股壕源侧低渗构造+岩性成藏带，明确了每个成藏区带的圈闭和气藏类型，建立了相应的识别和评价方法。

第二章

二叠系大型层状含气系统成藏要素的差异配置关系

连续成藏与非连续成藏过渡带上的气藏分布特征
——以鄂尔多斯盆地北部东胜气田为例

东胜气田(杭锦旗探区)是鄂尔多斯盆地二叠系层状"广覆式"的成藏系统的北部边缘带,与内部相同的是,该区具有大型化的成藏要素:大面积分布的煤系源岩,大面积河道砂岩储集体,大面积源储近源配置关系,大面积区域封堵条件,大面积同期生烃充注过程;与盆地内部不同的是,受构造、沉积条件差异的控制,成藏要素的差异化配置导致形成一个连续成藏—非连续成藏的过渡带,造成了含气特征的复杂性。

东胜气田乃至鄂尔多斯盆地,上古生界沉积充填演化总体可划分为三个阶段:(1)二叠系下统太原组—山西组的克拉通内陆表海盆地充填沉积,其中太原组和山西组一段对应均匀抬升阶段,而山西组二段对应不均匀抬升阶段,其沉积充填为滨岸平原沼泽相-三角洲平原相,该阶段是煤系烃源岩发育的阶段,同时有储层发育;(2)二叠系中统下石盒子组的陆内坳陷盆地充填沉积,由下而上盒1段、盒2段和盒3段分别对应陆内坳陷的初始沉降、加速沉降和最大沉降阶段,沉积充填以冲积扇—辫状河流相为主,是该区主要的储层发育阶段;(3)二叠系中统的上石盒子组和上统石千峰组是陆内坳陷盆地发展晚期的充填产物,以干旱湖泊和河流相沉积为主,其厚层泥质岩、泥质砂岩是上古生界含气系统中的区域盖层。

常规—非常规油气共生及其有序聚集成藏是近年来非常规油气研究的一个重要方面。处于伊陕斜坡—伊盟隆起过渡带上的东胜气田(杭锦旗探区)石炭—二叠系发育大面积的层状天然气成藏系统,在层状成藏系统内部,源内准连续聚集与源侧非连续聚集两种成藏方式在横向上并存,两者成藏机理及气藏类型有显著差异。泊尔江海子—乌兰吉林庙—三眼井断裂带以南的斜坡区发育大面积致密岩性气藏,其特点为:下石盒子组与下伏太原组—山西组高成熟气源岩呈紧邻配置,在晚侏罗—早白垩世呈现近源大面积充注成藏;区域构造趋势平缓,局部构造稀少;河道砂体非均质强,先致密后成藏;非浮力驱动聚集,气藏无明显的边底水;气藏个数众多,边界模糊;河道相带控藏、物性控富。断裂带以北的隆起区(如什股壕区带)下石盒子组具有源侧非连续成藏特征:无高成熟气源岩发育,气源对比表明天然气来自断裂带以南高熟烃源岩;下石盒子组河道砂体普遍为厚层低渗透储层,相对于断裂带以南物性变好;处于区域构造上倾方向;气藏类型以构造气藏和构造—岩性复合气藏为主,边底水发育;计算结果表明,该区低渗砂体与低幅构造叠合后产生的浮力大于毛细管阻力,足以产生气水分异。两种聚集成藏方式并非截然分离,而是之间存在一个过渡带,在个过渡带中砂体物性由致密向低渗过渡、砂体非均质性由强转弱、岩性和物性封堵条件由好变差、封堵因素由岩性转变为构造因素。

通过系统研究,我们认为杭锦旗地区石炭—二叠系处于原型盆地、叠合盆地的盆缘过渡带上,发育大面积的层状天然气成藏系统,既有盆内近源大面积致密岩性气藏成藏特征(非常规)、也有源侧低渗透常规气藏成藏特征,二者有序过渡,体现了鄂尔多斯盆地石炭—二叠系大型成藏系统的边缘带特征。

第二章 二叠系大型层状含气系统成藏要素的差异配置关系

第一节 区域构造和上古生界沉积充填特征

鄂尔多斯盆地主体以多时代盆地叠合、整体稳定升降、沉积坳陷迁移、内部构造简单为特征的大型多旋回克拉通盆地。盆地内部构造面貌为东高西低的平缓斜坡，每千米坡降不足1°，但盆缘区域的构造演化和沉积特征均具有特殊性和非均衡性，横跨伊盟隆起和伊陕斜坡的东胜气田一带在盆地构造—沉积演化过程中具有一定的特殊性。

盆地基底为太古界及下元古界变质岩系，沉积盖层自下而上有长城系、蓟县系、震旦系、寒武系、奥陶系、石炭系、二叠系、三叠系、侏罗系、白垩系、古近—新近系、第四系等，厚度为5000~10000m。

盆地北部在多次沉积构造演化过程中始终处于相对隆起的部位，以泊尔江海子断裂、乌兰吉林庙断裂和三眼井断裂为界，其北部地区在元古界沉积之后隆升成陆，缺失下古生界奥陶系的沉积。上古生界沉积时，伊盟北部地区成为盆地内上古生界沉积的重要物源区之一，上古生界各个层段的地层自南向北依次超覆在奥陶系以及北部的元古界、太古界之上。受乌兰格尔、公卡汉古隆起和泊尔江海子断裂控制，研究区上古生界地层厚度变化较大，厚度差最大可达到300m左右。

一、构造演化与沉积充填特征

1. 盆山耦合关系

古生代期间，随着中朝、塔里木与西伯利亚板块之间的古亚洲洋消失，最终在盆地北缘形成了一条向南突出的巨型弧形造山带，期间经历了中朝板块与西伯利亚板块之间长期复杂的多块体（包括两板块间的地体）俯冲、拼合、碰撞过程，其范围包括俄罗斯中亚地区、整个蒙古国和我国的西北及东北。兴蒙造山带是这个巨型构造带南部在我国境内的部分，属中亚—蒙古巨型造山带的东段。该造山带的形成演化始终影响着鄂尔多斯盆地北部晚古生代以来碎屑岩系的沉积充填作用。

蛇绿岩带、古生物地理区、火成岩、变质带、沉积建造和古地磁等资料表明（陈安清等，2011），西伯利亚和中朝板块间经历了复杂的俯冲碰撞过程，与鄂尔多斯盆地北部的沉积充填具有明显的耦合关系（图2-1-1）。

古亚洲洋于晚石炭世之前业已俯冲，并逐渐消亡，开始陆—陆点式碰撞，但不足以为鄂尔多斯盆地提供物源[图2-1-1(a)]；晚石炭世—二叠纪初，两大板块对接带的构造活动表现为古地体拼合、间歇性裂谷作用和碰撞造山带低幅度隆升，形成了陆表海背景下的小型冲积扇—三角洲和潮坪沉积体，标志着鄂尔多斯盆地北缘的洋盆基本消亡[图2-1-1(b)]；二叠纪—三叠纪初，为地体拼合完成后的软碰撞阶段，造山带旋回性低幅度隆升，相应地在鄂尔多斯盆地北部形成了几个大型河流—三角洲体系充填期[图2-1-1(c)]。这种漫长复杂的俯冲碰撞造山过程及相应的沉积建造，是由我国盆—山系统演化过程中小陆块拼合、软碰撞、多旋回缝合和陆内活动强烈的特点所决定的。软碰撞造山作用是鄂尔多斯克拉通大型缓坡地貌形成的关键机制。

软碰撞早期，陆源碎屑物输入有限，陆表海沉积的广覆式含煤建造为一个良好的伏烃源灶；软碰撞中晚期，北高南低的缓坡地貌上发育了多期次的浅水河流—三角洲体系，聚集了大面积的网毯状储集砂体；软碰撞间歇期沉积的区域性泥岩和低成熟度砂岩形成了区域性盖层。这种良好的生储盖配置是我国独特的软碰撞造山背景下的盆—山系统耦合过程的结果，成就了鄂尔多斯上古生界克拉通坳陷盆地大面积富砂成藏，对碎屑岩油气勘探具有重要的意义。

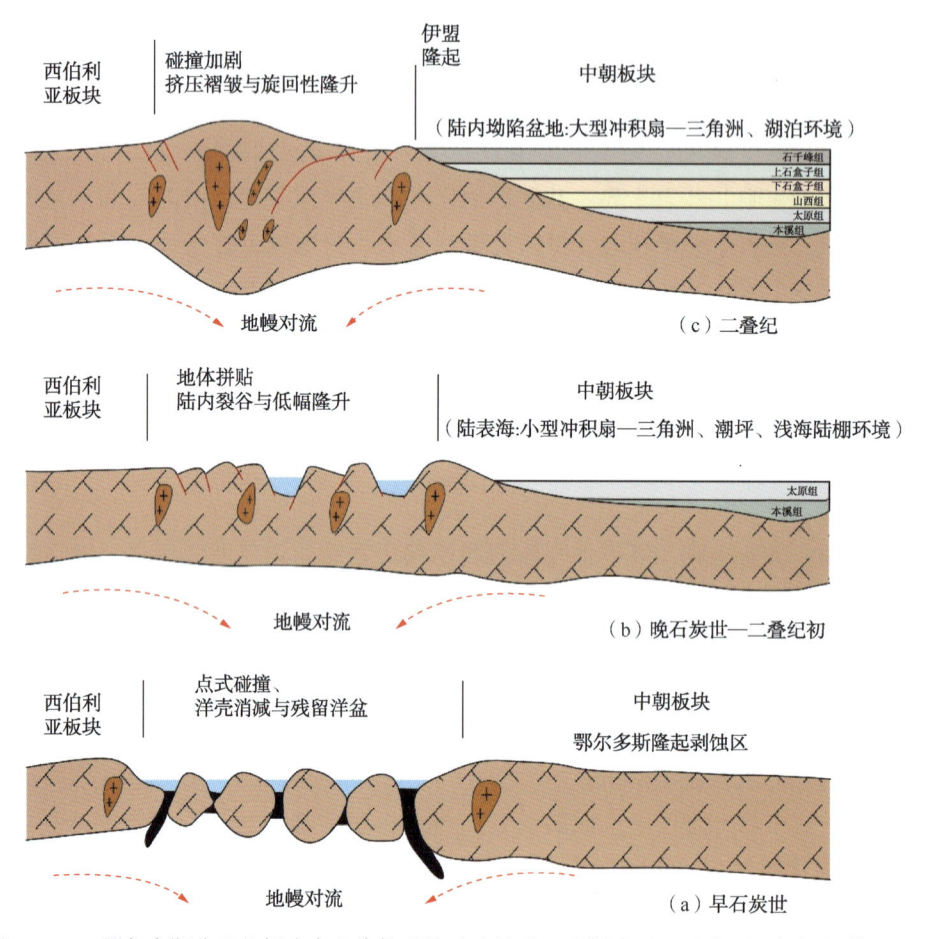

图 2-1-1　鄂尔多斯盆地北部晚古生代软碰撞造山的盆—山耦合过程示意图(陈安清 等，2011)

鄂尔多斯盆地北邻兴蒙造山带，南面为秦岭造山带，西以贺兰山—六盘山为界，东以吕梁山为界，属于华北克拉通西部地块的南部，处于中国东部稳定区和西部活动带之间的结合部位，兼受滨太平洋构造域和特提斯—喜马拉雅构造域的影响。

采用 Dickinson 三角投点图，对东胜气田二叠系沉积物源进行了研究(图 2-1-2)，判断其主要来自北部的阴山古陆，为再旋回造山带物源区构造背景，这与古生代鄂尔多斯地块北缘为活动大陆边缘、受兴蒙大洋板块向南俯冲、碰撞，呈相对隆起状态相一致。因此推

— 18 —

第二章 二叠系大型层状含气系统成藏要素的差异配置关系

断盆地北部陆源碎屑物质即由上述板块碰撞造山带和前陆隆起造山带物源区所提供。需要注意的是，下石盒子组样品点，特别是盒1段，独贵加汗区带的样品点明显与十里加汗区带、什股壕区带不同，可以判断独贵加汗区带下石盒子组的物源主要是其北部的公卡汉凸起。

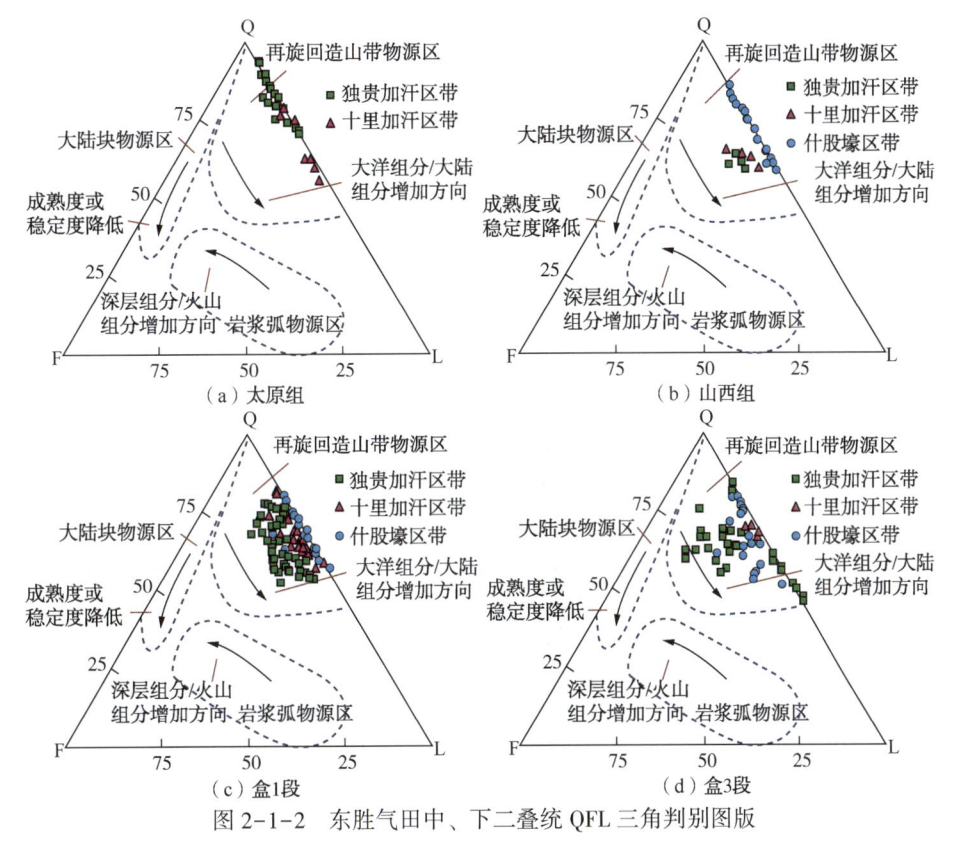

图 2-1-2 东胜气田中、下二叠统 QFL 三角判别图版

作为一个整体沉降、坳陷迁移、构造简单的大型多旋回克拉通叠合盆地，其古生界的演化过程主要受北缘的古亚洲洋、南缘和西南缘的秦岭洋及其派生的贺兰坳拉槽的扩张、俯冲、消减、再生活动的控制；发育的晚古生代地层包括本溪组、太原组、山西组、下石盒子组、上石盒子组和石千峰组。盆地演化包括陆表海和陆内坳陷盆地两大阶段(图 2-1-3)。

(1) 晚石炭世至早二叠世早期以海相沉积为主的陆表海阶段，其中又可以分为本溪组陆表海盆地和裂陷盆地、太原组陆表海盆地和坳陷盆地两个次级发育阶段。

(2) 早二叠世晚期至晚二叠世，区域构造由之前的拉张转化为抬升作用为主，海水逐渐向西南和东南退出，进入以陆相沉积为主的发展阶段，包括早期山西组具有过渡性质的近海湖盆和下石盒子组开始的陆内坳陷盆地。

通过钻井和野外剖面的高分辨率层序界面识别、沉积序列分析，将鄂尔多斯盆地北部晚古生界划分为 2 个二级层序，6 个超长期旋回(三级层序组)和若干长期旋回。

各超长期旋回的古地理面貌具有明显的差异，揭示了盆—山耦合过程中的 6 个盆地演化阶段：

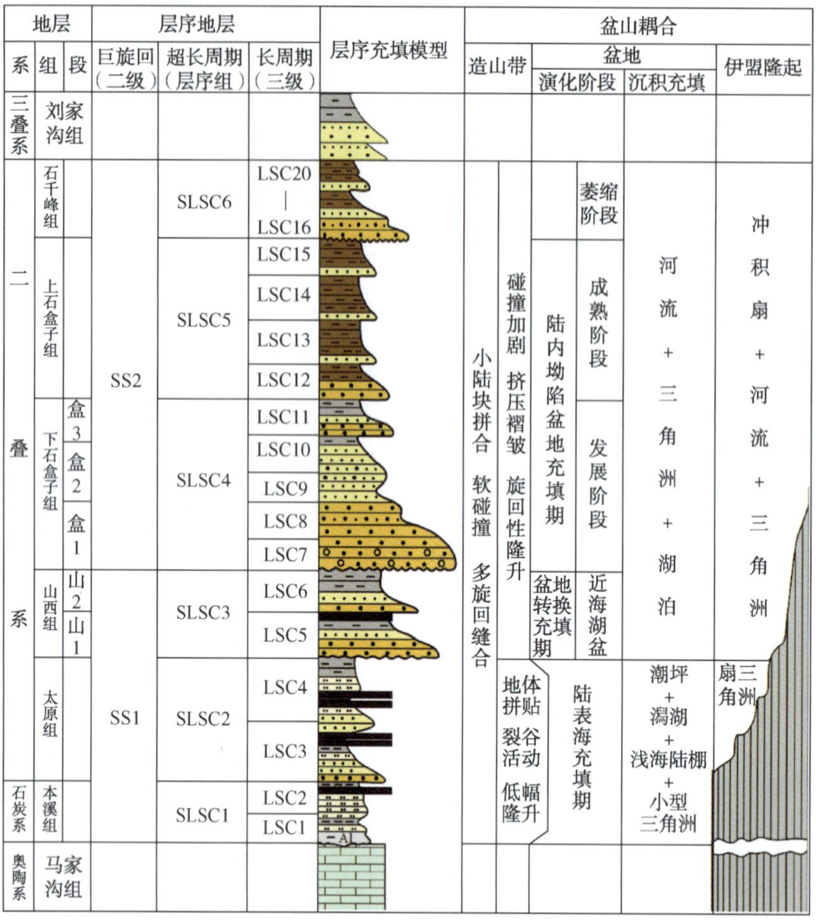

图 2-1-3　鄂尔多斯盆地北部晚古生代层序充填模型及盆—山耦合关系

本溪组(SLSC1)的陆表海盆地(盆地主体)和裂陷盆地(西缘);
太原组(SLSC2)的陆表海盆地(盆地主体)和坳陷盆地(西缘);
山西组的近海湖盆阶段(SLSC3);
下石盒子组—石千峰组的陆内坳陷盆地的发展(SLSC4)、成熟(SLSC5)和萎缩(SLSC6)阶段。

2. 伊盟隆起暨东胜气田构造沉积演化

(1) 太古界—下元古界。

在太古代和早元古代时期,鄂尔多斯地区处于基底形成构造发展阶段,该阶段的深变质结晶岩系构成了鄂尔多斯地区的基底,东胜气田亦同步如此。

(2) 中元古界。

中元古代时期,鄂尔多斯周缘及内部形成陆内坳拉槽,以"单边断裂陷"构造型式存在,裂陷内发育海相碳酸盐岩或碎屑岩沉积。伊盟隆起中元古代期间主体为持续性隆起,在东胜气田西部公卡汉凸起南侧发育有北西向的"单边断坳裂陷",推测是北西方向乌加庙坳陷伸向台向斜的末端部分（图2-1-4）。该"单边断裂陷"边部钻有J13井，钻遇中元古界厚1338.0m，岩性主要为一套棕色砂砾岩、泥岩夹灰白色石英砂岩，与桌子山、贺兰山地区中元古界下部层位的岩性较为相似。中元古界裂陷槽具有断陷、坳陷两个阶段，坳陷层的海相砂岩具轻变质性质，俗称"石英岩状砂岩"。

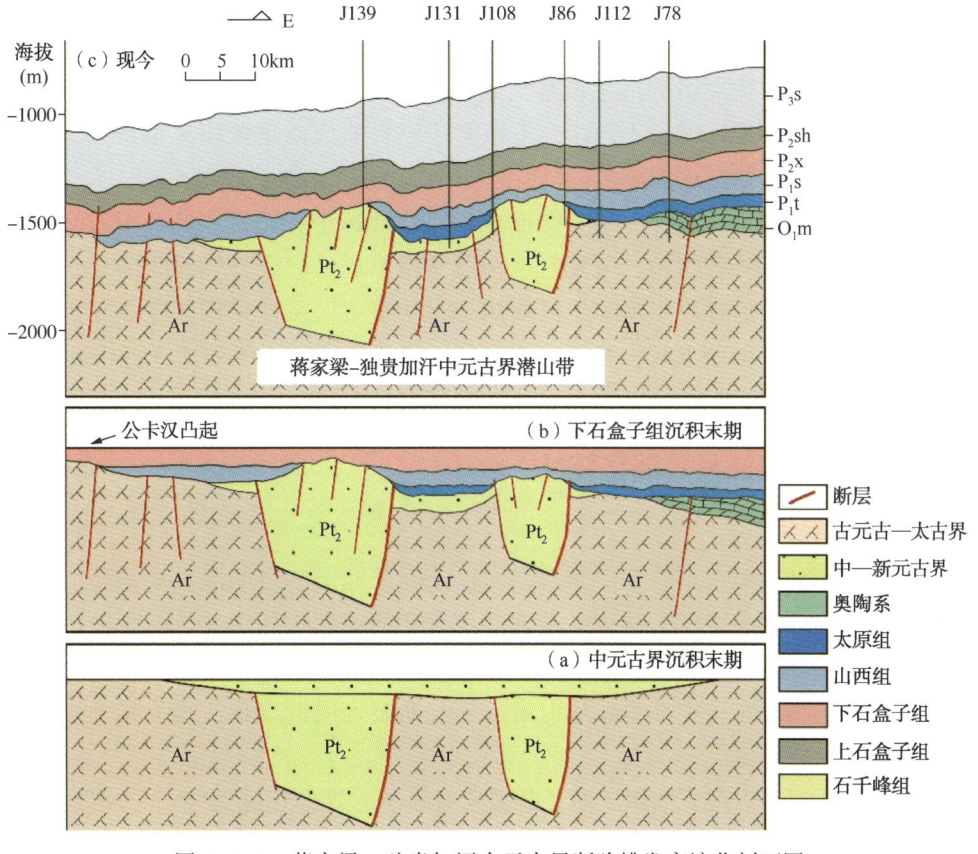

图2-1-4 蒋家梁、独贵加汗中元古界断陷槽发育演化剖面图

（3）下古生界。

早古生代期间，鄂尔多斯盆地西、南缘主要为秦祁地槽、北缘主要为阴山地槽活动区，盆地主体表现为整体抬升或沉降，沉积了以海相碳酸盐岩、碎屑岩为主的沉积物，各层位间为整合或假整合接触关系。伊盟隆起与伊陕斜坡的分界线泊尔江海子断裂—三眼井断裂带控制了下古生界分布在断裂带以南。

伊盟隆起自太古代—中元古代为一持续隆起区，缺失下古生界沉积。伊陕斜坡主要为奥陶系沉积，其具有下部层位由南向北逐层超覆、上部层位由北向南逐层剥蚀、整体呈南厚北薄楔形的特点。奥陶系可通过三层区域性标志层予以划分对比，一是下马家沟组马一段（贾旺页岩段，K_1），二是上马家沟组马四段（豹斑石灰岩段，K_2），三是位于上马家沟组上部或马五段中部的黑灰岩段，属马家沟组第五段第五亚段地层（马五5）（K_3）。马五5地层在东胜气田的伊陕斜坡区域未有沉积，表明该区缺失马五5亚段及其以上地层的沉积，

— 21 —

主要是马四段和下马家沟组。

（4）上古生界。

晚古生代，鄂尔多斯内部广大地区呈现为克拉通坳陷环境。受阴山褶皱带的影响，伊盟隆起长期处于隆起状态，直接影响着东胜气田区域早二叠世太原期—中二叠世石盒子期沉积特征与盆地内部有所差异。

太原期呈自南而北的逐层超覆、减薄、尖灭沉积，其沉积边界位于区域断裂带北侧附近，显然区域断裂带对太原组的沉积具有控制作用；山西期开始时，伊盟隆起—伊陕斜坡自北而南发育三角洲平原环境，山西组—下石盒子组自北而南呈沉积充填态势，地层整体上由北向南由薄变厚，层位逐渐增多（杨明慧 等，2008）。就地质作用而言，太原组—山西组具狭义的填平补齐作用，主要对不整合面侵蚀风化地形进行填平补齐。下石盒子组—上石盒子组具广义的填平补齐作用，主要对由构造作用形成的较大型隆起凹陷起到填平补齐作用；石千峰组及其以后各层组均衡沉降作用较为明显，区域性地层厚度亦较为稳定。东胜气田晚古生代地层自上而下有二叠系石千峰组、上石盒子组、下石盒子组和山西组、太原组。

二、主要断裂描述及其演化特征

1. 泊尔江海子断裂

泊尔江海子断裂横亘在东胜气田东部，为一条断面北倾的逆断层。其平面上的延伸长度具有自下而上逐渐变小特点。从该区东部的地震剖面波组错断情况及断距分析，该断裂仍继续向东延伸。断裂的延伸方向大体以00-HN635.5测线（伊18井）为转折点，以西走向近东西；以东则转为北东，中部呈弧形向南凸出。断裂走向的变化，暗示其可能经历了不同演化阶段的应力场转变。

在03-HN595测线以东，泊尔江海子断裂均有显示，延伸长度约70km。据地震反射波组特征，泊尔江海子断裂错断了T_3（白垩系底）反射波42之下的所有层位，断面倾角上陡下缓（图2-1-5）。下部T_9部位的倾角为40°~50°，向上至T_4部位增大到70°~75°。在纵向上，垂直断距自下而上逐渐变小，T_9断距最大，T_4断距最小，反映断裂活动过程中的长期性和复杂性。

泊尔江海子断裂的断距在东西走向上变化较大（图2-1-6），以T_9（下石盒子组底）为例，垂直断距变化可分四个分段，呈"小—大—小—大"的变化。伊17井以西的断距仅数十米，伊17井—J5井区断距约150~230m，J5井—伊18井区为数十米到百米，而伊18井以东的断距达200m左右，最大超过300m。这种断距大小的分段性，反映断裂内部存在应力的不均衡分布或存在断裂的横向差异性。

2. 乌兰吉林庙断裂

乌兰吉林庙断裂与泊尔江海子断裂、三眼井断裂构成由北向南的阶梯状分布特点。在04-HN559测线与04-HN591测线之间的地震剖面上均有显示，错断从T_3到T_9的所有地层层位，断面倾角约70°。垂直断距自上而下变小（图2-1-7），但幅度不大，范围10~45m。

— 22 —

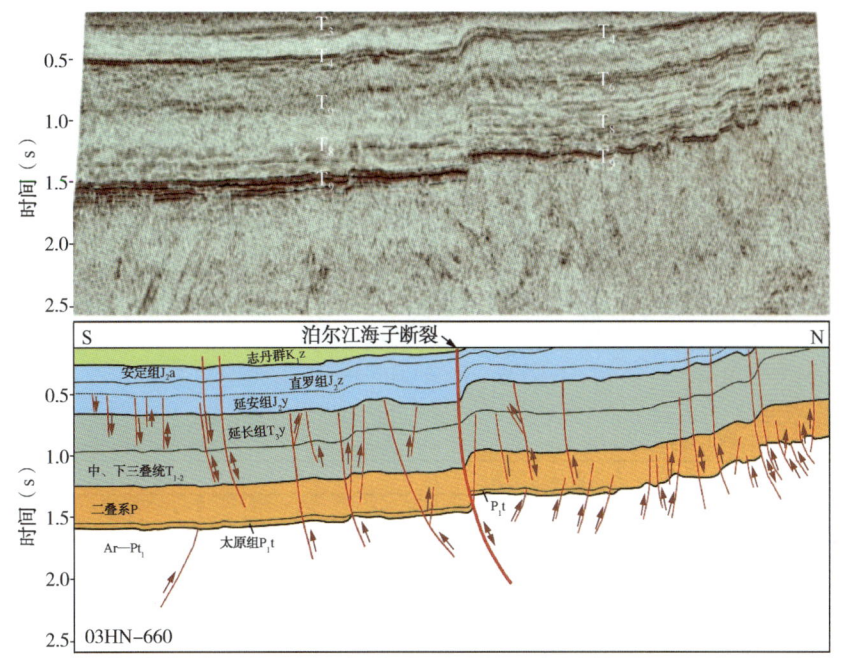

图 2-1-5 过泊尔江海子断裂 03-HN660 地震测线地质解释剖面

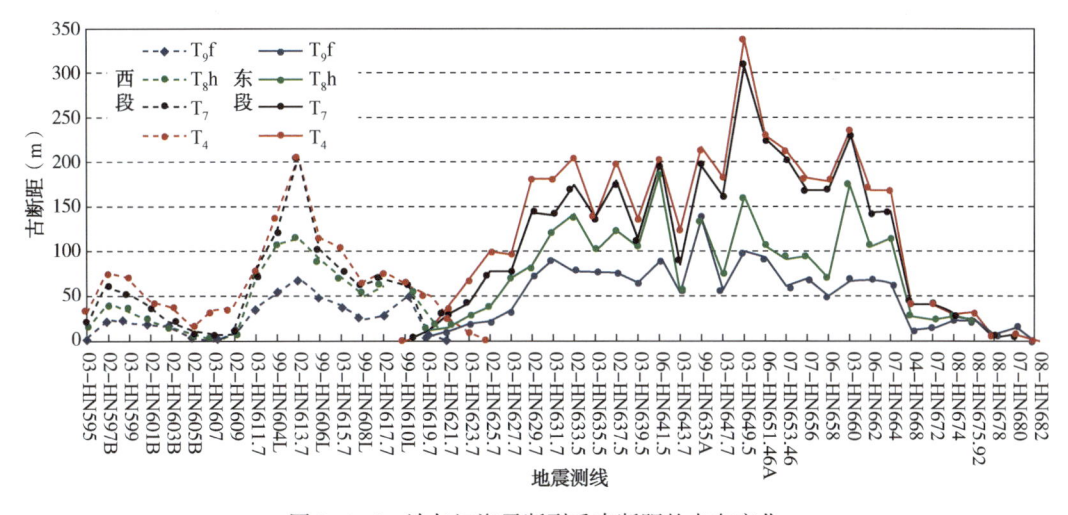

图 2-1-6 泊尔江海子断裂垂直断距的走向变化

乌兰吉林庙断裂为断面南倾的正断层，走向近北东东。在剖面上的延伸长度自下而上逐渐变大，深部长约 34km，浅部则长 58km。在平面上，断距变化不大。在 04-HN587 测线以西，乌兰吉林庙断裂断开的层位为 T_3—T_9（图 2-1-8）。

3. 三眼井断裂

三眼井断裂位于研究区的西南部，为一条长约 150km 的东西走向、断面南倾的正断层（图 2-1-9），具有基底断裂的特点，区内延伸长度 66km。

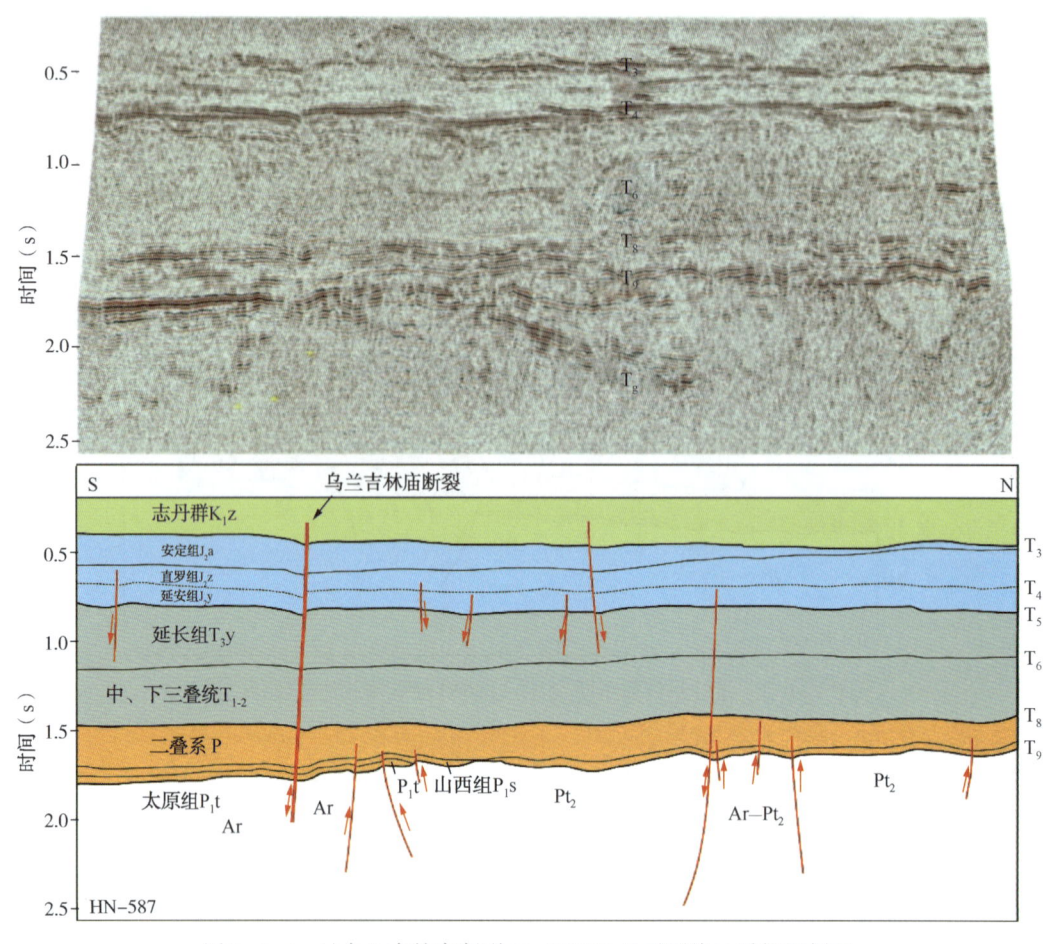

图 2-1-7　过乌兰吉林庙断裂 03-HN587 地震测线地质解释剖面

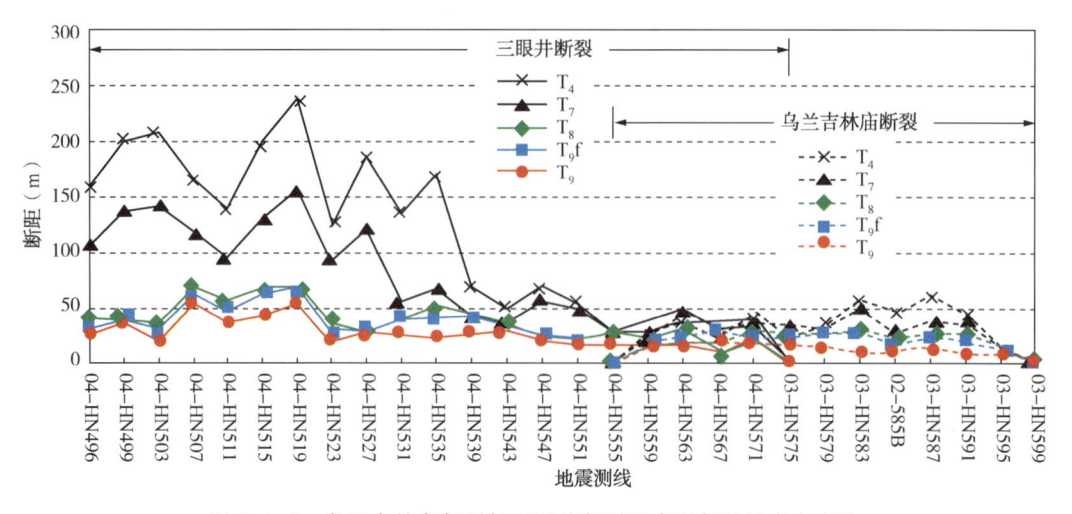

图 2-1-8　乌兰吉林庙断裂与三眼井断裂垂直裂断距的走向变化

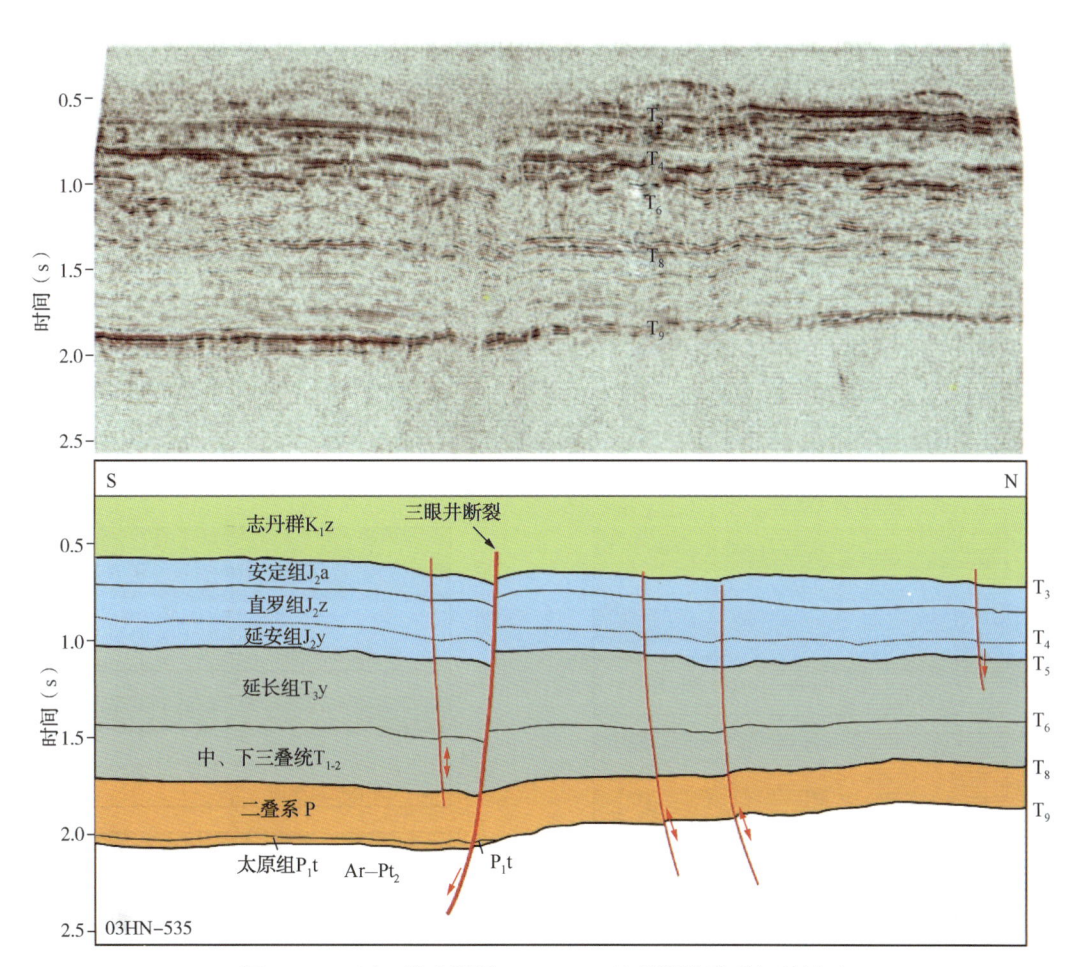

图 2-1-9 过三眼井断裂 03-HN535 地震测线地质解释剖面

从最西面的 04-HN496 线波组错断情况及断距分析，其向西仍可能继续延伸。走向近东西，断距西大东小，其中下部层位 T_8、T_9f、T_9 的断距从东向西由 10m 增大至 80m，上部层位 T_3、T_4、T_7 的断距在 04-HN527 线以东较小，为 30~40m。

该断裂在 04-HN555 线以西均有显示，错断了 T_3 及以下的所有层位，断面倾角上陡下缓。下部 T_9 部位的倾角为 50°，向上至 T_3 部位增大到 70°。在纵向上，垂直断距向上逐渐增大，T_8、T_9f、T_9 断距较小，而 T_3、T_4、T_7 断距较大，其中 T_3 断距最大，反映断裂活动的多期性。

在 04-HN527 测线以西，断距明显增大，由 120m 增加到 250m。向西至 04-HN499 测线，T_3 断距最大，为 250m。这种断距变化说明，三眼井断裂 04-HN527 测线以西部分在燕山末期受到较大的拉张作用；而在 04-HN527 测线以东，断裂所受拉张应力较小。

4. 典型断裂演化分析

鄂尔多斯盆地地处中国东、西部构造区的接合部，经历了与周边地体之间的反复拉张、裂解和离散、挤压、聚敛与造山，其中包括前寒武纪的阜平、吕梁、晋宁等三个造盾期，以及显生宙以来的加里东、海西、印支、燕山和喜马拉雅等五大构造旋回。刘池洋等（2006）根据盆地及周缘地区主要地质构造特征和地质事件，结合盆地各区裂变径迹年龄的综合研究认为盆地发育期（T_2—K_1）至少发生了四期明显的构造变动，将其演化过程划分为四个阶段。

（1）泊尔江海子断裂。

结合地震剖面和钻井资料分析，研究区在太古界结晶基底上发育平覆型和断坳型中元古代碎屑岩沉积，但都未表明泊尔江海子断裂控制中元古代沉积的迹象。因此，推测泊尔江海子断裂在中元古代尚未形成。泊尔江海子断裂以南地区的钻井揭示皆有下古生界，断裂以北地区无下古生界，断裂控制下古生界沉积。由此推断，泊尔江海子断裂形成于早古生代加里东期（图2-1-10）。

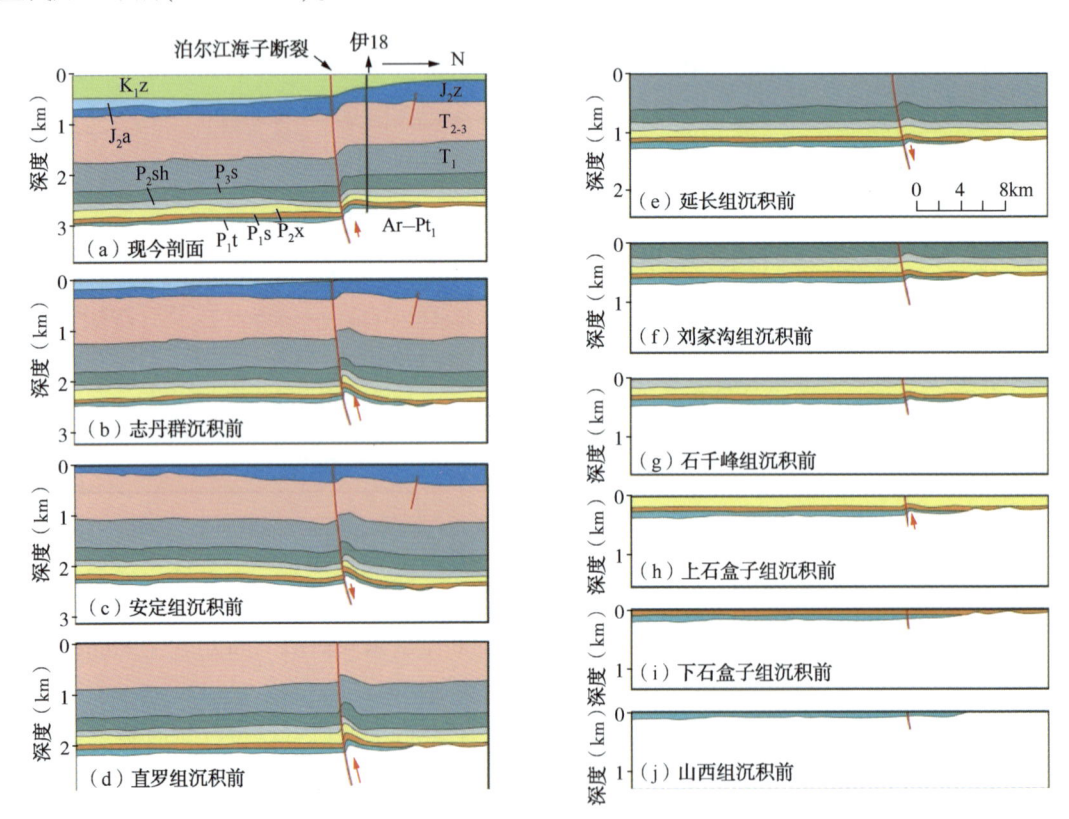

图2-1-10 泊尔江海子断裂构造演化剖面（左03-HN660测线，右03-HN635测线）

泊尔江海子断裂在海西—燕山中期发育多期次挤压活动，最大挤压期为延长期末，晚三叠世末，华北板块北部受西伯利亚板块向南的挤压，泊尔江海子断裂活动增强。

印支—燕山运动活动加剧，断裂以北地区明显抬升，造成断裂两侧的中生代厚度差异达350m。在地震剖面上，断裂向上延伸错断T_3，说明泊尔江海子断裂活动结束于中侏罗世末，即燕山中期。

从发育剖面上可见，该期活动造成断裂以北地层的逆牵引现象，沿断裂上盘发育一系列串珠状展布的半背斜或背斜构造带。早白垩世，鄂尔多斯盆地处于拉张期。泊尔江海子断裂附近的 T_3 上部地层利用断裂软弱面反向滑动，局部地区形成挠曲构造。

按断裂形成的先后次序，杭锦旗地区古生代以来的断裂性质包括以下几种形式：

① 早期挤压断裂为加里东期断裂。加里东运动对本区影响较大，区内仅错断 T_9 层位的小断层均由其而生。泊尔江海子断裂、三眼井断裂及乌兰吉林庙断裂均为加里东期断裂。

② 晚期张扭断裂，即断开 T_3—T_7 层位的小型断层。形成于早白垩世（燕山末期）拉张应力场，故多呈现正断层，走向近东西。乌兰吉林庙断裂西部及泊尔江海子断裂北部的延伸较短、断距较小的正断层均为该期产物。

③ 两期活动断裂即早期形成、晚期复活的断裂，如三眼井断裂。加里东期形成，燕山末期复活并定型，控制下古生界沉积。此后，上升盘与下降盘地层厚度相差不大，且断距呈上大下小样式。

④ 长期活动断裂指断裂早期产生，并在漫长的地史时期多期持续活动，同期下降盘沉积厚度明显大于上升盘厚度，且断距下大上小，如泊尔江海子断裂。

从杭锦旗地区典型构造剖面分析，泊尔江海子断裂在海西—燕山中期发育多期次挤压活动，最大挤压期为延长期末。晚三叠世末，华北板块北部受西伯利亚板块向南的挤压，泊尔江海子断裂活动增强。从地震剖面解释看，T_7 波组被错断，但断距已明显不如晚古生代的断距大。据钻井地层资料，断裂两侧的三叠系厚度差异>100m。

印支运动以后，鄂尔多斯盆地进入新的构造演化期。加里东—印支期的东西构造格局发生根本变化。燕山中期，太平洋板块占主导地位，南北区域构造格局形成。中侏罗世末，鄂尔多斯盆地北面受蒙古—鄂霍次克海关闭、挤压和南缘受特提斯海俯冲、关闭挤压及太平洋板块向北北西向开始俯冲。在三面挤压应力环境下，鄂尔多斯盆地北部显示较强的变形，泊尔江海子断裂持续活动。燕山期断裂活动造成两侧厚度差异>200m，上盘缺失安定组。

由此可见，泊尔江海子断裂在印支—燕山运动活动加剧，断裂以北地区明显抬升，造成断裂两侧的中生代厚度差异达 350m。在地震剖面上，断裂向上延伸错断 T_3，说明泊尔江海子断裂活动结束于中侏罗世末，即燕山中期。从发育剖面上可见，该期活动造成断裂以北地层的逆牵引现象，沿断裂上盘发育一系列串珠状展布的半背斜或背斜构造带。早白垩世，鄂尔多斯盆地处于拉张期。泊尔江海子断裂附近的 T_3 上部地层利用断裂软弱面反向滑动，局部地区形成挠曲构造。

刘池洋等（2006）认为，晚白垩世以来鄂尔多斯盆地发生持续幕式、差异性整体抬升和强烈而不均匀的剥蚀；地块边部裂陷，周缘断陷盆地形成，接受巨厚沉积；持续达 2 亿多年的东隆西降运动于中新世晚期反转易位；东部沉降。虽然盆地周边地带发育了一系列断陷盆地，但盆地内部仍然处于隆升状态（张岳桥 等，2006）。据此推测，泊尔江海子断裂在晚中生代至新生代，亦发生了小幅度的逆冲反转作用。

泊尔江海子断裂在印支末期—燕山早期活动，并持续到燕山中晚期（图 2-1-11）。构造演化分析表明，该断裂甚至可能发端于加里东末期。断裂两盘现存的一系列背斜或断鼻构造大多发育在印支期，为燕山中期上古生界烃源岩的生排烃、运移提供了圈闭前提。

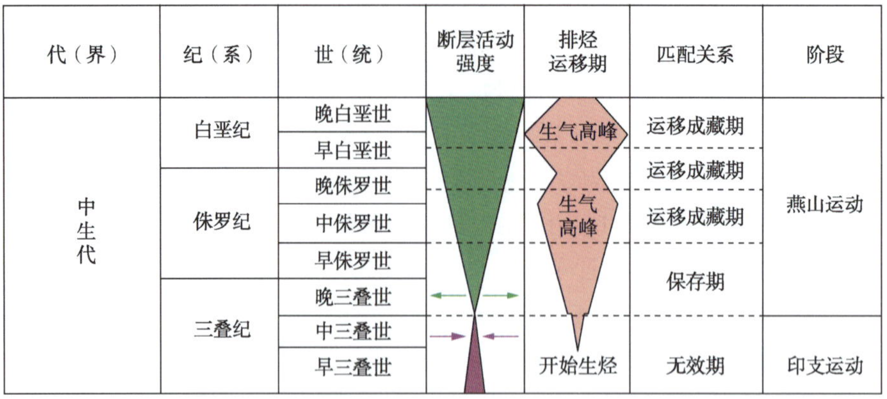

代（界）	纪（系）	世（统）	断层活动强度	排烃运移期	匹配关系	阶段
中生代	白垩纪	晚白垩世		生气高峰	运移成藏期	燕山运动
		早白垩世			运移成藏期	
	侏罗纪	晚侏罗世		生气高峰	运移成藏期	
		中侏罗世			运移成藏期	
		早侏罗世			保存期	
	三叠纪	晚三叠世				
		中三叠世		开始生烃	无效期	印支运动
		早三叠世				

图 2-1-11 东胜气田中生代断裂活动期与油气成藏期配置关系

油气勘探证实，鄂尔多斯盆地天然气运移趋势呈向北指向。断裂北侧的一系列圈闭多见天然气成藏，而南侧圈闭的成藏概率相对较小。燕山中期，当天然气向北运移至泊尔江海子断裂时，该断裂恰好处于扭张开启状态；天然气顺断裂破碎带向上运移进入上盘圈闭成藏或继续上移散失。什股壕、拉不仍气藏和阿日柴达木北含气圈闭成藏分析表明，泊尔江海子断裂控制杭锦旗地区的天然气成藏作用，尤其断裂两侧的局部构造圈闭的成藏。

在伸展期，开启性质的泊尔江海子断裂对两侧断鼻圈闭中的天然气起逸散、破坏作用，并使南侧的圈闭可能成为空圈闭。在泊尔江海子断裂活动停止并转变为封闭断裂时，可能已经错过圈闭捕气成藏的关键期，因此对天然气成藏的影响大大减弱。

（2）三眼井断裂与乌兰吉林庙断裂。

三眼井断裂是加里东期产物，其形成机制与加里东早期地层的不均衡抬升有关。该断裂以北的基底共轭断裂也在该期复活，形成了一系列北西及北东方向分布的小型断层。

从现今剖面看，三眼井断裂断距从下向上逐渐增大，T_3 断距最大。这证明自晚古生代以来，三眼井断裂经过多期活动并最终定型。其中，中生代以来的断裂演化过程尤具代表性。印支早期，断层表现为正断层，研究区处于弱伸展环境；印支晚期至燕山早期，华北板块北部受西伯利亚板块向南强烈挤压，延长期盆地抬升，断裂表现为较大断距的逆冲断层。燕山晚期，富县—延安期为盆地发育鼎盛阶段，逆冲断距减小。这是主应力方向由印支期 SN 向转为燕山期的 NE 方向，区域应力场环境由挤压改为扭压作用，从而导致了直罗期断裂发生负反转构造活动(图 2-1-12)。

从现今剖面看，乌兰吉林庙断层表现为正断层(图 2-1-13)，断层两盘厚度差异不大，断距分布规律，似乎形成较晚。但从整个演化过程看，也是加里东期产物。

乌兰吉林庙断层对晚中生代区域构造应力场的转变反映突出。鄂尔多斯盆地北面受蒙古—鄂霍次克海关闭、挤压，南缘受特提斯海俯冲、关闭的挤压，太平洋板块向北北西向俯冲的三面挤压应力环境，导致安定期乌兰吉林庙断层发生较大幅度的逆冲。新生代以来，随西太平洋板块活动边缘的形成与演化，区域应力场挤压方向由 NE 转为 NW 向，研究区西南部处于弱伸展环境，乌兰吉林庙断层最终定型为正断层。

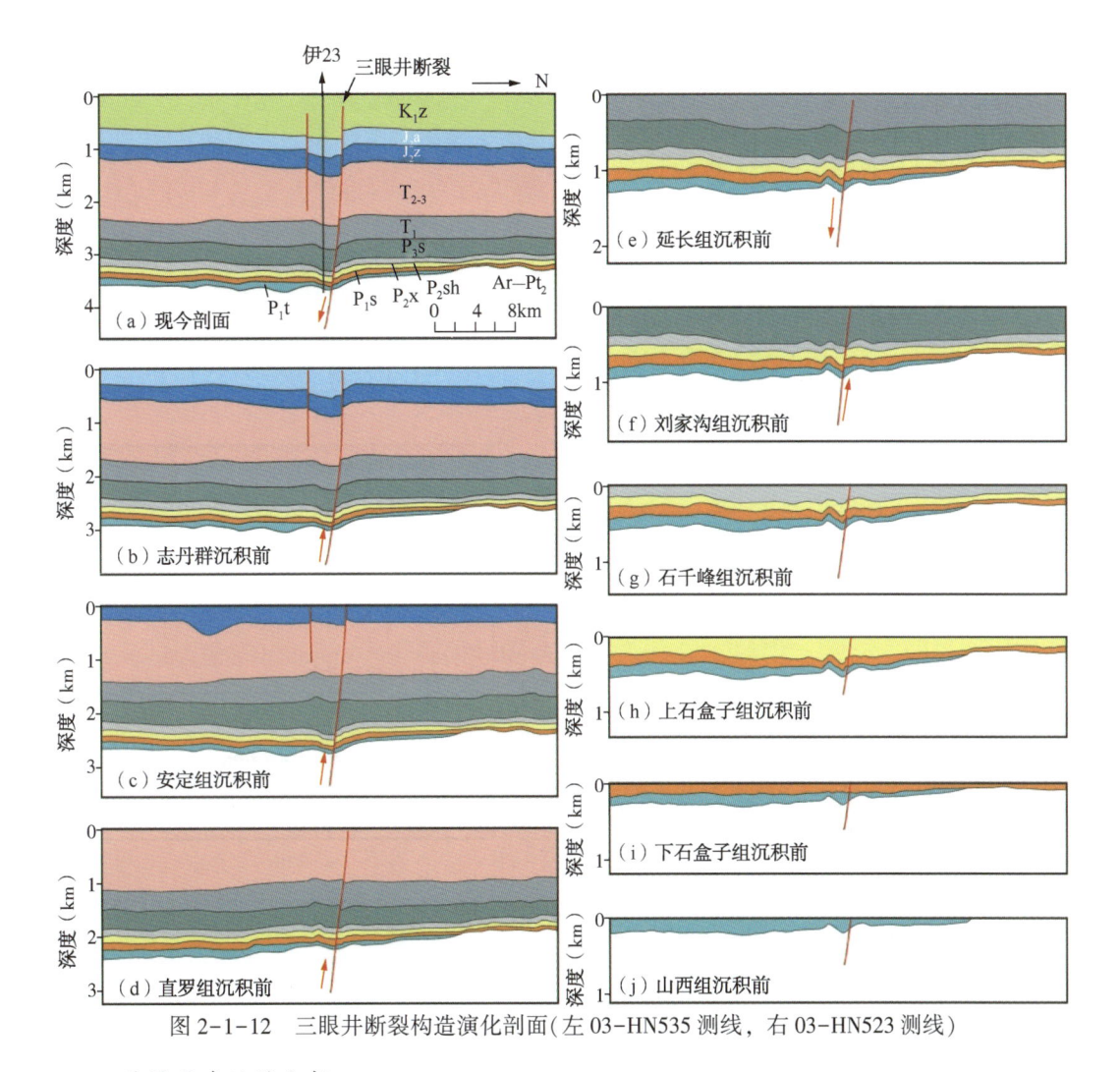

图 2-1-12　三眼井断裂构造演化剖面（左 03-HN535 测线，右 03-HN523 测线）

5. 伸展要素统计分析

据鄂尔多斯盆地各地层划分与对比中的年龄数据，从研究区选取三条穿越三断裂的典型地震剖面，结合剖面长度，制作各沉积期的伸展率与时间关系图（图 2-1-14）以及不同构造演化阶段的伸展速率—伸展量与时间的比值图（图 2-1-15）。

研究区早期经历两期构造旋回，挤压速率平均达−40～−50m/Ma，而伸展速率则为 8m/Ma，整体呈现强挤压—弱伸展旋回规律。其中，晚二叠世石千峰期发生最剧烈挤压，平均达−62m/Ma。这是西伯利亚板块与华北板块强烈碰撞的结果。志丹期，研究区西南部呈弱伸展环境，伸展速率约 1.2m/Ma。

三、东胜气田晚古生代地层发育特征

晚古生代，鄂尔多斯盆地经历了克拉通内陆表海盆地—陆内坳陷盆地的充填演化过程，在盆地内部形成了"广覆式"沉积。东胜气田表现为由南向北的超覆—披覆式沉积，其中下部的太原组、山西组和下石盒子组属"超覆层"，其地层分布受古陆影响，上石盒子组和石千峰组属"披覆层"，是下伏层中多套气层的区域封盖层（图2-1-16、图2-1-17）。

钻井揭示，东胜气田上古生界地层自上而下有二叠系石千峰组、上石盒子组、下石盒子组、山西组及石炭系太原组（表2-1-1）。

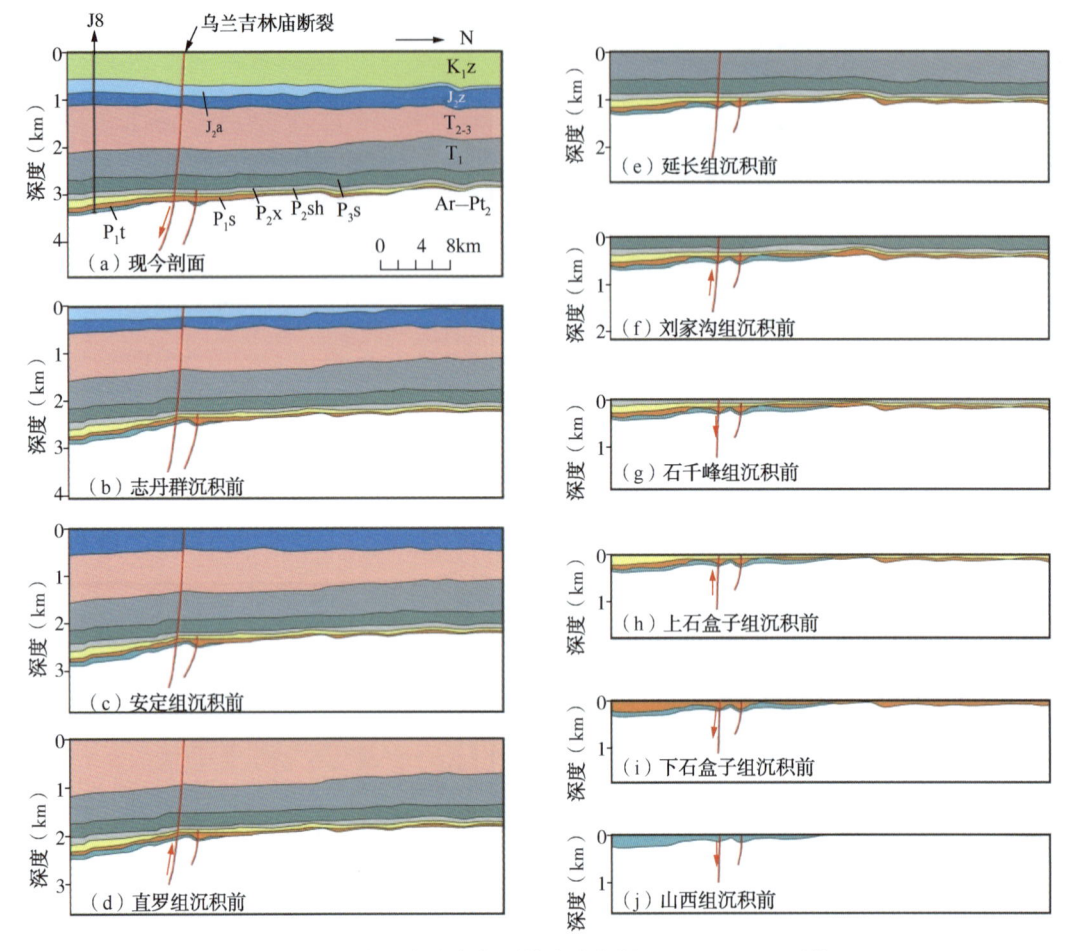

图2-1-13　乌兰吉林庙断裂构造演化剖面（03-HN575测线）

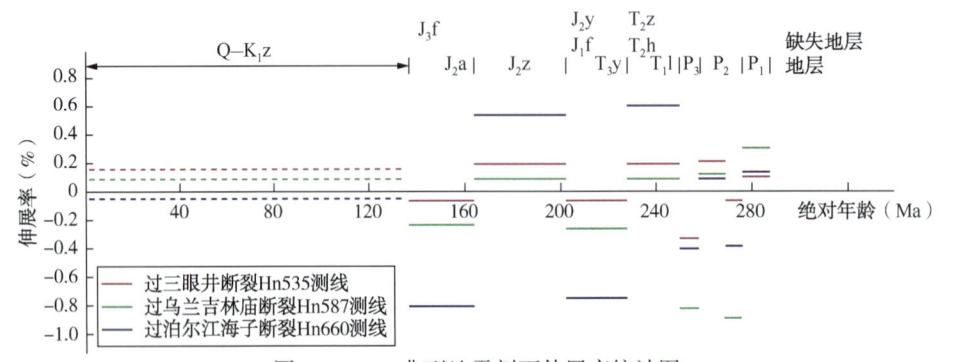

图2-1-14　典型地震剖面伸展率统计图

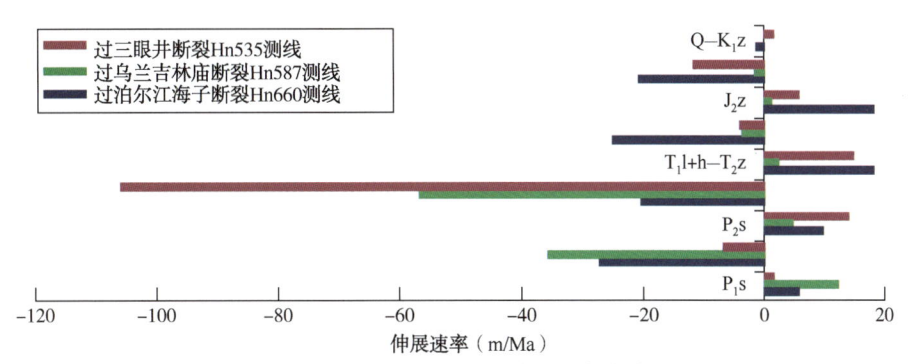

第二章 二叠系大型层状含气系统成藏要素的差异配置关系

图 2-1-15 典型地震剖面伸展速率统计图

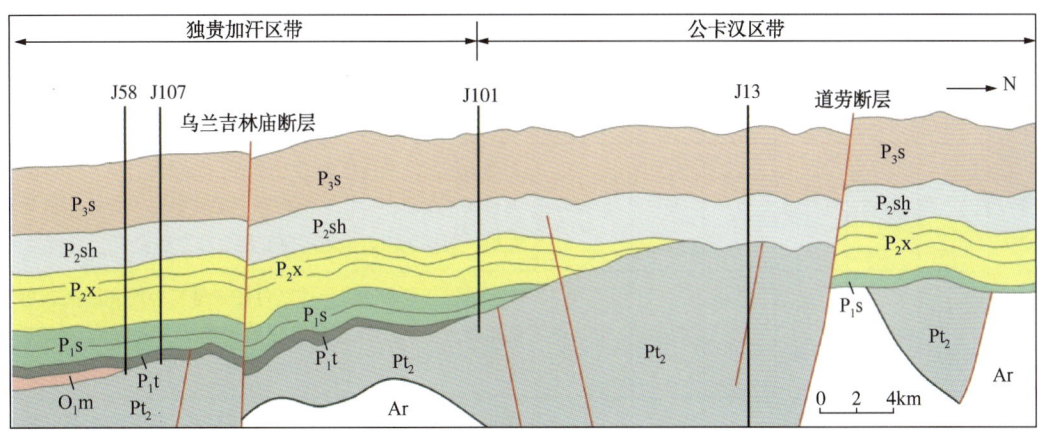

图 2-1-16 独贵加汗—公卡汉凸起上古生界地层剖面图

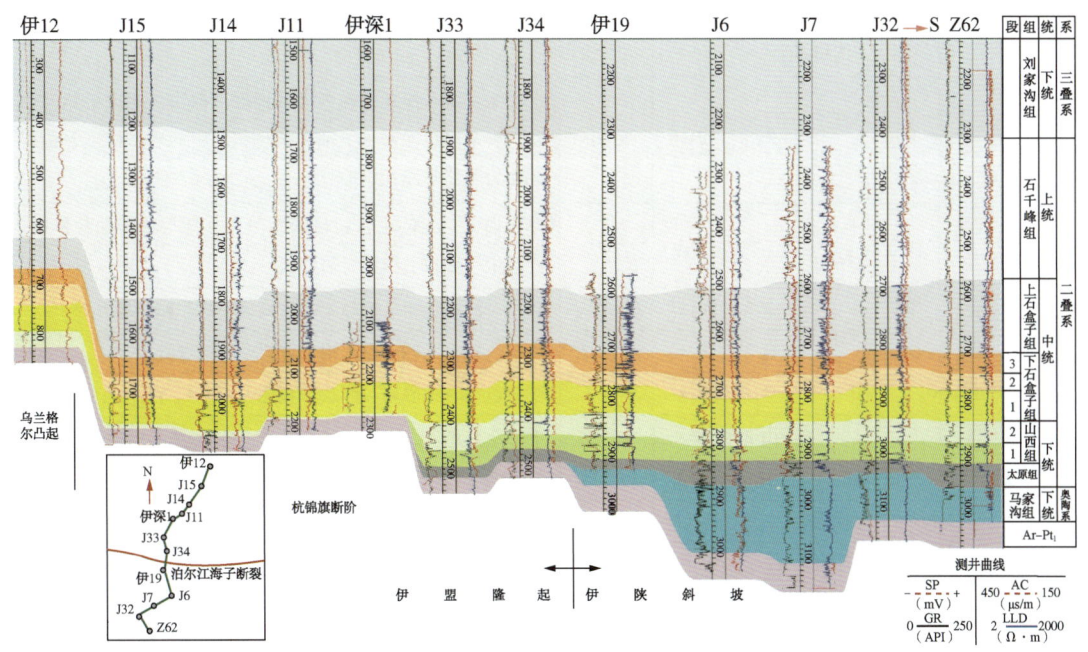

图 2-1-17 东胜气田东部过伊 12 井-Z62 井南北向地层对比图

— 31 —

表 2-1-1 东胜气田地层简表

地层系统					平均厚度	岩性简述
界	系	统	组	段	代号	(m)	
新生界	第四系	全新统			Q_4	20	浅灰黄色砂土层
中生界	白垩系	下统	志丹群		K_1z	690	上部为棕黄、浅棕色中砂岩;中部为灰、浅灰色粗、中、细砂岩与灰色泥岩呈略等厚互层;下部为浅灰色粗、中砂岩与棕色泥岩呈略等厚互层;底部为杂色含砾粗砂岩
中生界	侏罗系	中统	安定组		J_2a	275	中上部为棕色中砂岩与棕色泥岩呈略等厚互层夹棕、灰色粉砂岩;底部为棕褐色中砂岩
中生界	侏罗系	中统	直罗组		J_2z	230	中上部为浅灰色中砂岩与绿灰、灰绿色泥岩呈略等厚互层;底部为浅灰色粗砂岩
中生界	侏罗系	下统	延安组		J_1y	245	灰白含砾粗砂岩,浅灰、灰白色中、细、粉砂岩与灰色、深灰色泥岩及灰黑色碳质泥岩呈略等厚互层夹多层煤
中生界	三叠系	上统	延长组		T_3y	560	上部为浅灰、灰白色砂岩与绿灰、灰绿泥岩呈不等厚互层夹黑灰色碳质泥岩;下部为杂色砾状砂岩、含砾粗砂岩与棕褐、灰褐色泥岩呈略等厚互层夹绿灰色泥岩
中生界	三叠系	中统	二马营组		T_2e	120	上部为浅灰色细砂岩与棕红色泥岩呈略等厚互层夹杂色含砾粗砂岩;下部为浅灰色细砂岩与绿灰色泥岩呈略等厚互层
中生界	三叠系	下统	和尚沟组		T_1h	240	浅灰、灰色中、细砂岩与棕褐、绿灰、灰绿色泥岩呈略等厚互层
中生界	三叠系	下统	刘家沟组		T_1l	150	棕色细砂岩与棕褐色泥岩呈略等厚互层夹棕灰色细砂岩
上古生界	二叠系	上统	石千峰组		P_2sh	300	上部为棕灰、浅灰色细砂岩与棕红、棕褐色泥岩呈略等厚互层夹灰绿色泥岩;下部为杂色粗、中砂岩与棕红、棕褐色泥岩呈略等厚互层
上古生界	二叠系	中统	上石盒子组		P_2s	100	厚层褐色、杂色泥岩和粉砂质泥岩夹薄层中、细粒砂岩,底部中—细粒、粗粒岩屑砂岩
上古生界	二叠系	中统	下石盒子组	盒3	P_1x^3	30	灰白、浅灰色粗、细砂岩与棕褐色泥岩呈略等厚互层
上古生界	二叠系	中统	下石盒子组	盒2	P_1x^2	30	浅灰色粗、细砂岩与棕褐色泥岩呈略等厚互层
上古生界	二叠系	中统	下石盒子组	盒1	P_1x^1	60	浅灰色粗、中砂岩与绿灰、灰绿色泥岩呈略等厚互层
上古生界	二叠系	下统	山西组	山2	P_1s^2	70	上部灰黑色泥岩夹薄层浅灰色粉砂岩、细砂岩;下部浅灰黑色泥岩与煤层互层,底部为灰白色粗砂岩
上古生界	二叠系	下统	山西组	山1	P_1s^1	70	
上古生界	二叠系	下统	太原组		P_1t	30	岩性为灰黑色、褐黑色泥岩与褐灰色粉砂、细砂岩互层
下古生界	奥陶系	下统	马家沟组		O_1m	150	深灰色细—粉晶白云岩
中元古界						Pt_2	100	浅棕、浅棕红色石英砂岩,绿灰色泥岩

太原组主要分布在泊尔江海子断裂以南地区，暗色泥岩、煤层、碳质泥岩与不等灰白色粗砂岩互层，厚度0~50m，是该区主要的烃源岩层，底砂岩是该区主要含气层之一。

山西组为一套三角洲平原分流河道和沼泽环境的沉积，厚度70m左右。上部灰黑色泥岩夹薄层浅灰色粉砂岩、细砂岩；下部黑色泥岩与煤层互层，底部为灰白色粗粒石英砂岩，是该区主要含气层之一。

下石盒子组主要为一套由北而南的冲积平原辫状河沉积，主河道由北东向南方向延伸，是该区主要含气层段，厚度120m左右。按照其旋回性可分为三段，由下往上分别称之为盒1段、盒2段、盒3段，中、上部为灰绿色、杂色泥岩夹砂岩，下部为灰白色厚层粗粒砂岩夹杂色泥岩。早期(盒1期)是辫状河沉积作用鼎盛时期，砂砾岩、含砾粗砂岩厚度大，分布广泛；中晚期(盒2期、盒3期)基本上继承了早期的沉积面貌，但河流规模缩小、地层厚度逐步减小，横向上仍可对比。

上石盒子组岩性主要为厚层褐色、棕红色泥岩和砂质泥岩夹薄层中、细粒砂岩，厚度100m左右。

石千峰组岩性主要为棕、棕褐色泥岩与浅灰色细砂岩、粗砂岩呈等厚互层，厚度300m左右。钻井剖面上石千峰组底部高电阻率的砂砾岩与上石盒子组低电阻率泥岩接触。

1. 晚古生代沉积演化总体特征

东胜气田太原组—下石盒子组沉积充填演化总体可划分为两个阶段：（1）太原组—山西组地层的克拉通内陆表海盆地边缘充填沉积，其中太原组和山西组下部对应均匀抬升阶段，而山西组上部对应不均匀抬升阶段，其沉积充填为滨岸平原沼泽相—三角洲平原相；（2）下石盒子组的陆内坳陷盆地充填沉积，盒1段、盒2段和盒3段分别对应陆内坳陷的初始沉降、加速沉降和最大沉降阶段，沉积充填以辫状河三角洲相为主。

东胜气田位于盆地北缘，晚古生代沉积超覆于早奥陶世及前古生代变质地层之上。自南而北分别由太原组、山西组及其以上地层组成。其沉积相展布及演化受构造作用及古地貌所控制。构造演化主要以水平的升降为主，古地貌影响冲积平原—河流的分布范围、规模及位置的变化。从早二叠世太原期至中二叠世早期下石盒子期研究区经历了由海到陆的古地理演化过程，与此相应地发育了几套沉积体系，太原组发育扇三角洲沉积体系、山西组发育三角洲沉积体系、下石盒子组盒1段发育冲积平原—冲积扇沉积体系、下石盒子组盒2段、盒3段发育冲积平原—辫状河沉积体系(图2-1-18)。由于受到古气候变迁的影响，在冲积平原上，河流产生多期次、多层位的叠加，可形成较大面积分布的复合储集砂体。

2. 早二叠世太原期

鄂尔多斯盆地太原期早期在本溪期的基础上海侵扩大，整个盆地陆表海沉积特征表现更为显著，中央古隆两侧的广大地区水体极浅，发育碎屑岩潮坪，主要为潮间带沉积的泥坪、混合坪、潟湖、障壁岛沉积。

在东胜气田，断裂带以北主要为剥蚀区，断裂带以南太原组地层厚度逐步加大，形成向南延伸呈朵状分布的扇三角洲(图2-1-19)。太原组是在加里东古风化壳侵蚀面上发育的海陆交互相沉积，其底界与下古生界不同层位碳酸盐岩、中元古界浅变质岩及太古界深变

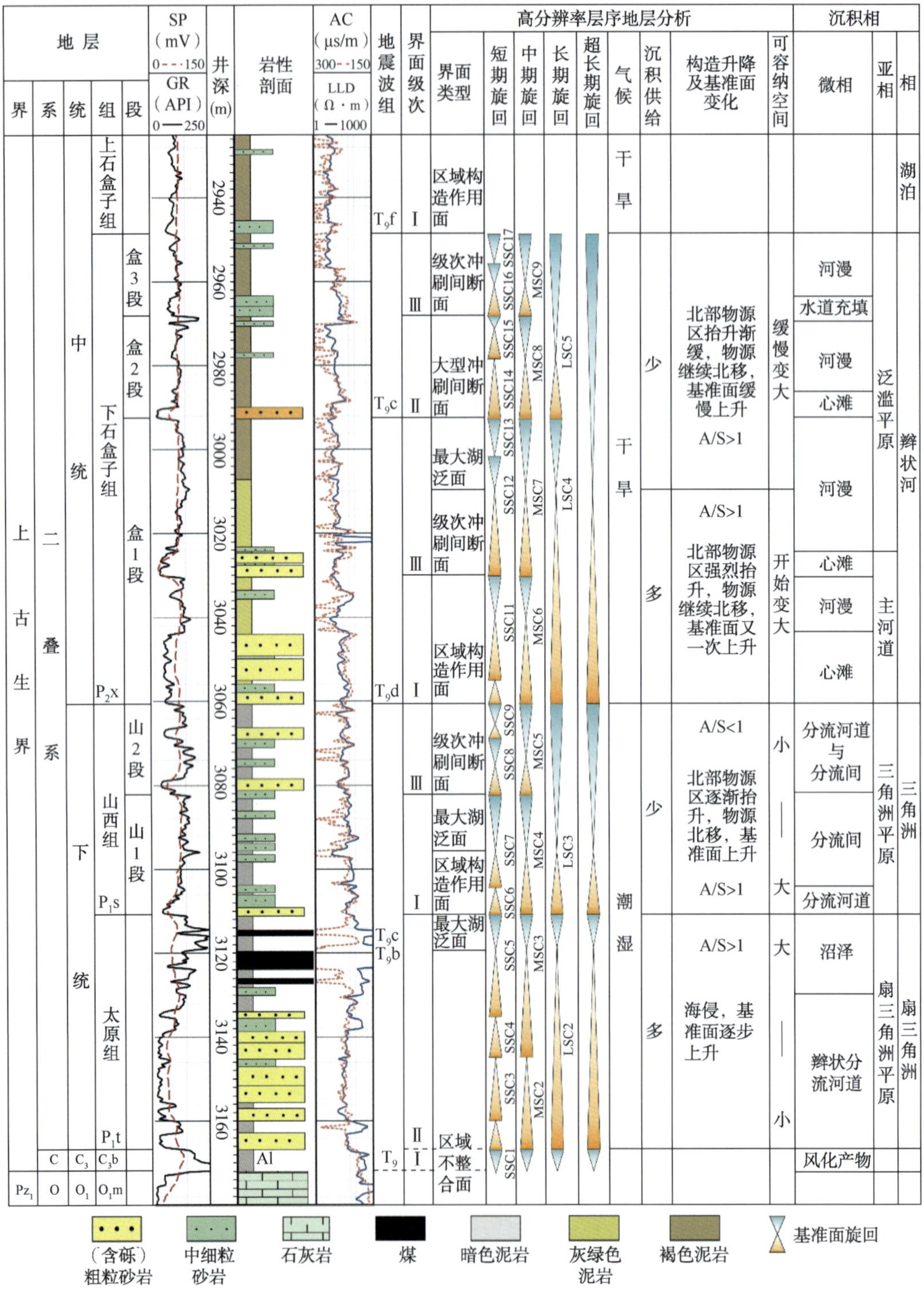

图 2-1-18 东胜气田独贵加汗区带 J124 井上古生界综合柱状图

质岩接触。该区岩性以石英砂岩与煤层、暗色泥岩互层、夹碳质泥岩为特点，无海相灰岩或泥灰岩发育，探区南侧伊 6 井见微晶灰岩。砂岩成分以石英为主，分选磨圆较好，正粒

— 34 —

序特征明显,局部夹细砾岩层,主要为硅质—钙质胶结。太原组煤层横向连续稳定分布(图 2-1-20),是重要的地层划分对比标志层,并据其顶界将太原组与山西组底砂岩划分。

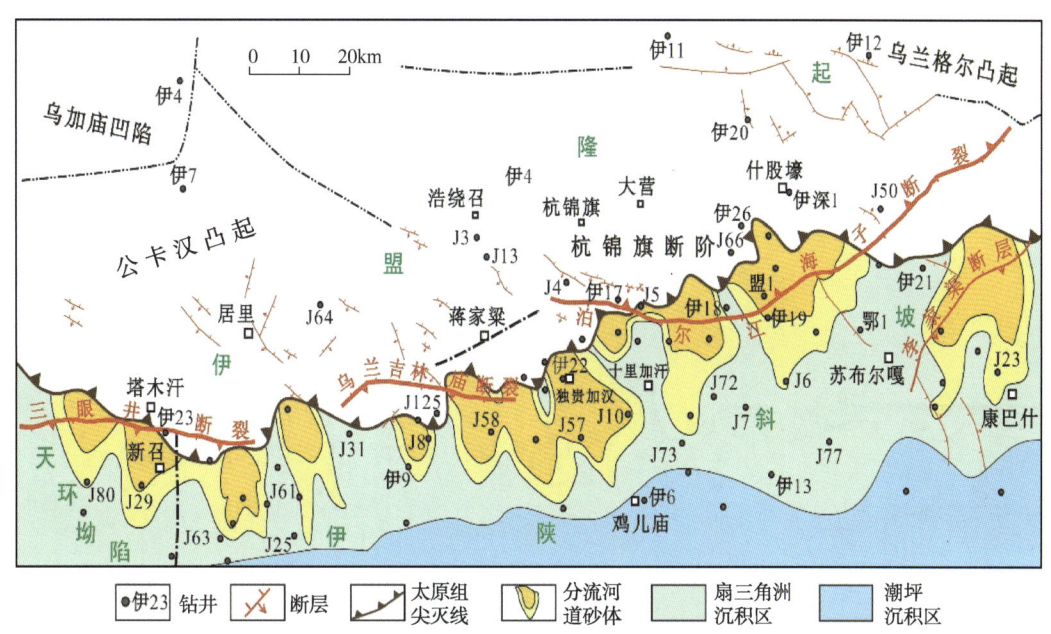

图 2-1-19 东胜气田太原期沉积相分布图

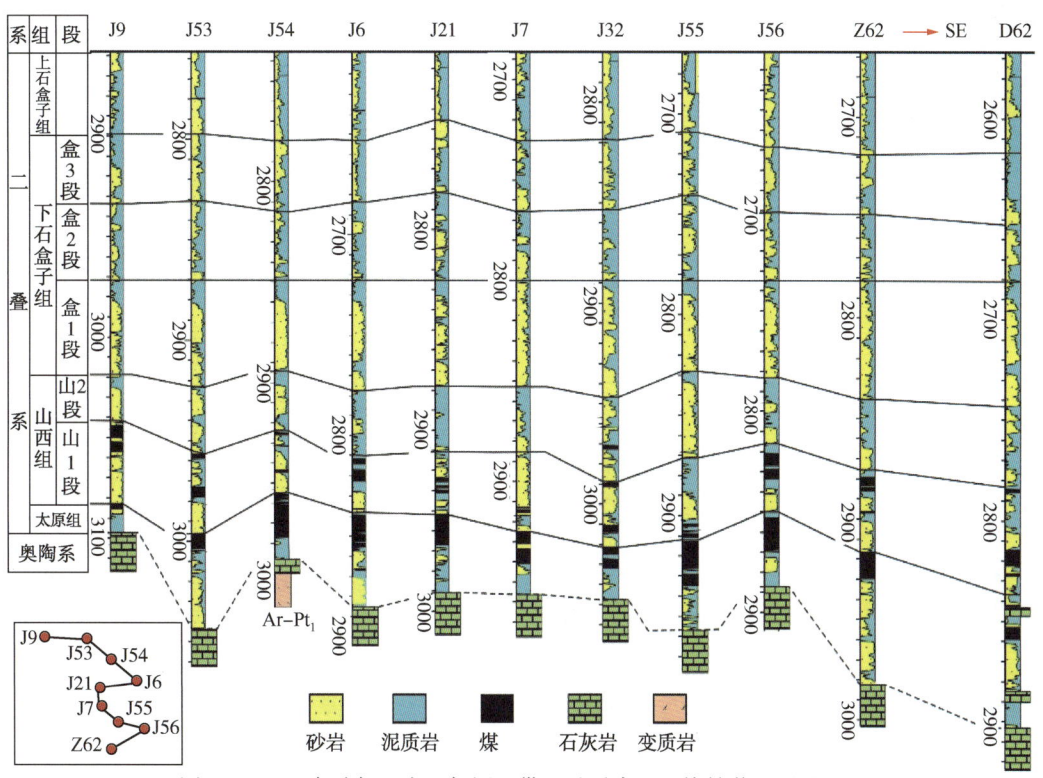

图 2-1-20 东胜气田十里加汗区带二叠系中、下统钻井地层对比图

3. 早二叠世山西期

山西期因华北地台整体抬升，海水从鄂尔多斯盆地东西两侧迅速退出，盆地北部沉积环境主要为海陆过渡相三角洲沉积环境，南北差异沉降和相带分异增强。东胜气田主要发育三角洲平原沉积(图2-1-21、图2-1-22)，靠近古陆边缘有冲积扇沉积特征。

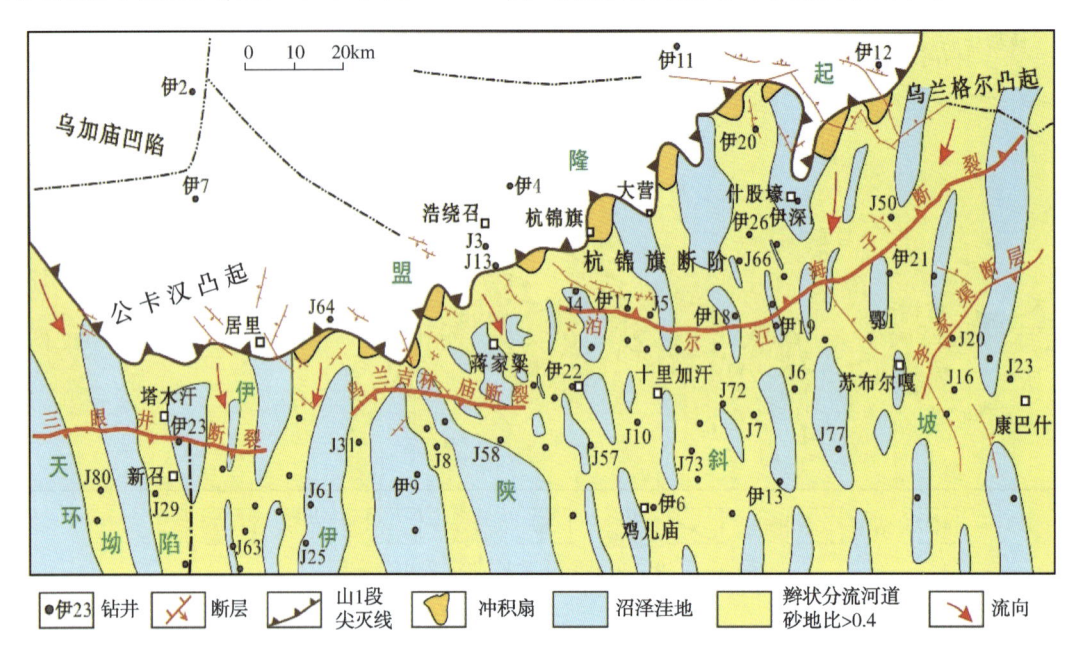

图 2-1-21 东胜气田山1期沉积相分布图

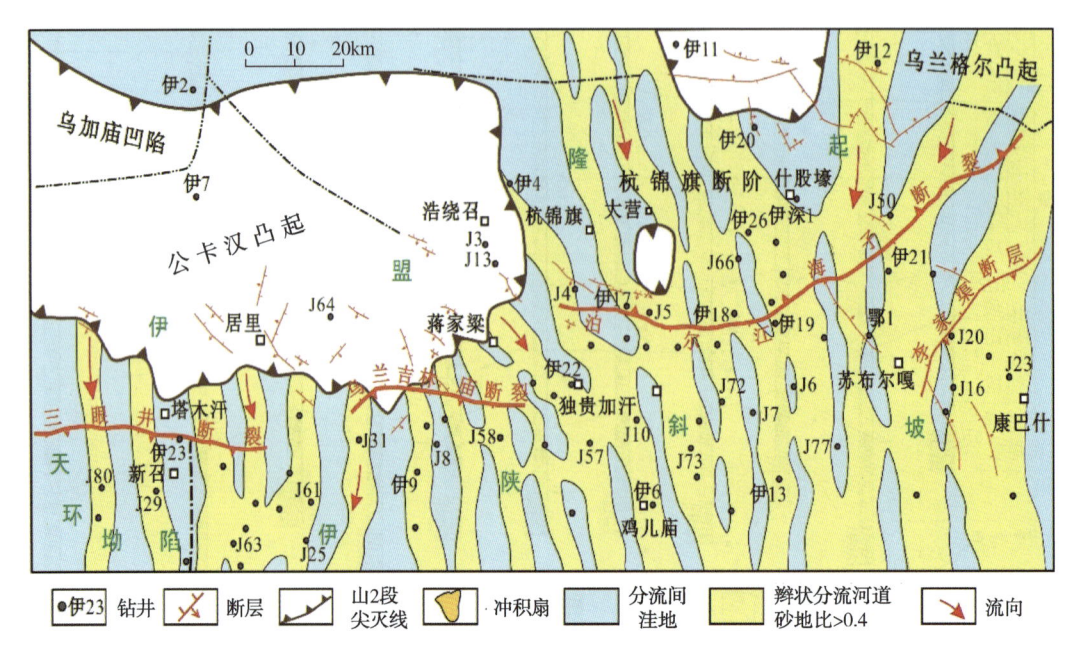

图 2-1-22 东胜气田山2期沉积相分布图

除公卡汉—浩绕召、乌兰格尔及个别小型局部的古隆起未有沉积外，区内皆有分布，厚度43~71.5m，呈正旋回沉积序列。岩性主要为浅灰、灰、灰褐色块状砂岩及灰黑、深灰色泥岩、粉砂质岩及碳质泥岩不等厚互层，中—上部夹煤线。砂岩主要分布于层序底部和中、下部，粒度下粗上细，正旋回特征明显，富含云母和高岭石。山1段煤层间夹碳质泥岩、暗色泥岩，区域上分布稳定，是地层划分对比的良好区域性标志。山西组底部具冲刷特征的河道相砂岩与下伏太原组顶部煤层容易划分，电性特征主要显示为高阻—特高阻。

4. 中二叠世下石盒子期

本区下石盒组沉积是一套以粗碎屑沉积为主的辫状河沉积体系，古陆公卡汉凸起南侧发育一些冲积扇。下部岩性主要以含砾的中—粗砂岩为主夹少量泥质岩组合为特点，上部以泥质岩逐渐增多，含砾砂岩厚度减薄，砾石直径减小。

下石盒子组内部依据岩性组合和沉积旋回性，又可分为三个岩性段，自下而上分别命名为盒1段、盒2段和盒3段。每个岩性段次一级正旋回性亦较明显，粒度下粗上细，尤其是盒1段底部砂岩中常含细砾，并作为岩性段划分对比的标志。

（1）盒1期。

辫状河规模在山西组上部山2段的基础上再次扩大，中心区继续向南迁移，在研究区内有多条主水系辫状水道分布（图2-1-23），什股壕—十里加汗及阿镇一带地层厚度大、砂地比值高，许多学者认为是典型的冲积扇沉积；而西部地区地层厚度和砂地比值相对减小，剖面上表现为砂、泥岩互层，砾石含量少且砾径小，为冲积平原的辫状河沉积。砂体在横向上厚度变化较大，多分布在厚度15~60m之间，岩石类型为含砾粗砂岩、砾岩及中—粗砂岩。

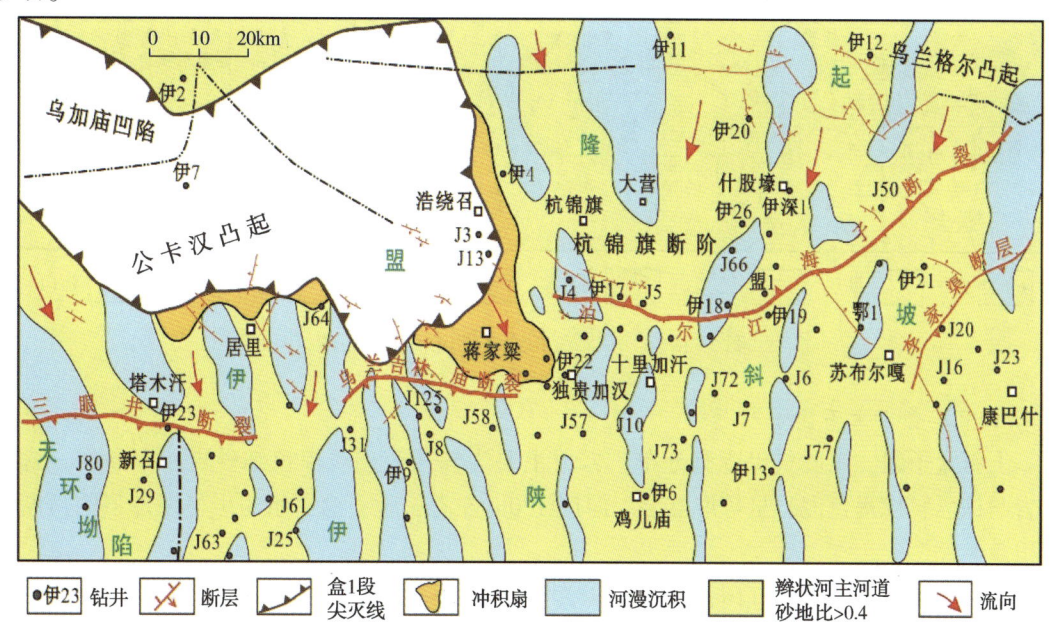

图2-1-23 东胜气田盒1期沉积相分布图

(2) 盒 2 期。

与盒 1 期相比较，辫状河道普遍减小，除公卡汉凸起部分外在大部分区域仍呈交叉连片沉积。河道砂体厚度一般在 5~15m 之间，岩石类型以中—粗粒岩屑石英砂岩、岩屑砂岩为主。本期地层中的泥质岩的颜色几乎都为棕褐色，反映气候干旱加剧，测井表现为高声波时差、低电阻率值。

(3) 盒 3 期。

该期与盒 2 期比较辫状河河道宽度及规模变小，共发育多条分流河道呈南近似南北向流动（图 2-1-24），河道砂体厚度在 5~15m 之间。而且从早期到晚期，辫状水道及河道规模逐渐减小，河道进一步变窄、收缩，河道内砂体厚度减薄。

下石盒子组底部具冲刷特征的大段厚层块状砂岩成为公认的地层分界及横向对比标志层，极易与下伏山西组煤层标志层划分；下石盒子组上部（盒 3 段）厚层泥质岩与上覆上石盒子组底部砂岩予以划分。下石盒子组电性特征主要显示为相对低伽马及中阻—低阻为特征，与下伏山西组高阻地层区分。

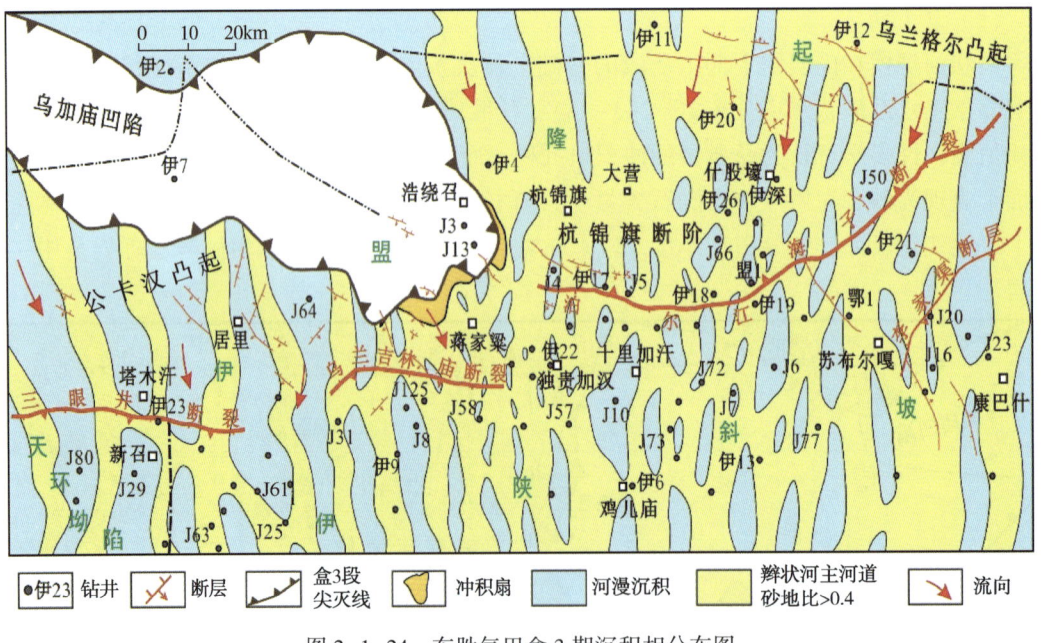

图 2-1-24 东胜气田盒 3 期沉积相分布图

5. 中二叠世上石盒子期

上石盒子组：东胜气田皆有分布。岩性主要为棕灰色、浅棕色细砂岩、中砂岩、含砾砂岩与棕色、棕褐色泥岩呈等厚互层。厚度 100m 左右，上石盒子组为干旱条件下的河湖相沉积。

晚二叠世石千峰期，气田范围及周缘为一套湖泊—泛滥平原相沉积。岩性为紫红色含砾砂岩与紫红色砂质泥岩互层，上部为较纯的泥岩，总厚度 300m 左右。石千峰组底界是一个明显的岩性和电性分界面。在钻井剖面上，石千峰组底部高电阻率的砂砾岩与上石盒子组低电阻率泥岩接触。地震剖面上为一强相位(T8),在盆地北部的地震剖面上可以连续追踪,是一个区域性地层划分标志层(B4)。

第二节　烃源岩特征与天然气资源量评价

有机质热演化处于高成熟阶段的二叠系下统的煤层是东胜气田主力气源岩,主要分布在气田南部伊陕斜坡区域。伊盟隆起区煤层或不发育、或处于成熟演化阶段。"十二五"至"十三五"期间依据勘探程度进行的资源评价,全区天然气资源量 $1.36×10^{12} m^3$。

一、烃源岩岩性及其分布

烃源岩为太原组、山西组的煤、碳质泥岩及暗色泥岩,主要分布于泊尔江海子断裂、乌兰吉林庙断裂和三眼井断裂以南区域(图 2-2-1、图 2-2-2、图 2-2-3、表 2-2-1)。

表 2-2-1　东胜气田上古生界煤和泥岩典型样品有机质含量一览表

区带	井号	井深(m)	层位	岩性	TOC(%)	氯仿沥青"A"(%)
什股壕	JP1	2314.65	盒1段	深灰色泥岩	0.15	0.0115
		2354.6	山西组	碳质泥岩	0.74	0.0167
	J2	2350.85	盒1段	深灰色泥岩	1.47	0.0161
		2381.55	盒1段	灰色泥岩	0.19	0.0075
		2414.66	山西组	深灰色泥岩	0.21	0.0051
		2417.48	山西组	灰色泥岩	0.08	0.0019
	J4	2783.5	山西组	深灰色泥岩	0.11	0.0079
	J5	2607.16	盒3段	灰色泥岩	0.21	0.0019
		2679.74	盒1段	灰色泥岩	0.34	0.0080
十里加汗	J6	2702.54	盒2段	灰色泥岩	0.07	0.0039
		2766.34	盒1段	灰色泥岩	0.22	0.0028
		2831.1	山1段	含油砂岩	—	0.0500
		2838.62	太原组	深灰色泥岩	2.20	0.0370
		2843.3	太原组	煤	59.0	0.7872
		2864.47	太原组	碳质泥岩	2.83	0.0802
		2870	太原组	深灰色泥岩	1.12	0.0162
	J7	2767	盒2段	灰色泥岩	0.32	0.0015
		2874.12	山2段	深灰色泥岩	1.26	0.0981
		2889.71	山1段	深灰色泥岩	1.32	0.0330
		2945	太原组	煤	32.5	0.4172
		2954.54	太原组	碳质泥岩	7.10	0.1954
	J8	3290.5	山1段	煤	58.8	2.383

续表

区带	井号	井深(m)	层位	岩性	TOC(%)	氯仿沥青"A"(%)
十里加汗	J10	3089.8	山2段	灰黑色泥岩	0.22	—
		3092.3	山2段	灰黑色泥岩	0.65	—
		3109.7	山2段	黑色泥岩	3.64	—
		3120	山2段	碳质泥岩	5.53	—
		3168	山1段	煤	49.3	1.0340
		3168.6	山1段	碳质泥岩	23.24	—
		3169.7	山1段	碳质泥岩	11.03	—
		3175	太原组	碳质泥岩	8.55	—
		3176.7	太原组	煤	57.1	0.3900
		3178.6	太原组	碳质泥岩	5.68	—
	J72	2991.7	山1段	煤	52.9	1.2126
		2992.4	山1段	煤	53.1	1.2114
	J73	3137.4	山1段	煤	70.0	2.1604
独贵加汗	J78	3160.4	太原组	煤	50.5	0.7236
	J89	3169.4	太原组	煤	65.6	1.6709
阿镇	J21	2925	山1段	煤	64.1	0.4972
		2929	山1段	煤	64.6	0.4967

图 2-2-1 东胜气田及周缘太原组暗色泥岩厚度分布图

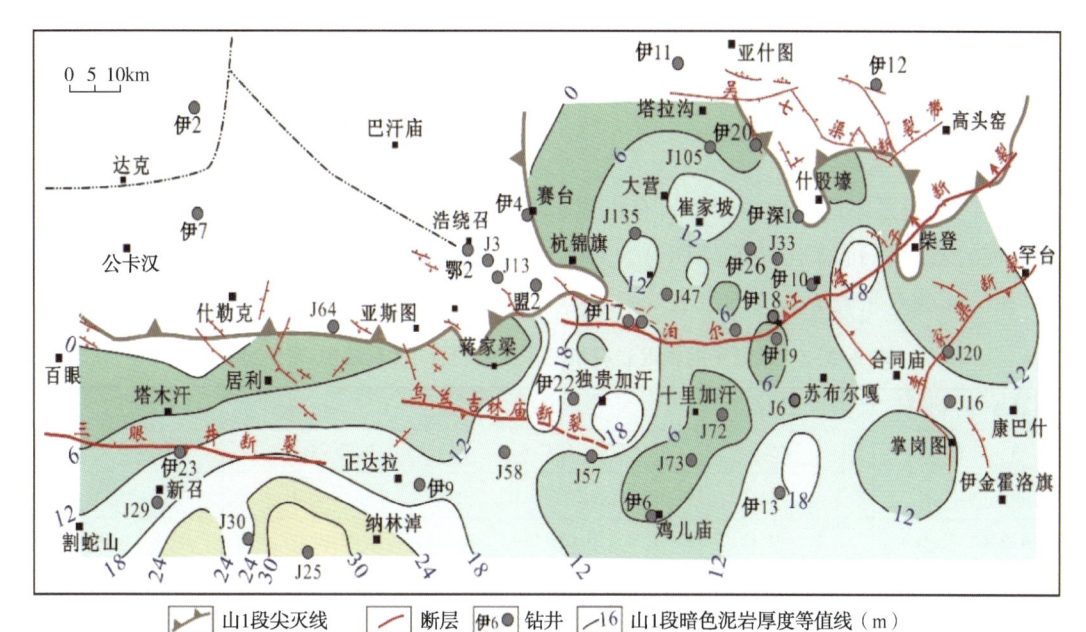

图 2-2-2　东胜气田及周缘山西组暗色泥岩厚度分布图

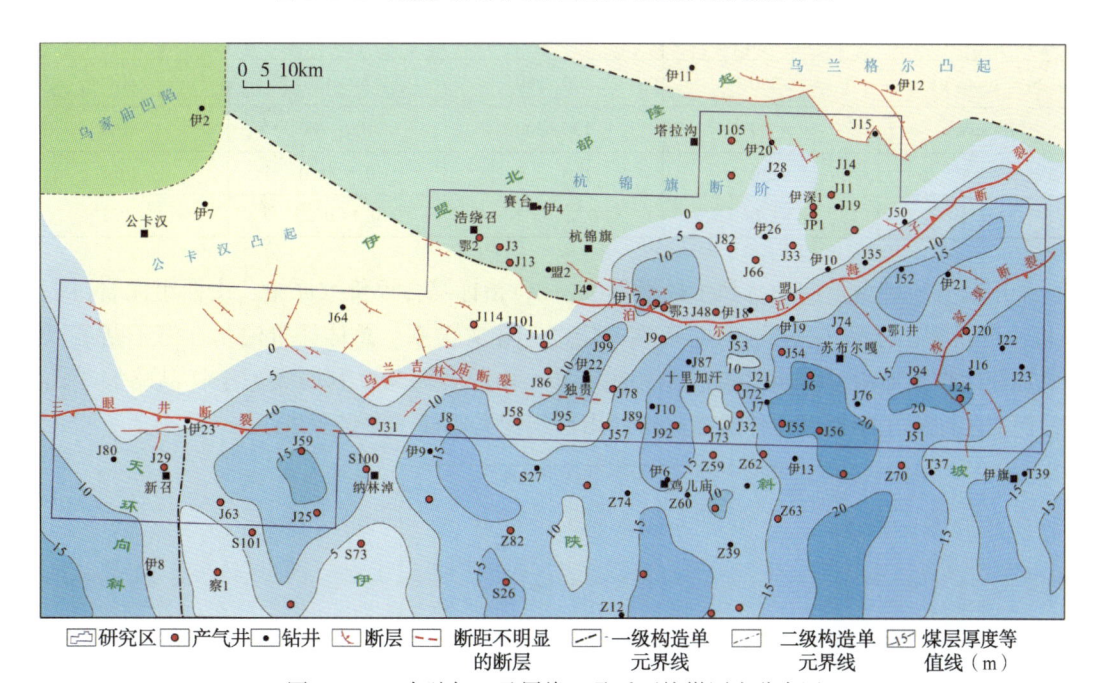

图 2-2-3　东胜气田及周缘二叠系下统煤厚度分布图

太原组、山西组煤主要发育在泊尔江海子、乌兰吉林庙及三眼井断裂带以南区域，累计厚度一般 5~15m，具有南厚北薄、东厚西薄特点。十里加汗区带和阿镇区带煤层最为发育，厚度在 10~20m 之间。太原组除煤层以外还发育一定厚度的碳质泥岩和暗色泥岩，厚度一般为 4~15m，呈南厚北薄。山西组除在公卡汉、乌兰格尔两个凸起大面积缺失外，全区皆有分布，为陆相的三角洲相沉积，发育暗色泥岩、碳质泥岩和煤。相对于太原组，山

— 41 —

西组暗色泥岩厚度和分布范围均有所增大，厚度一般不超过30m。

二、烃源岩地化特征

1. 有机质丰度

对本区二叠系不同岩性的烃源岩有机质丰度进行评价，分别采用不同的主要评价指标，如对于泥岩着重评价总有机碳（TOC），对于碳质泥岩和煤岩，则着重参考生烃潜量（S_1+S_2），评价标准参照表2-2-2、表2-2-3。

表2-2-2　Ⅲ型干酪根泥岩有机质丰度评价标准（秦建中等，2005）

评价级别	好	中等	差	非烃源岩
TOC（%）	>4	1.5~4	0.75~1.5	<0.75
S_1+S_2（mg/g）	>6.0	2.0~6.0	0.5~2.0	<0.5
氯仿沥青"A"（%）	>0.15	0.05~0.15	0.02~0.05	<0.02
HC（10^{-6}）	>400	150~400	50~150	<50

表2-2-3　沼泽相煤评价标准（秦建中等，2005）

评价级别	好	中等	差	非烃源岩
S_1+S_2（mg/g）	>250	100~250	50~150	<50
I_H（mg/g）	>300	150~300	100~200	<100
氯仿沥青"A"（%）	>2.0	1.0~2.0	0.5~1.0	<0.5
总烃（%）	>1.0	0.25~1.0	0.1~0.25	<0.1

采用总有机碳含量（TOC）和生烃潜量（S_1+S_2）指标综合评价太原组、山西组泥岩（图2-2-4），可以看出样品S_1+S_2与TOC存在一定的正相关关系。总体评价泊尔江海子断裂以南十里加汗区带太原组、山西组暗色泥岩属于差—中等烃源岩，其中太原组样品略好于山西组，而泊尔江海子断裂以北什股壕区带的山西组泥岩则属于差烃源岩。

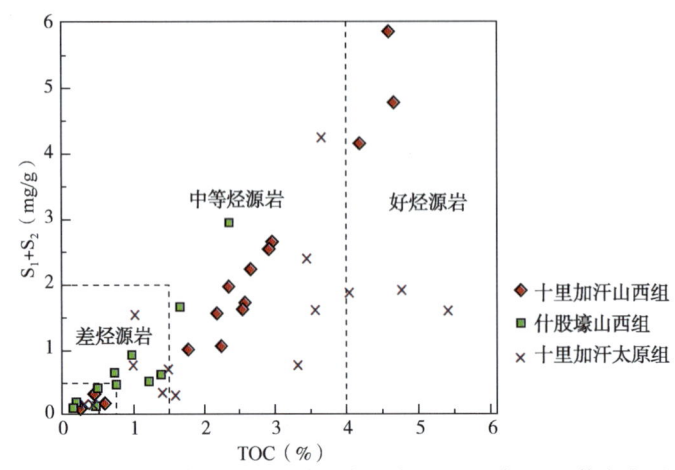

图2-2-4　东胜气田下二叠统暗色泥岩（S_1+S_2）与TOC值交会图

第二章 二叠系大型层状含气系统成藏要素的差异配置关系

对于煤岩及碳质泥岩有机质丰度的评价,总有机碳含量(TOC)不再作为一个重要评价指标,而是主要依据生烃潜量(S_1+S_2)进行评价,具体评价标准见表2-2-4。综合评价认为东胜气田及周缘太原组、山西组碳质泥岩均属于差—很差烃源岩(图2-2-5),且由于碳质泥岩厚度一般较薄,故其生烃潜力较小,因此对于成烃贡献所占比例有限。根据沼泽相煤岩的评价标准,太原组、山西组煤岩属于中等—差烃源岩级别(图2-2-5)。

表2-2-4 煤系碳质泥岩评价标准(陈建平 等,1997)

评价级别	很好	好	中等	差—很差	非
S_1+S_2(mg/g)	>120	70~120	35~70	10~35	<10
I_H(mg/g)	>700	400~700	200~400	60~200	<60
TOC(%)	35~40	18~35	10~8	6~10	6~10

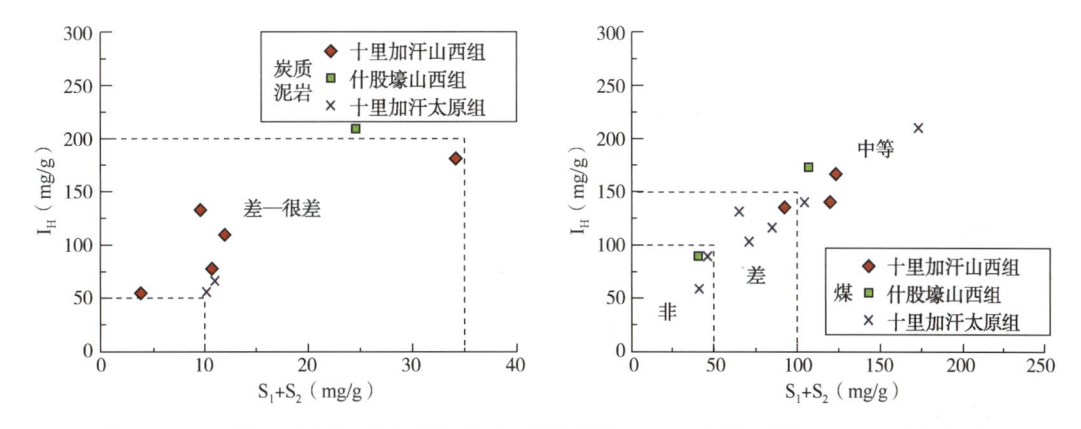

图2-2-5 东胜气田下二叠统碳质泥岩、煤氢指数(I_H)与热解生烃潜量(S_1+S_2)交会图

2. 有机质类型

有机质类型分为腐泥型(Ⅰ)、腐殖—腐泥型(Ⅱ₁)、腐泥—腐殖型(Ⅱ₂)和腐殖型(Ⅲ)型。决定其有机质类型的关键因素是其母质来源,如腐泥型干酪根主要来自低等水生生物、浮游生物和藻类,富氢贫氧,生烃潜能高;而腐殖型干酪根主要来自高等植物,富含芳基结构的母质素、纤维素和丹宁,生烃潜能相对低。中间型干酪根是这两类物质的混合。从有机显微组分的角度看,有机质类型主要取决于腐泥组、壳质组、镜质组和惰质组的构成。通过对本区25个太原组、山西组不同岩性的烃源岩样品进行全岩薄片观察统计,镜质组在有机显微组分中占据绝对优势(图2-2-6),其含量分布在45.7%~87.5%,平均值为74.1%(图2-2-7)。太原组煤样镜质组含量大于80%,高于山西组煤。

烃源岩可溶有机物的族组分特征是烃源岩有机生源输入、沉积环境、热演化特征等多种因素的综合表现。烃源岩母质为腐殖型时,由于生物先质中存在大量环状化合物,使得有机质存在较高风度的芳烃馏分化合物。

十里加汗区带太原组、山西组暗色泥岩氯仿沥青"A"抽提物分析,多数样品饱和烃含量小于20%,饱和烃与芳烃之比小于1,大多数样品非烃+沥青质含量大于80%(图2-2-8),体现

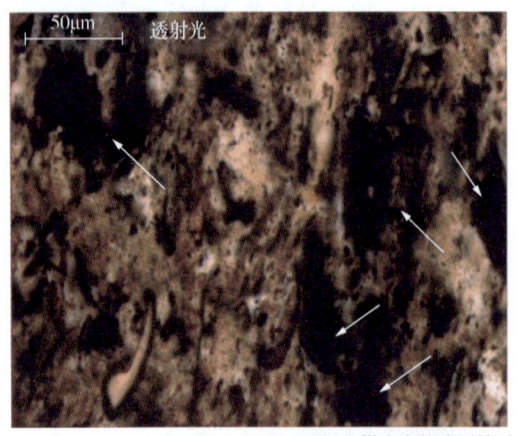

(a)煤岩中的碎屑镜质体（J7井，山西组，样品井深2872.8m）

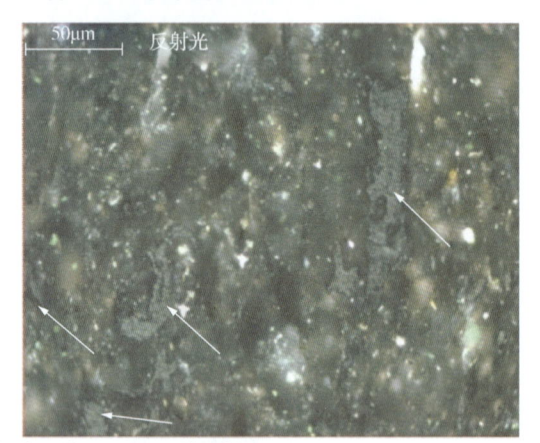

(b)煤岩中的碎屑镜质体（伊13井，山西组，样品井深2829.3m）

图 2-2-6　煤岩样品透射光与反射光下的镜质组显微图像

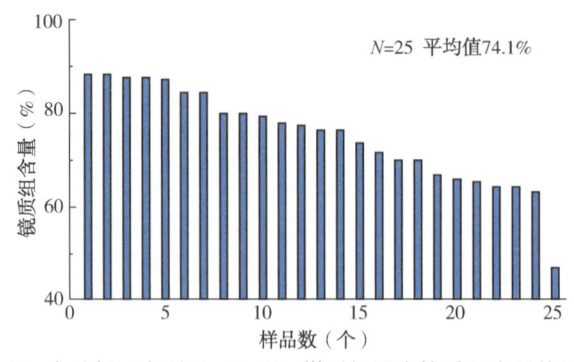

图 2-2-7　东胜气田太原组、山西组煤系烃源岩镜质组含量统计直方图

腐殖型烃源岩的特点。生物标志化合物中，代表高等植物的 C_{29} 甾烷含量普遍高于代表浮游生物的 C_{27} 甾烷，表明烃源岩沉积时陆源高等植物输入量较大。对十里加汗区带 12 口井 31 个太原组、山西组煤样抽提物族组分进行测试分析，山西组的煤样与太原组的煤样族组分特征基本一致(图 2-2-8)，饱和烃与芳烃的含量明显偏低，其中饱和烃的含量小于 10%，

芳烃的含量小于20%，而极性组分非烃与沥青质的含量在50%~70%之间，总的看来，组分含量饱和烃小于芳烃，非烃小于沥青质，并且饱和烃与芳烃比值较低，主体小于0.5，具有典型腐殖型烃源岩抽提物可溶有机质特征。

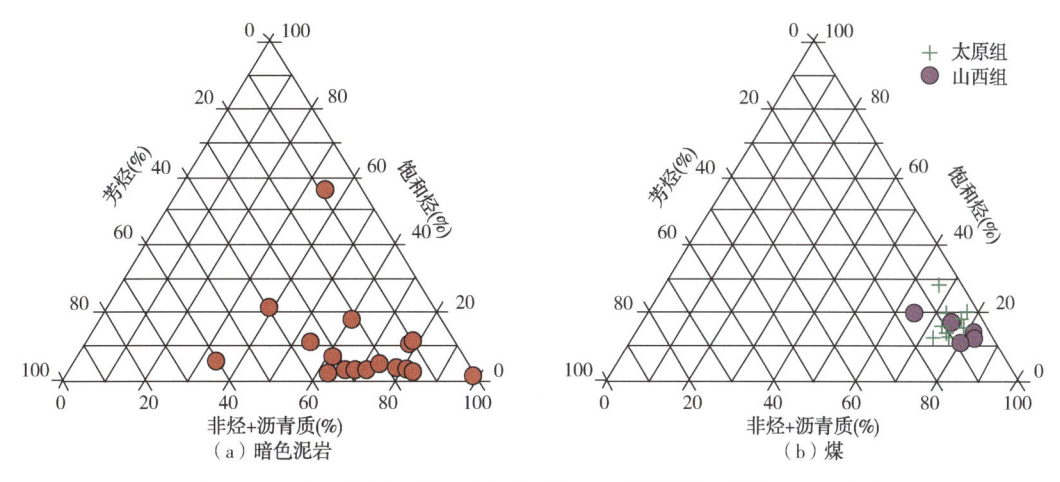

图 2-2-8 十里加汗区带上古生界煤和暗色泥岩抽提物族组分三角图

烃源岩样品热解分析结果显示，有效碳0~1.93%，生烃潜能除7个样品大于2kg/t外，其他样品均小于2kg/t，氢指数均小于120，降解率0~9.3%，烃指数0~7，表明研究区烃源岩的主要有机质类型为腐殖型。

上述分析结果表明，东胜气田上古生界烃源岩有机质类型为腐殖型，以生气为主。

3. 有机质热演化与成熟度

烃类的生成不仅要求烃源岩中含有丰富的有机质，而且要求有机质在地层中经受必要的热演化作用，达到一定的成熟度，才能成为有效烃源岩。研究和勘探实践证明，只有成熟生油岩分布区才能有较高勘探成功率，而腐殖型有机质需要达到高成熟演化阶段才能大量生气，烃源岩成熟度评价也是选区评价的关键。通常采用镜质组反射率(R_o)和烃源岩最大热解峰温 T_{max}(℃)值来评价烃源岩的成熟度。不同热演化阶段的地球化学指标划分标准见表2-2-5。

表 2-2-5 不同热演化阶段的地球化学指标（戴金星 等，2000）

演化阶段	R_o(%)	T_{max}(℃)	OEP	$C_{29}\dfrac{20S}{20S+20R}$	Tm/Ts	产 物
未成熟	<0.5	<435	>1.2	<0.25	>2	生物甲烷气、为成熟气、凝析油
低成熟	0.5~0.8	435~445	1.2~1.0	0.25~0.40	1~2	低熟重质油、凝析油
成熟	0.8~1.3	445~480	1.0	>0.40	≤1	成熟重质油
高成熟	1.3~2.0	480~510	—	—	—	高成熟轻质油、凝析油、湿气
过成熟	>2.0	>510	—	—	—	干气

注：Tm/Ts 为 17aH-22,29,30-三降藿烷/18aH-22,29,30-三降藿烷。

岩石中镜质组反射率直接反映有机质的受热历史，这是因为随着有机质热演化程度增加，镜质组反射率有规律地增大，这种不可逆性被认为是确定有机质成烃演化的良好标尺。该次研究在杭锦旗地区 13 口钻井太原组和山 1 段采集了岩心煤样进行镜质组反射率测试（表 2-2-6、图 2-2-9）。

表 2-2-6 东胜气田下二叠统煤样晶质体反射率数据表

井　号	岩　性	井深(m)	层　位	R_o(%)
J16	煤	2434	山 1 段	1.07
J8	煤	3319.5	太原组	1.34
J78	煤	3161.6	太原组	1.35
J89	煤	3169.4	太原组	1.17
J10	煤	3178	太原组	1.36
J73	煤	3137.4	山 1 段	1.27
J72	煤	2992.4	山 1 段	1.16
J70	煤	2977	太原组	1.34
J21	煤	2929	山 1 段	1.19
J7	煤	2945	太原组	1.34
J6	煤	2843.3	太原组	1.33
J75	煤	2786.6	山 1 段	1.26
J76	煤	2751.1	山 1 段	1.10
J30	煤		太原组	1.76
J80	煤		太原组	1.85

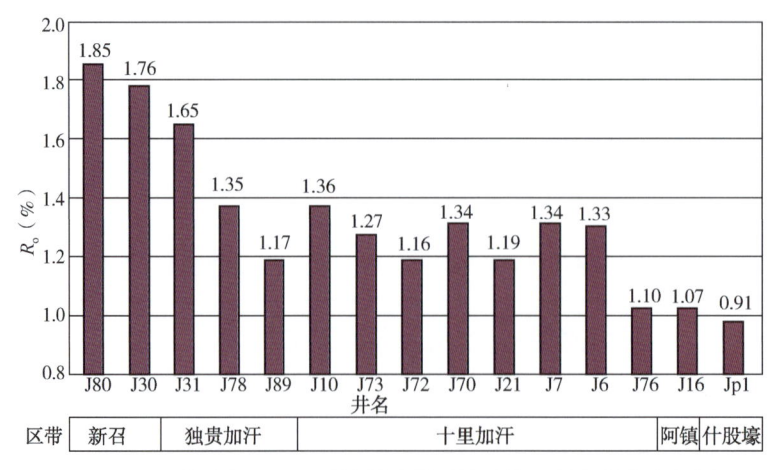

图 2-2-9 东胜气田下二叠统煤岩样品镜质体反射率分布直方图

从煤样的镜质组反射率测试数据看，断裂带以南太原组样品分布在 1.04%~1.85%之间，平均值为 1.34%，山西组样品分布在 1.12%~1.44%，平均值为 1.20%，而泊尔江海子断裂以北什股壕区带 4 个山西组样品镜质组反射率分布在 0.95%~1.02%，平均值为 0.92%。即断裂带以南上古生界烃源岩有机质处于成熟晚期—高成熟演化阶段，什股壕区带烃源岩则主体处于成熟早期阶段；断裂带南侧又具有"西高东低"的特点，即西部新召区带处于高成熟—过成熟演化阶段，东部阿镇区带主要处于成熟阶段。

通过 Rock-Eval 获得烃源岩一系列的热解参数，从东胜气田太原组、山西组 84 个测试数据分析，什股壕区带山西组 T_{max} 值分布在 443~516℃，平均值为 458℃，而断裂带以南山西组 T_{max} 值分布在 444~505℃，平均值为 476℃，太原组 T_{max} 值则分布在 325~537℃，平均值为 477℃。比较不难发现，断裂南北两侧的 T_{max} 数值存在较大差距，但是断裂以南太原组、山西组两者的 T_{max} 却较接近。

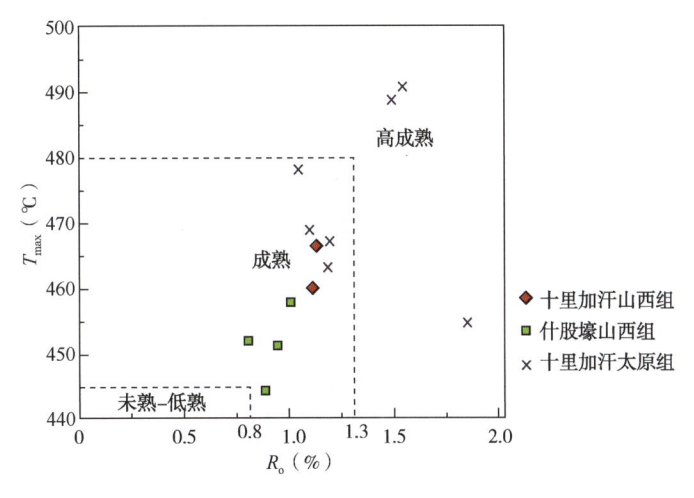

图 2-2-10　烃源岩样品镜质组反射率 R_o(%)与最大热解峰温 T_{max}(℃)值交会图

山 1 段、太原组镜质组反射率 R_o(%)数值具有分区性(图 2-2-11)，泊尔江海子断裂以北源岩成熟度较低，镜质组反射率总体小于 1.0% 处于成熟阶段；断裂以南中、西部地区，镜质组反射率 R_o 总体大于 1.3%，源岩普遍进入大量生烃阶段。

三、东胜气田天然气成因类型探讨

1. 天然气地球化学特征

统计的 30 个上古生界天然气样品烃类含量在 90.89%~99.81%，平均为 98.32%；非烃气体以氮气为主，含量分布在 0.16%~7.18%，平均为 0.62%。

烃类气体中以甲烷为主。在统计的 27 个天然气样品中，什股壕区带 16 个样品甲烷含量分布在 77.72%~93.66%(图 2-2-12)，平均值为 87.37%，伊陕斜坡 11 个样品甲烷含量分布在 71.61%~93.72%，平均值为 87.12%。根据样品甲烷含量计算得到天然气干燥系数(C_1/C_{1-5})，什股壕样品为 0.73~0.94(图 2-2-13)，平均值为 0.887；伊陕斜坡样品为 0.80~0.95(图 2-2-13)，平均值为 0.886。烷烃气组成中甲烷含量与乙烷、丙烷含量存在一定的负相关关系(图 2-2-14)。

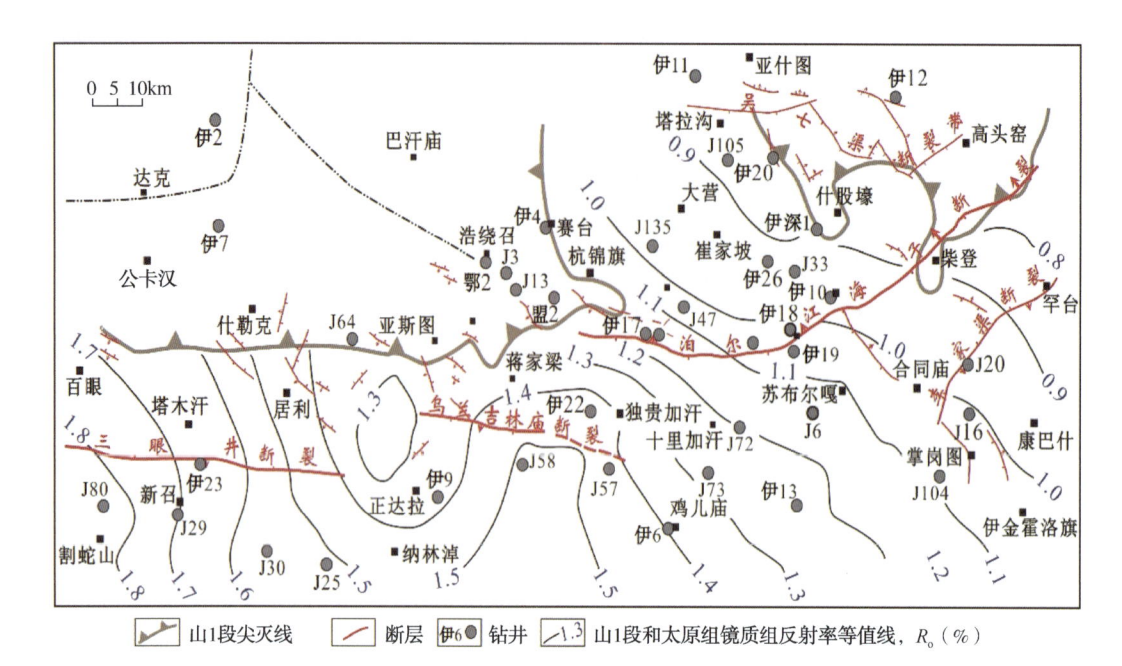

图 2-2-11　东胜气田及周缘下二叠统煤岩镜质组反射率等值线图

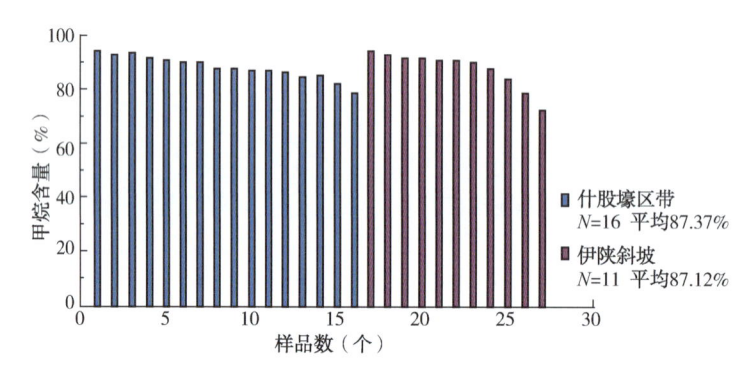

图 2-2-12　东胜气田上古生界天然气样品组分中甲烷含量直方图

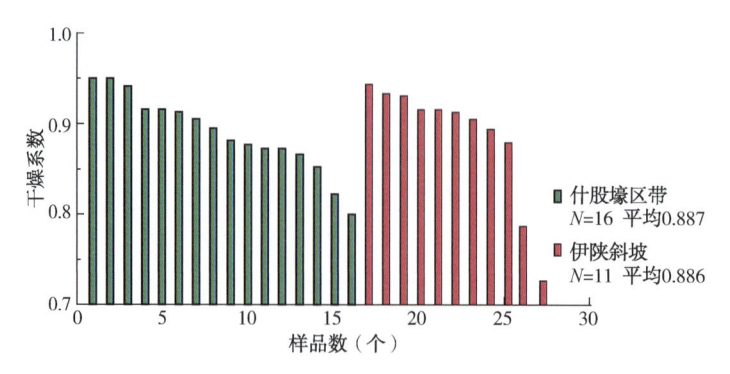

图 2-2-13　东胜气田上古生界天然气样品干燥系数直方图

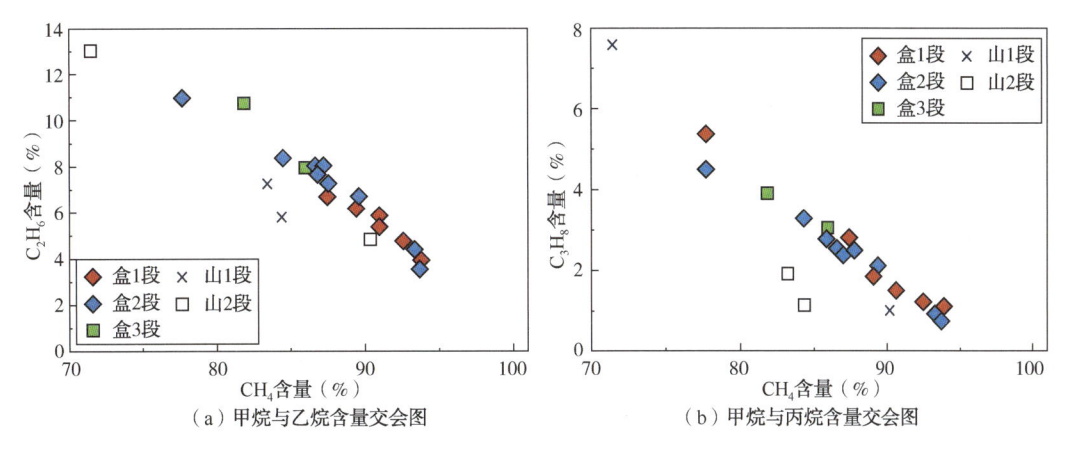

图 2-2-14　东胜气田上古生界天然气样品甲烷与乙烷、丙烷含量交会图

2. 碳同位素特征

在天然气地球化学研究中，气态烃的碳、氢同位素组成蕴含着丰富的母质来源及其生成烃类化合物所经历地质地球化学历程信息，即同位素的母质继承效应和地质历史中生物化学、物理作用所导致的同位素分馏效应。天然气碳同位素组成主要反映母质类型及其演化程度，常被应用于天然气成因的判别。

东胜气田上古生界天然气 $\delta^{13}C_1$ 值主要分布于 $-36.2‰\sim-31.7‰$ 之间（图 2-2-15），$\delta^{13}C_2$ 值主要分布于 $-30.1‰\sim-23.4‰$ 之间，$\delta^{13}C_3$ 值则主要分布于 $-31.1‰\sim-19.5‰$ 之间，甲烷碳同位素、乙烷碳同位素、丙烷碳同位素总体表现为正序特征，即 $\delta^{13}C_3>\delta^{13}C_2>\delta^{13}C_1$。以泊尔江海子断裂为界，将其南北两侧的天然气碳同位素进行比较，断裂以北伊盟隆起什股壕区带 $\delta^{13}C_1$ 值主要分布于 $-33.6‰\sim-31.7‰$ 之间，平均值为 $-32.3‰$，$\delta^{13}C_2$ 值主要分布于 $-27.4‰\sim-24.6‰$ 之间，平均值为 $-25.7‰$，$\delta^{13}C_3$ 值则主要分布于 $-24.8‰\sim-23.2‰$ 之间，平均值为 $-22.5‰$；断裂以南伊陕斜坡十里加汗区带 $\delta^{13}C_1$ 值主要分布于 $-36.2‰\sim-32.4‰$ 之间，平均值为 $-33.7‰$，$\delta^{13}C_2$ 值主要分布于 $-30.1‰\sim-23.4‰$ 之间，平均值为 $-26.9‰$，$\delta^{13}C_3$ 值则主要分布于 $-31.1‰\sim-19.5‰$ 之间，平均值为 $-24.3‰$。

3. 氢同位素特征

烷烃气氢同位素蕴涵的一些信息具有特定意义，如对沉积环境示踪。当与烷烃气碳同位素综合应用时，可作为天然气地球化学研究中的一项重要指标。

东胜气田上古生界天然气 $\delta^{13}D_1$ 值主要分布于 $-199.0‰\sim-172.2‰$ 之间（图 2-2-16），$\delta^{13}D_2$ 值主要分布于 $-180.0‰\sim-132.2‰$ 之间，$\delta^{13}D_3$ 值则主要分布于 $-176.0‰\sim-100.2‰$ 之间，甲烷氢同位素、乙烷氢同位素、丙烷氢同位素总体表现为正序特征，即 $\delta^{13}D_3>\delta^{13}D_2>\delta^{13}D_1$。泊尔江海子断裂以北 $\delta^{13}D^1$ 值主要分布于 $-191.0‰\sim-172.2‰$ 之间，平均值为 $-184.6‰$，$\delta^{13}D_2$ 值主要分布于 $-170.0‰\sim-137.9‰$ 之间，平均值为 $-156.3‰$，$\delta^{13}D_3$ 值则主要分布于 $-156.0‰\sim-115.5‰$ 之间，平均值为 $-133.0‰$；断裂以南 $\delta^{13}D_1$ 值主要分布于 $-199.0‰\sim-179.8‰$ 之间，平均值为 $-188.4‰$，$\delta^{13}D_2$ 值主要分布于 $-180.0‰\sim-132.2‰$ 之

间，平均值为 -156.1‰，$\delta^{13}D_3$ 值则主要分布于 -176.0‰ ~ -100.2‰ 之间，平均值为 -129.3‰。

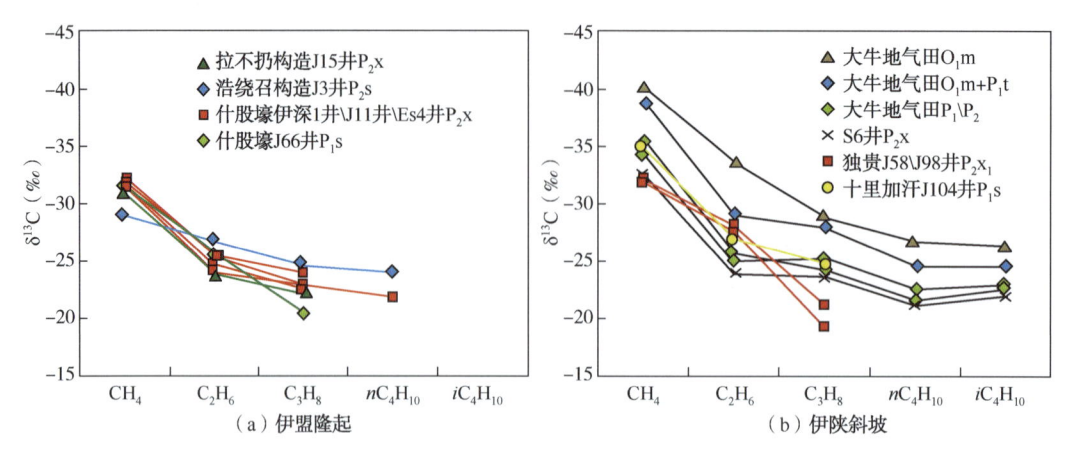

图 2-2-15　盆地北部上古生界天然气碳同位素分布特征

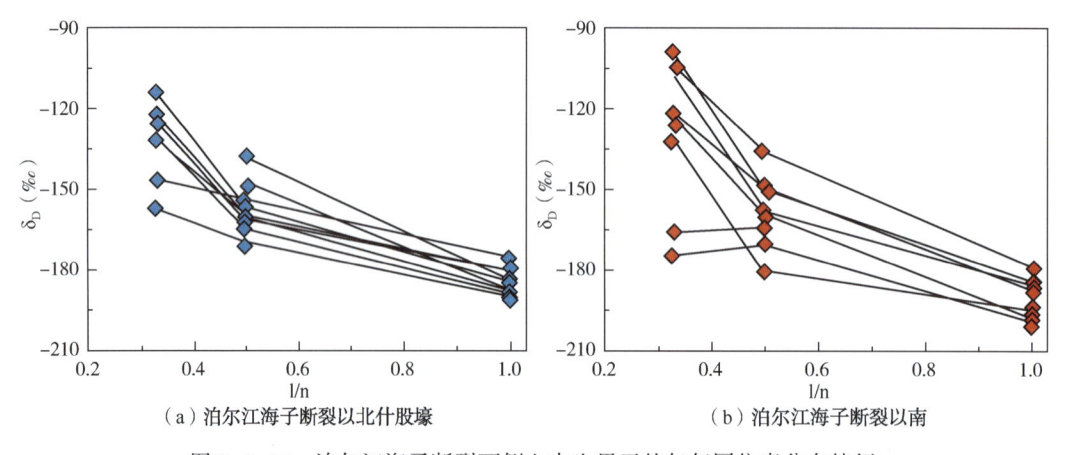

图 2-2-16　泊尔江海子断裂两侧上古生界天然气氢同位素分布特征

4. 稀有气体同位素特征

自然界中 He 有 ^{3}He 和 ^{4}He 两种稳定同位素，二者在成因上具有显著差异，在地球不同圈层中其比值 ^{3}He/^{4}He（常用 R 表示）差异明显，地壳和上地幔典型 ^{3}He/^{4}He 值分别为 1.0×10^{-8}（O'Nions 等，1983；Ballentine 等，2002）和 1.2×10^{-5}（王先彬，1989；Ballentine 等，2002）。通常用大气的 ^{3}He/^{4}He 比值 $R_a = 1.399 \times 10^{-6}$（通常简化为 1.4×10^{-6}）(Mamyrin et al，1970)。一般认为，幔源天然气具有高的 R/R_a 值（≥8），而典型壳源气则具有低的 R/R_a 值（<0.5）。从盆地北部古生界天然气的稀有气体同位素特征来看，不管是上古生界天然气还是下古生界天然气，其 R/R_a 值普遍较低，最高仅为 0.126（表 2-2-7），主体表现出典型壳源特征。

表 2-2-7　鄂尔多斯盆地北部古生界天然气 R/R_a 值与 $^{40}Ar/^{36}Ar$ 分布范围

气　田	层　位	R/R_a	$^{40}Ar/^{36}Ar$
大牛地气田	P_1x	0.007~0.046	368.7~1163.9
	P_1s	0.007~0.126	901.7~2328.2
	P_1t	0.017~0.057	376.6~930.6
	O_1m	0.026	396.5
东胜气田（杭锦旗探区）	P_1x	0.015~0.020	487.8~585.0
	P_1s	0.020~0.024	347.2~2875.5
柳杨堡气田（定北探区）	P_1x	0.035	445.9
	P_1s	0.035	529.7
	P_1t	0.045	317.4

氩气是一种惰性气体，由于其具有稳定的化学性质，几乎不与其他物质发生化学反应，因而氩同位素成为气源对比的重要手段之一，其原理为气源岩的地质年代越老，^{40}Ar 含量越高、$^{40}Ar/^{36}Ar$ 比值越大，据此可根据天然气的 $^{40}Ar/^{36}Ar$ 比值推测其可能的烃源岩。

徐永昌等（1996）根据地壳和地幔来源的天然气具有不同的氦、氩同位素组成，提出了 $^3He/^4He$ 与 $^{40}Ar/^{36}Ar$ 相关图的"横人字型"图版来判识天然气中稀有气体的来源。盆地北部上、下古生界天然气在 $^3He/^4He$ 与 $^{40}Ar/^{36}Ar$ 相关图（图 2-2-17）中均落在典型壳源区域，没有幔源氦的参与。

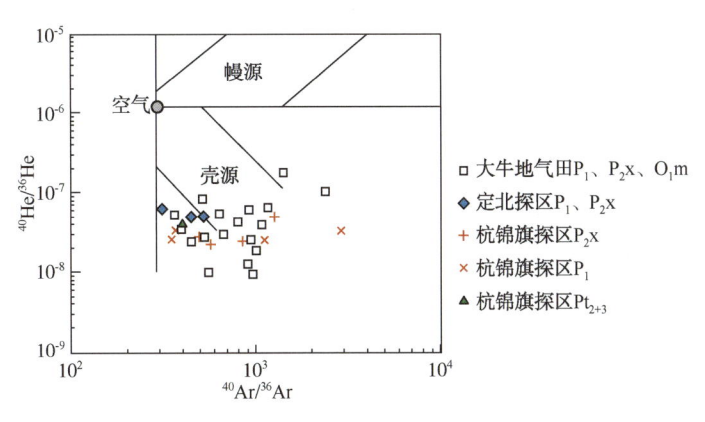

图 2-2-17　东胜气田天然气 $^3He/^4He$ 与 $^{40}Ar/^{36}Ar$ 关系

许化政等对东濮凹陷文留构造不同成因天然气的 $^{40}Ar/^{36}Ar$ 比值进行了统计，结果显示产于盐下沙四段、来源于石炭系—二叠系的天然气 $^{40}Ar/^{36}Ar$ 比值为 1175~1286，而产于盐上、与古近—新近系共生油型气 $^{40}Ar/^{36}Ar$ 比值为 343~612，即说明气源不同的天然气 $^{40}Ar/^{36}Ar$ 比值分布范围差异较大。根据图版鉴定杭锦旗地区上古生界天然气均具有壳源特征，为有机成因。

5. 上古生界天然气成因

天然气成因类型可划分为有机成因气、无机成因气、混合成因气三大类。有机成因气根据演化程度划分为生物气、生物热催化过渡带气、热解气和裂解气，根据母质类型划分为煤成气(包括煤成热解气和煤成裂解气，在天然气资源中占主导地位)和油型气(主要是原油伴生气，包括油型热解气和油型裂解气)；无机成因气以二氧化碳为主，分为岩石化学成因和幔源成因两种主要类型；混合成因气是两种或两种以上成因类型气混合而成的天然气，常见的主要有三类(同一烃源岩不同热演化阶段生成天然气的混合，不同烃源岩生成天然气的混合，有机成因气和无机成因气的混合)。常用的天然气成因类型鉴别指标有天然气组分、烷烃气碳同位素、二氧化碳碳同位素和轻烃参数，其中，碳同位素是判别各类成因天然气最有效和最实用的指标。天然气中碳同位素组成主要反映母质类型及其演化程度，并且应用其将天然气划分为煤成气(煤型气)和油型气。以乙烷碳同位素($\delta^{13}C_2$)值-28‰为界，大于-28‰为煤成气(腐殖型干酪根)，小于-28‰为油型气(腐泥型干酪根)。

在甲烷-乙烷碳同位素交会图(图2-2-18)中，苏里格地区数据点分布范围较大，这与其气田范围大、气层埋深变化大和烃源岩成熟度跨度大有关。而什股壕和浩绕召数据点具有各自相对独立的分区，表明其气源存在差异。J10井奥陶系风化壳天然气与大牛地石炭—二叠系接近，是煤成气。根据产气井与烃源岩分布以及所处的构造位置来分析，表明什股壕地区很可能代表了原地+异地天然气混合成藏的特征。

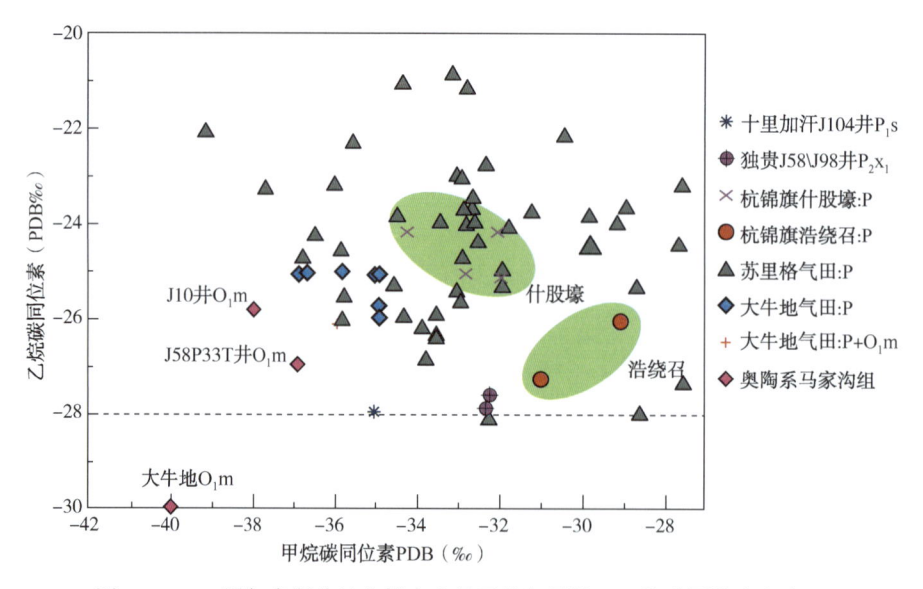

图2-2-18 鄂尔多斯盆地北部古生界天然气甲烷—乙烷碳同位素交会图

根据戴金星等(2014)修改完善的$\delta^{13}C_1$-$\delta^{13}C_2$-$\delta^{13}C_3$图版，对本区上古生界天然气成因进行判别，表明整体属于煤成气(图2-2-19)，个别盒1段样品落点在混合成因气区域内。

天然气氢同位素的研究对象主要包括游离氢和烷烃气，目前国内外以有机成因烷烃气的研究程度相对较高。有机热成因烷烃气的氢同位素组成主要受烃源岩沉积环境和成熟度的影响，且主要是受沉积环境的影响，如发育于海陆交互相半咸水环境的烃源岩所生成的甲烷氢同位素大于-190‰，小于-190‰为陆相淡水环境(Schoell，1980)，介于-190‰~

−180‰为海陆过渡相半咸水环境(沈平 等，1991)，大于−180‰为海相咸水环境(王万春，1996)。根据图 2-2-20 图版，综合判别上古生界天然气主要来源于海陆过渡相半咸水环境下形成的腐殖型干酪根，这与利用微量元素判别沉积环境所取得的认识是一致的。

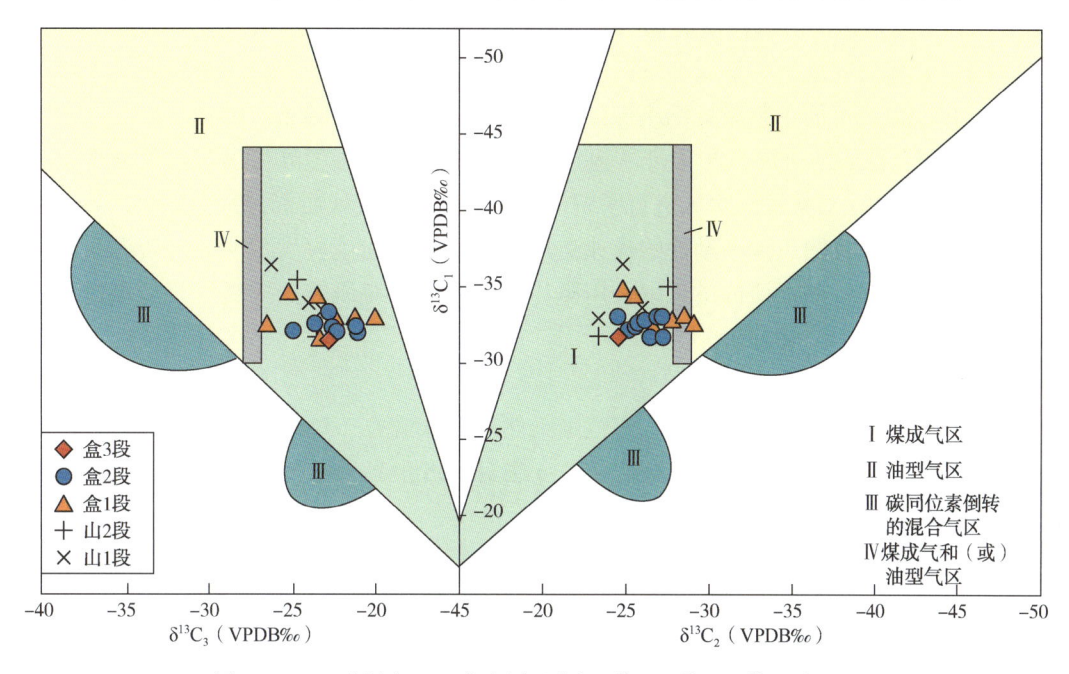

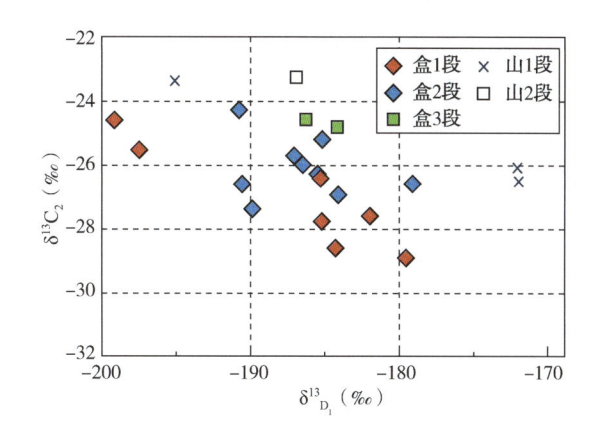

图 2-2-19 东胜气田上古生界天然气 $\delta^{13}C_1$-$\delta^{13}C_2$-$\delta^{13}C_3$ 关系图

图 2-2-20 东胜气田上古生界天然气 $\delta^{13}C_2$-$\delta^{13}D_1$ 交会图

四、东胜气田二叠系天然气资源量

2001 年，"三次资评"结果，东胜气田(杭锦旗探区)上古生界天然气资源量为四千余亿立方米。2004 年，费琪等经过系统的烃源岩地化特征研究后，对探区的天然气资源潜力进行了计算：煤层和暗色泥质岩生气总量 $5.98 \times 10^{12} m^3$，其中煤生气量 $5.17 \times 10^{12} m^3$，暗色泥

质岩生气量 $0.81 \times 10^{12} m^3$，生聚系数取值 0.05，计算得探区上古生界天然气总资源量为 $2995 \times 10^4 m^3$，显然煤是最重要的气源岩。

限于当时的勘探程度，上述结论显然是保守的，生聚系数取值 0.05，其原因可能是考虑研究区处于盆地边部、以构造类型气藏为主。根据探区南部已进入开发阶段的大牛地气田"十一五"阶段研究成果，就二叠系近源成藏系统成熟勘探区的资源序列特点，生聚系数应取值 0.10。以此可简单判断杭锦旗探区上古生界总资源量为 $5980 \times 10^4 m^3$。

随着勘探及认识的进展，2010 年，基于鄂尔多斯盆地上古生界大型岩性气藏普遍发育的认识，采用类比法对杭锦旗探区进行了资源量评价，天然气地质资源量为 $6788.99 \times 10^8 m^3$。随着"十二五"期间杭锦旗探区勘探的快速进展，地质储量的规模发现明显与资源量不相匹配，2016—2017 年，勘探评价过程中采用类比法、圈闭法对研究区天然气资源量进行了一次评价，结果为 $13645.60 \times 10^8 m^3$。

1. TSM 盆地模拟法计算资源量

"十三五"期间，为进一步掌握气田范围天然气勘探潜力，对东胜气田（杭锦旗探区）采用盆地模拟法、类比法、圈闭法相互结合的方法对上古生界天然气资源量进行了新一轮评价，力求资评结果更能反映实际资源现状。

油气资源评价的方法较多，按照方法所基于的原理，可将资源评价方法大致分为三大类，即成因法、统计法和类比法，在各类方法中又各自包括了多种具体方法。

成因法是从有机质的沉积、演化过程出发，根据物质质量守恒的原理，估算有机质在各演化阶段的生烃量、排烃量、聚集量和保存量，从而预测出潜在区域的油气资源量。成因法适用于石油勘探的各个阶段，具体方法主要包括有机碳法、氯仿沥青"A"法、干酪根热降解法、盆地模拟法等；统计法是以数理统计为基础的一类资源评价方法，是通过对高勘探程度区大量数据的统计分析，确定各种因素与油气资源之间的统计关系或油气资源的发现过程中的各种统计规律等而建立的方法，该类方法适用于勘探程度较高并有油气田发现的地区，它主要包括油田规模序列法、广义帕莱托分布法、发现过程模型法、圈闭加和法、统计趋势预测法等一系列具体方法；地质类比法采用的是由已知信息推测未知信息的经典的地质思想，类比法同样也可用于不同勘探程度的地区，主要有资源面积丰度法和资源体积丰度法等。

油气资源评价方法虽然很多，但在具体方法的选择和使用中需要考虑针对性和适用性。总体来说，国外油气资源评价以统计法和类比法为主，而我国油气资源评价则以成因法（盆地模拟技术）为主，统计法和类比法使用较少。造成这种状况的主要原因是我国对盆地模拟技术的研究比较系统、比较深入，具有广泛使用的条件，而对统计法与类比法的研究比较薄弱，同时又缺乏系统、大量的数据库资源的支撑。

TSM 盆地模拟是油气勘探中一种快速、动态、定量的综合研究手段，它是通过将油气盆地的地质概念模型转换为数学模型，然后运用计算机技术加以实现，再现地质历史演变过程中油气生成、排出和聚集过程的一种仿真技术。2014 年，采用 TSM 盆地模拟法对杭锦旗地区上古生界进行了天然气资源量评价。

（1）埋藏史和热史分析。

杭锦旗探区在不同的构造单元地层埋深史和热史有较大的区别，分别选取了三口单井代表区内不同构造单元的埋藏史和热史演化（图2-2-21至图2-2-23）。

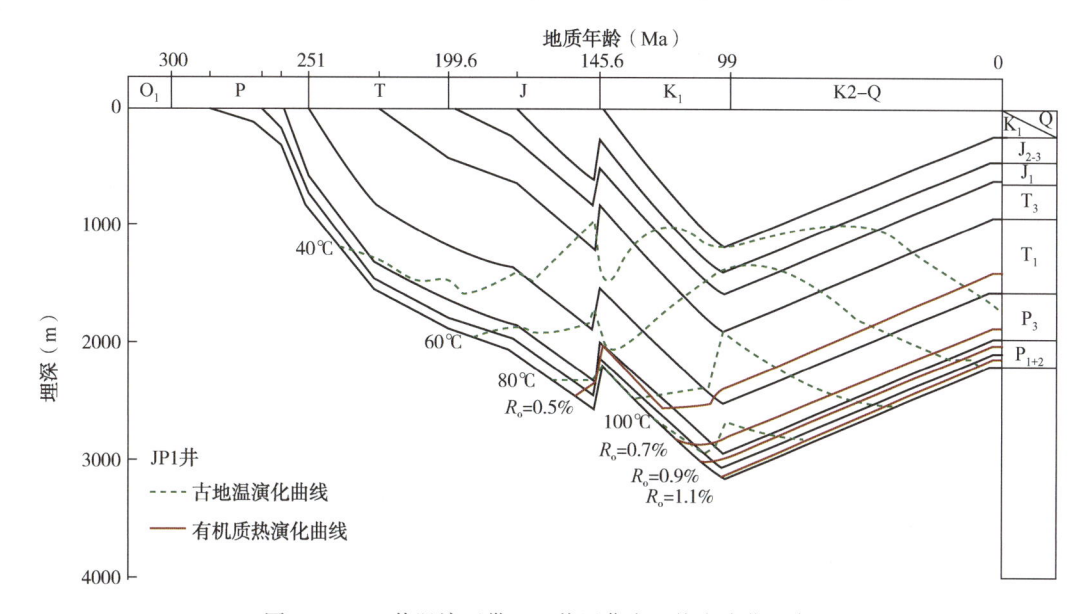

图2-2-21　什股壕区带JP1井埋藏史、热史演化示意图

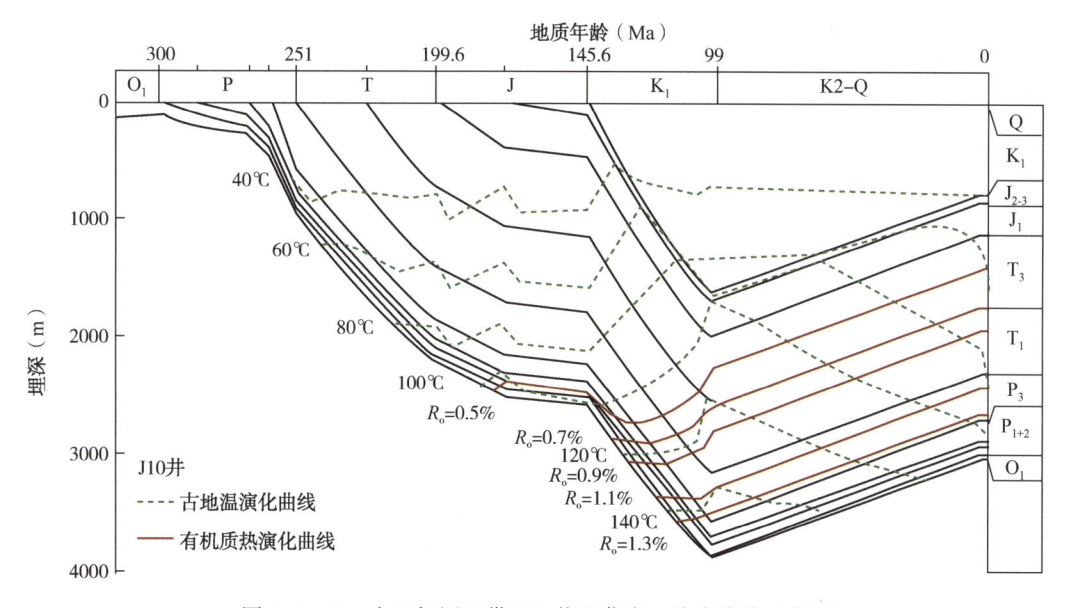

图2-2-22　十里加汗区带J10井埋藏史、热史演化示意图

埋藏史及热史演化显示断裂以北什股壕区带的JP1井烃源岩进入成熟演化门限时间相对较晚，现今烃源岩成熟度演化程度相对较低，山西组烃源岩现今热演化程度R_o值在1.3%左右，而断裂以南及西部的两口单井的烃源岩现今演化程度较高，J10井二叠系烃源

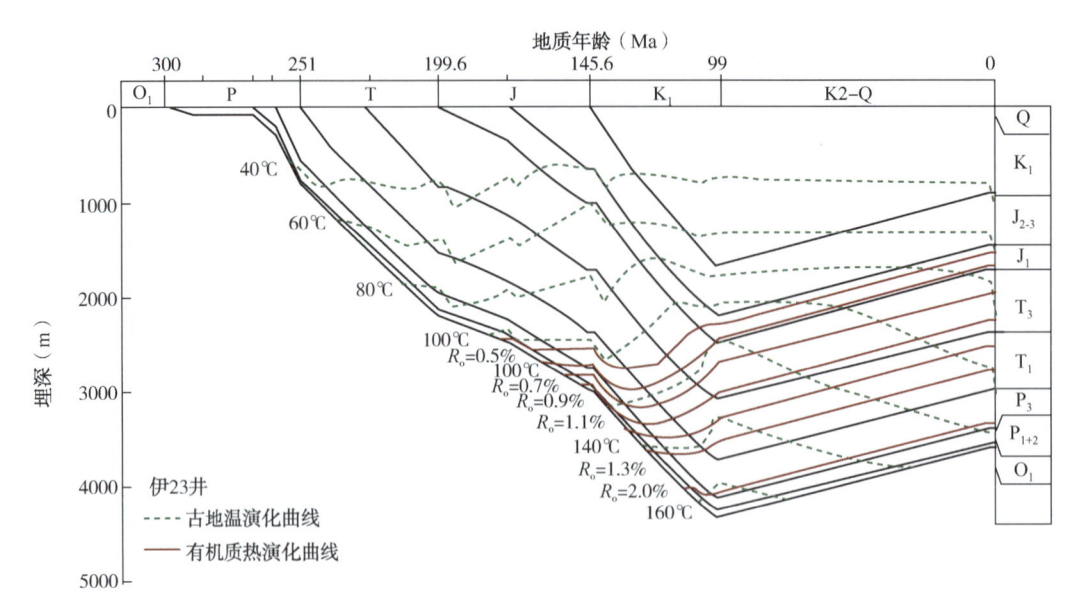

图 2-2-23　新召区带伊 23 井埋藏史、热史演化示意图

岩 R_o 值接近 1.5%，西部新召的伊 23 井烃源岩成熟演化程度 R_o 值达到 2.0%。

(2) 生气产率曲线特征。

以埋藏史、热成熟度史模拟结果为依据计算生烃量，除源岩品质和厚度参数外，最重要的是不同岩性源岩产烃模式。选取了十里加汗区带 J6 井的暗色泥岩和煤岩样品进行了热模拟实验。实验采用了无锡石油地质研究所研制的 DK-Ⅱ 型地层孔隙热压生排烃模拟实验仪。这是一套主要基于直接将压力施加于烃源岩样品，模拟烃源岩在地质条件下的生烃与初次排烃过程，研究不同类型烃源岩在不同温度、压力条件下生烃潜力和排烃过程的实验设备。

物理模拟的温度设置是要结合地质条件而定，实验中温度与有机质成熟度 R_o 值具有对应关系。模拟温度 250~320℃（对应 R_o 值为 0.59%~0.74%）、模拟温度 320~350℃（对应 R_o 值为 0.74%~0.84%）、模拟温度 350~380℃（对应 R_o 值为 0.84%~1.28%）、模拟温度大于 380℃（对应 R_o 值大于 1.28%），反映了烃源岩的生烃演化过程。

模拟结果（图 2-2-24）反映了上古生界煤系烃源岩的产烃特征，即在 350~380℃ 条件下，源岩样品以生气为主，煤岩样品产烃为 113kg/t 左右，暗色泥岩样品产烃为 71kg/t 左右，煤岩生烃量显然高于泥岩。

(3) 上古生界生气量与资源量计算结果。

计算得到东胜气田上古生界烃源岩现今累计生气量为 $19.462 \times 10^{12} m^3$（表 2-2-8），现今累计生烃量生烃强度为 $(0 \sim 25) \times 10^8 m^3$（表 2-2-9），总体表现为南高北低、西高东低，断裂带以北通常小于 $8 \times 10^8 m^3$。参考大牛地气田的生聚系数（0.096）进行类比，以生聚系数 0.096 计算，气田天然气资源量为 $1.878 \times 10^{12} m^3$，若考虑探区位于盆地边部，具有散失因素，取大牛地气田生聚系数的 70% 进行计算，则资源量为 $1.308 \times 10^{12} m^3$。

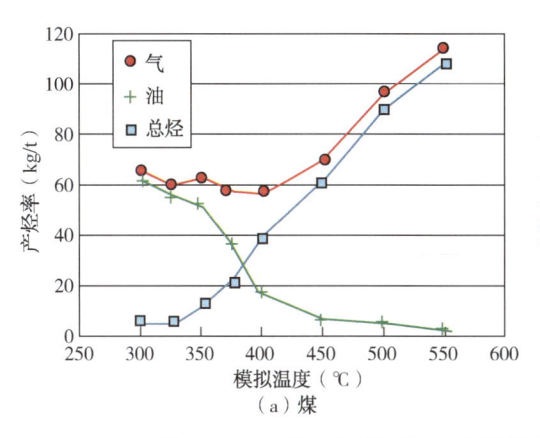

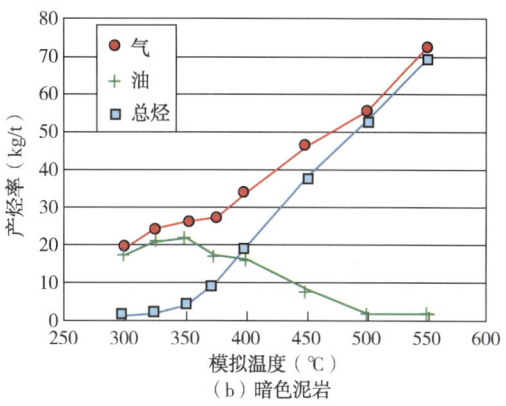

图 2-2-24　十里加汗区带 J6 井煤岩和深灰色泥岩样品热模拟产烃率曲线

表 2-2-8　东胜气田上古生界生烃量统计

源　　岩	山西组泥岩	山西组煤	太原组泥岩	太原组煤	合　　计
生烃量($10^{12}m^3$)	3.982	9.419	1.343	4.718	19.462

表 2-2-9　东胜气田上古生界平均生烃强度统计

源　　岩	山西组泥岩	山西组煤	太原组泥岩	太原组煤
生烃面积(km^2)	9783	9691	3584	2984
生烃强度($10^8m^3/km^2$)	4.071	9.719	3.748	15.813

2. Petromod 盆地模拟计算资源量

中国科学院大学王惠君等（2020）在对东胜气田上古生界烃源岩进行系统研究的基础上，利用 Petromod 盆地模拟软件计算了该区烃源岩的成熟度，采用深度学习领域中的卷积神经网络（CNN）计算评价山 1 段和太原组泥质烃源岩的 TOC 值及其分布，对山 1 段和太原组烃源岩的生气量进行了计算。

（1）实测有机质丰度。

研究区煤和暗色泥岩样品实测有机质丰度指标见表 2-2-10。根据陈建平等（1997）提出的煤系烃源岩的有机质丰度评价标准，山 1 段和太原组煤层烃源岩属于中等—差烃源岩，泥质烃源岩属于中等烃源岩。

表 2-2-10　东胜气田上古生界烃源岩有机质丰度实测数据表

样品层位	样品岩性	样品数	TOC(%)	氯仿沥青"A"(%)	S_1+S_2(mg/g)
山西组	暗色泥岩	38	$\dfrac{2.41}{0.09\sim4.79}$	$\dfrac{0.0346}{0.0025\sim0.1831}$	$\dfrac{2.05}{0.02\sim12.08}$
	煤	5	$\dfrac{64.41}{44.23\sim79.65}$	$\dfrac{1.3653}{0.5839\sim1.8024}$	$\dfrac{97.10}{41.89\sim122.04}$

续表

样品层位	样品岩性	样品数	TOC(%)	氯仿沥青"A"(%)	S_1+S_2(mg/g)
太原组	暗色泥岩	13	$\dfrac{1.97}{0.21\sim5.66}$	$\dfrac{0.0434}{0.0022\sim0.1828}$	$\dfrac{1.07}{0.04\sim4.26}$
太原组	煤	6	$\dfrac{67.88}{50.97\sim78.12}$	$\dfrac{1.0908}{0.4247\sim2.2654}$	$\dfrac{86.73}{41.96\sim171.99}$

(2) TOC 定量预测。

前人在利用测井信息预测烃源岩总有机碳含量(TOC)方面做了探索性工作,形成了 $\Delta \lg R$、神经网络等计算 TOC 的方法。但是 $\Delta \lg R$ 方法的拟合精度较低,BP 神经网络方法易产生过饱和。针对这些问题,研究利用深度学习领域中的卷积神经网络(Convolutional Neural Network,CNN)预测 TOC。卷积神经网络的特点是局部感知、卷积运算、权值共享,这些特点使得卷积神经网络相比于传统的神经网络有更高的预测精度和更好的泛化能力。

采用 CNN 方法对杭锦旗探区 108 口钻井暗色泥岩的 TOC 值进行了计算,考虑到研究区有机质的成熟度,采用庞雄奇等提出的(2014)Ⅲ型干酪根 TOC 恢复系数,将在 CNN 计算中得到的 TOC 乘以相应的恢复系数,得到研究区山 1 段、太原组暗色泥岩原始 TOC。结果表明,山 1 段、太原组暗色泥岩 TOC 平均值分别为 2.20%、3.87%,恢复后分别为 2.36%、4.30%,平面分布趋势均为南高北低(图 2-2-25、图 2-2-26)。

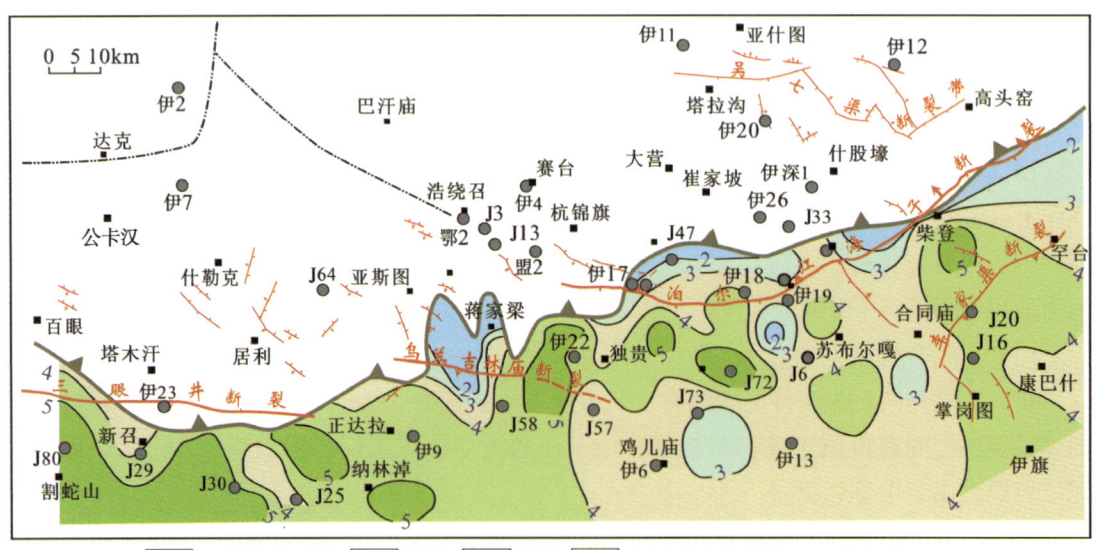

图 2-2-25 东胜气田太原组暗色泥岩 TOC 等值线图

(3) 烃源岩厚度。

研究区的烃源岩包括太原组和山 1 段的煤层和暗色泥岩,结合录井、岩心、测井资料,将声波时差(AC)、电阻率(RT)较高,但自然伽马(GR)、密度(DEN)较低的层段确定为煤

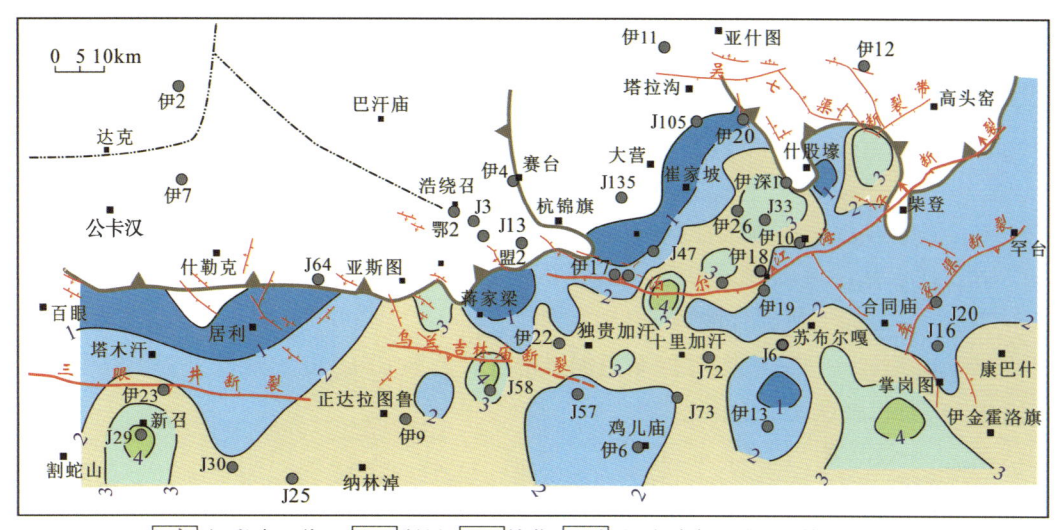

图 2-2-26　东胜气田山 1 段暗色泥岩 TOC 等值线图

层，将 AC、RT 相对较高、GR 大于 110、DEN 相对较低的层段确定为暗色泥岩层段，进而编制暗色泥岩和煤层的厚度分布图(图 2-2-1、图 2-2-2)。整体上烃源岩厚度从南向北变薄，东部煤层厚度大，西部泥岩厚度大。

(4) 有机质成熟度。

煤样实测镜质组反射率数据显示下二叠统有机质成熟度分布范围为 0.8%~2.0%。鉴于实测数据较少，研究利用 Petromod 盆地模拟软件 1D 模块对气田 72 口探井进行埋藏史、热演化史模拟，从而获得有机质成熟度分布。模拟地层采用最新的地层年代表中的年龄，次一级的年代采用探区地层年代表中的年龄，单井的岩性、分层数据由录井及钻井资料提供。杭锦旗地区经历了四期抬升，分别为晚三叠世末期、早侏罗世末期、晚侏罗世末期和晚白垩世末期，最重要的剥蚀是晚白垩世，模拟中剥蚀厚度采用陈瑞银等(2006)的研究成果。古大地热流值(HF)是热演化史模拟中最重要的参数，初始值采用赵桂萍等(2016)的研究成果。采用 Burnham 提出的 EASY%R_o 模型进行模拟。选取 40 组实测 R_o 和现今地温数据作为标定参数，进行校正。从验证结果看，模拟结果与实测数据吻合较好，反映出模拟结果较为可靠。

模拟结果，下二叠统有机质处于湿气—干气阶段，成熟度由西南向东北降低(图 2-2-11)，太原组 R_o 值分布范围为 0.85%~1.85%、山西组为 0.8%~1.8%。

(5) 烃源岩产气率。

通过烃源岩热压模拟实验可求取烃源岩产气率和 R_o 的关系图版，从而获得各个演化阶段的生气量。该次评价中烃源岩产气率采用王社教对山西组和太原组暗色泥岩的热压模拟实验和刘冬冬等(2017)对山西组煤岩生烃热模拟实验的研究成果。

（6）烃源岩生气强度及生气量。

生气强度根据残余有机碳、有机碳恢复系数、源岩厚度、源岩密度及产气率-R_o的图版进行计算（戴金星 等，2001）。

$$G_{暗色泥岩} = H_{暗色泥岩} \times TOC \times \rho_{暗色泥岩} \times K \times \beta_{HC} \times 10^{-2}$$

$$G_{煤} = H_{煤} \times \rho_{煤} \times \beta_{HC} \times 10^{-2}$$

式中　$G_{暗色泥岩}$，$G_{煤}$——烃源岩生气强度，$10^8 m^3/km^2$；

　　　$H_{暗色泥岩}$，$H_{煤}$——烃源岩厚度，m；

　　　TOC——残余有机碳含量，%；

　　　$\rho_{暗色泥岩}$，$\rho_{煤}$——烃源岩密度（暗色泥岩密度取 $2.3\times10^9 t/km^3$，煤取 $1.3\times10^9 t/km^3$）；

　　　K——有机碳恢复系数；

　　　β_{HC}——烃源岩产烃率，m^3/t。

以上公式考虑了煤层和暗色泥岩的生气强度特征，从而编制了生气强度平面图。

以 5km×5km 的网格将杭锦旗地区划分为若干个评价单元，分别求和各单元内烃源岩层的生气强度，即可得出区块内的总生气量，计算公式如下：

$$Q_{生} = \sum_{i=1}^{n}(G_i \times S_i)$$

式中　$Q_{生}$——研究区总生气量，$10^{12} m^3$；

　　　i——评价单元序号；

　　　n——评价单元总数；

　　　G——评价单元的平均生气强度，$10^8 m^3/km^2$；

　　　S——评价单元的面积，km^2。

结果表明，山 1 段和太原组煤层的生气强度平均值分别为 $10.76\times10^8 m^3/km^2$ 和 $14.20\times10^8 m^3/km^2$，暗色泥岩生气强度平均值分别为 $0.65\times10^8 m^3/km^2$ 和 $1.37\times10^8 m^3/km^2$，煤层的生气强度大于暗色泥岩（图 2-2-27 和图 2-2-28）。太原组的生气强度大于山 1 段，其中山 1 段煤层的东南部生气强度较大，太原组煤层的东南部和中部生气强度较大，山 1 段泥岩的西南部生气强度较大，太原组泥岩的西南部和中部生气强度较大。山 1 段和太原组煤层的总生气量分别为 $8.79\times10^{12} m^3$ 和 $9.50\times10^{12} m^3$，暗色泥岩的总生气量分别为 $0.50\times10^{12} m^3$ 和 $0.70\times10^{12} m^3$，煤层占总生气量的90%以上，煤为主要气源岩，太原组占总生气量的52%，山 1 段占总生气量的48%。

3. 类比法、圈闭法计算资源量

2016—2017 年，鉴于天然气勘探工作的深入，采用类比法、圈闭法对研究区天然气资源量进行了一次评价。由于杭锦旗探区横跨三个盆地一级构造单元，勘探程度不均衡，油气成藏特征认识程度不同，资源量计算分区带采用不同的方法，其中十里加汗区带、乌兰吉林庙区带、新召东区带、新召西区带采用类比法；什股壕区带、浩绕召区带采用圈闭法。

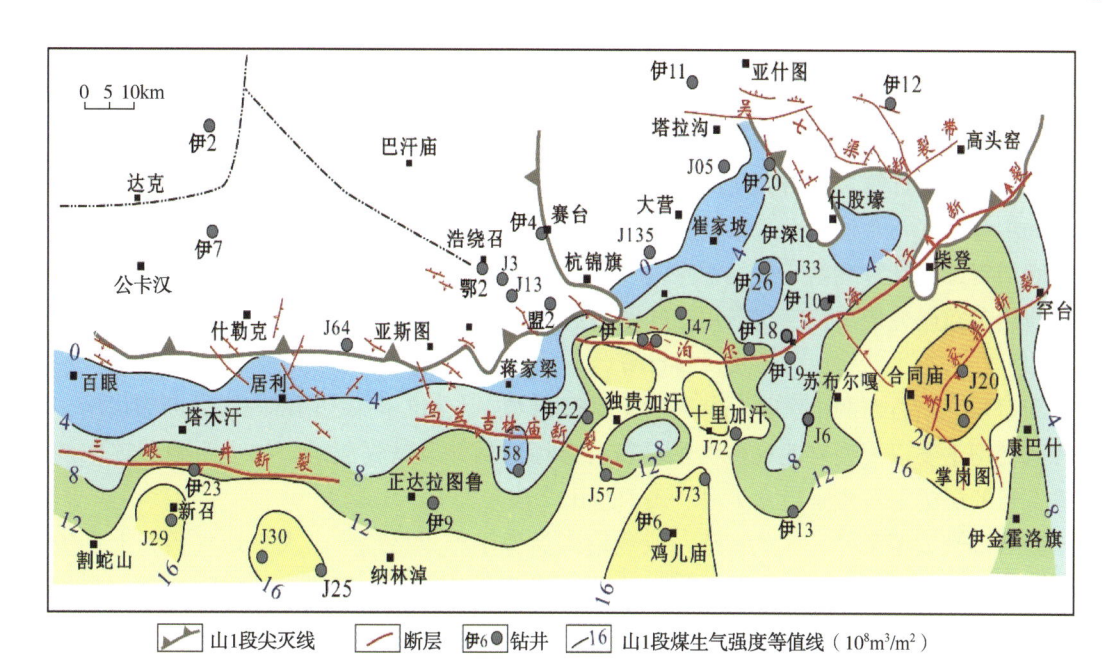

图 2-2-27　东胜气田山 1 段煤层生气强度等值线图

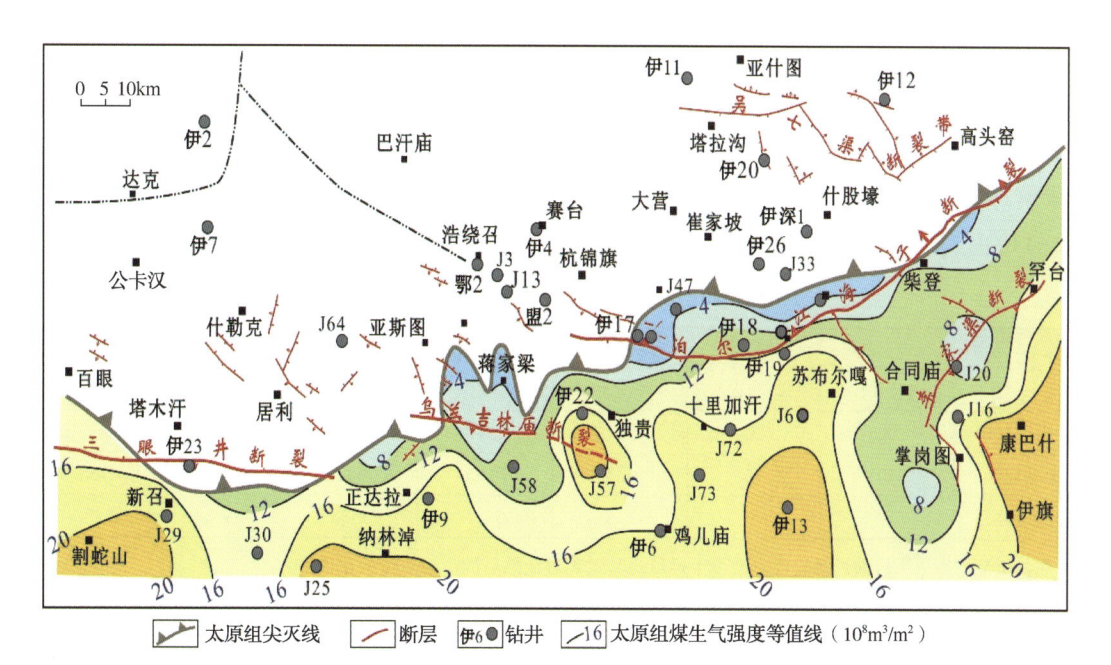

图 2-2-28　东胜气田太原组煤层生气强度等值线图

地质类比法采用的是由已知信息推测未知信息的经典的地质思想，具有应用广泛而类比因素复杂多变的特点，既有成藏组合条件的综合类比，也有单一地质因素的类比。是根据评价区与类比区油气成藏条件的相似性，由已知（类比）区的油气资源丰度估算未知（评价）区资源丰度和资源量的资源评价方法。

圈闭资源量计算是对经过圈闭含油气性评价优选出的Ⅰ类、Ⅱ类圈闭，按 GB/T 19492—2020《油气矿产资源储量分类》的 5.2.3.1 和 DZ/T 0217—2020《石油天然气储量估算规范》的规定逐个进行资源量计算。

圈闭资源量计算参数研究是圈闭资源量计算的核心部分，以下四种参数是圈闭资源量计算的主控因素：含油气面积系数；油气层厚度；单储系数；充满系数。

圈闭资源量计算参数确定方法：应用本圈闭数据；实际数据和参数分布模型相结合；直接应用参数研究成果；直接借用已知圈闭数据。

(1) 新召东、新召西区带资源量计算。

新召东、新召西两个区带，有利勘探面积 1145km²，位于探区西部三眼井断裂以南，该区气藏类型主要以大型岩性气藏为主。新召目标区钻井及试气成果，初步明确了该区的主要勘探目的层为下石盒子组盒1段、山西组山2段。

新召区带成藏条件、气藏特征、成藏模式类似于苏里格气田、大牛地气田，上古生界烃源岩主要为太原—山西组煤层，北薄南厚，厚度平均 10m，烃源岩演化程度高，与大牛地气田相比差别不大，镜质组反射率 R_o 为 1.6%~1.8%。类比大牛地气田，新召天然气资源量丰度为 $1.95×10^8m^3/km^2$，按照不同煤层厚度生成油气的比例，计算新召天然气资源量为 $2244.20×10^8m^3$。

(2) 十里加汗、乌兰吉林庙区带资源量计算。

十里加汗、乌兰吉林庙两个区带，位于泊尔江海子断裂和乌兰吉林庙断裂南部，气藏类型主要以大型岩性气藏为主，面积分别为 2305km²、275km²。根据成藏条件、气藏特征、成藏模式类比大牛地气田，区带资源量计算结果分别为 $7135.32×10^8m^3$、$339.40×10^8m^3$（表2-2-11）。

表 2-2-11　十里加汗和乌兰吉林庙区带资源量类比结果表

地　区	面积 (km²)	煤层厚度 (m)	R_o (%)	生烃指数 q	生烃量 (10^8m^3)	生聚系数 (%)	资源量 (10^8m^3)
大牛地气田	2003	20	1.7	0.70	81802	9.6	7865.55
十里加汗	2405	16	1.4	0.65	74328	9.6	7135.52
乌兰吉林庙	275	8	1.4	0.55	3535	9.6	339.40

注：生烃指数 q 为目前烃源岩成熟度下生烃量与其达到过成熟后的生烃总量的比值。

(3) 阿镇区带资源量计算。

阿镇区带位于探区东部，面积 1305km²。该区烃源岩较为发育，煤层厚度在 8~20m，烃源岩成熟度较低，R_o 值在 0.6%~1.2% 之间。区内构造和断裂发育。今构造北陡南缓，地层倾角 1.5°~2°。该区因勘探程度相对较低，断裂发育，地质条件复杂，已有油气成果主要集中于李家渠断裂以南地区。

鉴于阿镇区带油气地质条件、试气成果综合分析，采用圈闭法进行资源量计算，单储系数类比邻区十里加汗带，得出阿镇资源量为 $1539.32×10^8m^3$（表2-2-12）。

表 2-2-12　阿镇区带圈闭资源量计算

圈闭名称	层　位	含气面积（km²）	储层有效厚度（m）	单储系数[10⁸m³/(km²·m)]	圈闭资源量（10⁸m³）
阿镇西	盒1	300	11	0.108	356.40
	山2	198	10	0.108	213.84
阿镇东	盒1	543	11	0.108	645.08
	山2	300	10	0.108	324.00
总计					1539.32

（4）什股壕区带资源量计算。

什股壕区带位于泊尔江海子断裂带以北地区，有利面积1610km²。该区气藏圈闭类型为岩性、构造—岩性复合圈闭，主要勘探目的层为下石盒子组，主力产气层为盒3段、盒2段。

什股壕区带烃源岩不发育，煤层主要分布在邻近断裂带附近，厚度0~8m，烃源岩成熟度较低，Ro值普遍小于1.0%，但该区天然气存在侧向运移的特征。综合分析鄂尔多斯盆地内勘探程度较高的区块，没有发现与什股壕区带相类似的聚集成藏条件、成藏模式，不能简单采用类比方法计算资源量。由于什股壕区带已经提交了一定数量三级储量，可以利用不同层段单储系数计算圈闭资源量，约为什股壕区带的总资源量。最终计算什股壕区带上古生界下石盒子盒3段、盒2段、盒1段、山西组山1段累计天然气资源量1974.36×10⁸m³（表2-2-13）。

表 2-2-13　什股壕区带圈闭资源量计算

层　位	含气面积(km²)	储层有效厚度(m)	单储系数[10⁸m³/(km²·m)]	圈闭资源量(10⁸m³)
盒3	1013	5	0.12	607.80
盒2	1054	6	0.12	758.88
盒1	510	8	0.12	489.60
山1段	246	4	0.12	118.08
总计				1974.36

（5）浩饶召区带资源量计算。

浩饶召区带位于探区北部，面积910km²，构造位置上位于杭锦旗断阶西部，下石盒子组地层由南向北逐渐尖灭。该区与什股壕成藏条件类似，主要发育构造-岩性圈闭。山西组煤层仅在区带以南地区有少量分布。该区中元古界地层存在断陷、裂陷带，断陷带内发育深大断裂，纵向上断裂断至中元古界、太古界甚至更深的地层。断陷带深大断裂伴生发育大量裂隙，这些裂隙首先是近源液体、气体运移的通道和聚集的有利场所。该区在中元古界地层不同深度位置发现较多量的可燃气体，这些气体以有机成分为主。分析认为，可燃气的来源首先是古生界煤成气或混源气，其次也有深源气及远距离运移混源气的可能。该区含气层位较多，在中元古、上石盒子组、石千峰组地层均发现了油气显示。目前该区8

口探井中，有3口获工业气流，2口获低产气流。

浩饶召区带资源量计算类比什股壕区带，圈闭资源量计算单储系数取值参考什股壕区带，累计圈闭资源量为412.80×10⁸m³（表2-2-14）。

表2-2-14 浩饶召区带圈闭资源量计算

层 位	含气面积(km²)	储层有效厚度(m)	单储系数[10⁸m³/(km²·m)]	圈闭资源量(10⁸m³)
盒3	292	5	0.12	175.20
盒2	330	6	0.12	237.60
总计				412.80

（6）公卡汉区带资源量计算。

公卡汉区带位于三眼井断裂以北，公卡汉凸起之上，面积2350km²，勘探程度相对较低。与乌兰格尔凸起类似，公卡汉凸起具有长期性、继承性隆升发育的特点，晚古生代沉积超覆于中元古界地层之上，圈闭类型以岩性圈闭、地层圈闭、构造圈闭为主。该区烃源岩不发育，而且热演化程度较低，钻井资料少，仅有2口探井，尚未发现较好的油气显示。公卡汉地区是否存在类似东胜气田天然气远距离运移成藏的可能性，有待于进一步深化研究。

采用类比法、圈闭法综合计算杭锦旗探区（东胜气田）上古生界天然气资源量为13645.60×10⁸m³，断裂带以南地区资源丰度较高，为2.91×10⁸m³/km²，而断裂以北烃源岩不发育，资源丰度较低，其中什股壕区带为1.23×10⁸m³/km²，浩饶召区带仅为0.45×10⁸m³/km²。截至2017年底，东胜气田二叠系保有三级地质储量超过9000×10⁸m³。

第三节 致密低渗储层成因与分布

按照GB/T 30501—2014《致密砂岩气地质评价方法》规定，东胜气田上古生界砂岩储层属于致密、特低渗储层，相对地，东部砂岩物性好于西部。受盆地北部两大物源区控制，由西向东砂岩石英含量减少，岩屑含量逐渐增大；西部地区以岩屑石英砂岩、石英砂岩为主，东部地区以岩屑砂岩和岩屑石英砂岩为主；在层位上，从太原组到下石盒子组，碎屑颗粒的成分成熟度呈现逐渐降低的趋势，太原—山西组1段石英含量高于下石盒子组。通过成岩后生作用研究，可以确定本区砂岩储层致密化、近致密化的时间在距今220～115Ma，普遍早于成藏关键时刻的115～110Ma。

一、储层基本特征

东胜气田上古生界是相对近物源沉积，砂岩结构成熟度、成分成熟度较低，塑性岩屑含量较高，压实作用、钙质和硅质胶结作用是储层致密化、近致密化的主要原因。一个重要规律是，相对优质储集体均是强水动力条件下形成的砂砾岩、（含砾）粗砂岩，相应的成因类型是河道心滩和部分砂质水道充填砂体。

1. 岩石学特征

下石盒子组、山西组、太原组储集岩性主要为岩屑砂岩、长石岩屑砂岩、岩屑石英砂岩以及石英砂岩，粒度上以粗砂岩为主，含砾粗砂岩、砂砾岩次之，颗粒分选中等—好，颗粒磨圆度以次棱角为主。碎屑颗粒主要为点线接触，胶结类型以孔隙式为主，胶结物成分主要为硅质胶结物，以颗粒支撑为主。

受物源和沉积演化的影响，不同区带、不同层位储层的岩石学特征存在差异。在平面上，受盆地北部两大物源区控制，西部物源由富石英的浅变质岩系组成，东部物源以相对贫石英的深成变质岩、岩浆岩为主。受物源控制，由西向东，砂岩石英含量减少，岩屑含量逐渐增大。西部地区以岩屑石英砂岩、石英砂岩为主，东部地区以岩屑砂岩和岩屑石英砂岩为主；在层位上，从太原组到下石盒子组，碎屑颗粒的成分成熟度呈现逐渐降低的趋势，太原—山西组石英含量高于下石盒子组(图2-3-1)。

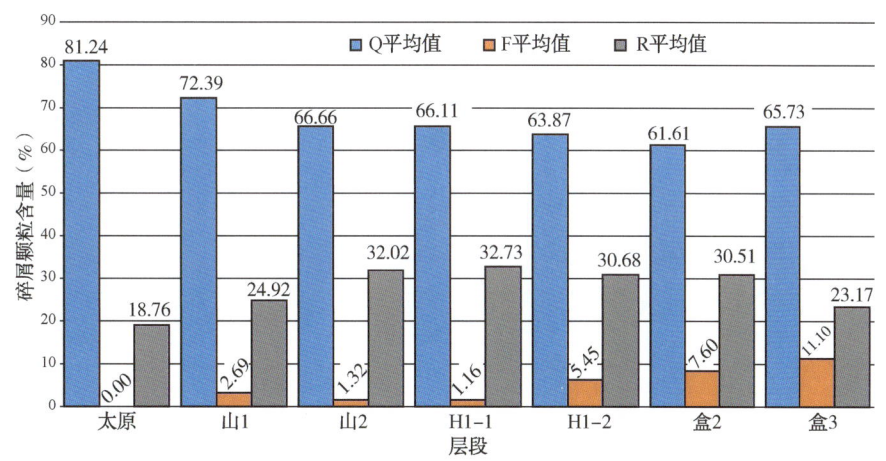

图2-3-1 东胜气田上古生界不同层段砂岩颗粒成分含量直方图

（1）独贵加汗、十里加汗区带。

太原组、山1段以石英砂岩为主，山2段和下石盒子组以岩屑石英砂岩、岩屑砂岩为主。由下至上石英含量减少，太原组、山1段石英高于山2段，山2段高于下石盒子组(图2-3-2)。

（2）什股壕区带。

太原组由中—粗粒岩屑石英砂岩、石英岩质砂砾岩组成，少量细粒岩屑砂岩，岩屑成分以石英、石英岩屑为主。山西组主要由粗—中粒、中—细粒岩屑石英砂岩组成碎屑物中岩屑以变石英岩、泥板岩、千枚岩为主，硅质岩、火山岩屑少量。盒1段以粗—中粒长石岩屑砂岩、长石岩屑砂岩为主。长石中以条纹长石、斜长石、正长石为主，岩屑中以泥板岩、千枚岩、变粉砂岩为主。盒2段为粗—中粒长石岩屑砂岩、岩屑砂岩及岩屑石英砂岩。长石以中酸性斜长石、条纹长石、正长石为主，岩屑以千枚岩、泥板岩、变粉砂岩为主。盒3段主要为岩屑砂岩。岩屑中以千枚岩、变微砂岩、云母碎屑为主，变石英岩、硅质岩少量(图2-3-3)。纵向上太原组、山西组主要以石英砂岩为主，但从山西组开始岩屑、长石含量明显增加。下石盒子组各段岩屑含量较稳定，变化不大(图2-3-4)。

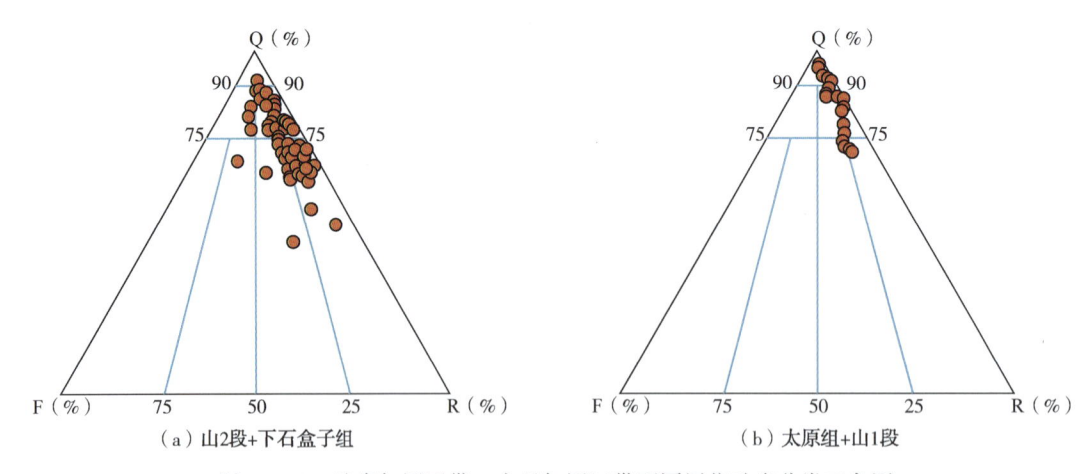

图 2-3-2　独贵加汗区带、十里加汗区带不同层位砂岩分类三角图

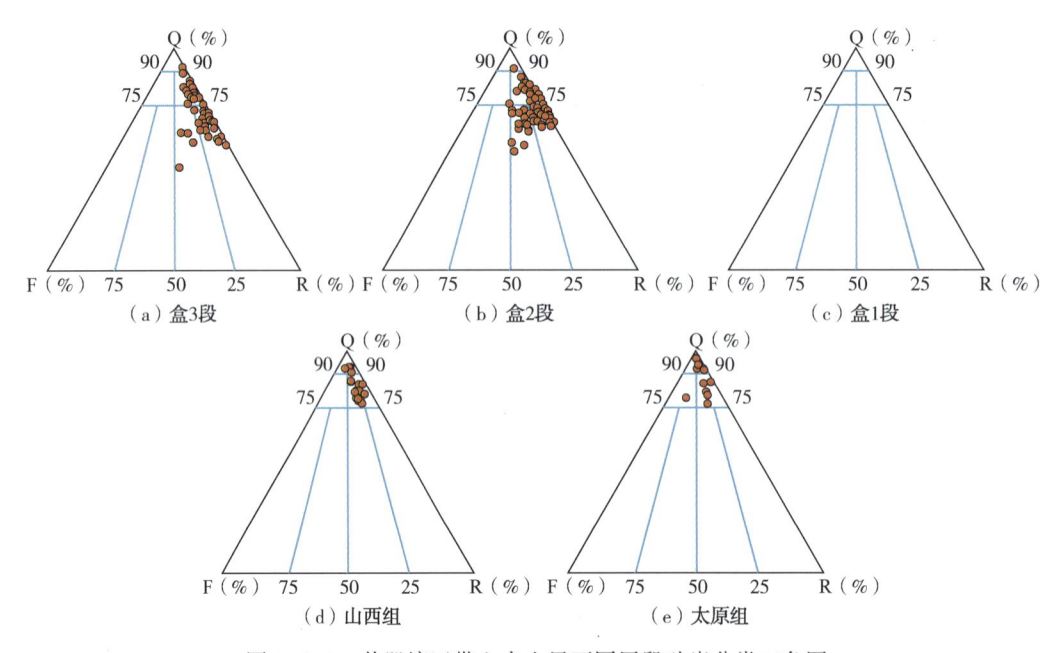

图 2-3-3　什股壕区带上古生界不同层段砂岩分类三角图

（3）新召区带。

新召区带砂岩主要以石英砂岩、岩屑砂岩为主。盒 1 段储层以岩屑石英砂岩、石英砂岩为主。山西组储层以石英砂岩、岩屑石英砂岩为主（图 2-3-5）。

2. 砂岩孔隙度、渗透率数值分布

东胜气田上古生界储层总体属于致密、特低渗储层。纵向上，盒 1 段、山 1 段储层物性最好；平面上，物性最好为十股壕区带（表 2-3-1、图 2-3-6 至图 2-3-10）。总体上，本区砂岩孔隙度与渗透率有较好的相关性，说明主要为孔隙型储层。受成沉积和成岩后生作用的影响，孔隙度与渗透率的相关性并非很好。

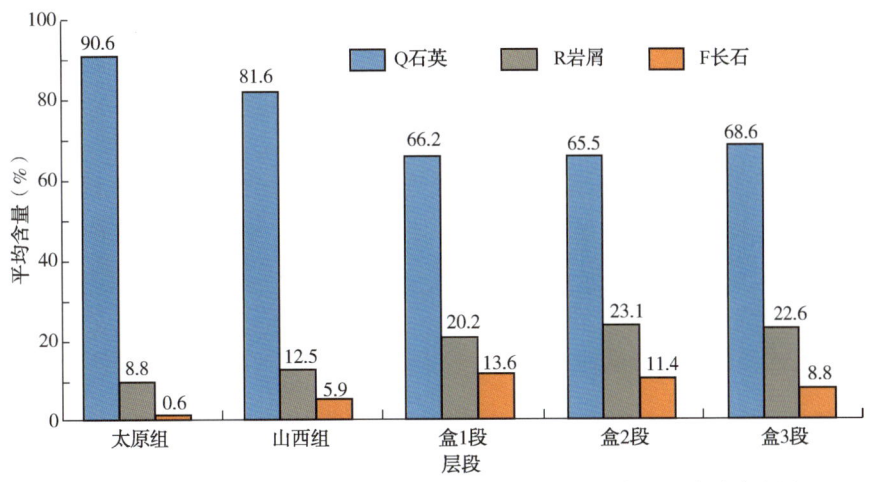

第二章 二叠系大型层状含气系统成藏要素的差异配置关系

图 2-3-4 什股壕区带上古生界不同层段砂岩碎屑成分含量统计直方图

（a）盒1段　　　　　　　　　　　　（b）太原组+山西组

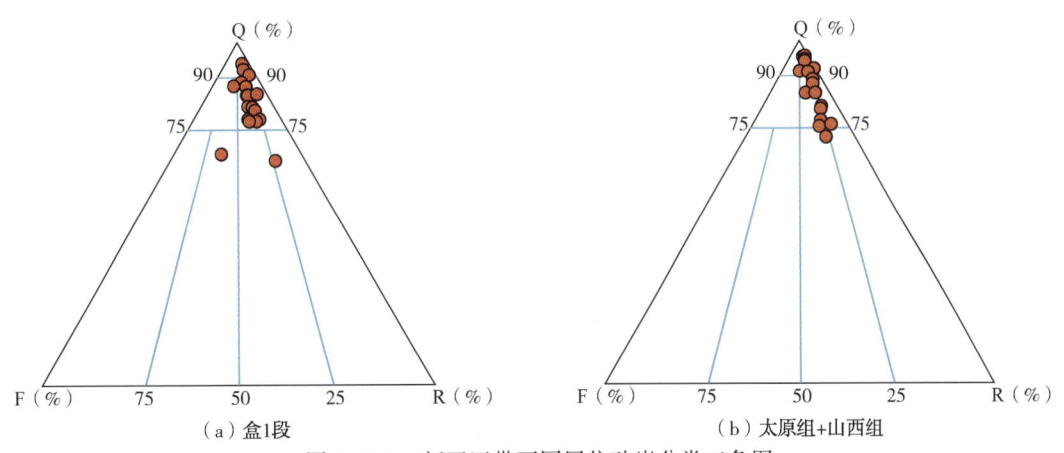

图 2-3-5 新召区带不同层位砂岩分类三角图

表 2-3-1 东胜气田二叠系砂岩储层物性统计表

区 带	层 位	孔隙度(%) 分布区间	孔隙度(%) 平均	渗透率(mD) 分布区间	渗透率(mD) 平均	储层级别
什股壕	盒3段	0.4~23.2	12.3	0.02~17.00	1.94	特低渗
什股壕	盒2段	0.3~18	9.8	0.01~9.80	0.74	致密、特低渗
什股壕	盒1段	0.1~29.0	11.3	0.02~22.64	1.36	特低渗
什股壕	山西组	1.5~19.1	11.5	0.022~19.9	2.30	特低渗
十里加汗 独贵加汗	盒1段	0.4~20.6	8.7	0.02~15.15	0.60	致密
十里加汗 独贵加汗	山西组	0.5~15.2	8.3	0.09~21.3	1.39	致密、特低渗
新召	盒1段	0.7~19.4	9.0	0.02~5.65	0.81	致密
新召	山西组	0.1~16.6	7.7	0.02~14	1.22	致密、特低渗
阿镇	盒1段	0.6~19.9	11.9	0.01~3.73	0.68	致密

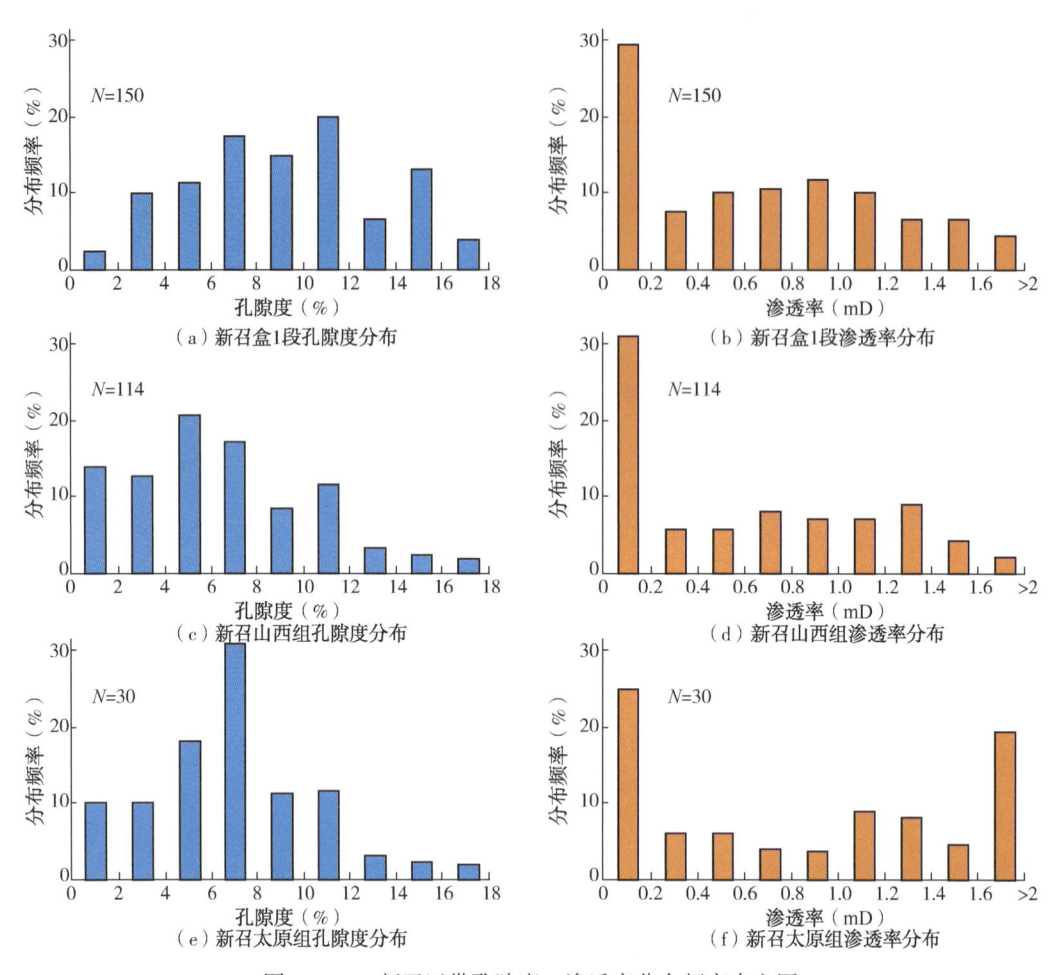

图 2-3-6 新召区带孔隙度、渗透率分布频率直方图

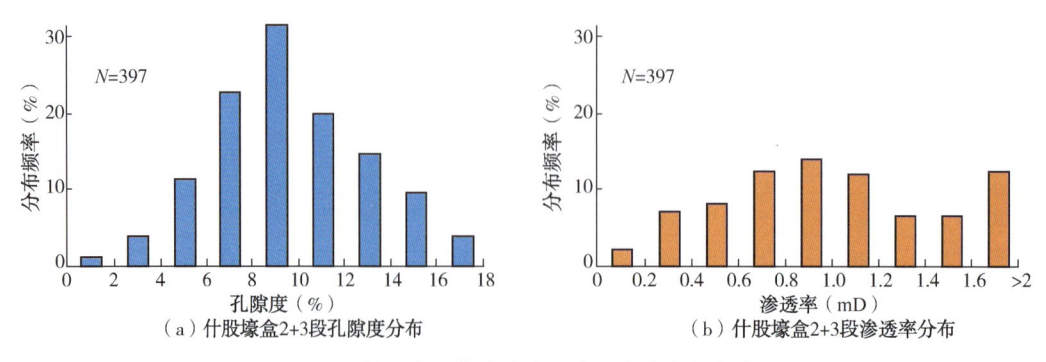

图 2-3-7 什股壕区带孔隙度、渗透率分布频率直方图

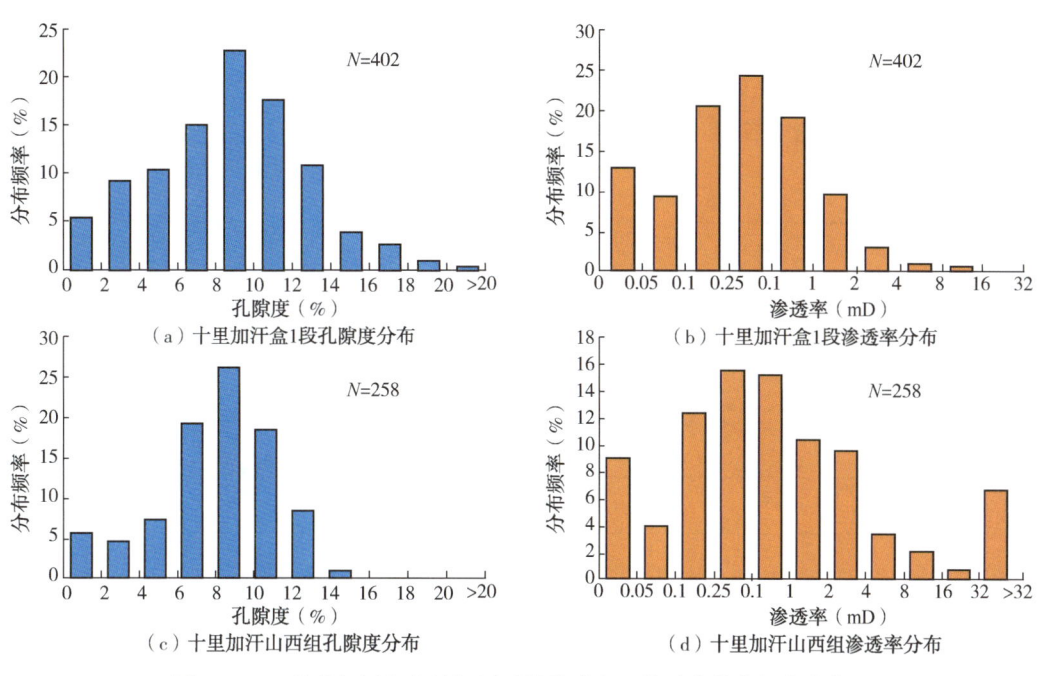

图 2-3-8　独贵加汗和十里加汗区带孔隙度、渗透率分布频率直方图

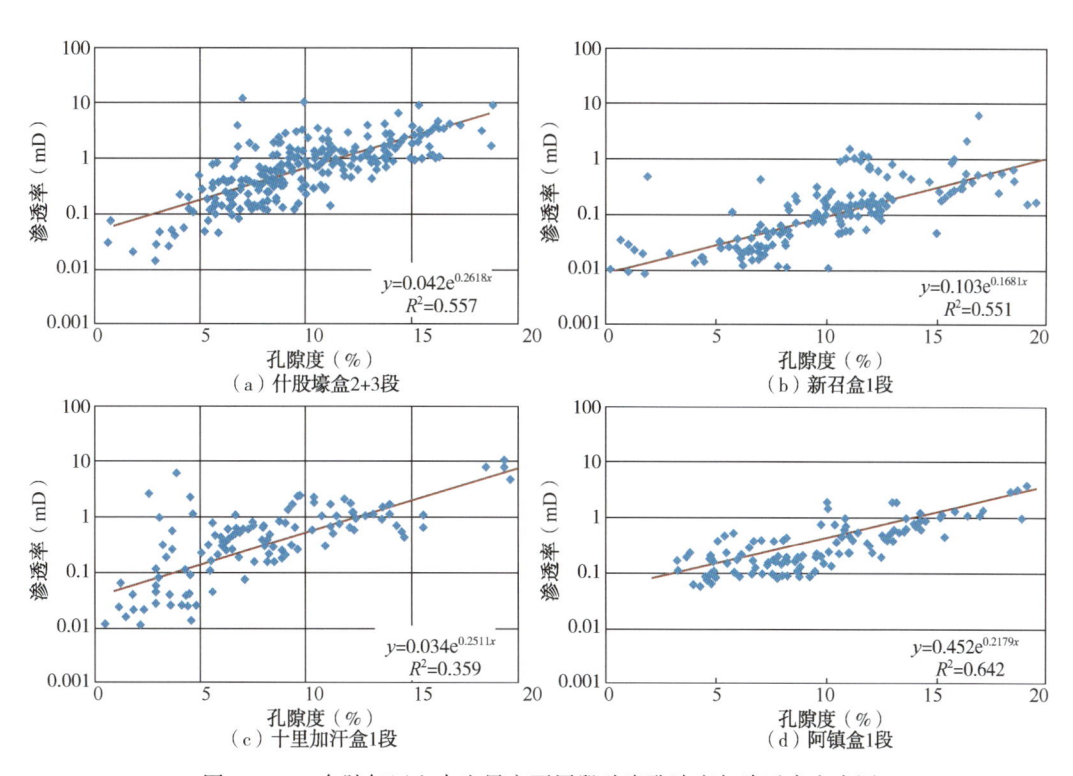

图 2-3-9　东胜气田上古生界主要层段砂岩孔隙度与渗透率交会图

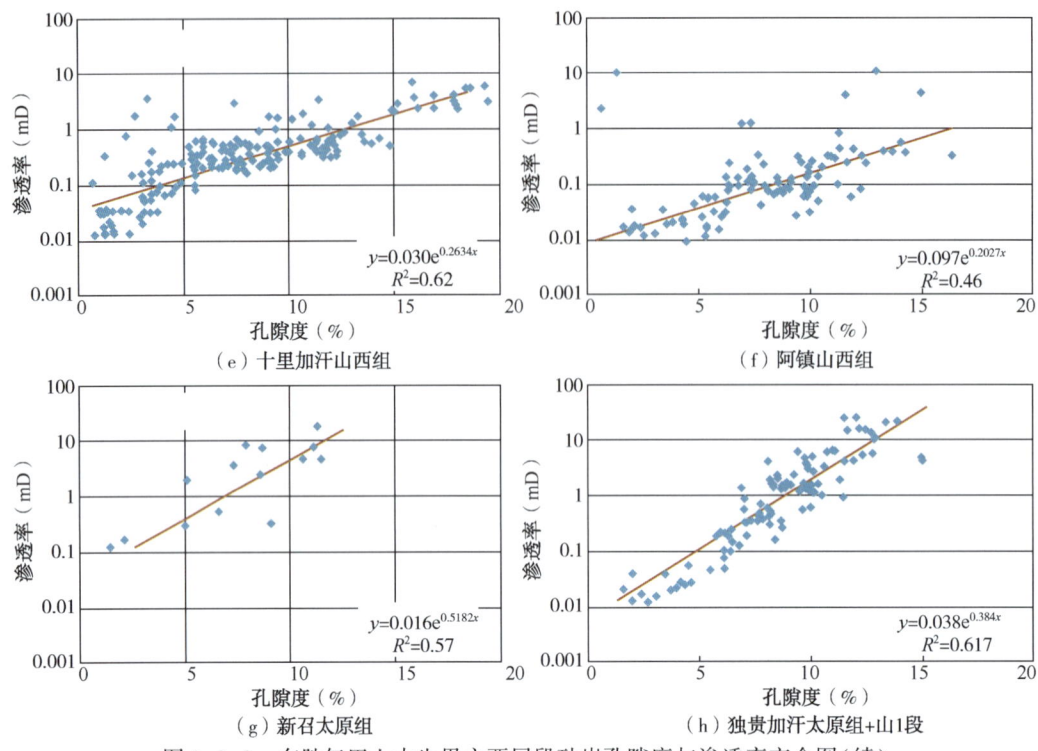

(e) 十里加汗山西组　　$y=0.030e^{0.2634x}$　$R^2=0.62$

(f) 阿镇山西组　　$y=0.097e^{0.2027x}$　$R^2=0.46$

(g) 新召太原组　　$y=0.016e^{0.5182x}$　$R^2=0.57$

(h) 独贵加汗太原组+山1段　　$y=0.038e^{0.384x}$　$R^2=0.617$

图 2-3-9　东胜气田上古生界主要层段砂岩孔隙度与渗透率交会图(续)

3. 孔隙类型

储层孔隙结构是指岩石所具有的孔隙和喉道的大小、形状、分布及相互连通关系。通过对杭锦旗地区普通薄片、铸体薄片和扫描电镜观察等分析，表明研究区下石盒子组、山西组、太原组储层的孔隙类型按孔隙成因和产出状态共划分出剩余原生粒间孔、次生粒间孔、粒内溶孔、铸模孔、裂缝等共五大类。总体可归纳为原生孔隙、次生粒间孔以及裂缝。有储集意义的主要是残余粒间孔和粒间溶孔两类(表 2-3-2)。

表 2-3-2　东胜气田下石盒子组、山西组、太原组储层孔隙类型及特征划分表

孔隙类型		特征简述	形成机理	孔隙形状	发育程度
原生孔隙	残余粒间孔	碎屑颗粒之间经机械压实和胶结作用后剩余的原生粒间孔隙	沉积作用	三角状、多角状、不规则状	发育
	微孔隙	杂基间、黏土矿物晶间以及碎屑颗粒内、颗粒内的微孔隙		无固定形状	次发育
次生孔隙	粒内溶孔	长石等矿物或碎屑内的溶蚀孔隙	溶蚀作用	形态多样，多为长石溶孔，少量为岩屑粒内溶孔	次发育
	铸模孔	长石等矿物或碎屑等被完全溶蚀后形成，仍保留原来的形态		形态多样，零星分布	少
	粒间溶孔	原生粒间孔经溶蚀扩大而成		形态多样、常呈多角状、不规则状，位于颗粒之间	发育

续表

孔隙类型		特征简述	形成机理	孔隙形状	发育程度
裂缝	构造缝	喜马拉雅期形成的构造缝已充填或未充填	构造作用	不规则弯曲状	发育
	破裂缝	长石、石英等颗粒内部由于强烈压实作用形成的裂缝			
	溶蚀缝	沿碎屑边缘或穿过碎屑，经溶蚀形成的裂缝			

(1) 剩余原生粒间孔。

指原生粒间孔被第一、第二世代胶结物充填之后余下的粒间孔隙，称为剩余原生粒间孔，是本区目的层段砂岩的主要孔隙类型(图 2-3-10)。

粒间孔，J5井山1段，2750.58m，10×4(-)

粒间孔，J39井盒1段，2224.49m，10×4(-)

粒间孔，J72井盒1段，2946.4m，10×10(-)

粒间孔，粗粒岩屑石英砂岩，J9井盒1段，2993.77m，10×4(-)

粒间孔，粗粒石英砂岩，J72井山1段，3010.29m，10×4(-)

粒间孔，粗粒岩屑石英砂岩，J78井盒1段，3097.47m，10×4(-)

图 2-3-10　砂岩中的剩余原生粒间孔(颗粒间蓝色为铸体，红色为染色方解石)

(2) 次生粒间孔。

碎屑岩储层中碎屑间填隙物在成岩演化过程中被溶蚀形成的孔隙称为次生粒间孔。杭锦旗地区广泛可见铁泥质杂基、泥质杂基(水云母杂基、蒙脱石杂基、绿泥石杂基)被溶形成的次生粒间孔，主要分布下石盒子组砂岩中(图 2-3-11)，如锦 39 井盒 1 段、锦 53 井盒 3 段等层段该类孔隙类型广泛发育。

(3) 粒内溶孔。

碎屑岩中碎屑物(含重矿物)被不同程度溶蚀之后在碎屑内形成的孔隙称之粒内溶孔。当孔径>0.01mm 时则称为粒内溶孔，<0.01mm 时则称为粒内微孔。按被溶碎屑成分、孔

径、溶孔形态及溶蚀强度不同分为四个亚类。①长石粒内溶孔：长石碎屑被溶形成，此类孔隙在研究区下石盒子组砂岩中较为发育，对储层有突出的贡献。②岩屑粒内溶孔：为岩屑中的长石和水云母组分被溶，火山岩屑中的斑晶或基质被溶等。③片状粒内溶孔：指云母碎片或云母片岩屑内的云母片被溶形成，孔隙形态常呈叶片状，与云母解理缝平行。④粒内微孔：研究区砂岩中为铝硅酸盐岩屑、矿屑被蚀变成高岭石、地开石、蒙脱石之后在颗粒内形成的黏土矿物间微孔隙(图2-3-12)。

粒间溶蚀孔	粒间溶蚀孔	粒间粒内溶蚀孔
J39井，盒1段，2236.9m（-）	J53井，盒1段，2897.45m（-）	J54井，盒1段，2885.05m（-）

图2-3-11　砂岩中的次生粒间孔

长石粒内溶孔	长石粒内溶孔	铸模孔
J39井，盒1段，2206.74m（-）	J24井，盒1段，2456.94m（-）	J5井，盒1段，269.15m（-）

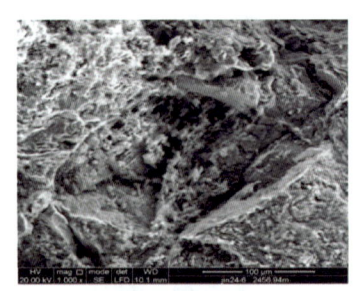

图2-3-12　砂岩中的粒内溶孔、粒内晶间孔及铸模孔

(4) 铸模孔。

碎屑岩中的碎屑颗粒95%以上被溶蚀，且保存有原始颗粒形状、大小的孔隙。研究区上古砂岩中常见这类孔隙，但需要指出的是由铝硅酸盐岩屑被溶形成的铸模孔内不溶残余物较多，重矿物、长石矿屑被溶形成的不溶残余物较少。根据上述特点铸模孔可分为三亚类。①岩屑铸模孔：由云母、千枚岩、泥板岩、粉砂岩被溶形成的铸模孔。②矿屑铸模孔：由重矿物、长石等矿屑被溶形成的铸模孔。③残余（或剩余）铸模孔：铸模孔形成之后被自生矿物再充填之后余下的孔隙，下石盒子组砂岩中常见(图2-3-12)。

(5) 裂缝和溶蚀缝。

按成因产状分为五个亚类：①破裂缝，仅破裂但没有发生溶蚀的张开缝，其特征是裂缝两侧的易溶组分未见溶蚀现象(图2-3-13)；②溶破裂缝，即破裂又被溶蚀的张开缝，其特征是裂缝两侧的易溶组分有溶蚀现象；③粒内破裂缝，刚性的、易碎的碎屑物受应力作用在颗粒内形成的破裂缝,研究区内石英、长石粒内裂开常见,硅质岩屑、火山岩屑内裂开也常见;④粒缘缝,碎屑边缘的缝,主要分布在环边绿泥石胶结的砂岩中,环边绿泥石被溶形成;⑤网状破裂缝,呈网状分布,宽度 0.01~0.02mm。

溶蚀裂缝
J53井,盒1,2895.73m(−)

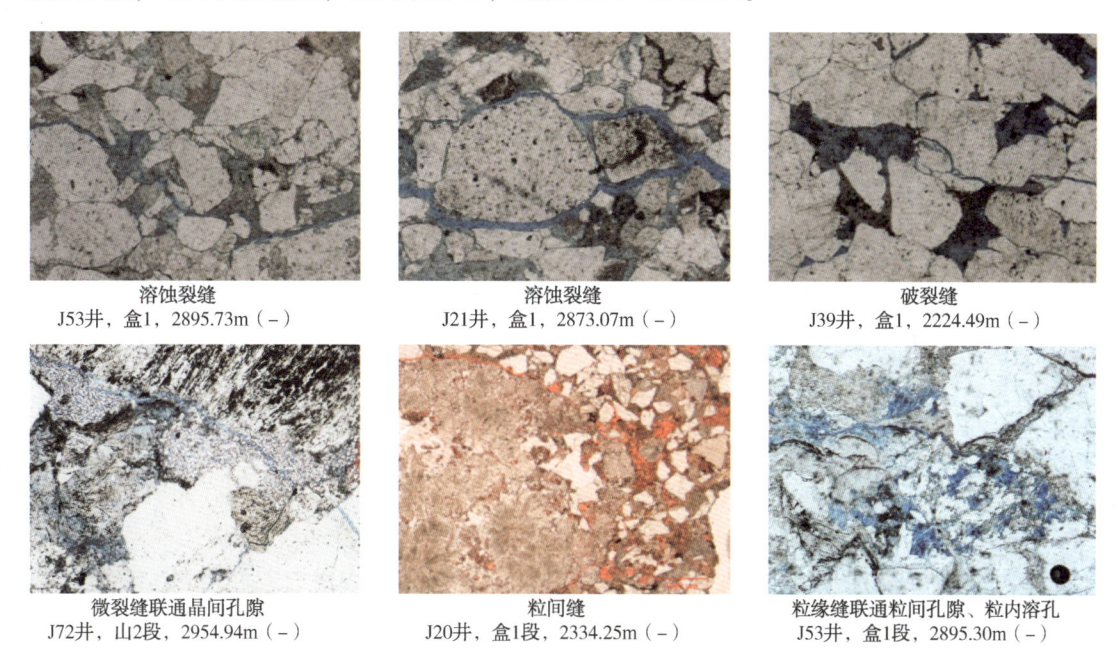

溶蚀裂缝
J21井,盒1,2873.07m(−)

破裂缝
J39井,盒1,2224.49m(−)

微裂缝联通晶间孔隙
J72井,山2段,2954.94m(−)

粒间缝
J20井,盒1段,2334.25m(−)

粒缘缝联通粒间孔隙、粒内溶孔
J53井,盒1段,2895.30m(−)

图 2-3-13 砂岩中的裂缝和溶蚀裂缝

本区钻井岩心常见到裂缝,这里列举了 JP1 井等 6 口井取心层段的岩心裂缝观察描述特征,岩心上见到的有垂直和斜交两种产状的裂缝。

观察到的垂直裂缝主要发育于粗砂岩和泥岩层中。6 口井取心层段的岩心观察到 58 条垂直裂缝,砂岩中有 30 条,其中粗砂岩中 22 条,占 37.93%;泥岩层裂缝有 28 条,占总数的 48.28%。从层位分布来看,该类裂缝纵向上主要分布于盒1段,分布优势可能与取心层段分布有关。垂直裂缝形成期可能较晚,缝面一般较平直,少见充填物[图 2-3-14(a)]。

(a) J7井盒1段2800~2801.35m,灰色粗砂岩中发育一条垂直裂缝,长约1.35m,宽度<0.1mm

(b) J5井盒1段2648.9m,紫红色中砂岩中发育一条斜交缝,倾角约75°,方解石全充填

图 2-3-14 岩心中的垂直裂缝和斜交裂缝照片

观察到的垂直缝有 80.3% 的单条长度分布在 60cm 以下（图 2-3-15），长度大于 100cm 的仅占 7.58%，最长的可达 1.35m 左右。岩心上观测到的垂直裂缝宽度变化不大，一般分布在 0.1~0.3mm 之间。

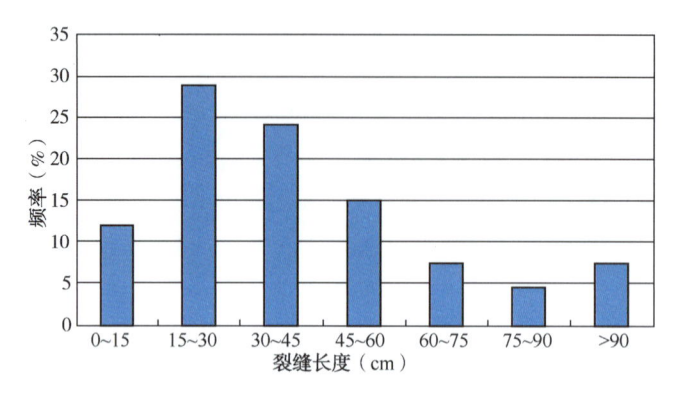

图 2-3-15　JP1 井等 6 口钻井岩心垂直裂缝长度频率分布图

对所观察岩心垂直裂缝线密度统计，粗砂岩为 0.45 条/m，中砂岩为 0.17 条/m，粉砂岩为 0.15 条/m，泥岩为 0.61 条/m，砾岩类和细砂岩相对较低，分别为 0.1 条/m 和 0.08 条/m，粗砂岩和泥岩中垂直裂缝发育程度相对较高，但或许与取心层段岩性分布不均有关。

在 JP1 井等 6 口井岩心上观察到斜交裂缝共 100 条，但主要分布于盒 1 段（图 2-3-16），盒 2 段、山 2 段次之，盒 3 段相对较少。斜交缝在岩性分布上优势不明显，发育于泥岩类中的有 42 条，占 42%，砂岩类中发育 56 条，占 56%，其余的发育于粉砂岩类中。该类破裂是剪破裂，缝面常见有擦痕、阶步、镜面等缝面构造，少见成组出现；从擦痕的方向来看，基本上是于缝面一致，故说明这类破裂属"X"形剪破裂。另外，在 J5 井发育的斜交裂缝中发现方解石充填裂缝（图 2-3-14b），说明该类裂缝发育较早，是与局部构造有关的构造裂缝。

从斜交裂缝的剖面倾角分布（图 2-3-17）来看，分布在 60°~75°之间的占 35.35%，30°~45°和 45°~60°分别占 19.19% 和 18.18%，故该类裂缝属于中—高角度斜交裂缝。

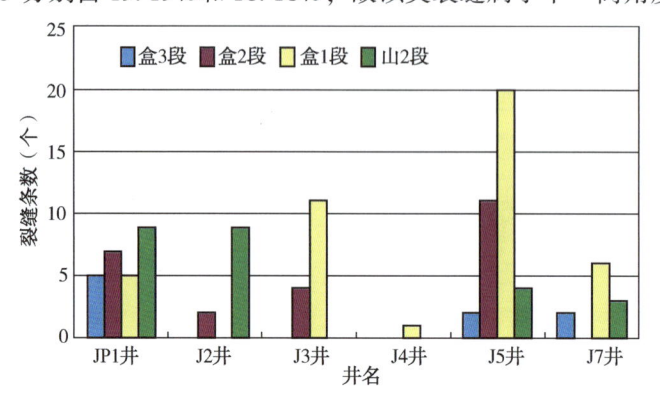

图 2-3-16　6 口钻井岩心斜交裂缝分布层位统计直方图

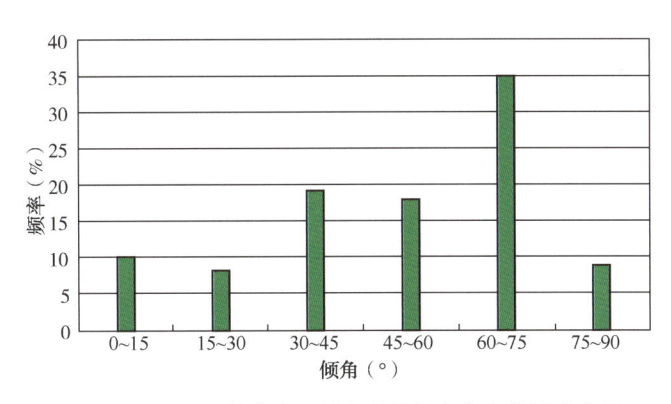

图 2-3-17　6 口钻井岩心斜交裂缝倾角分布统计直方图

根据裂缝充填物稳定同位素分析数据，采用 Epstein（1953 年）提出氧同位素测温方程计算裂缝形成时的温度，计算结果见表 2-3-3。根据裂缝充填物计算得到的平均形成温度约为 92℃左右，应为燕山晚幕—喜马拉雅早幕构造运动的产物。

表 2-3-3　J5 井斜交裂缝充填方解石稳定同位素分析结果表

井　号	井深(m)	样品描述	$\delta^{13}C$ PDB(‰)	$\delta^{18}O$ PDB(‰)	形成温度(℃)
J5 井	2648.88	棕红色细砂岩三组斜交裂缝中充填方解石	−13.622	−16.001	90.41
J5 井	2651.58	棕红色粉砂岩 70°斜交裂缝中充填方解石	−10.841	−16.176	92.89
J5 井	2647.01	细砾岩，三组 70°平行斜交裂缝中充填方解石	−13.272	−16.094	91.72

4. 孔喉结构特征

压汞法是测定储集岩孔喉大小分布的一种常用方法，其特征参数能较好地反映储集岩的空间分布特征。分析不同区带不同层位砂岩毛细管压力曲线的形态和中值压力、排驱压力等特征参数，可以看出不同区带不同层位孔隙结构特征差异不大，分选差—中等，孔隙大小分布不均。按照李道品的孔隙分类标准（大孔隙 $D>80\mu m$，中孔隙为 $50\mu m<D<80\mu m$，小孔隙为 $20\mu m<D<50\mu m$，微孔隙 $D<20\mu m$），本区上古生界储层孔隙以小孔为主，孔喉组合关系以小孔~小喉为主，砂岩样品的物性参数、孔隙结构参数都是随着岩石粒度变细，大孔隙逐渐减少、孔隙喉道逐渐变细、孔隙度、渗透率明显变差（表 2-3-4）。压汞曲线总体上可以分为三类（图 2-3-18）。

表 2-3-4　J5 井、J6 井、J7 井下石盒子组砂岩样品孔喉结构参数表

参　　数	粗粒岩石	中粒岩石	细粒岩石
孔隙度平均值(%)	9.64	5.65	3.11
渗透率平均值(mD)	0.83	0.45	0.21
最大连通孔喉半径 $R_{10}(\mu m)$	2.16	1.2	0.12
平均孔喉半径 $R_{50}(\mu m)$	0.518	0.205	0.024
$V_{>0.05}(\mu m)$	57.48	41.94	22.57

续表

参　　数	粗粒岩石	中粒岩石	细粒岩石
均值 X	12.42	13.61	15.33
变异系数 C	0.22	0.184	0.09

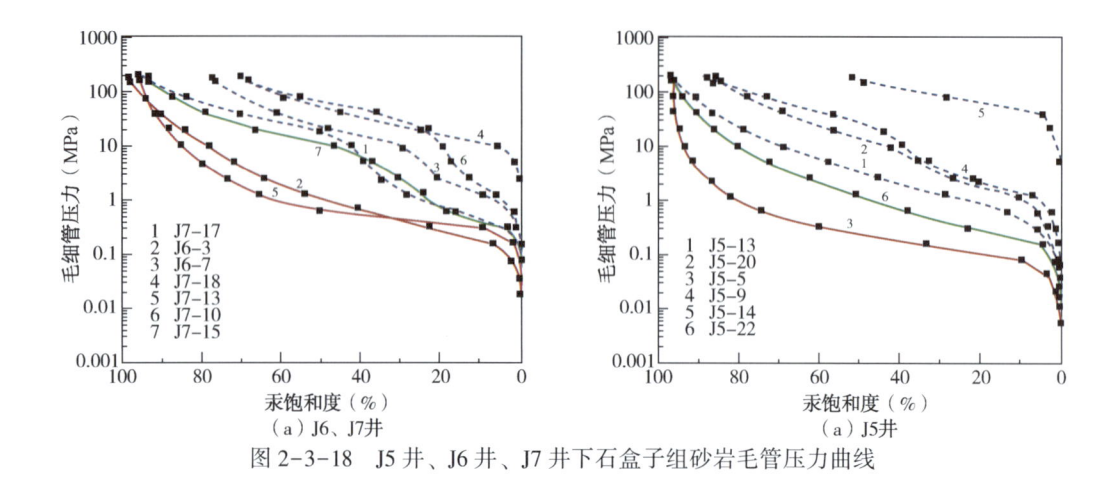

图 2-3-18　J5 井、J6 井、J7 井下石盒子组砂岩毛管压力曲线

Ⅰ类：毛细管压力曲线向左下方略凹，粗孔喉，分选好。排驱压力 0.1~0.3MPa，中值压力<2MPa。

Ⅱ类：毛细管压力曲线较Ⅰ类略陡，较粗孔喉，分选较好。排驱压力 0.3~1.5MPa，中值压力为 2~20MPa。

Ⅲ类：毛细管压力曲线较Ⅱ类略陡，中等孔喉，分选一般。排驱压力 1.5~5MPa，中值压力>20MPa。

与图 2-3-18 样品对应的孔喉分布如图 2-3-19 所示。物性参数与孔隙结构参数的关系如图 2-3-20、图 2-3-21 所示。

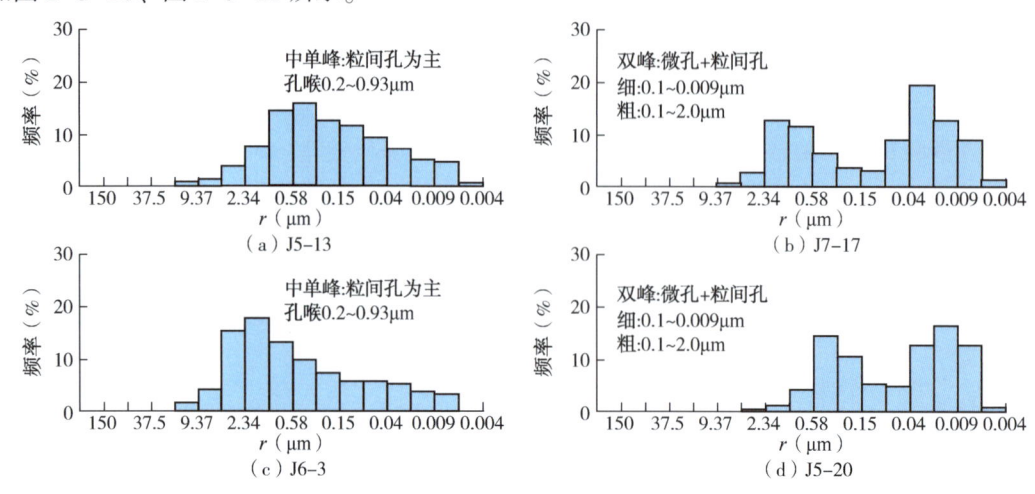

图 2-3-19　J5 井、J6 井、J7 井下石盒子组部分砂岩样品的孔喉分布图

第二章 二叠系大型层状含气系统成藏要素的差异配置关系

图 2-3-19 J5 井、J6 井、J7 井下石盒子组部分砂岩样品的孔喉分布图(续)

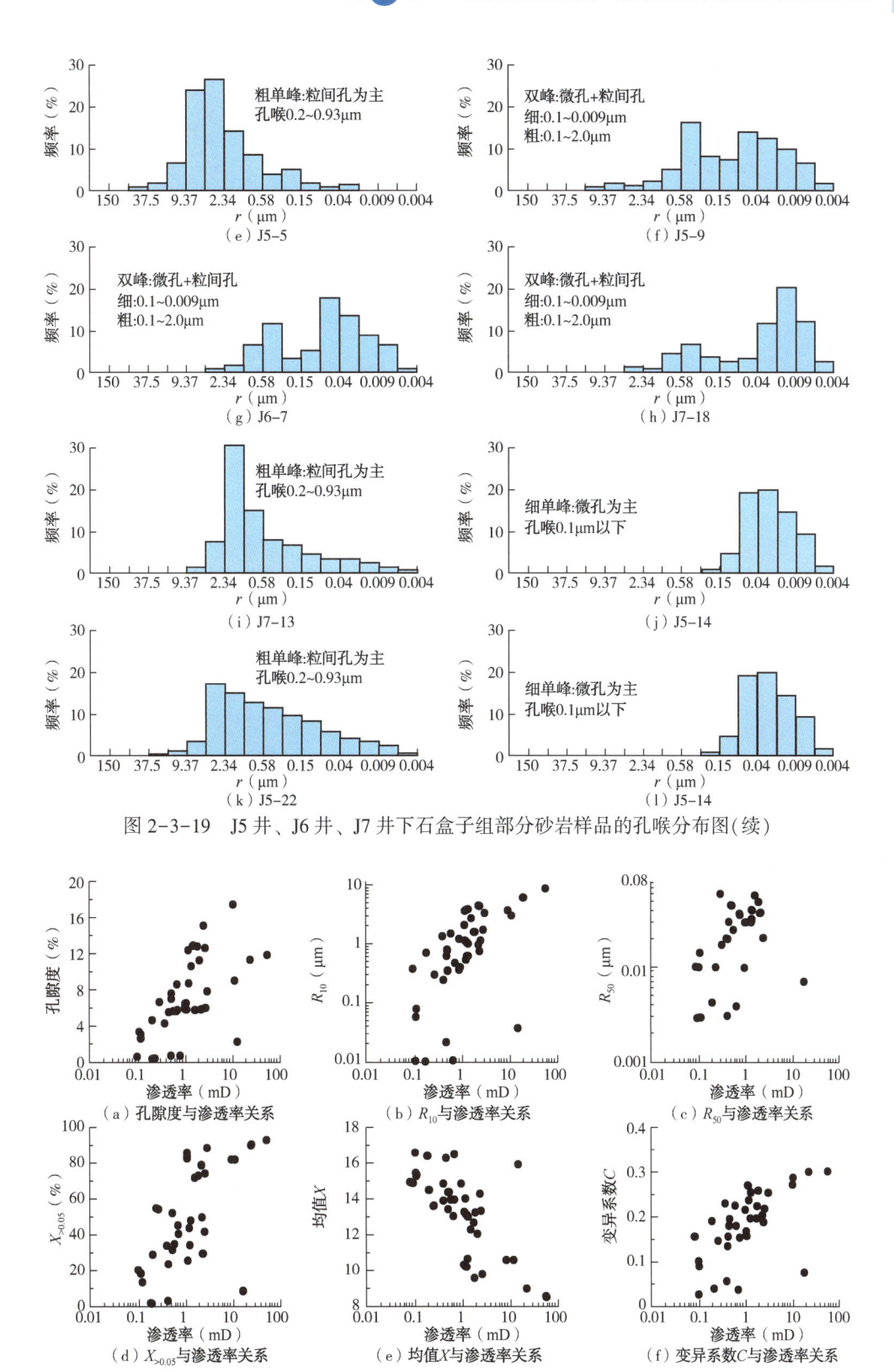

图 2-3-20 下石盒子组砂岩样品孔隙结构参数与渗透率关系图

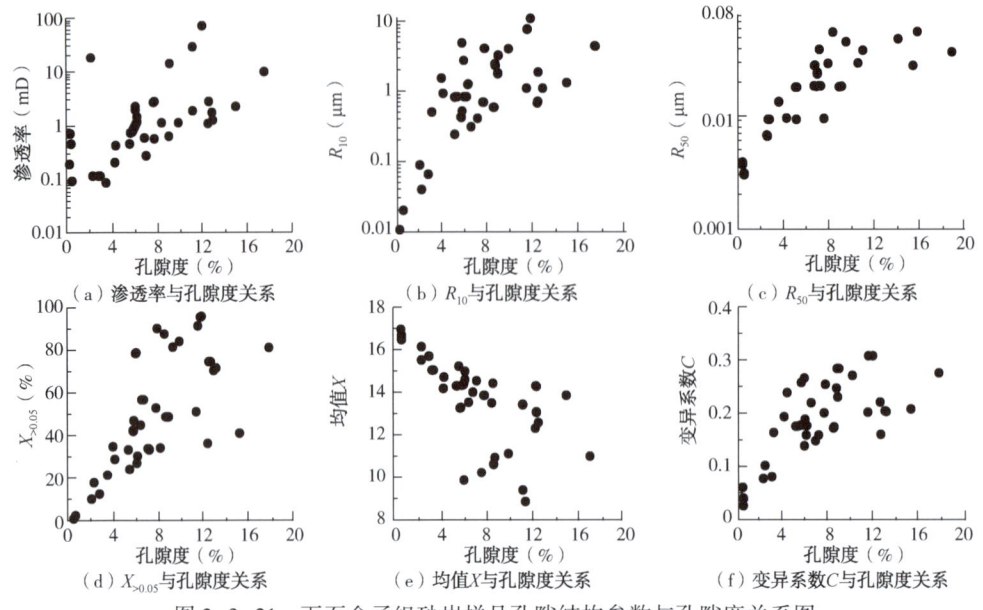

图 2-3-21 下石盒子组砂岩样品孔隙结构参数与孔隙度关系图

根据不同粒度砂岩的孔喉结构分析数据,总体上来看:砂岩粒度越粗,大孔径占比越高,物性越好(图2-3-22)。因此,可以认定优势储层主要为粗粒度砂岩,优势储层类型主要是河道心滩沉积的砂砾岩、含砾粗砂岩、粗砂岩,而中砂岩,细砂岩由于泥质含量较高大多数为无效储层,但并非粗粒度的砂岩都是有效储层。

二、砂岩储层的主要成岩后生作用

成岩作用在储层的发育过程中起重要的作用。杭锦旗地区上古生界砂岩经历的破坏性成岩作用主要有压实作用和胶结作用,经历的建设性成岩作用主要有溶蚀、构造破裂作用。

1. 压实作用

随着埋藏深度的增加,上覆地层的重力使得砂岩颗粒接触由点接触逐渐向线接触和凹凸接触转变,孔隙度随之减小,是不可恢复的物性变差过程。在沉积物内部可以出现颗粒的滑动、转动、位移、变形、破裂,进而导致颗粒的重新排列和某些结构构造的改变,压实作用在沉积物埋藏早期阶段表现的比较明显。

下石盒子组砂岩颗粒之间的接触以线接触和凹凸接触为主(图2-3-23),其次为局部的点接触,反映压实作用较强。由于含量较高的塑性岩屑压实严重变形,呈"假杂基"状,而在石英等刚性颗粒含量较高的层段,颗粒以线接触为主,可见石英颗粒压实形成的裂纹。

在太原组和山西组中,由于岩性以石英砂岩、岩屑石英砂岩为主,颗粒中刚性颗粒的抗压实能力较强,颗粒之间接触关系以线接触为主(图2-3-24),少量的点—线接触。

砂岩中的软颗粒(以岩屑为主)都呈现出明显的压实变形,呈假杂基状(图2-3-25),在盒3段常见。在部分井的强压实层位,除颗粒间呈现凹凸接触之外,还出现碎屑颗粒薄膜挤压破碎,颗粒间经历熔融重结晶的现象。

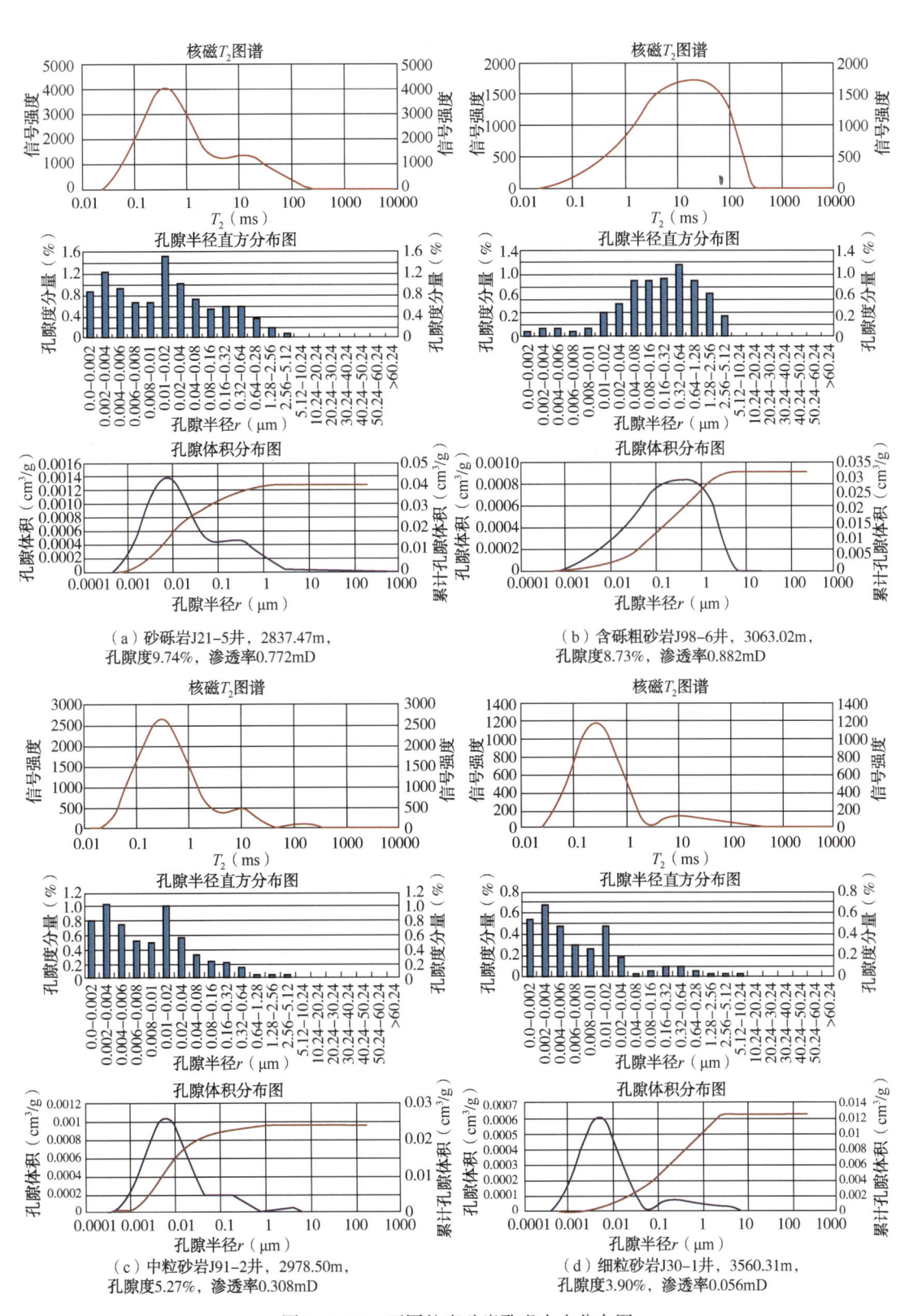

第二章 二叠系大型层状含气系统成藏要素的差异配置关系

(a) 砂砾岩J21-5井，2837.47m，
孔隙度9.74%，渗透率0.772mD

(b) 含砾粗砂岩J98-6井，3063.02m，
孔隙度8.73%，渗透率0.882mD

(c) 中粒砂岩J91-2井，2978.50m，
孔隙度5.27%，渗透率0.308mD

(d) 细粒砂岩J30-1井，3560.31m，
孔隙度3.90%，渗透率0.056mD

图 2-3-22　不同粒度砂岩孔喉大小分布图

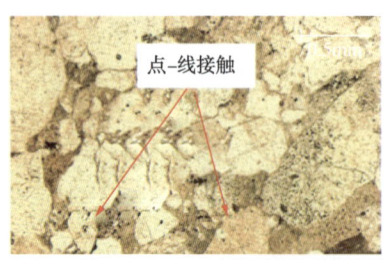

(a) J77井，2617.07m，含泥质中粒岩屑砂岩
(b) J95井，3116.48m，粗粒长石岩屑砂岩 
(c) J77井，2617.07m，含泥质中粒岩屑砂岩 
(d) J94井，2639.55m，含泥粗粒岩屑砂岩 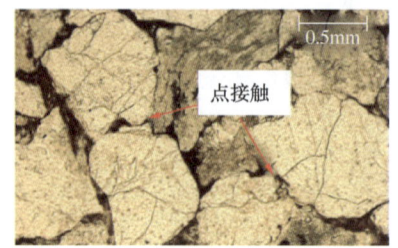

图 2-3-23　下石盒子组砂岩颗粒接触镜下图像

(a) J6井，2861.85m，含砾石英砂岩，颗粒线接触
(b) J70井，2973.32m，粗粒石英砂岩，颗粒线接触—凹凸接触 
(c) J89井，3193.15m，细粒石英砂岩，颗粒线接触 
(d) 伊19井，2923.34m，粗粒石英砂岩，颗粒点接触 

图 2-3-24　十里加汗区带太原组砂岩颗粒接触关系镜下图像

2. 胶结作用

胶结作用作为一种破坏性的成岩作用，在下石盒子组普遍发育，但各区有所差异。这里重点描述独贵加汗区带（J58 井区）与其以东十里加汗区带的差异。

（1）盒1-1层。

独贵加汗区带：砂岩胶结物主要有方解石（图 2-3-26、图 2-3-27），含量9.03%，其次为黏土矿物，含量为7.36%，另有少量白云石、次生加大石英、黄铁矿。胶结类型以孔隙型为主，占比96%，其次为薄膜—孔隙型胶结，约为4%。

第二章 二叠系大型层状含气系统成藏要素的差异配置关系

（a）J114井，3020.25m含泥质中—粗粒岩屑石英砂岩　　（b）J77井，2617.07m含泥质中粒岩屑砂岩

（c）J95井，3114.05m细—中粒岩屑长石砂岩　　（d）J96井，3058.98m中—粗粒岩屑长石砂岩

图 2-3-25　盒3段岩屑颗粒的塑性变形

十里加汗区带：黏土矿物是主要的胶结物，含量为7.74%，其次为方解石，含量为6.1%；另有少量次生加大石英、白云石、黄铁矿等。胶结类型也以孔隙型胶结为主，占比72%，其次为薄膜—孔隙型胶结，占比25%，少量孔隙—加大型、孔隙—连晶型。

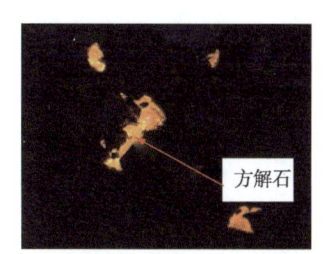

（a）J93井：3037.45m，方解石胶结　（b）J92井：3059.6m，杂基充填　（c）J88井：3023.33m，局部方解石胶结

（d）J92井：3062.17m，方解石胶结　（e）J88井：3009.32m，局部方解石胶结　（f）J95井：3206.9m，自生高岭石充填

图 2-3-26　独贵加汗区带和十里加汗区带 H1-1 层砂岩胶结作用镜下的图像

— 81 —

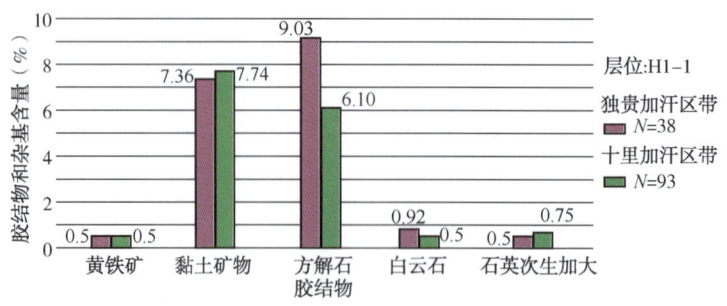

图 2-3-27　独贵加汗区带和十里加汗区带 H1-1 层砂岩胶结物的含量统计柱状图

（2）盒 1-3 层。

独贵加汗：砂岩胶结物主要有黏土矿物、方解石（图 2-3-28）、白云石、石英次生加大、黄铁矿，其中黏土矿物含量最高，占比为 6.78%（图 2-3-29），其次为方解石。胶结类型以孔隙型为主，占 94%，其次为薄膜—孔隙型胶结，占 6%。

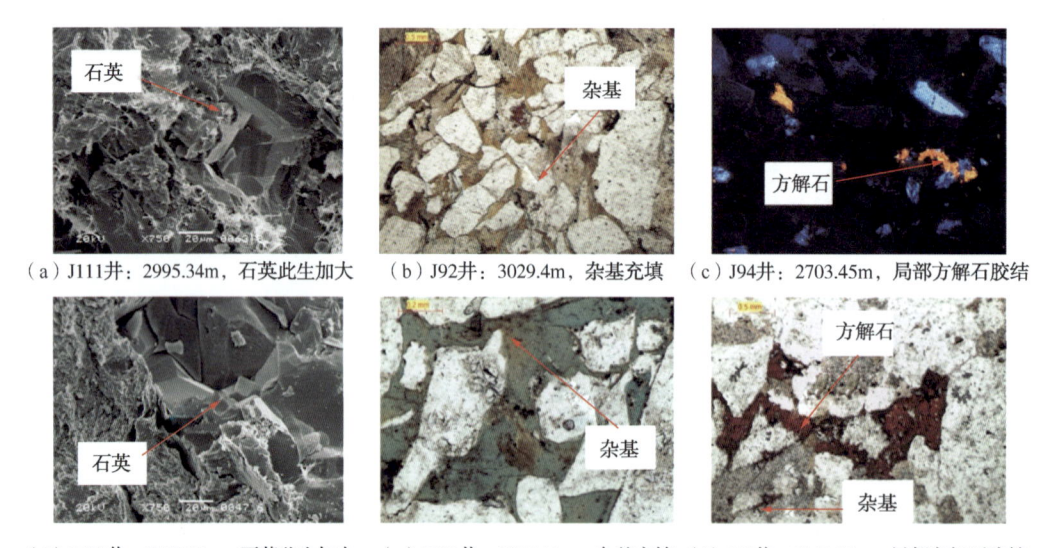

（a）J111 井：2995.34m，石英此生加大　（b）J92 井：3029.4m，杂基充填　（c）J94 井：2703.45m，局部方解石胶结

（d）J108 井：3153.32m，石英此生加大　（e）J103 井：3074.11m，杂基充填　（f）J98 井：3061.11m，局部方解石胶结

图 2-3-28　独贵加汗区带和十里加汗区带 H1-3 层砂岩胶结作用微观图

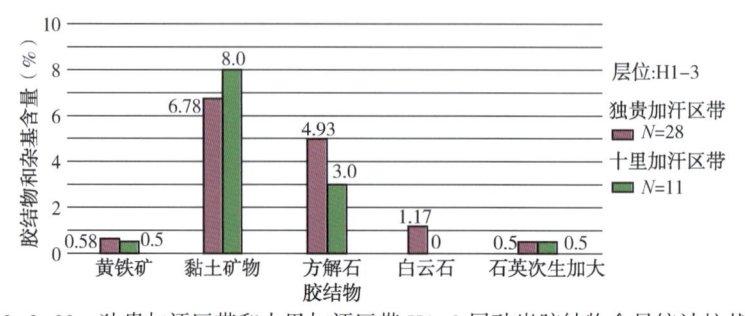

图 2-3-29　独贵加汗区带和十里加汗区带 H1-3 层砂岩胶结物含量统计柱状图

十里加汗区带：砂岩样品胶结物以黏土矿物为主，含量为 7.74%，其次为方解石、石

英次生加大、白云石、黄铁矿等。砂岩以孔隙型胶结为主，占比为50%，其次为薄膜—孔隙型胶结，占比约为37%。

（3）盒3-1层。

独贵加汗区带：盒3-1层砂岩样品胶结物主要有黏土矿物（图2-3-30），含量为10.7%，其次为方解石，含量为4.64%，还有少量白云石、次生加大石英、黄铁矿等。

十里加汗区带：胶结物以黏土矿物为主，含量为19%，方解石、石英次生加大、白云石、黄铁矿含量依次为1%、0.5%、0.5%、0.5%。

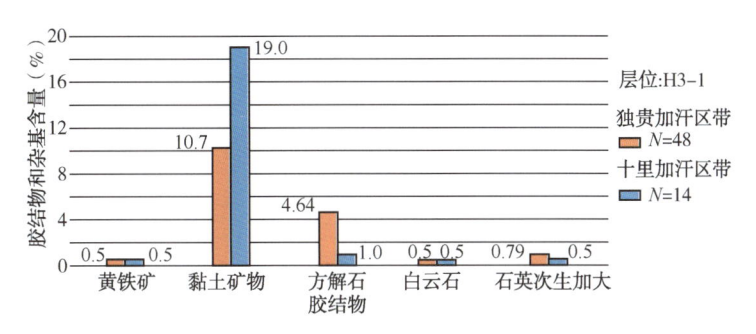

图2-3-30　独贵加汗区带和十里加汗区带H3-1层砂岩胶结物含量统计柱状图

① 碳酸盐胶结。

碳酸盐胶结程度是影响砂岩储层发育的主要因素之一，由于分布不均匀，增强了物性的非均质性。镜下观察碳酸盐胶结物主要为方解石、少量白云石，J115井盒3段底部砂岩中还可见少许菱铁矿胶结。在显微镜与阴极发光下，碳酸盐多以孔隙式或单晶形式出现，在J95井、J96井和J114井中方解石富集的程度以连晶状充填孔隙（图2-3-31）。

（a）J114井：3117.1m，（+）含灰质中—粗粒岩屑砂岩，方解石孔隙式胶结

（b）与（a）图同一视域的阴极发光图像，方解石呈橙黄色

图2-3-31　盒3段砂岩中碳酸盐胶结物微观图

② 黏土矿物类胶结物。

黏土矿物X衍射结果统计（表2-3-5）、电镜和薄片观察表明，盒3段的主要黏土矿物类胶结物包括伊利石、伊/蒙混层、绿泥石、高岭石和火山灰。

表 2-3-5 独贵加汗区带和十里加汗区带盒 3 段砂岩黏土矿物 X 衍射含量统计表

	井　号		J77	J95	J96	J108	J114	J115
填隙物	伊/蒙间层	最大值	17	82	67	33	40	49
		最小值	17	20	30	30	16	40
		平均值	17	47.5	47.5	31.5	34	43
	伊利石	最大值	16	11	13	7	11	29
		最小值	16	5	5	1	6	15
		平均值	16	7.25	8.5	4	9	23
	高岭石	最大值	32	9		7	16	12
		最小值	32	3		4	9	9
		平均值	32	5.25		5.5	11.5	10.67
	绿泥石	最大值	35	64	65	62	62	26
		最小值	35	4	20	56	38	20
		平均值	35	40	44	59	45.5	23.33

a. 伊利石与伊蒙混层黏土、高岭石。

显微镜和电镜下的观察特征表明，十里加汗地区盒 3 段黏土矿物类填隙物最常见的为伊利石、伊蒙混层黏土矿物和高岭石（图 2-3-32）。

（a）J114 井：井深3024.05m，盒3段含泥中—粗粒岩屑石英砂岩，粒间黏土填隙物（杂色鱼鳞状）

（b）与（a）同一样品，扫描电镜。颗粒间的自生石英、丝状伊利石、伊/蒙混层和少量叶片状绿泥石。

（c）与（a）同一样品，扫描电镜。颗粒间的书页状高岭石、石自生石英、伊利石等。

图 2-3-32 J114 井盒 3 段砂岩粒间黏土填隙物镜下的图像

b. 火山灰。

火山灰填隙物在独贵加汗区带和十里加汗区带盒 3 段出现（图 2-3-33），根据光性特征及能谱数据来看，砂岩中火山灰呈似胶粒状、尘状、细鳞片状，可蚀变为伊/蒙间层、绿泥石、水白云母及水黑云母等。但 J114 井中的火山灰具有异常明显的消光现象，可能以蚀变为胶状白云母为主，还出现了火山灰蚀变之后析出白钛矿的现象。

c. 绿泥石。

观察到的绿泥石填隙物较少，如 J99 井中，局部可见不明显的残留火山灰和高岭石，推测绿泥石为火山灰蚀变而来，少量绿泥石具异常干涉色。根据薄片下的观察，除填隙物之外，部分碎屑颗粒也可见不均匀的绿泥石化现象，主要由含泥质岩屑蚀变而来。

(a) J77井，2617.07m含泥质中粒岩屑砂岩 　　(b) J95井，3117.69m含灰粗—中粒岩屑砂岩

(c) J101井，2970.64m泥质中粒岩屑砂岩 　　(d) J114井，3007.64m含泥中—粗粒岩屑石英砂岩

图 2-3-33　盒 3 段砂岩中火山灰镜下的图像

除绿泥石填隙物对颗粒的胶结作用之外，在 J114 井中还可见到明显的绿泥石薄膜包裹碎屑颗粒的现象，颗粒均为绿泥石膜包裹，但在颗粒接触处缺乏绿泥石包膜，粒间接触关系主要为点—线接触，存在塑形颗粒（泥质岩屑）的塑形变形，且孔隙环边衬里的绿泥石多为等厚状。在 J114 井中，骨架颗粒被溶蚀的地方，绿泥石包膜常保存完好，形成绿泥石膜包围粒内溶孔的现象，具有此类特征的颗粒包膜通常被认为是自生绿泥石。

③硅质胶结物。

在独贵加汗和十里加汗区带，盒 3 段砂岩的硅质胶结物主要有两种形式：石英碎屑的次生加大边和粒间自形的自生石英。石英次生加大边仅见于 J77 井、J95 井和 J114 井的部分层位，且次生加大程度不强烈。粒间自形的自生石英在 J114 井中较为多见，一般分布于孔隙边缘，贴近颗粒生长，晶体较小，不超过 0.1mm，晶形规则。

3. 溶蚀作用

被溶蚀物质主要有长石颗粒、岩屑颗粒、黏土矿物胶结物、方解石胶结物，溶蚀作用在下石盒子组均有发育（图 2-3-34、图 2-3-35）。溶蚀产生粒间溶蚀孔和粒内溶蚀孔，粒内溶蚀被溶物质以泥质岩屑、泥质砂岩类岩屑为主，且仅溶蚀其中的伊利石类黏土矿物，保留石英粉砂，因此推测可能为酸性流体溶蚀。在部分溶蚀孔隙内可见后期方解石沉淀结晶。

(a) J72井，2957.58m长石、岩屑被溶 (b) J93井，3060.93m，粒间溶孔 (c) J91井，2985.02m，岩屑、杂基被溶

(d) J90井，2986.1m，方解石被溶 (e) J91井，2985.02m，岩屑粒内溶孔 (f) J103井，3081.06m，岩屑被溶

图 2-3-34 独贵加汗区带和十里加汗区带盒 1-1 砂岩溶蚀作用镜下的图像

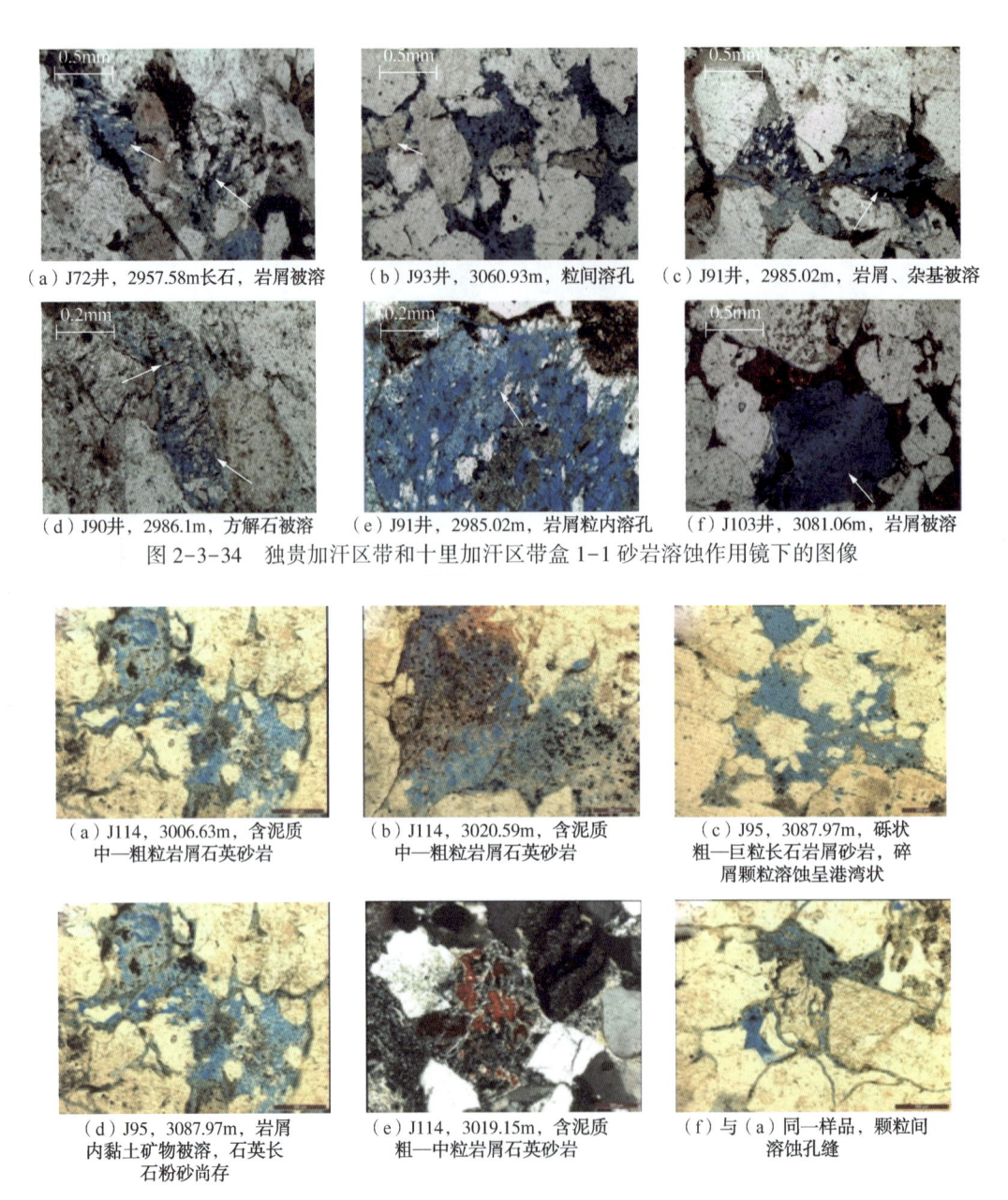

(a) J114，3006.63m，含泥质中—粗粒岩屑石英砂岩 (b) J114，3020.59m，含泥质中—粗粒岩屑石英砂岩 (c) J95，3087.97m，砾状粗—巨粒长石岩屑砂岩，碎屑颗粒溶蚀呈港湾状

(d) J95，3087.97m，岩屑内黏土矿物被溶，石英长石粉砂尚存 (e) J114，3019.15m，含泥质粗—中粒岩屑石英砂岩 (f) 与(a)同一样品，颗粒间溶蚀孔缝

图 2-3-35 独贵加汗区带和十里加汗区带盒 3-1 砂岩溶蚀作用镜下的图像

在 J95 井、J96 井、J108 井盒 3 段中岩屑粒内溶蚀也较常见。长石的粒内溶蚀以 J95 井、J96 井最为典型(图 2-3-36)，在 J99 井和 J108 井中也常见。

除粒内溶蚀之外，盒 3 段同时发育粒间溶蚀，常伴随粒内溶蚀出现。在辨别颗粒类型时，粒内溶孔常被误认为粒间溶孔，以 J95 井为例，其中局部发育的粒间孔隙看似粒间孔，其实为颗粒铸模孔，由颗粒溶蚀形成，由于溶蚀强烈，仅在正交偏光下可辨认出溶蚀颗粒的残余边缘(图 2-3-37)。

(a) J95井，3086.65m，长石被溶，含砾粗粒岩屑砂岩　　(b) J96井，3060.97m，长石被溶，中—粗粒岩屑砂岩

图 2-3-36　盒 3 段砂岩中长石被溶蚀现象

(a) 单偏光，J95井，3087.97m，含砾巨—粗粒岩屑长石砂岩，溶蚀孔隙为粒内溶孔　　(b) 视域同(a)，正交光，偏光镜下可见溶蚀颗粒边缘

图 2-3-37　独贵加汗区带 J95 井盒 3 段溶蚀孔隙镜下图像

4. 交代作用

研究区内盒 3 段的交代作用以白云石对方解石的交代为主，主要见于 J114 井中。白云石呈浑圆状，多围绕方解石颗粒边缘进行交代(图 2-3-38)。局部可见白云石的生长处，骨架颗粒的绿泥石包膜有消失现象，推测白云石的生成或许与黏土矿物的溶解有关。

(a) J114井3006.63m，(+) 含泥中—粗粒岩屑石英砂岩，方解石（红色）、白云石呈孔隙式胶结，白云石围绕方解石边缘呈环边状　　(b) J114井，3020.25m，(+) 含泥中—粗粒岩屑石英砂岩，方解石（红色）呈连晶状胶结，白云石围绕方解石边缘

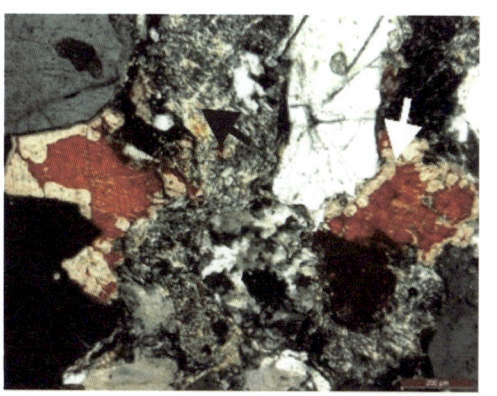

图 2-3-38　J114 井盒 3 段砂岩中方解石周缘的白云石交代现象

5. 构造破裂作用

在储层分析和薄片观察过程中，可见有构造破裂作用产生的微裂缝，但是发育并不普遍，构造微裂缝往往与颗粒粒缘缝共生，在构造抬升过程中，上部载荷降低，产生粒缘缝以及微裂缝。

三、东胜气田上古生界成岩阶段与成岩序列

1. 中、东部上古生界成岩阶段划分

通过岩石普通薄片、铸体薄片、扫描电镜、阴极发光、黏土矿物 X 衍射等测试分析资料，根据古地温温度、颗粒接触关系、泥岩中的黏土矿物的成熟度、颗粒胶结物中的胶结成分、石英次生加大的级别、伊/蒙混层蒙脱石含量、镜质组反射率、铁白云石胶结等，并根据石油天然气行业 SY/T 5477—2003《碎屑岩成岩阶段划分》进行成岩阶段划分。

（1）样品颗粒之间以线接触为主，塑性颗粒含量高的砂层段以凹凸接触为主，岩石的支撑类型主要为颗粒支撑。

（2）下石盒子组所含黏土矿物的平均含量：伊/蒙混层 8%~82%，平均为 26%；伊利石为 5%~34%，平均为 14%；高岭石含量在 3%~80%，平均为 24%；绿泥石为 4%~65%，平均为 40%。在盒 1-1 层伊/蒙混层中蒙皂石含量为 10%~30%之间（图 2-3-39、图 2-3-40）。

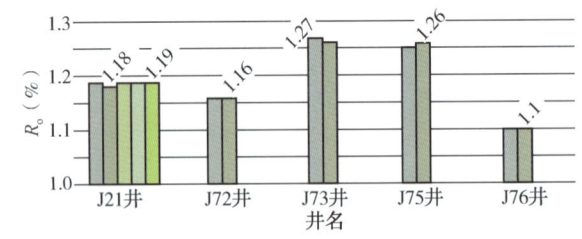

图 2-3-39 十里加汗区带山 1 段镜质组反射率实测数据统计柱状图

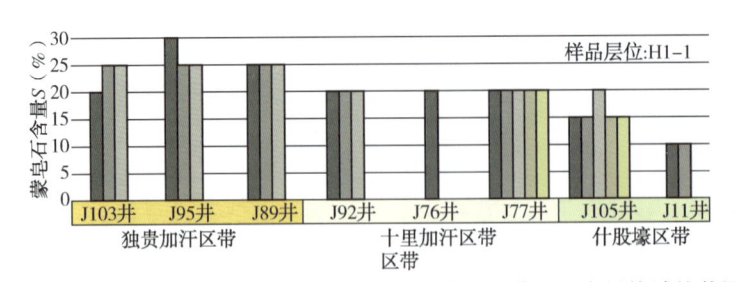

图 2-3-40 东胜气田中、东部盒 1-1 层伊/蒙混层蒙皂石含量统计柱状图

（3）镜质组反射率 R_o 值在 1.1%~1.27%之间。

（4）酸性溶蚀作用产生大量的次生溶蚀和铸模孔，钠长石溶蚀产生溶蚀微孔。

（5）石英次生加大在石英砂岩和岩屑石英砂岩中发育普遍，可见明显的石英颗粒次生加大生长纹（J74 盒 1 段）。大部分是 II 级，局部发育强烈为 III 级。

通过对成岩阶段各项特征分析之后，确定上古生界储层处于中成岩的 A 期阶段。

2. 流体包裹体分析

(1) 样品和仪器。

选择了断裂带以南 J32 井、J70 井、J78 井和 J109 井等 30 余口井在上古生界的 61 个样品,并在中国石化无锡石油地质研究所实验研究中心进行了包裹体测试工作,其中 19 个样品包裹体薄片中检测到所需的成岩流体包裹体及成藏流体包裹体,还进行了均一温度、激光拉曼光谱等测试。使用的仪器设备主要包括 Zeiss Axioplan2 透射、反光、荧光显微镜, 100W 汞灯,荧光滤色片 BP395-440nm(FT460、LP470),Linkam MDS600 型全自动冷热台,长焦距物镜 50 倍,Renishaw 激光拉曼光谱仪 514nm 波长激光,单晶硅标样峰值 520cm^{-1}。

(2) 包裹体类型、分期及特征。

检出流体包裹体样品的岩性主要是岩屑砂岩、含砾粗砂岩、粗砂岩、中细砂岩等,包裹体产状主要发育在石英次生愈合裂隙中、石英加大边、粒间孔充填的方解石胶结物中,包裹体类型主要以气液烃包裹体、气液两相盐水包裹体为主。

根据成岩作用、包裹体产状及分布特征,可以识别出三期成岩作用包裹体。其中砂岩粒间孔内胶结充填的方解石胶结物中捕获的第一期成岩流体包裹体发育数量少、均一温度较低,多呈孤立、零星状分布产出;第一期石英次生加大边(被方解石胶结物充填包裹,方解石胶结物充填在粒间孔内)中没有观察到包裹体,推测该期石英硅质胶结成岩作用应该早于第一期方解石胶结充填成岩作用(图 2-3-41)。

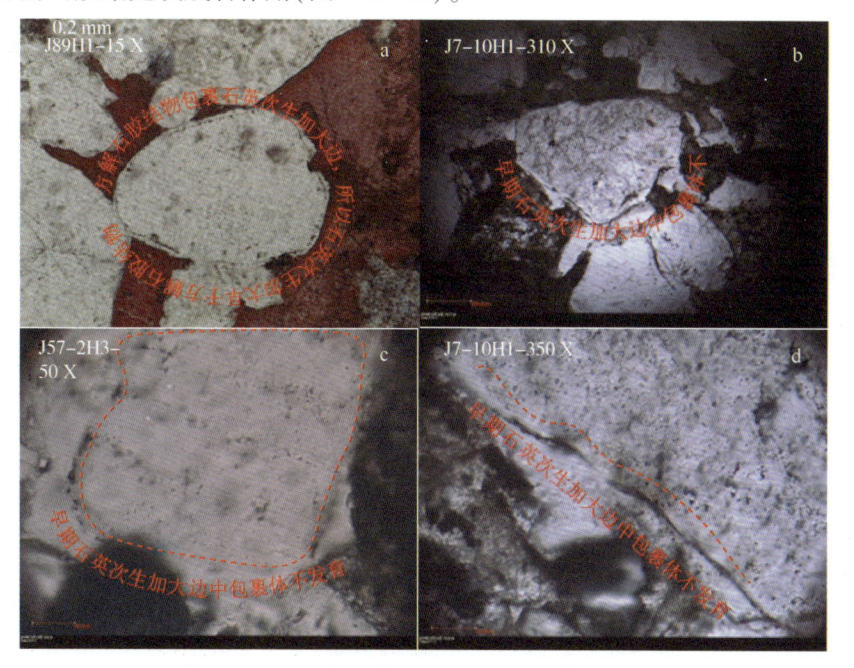

图 2-3-41 早期石英次生加大边包裹体观察图像

(a)被早期方解石胶结物(红色)包裹的早期石英次生加大边中气液两相成岩包裹体不发育;(b)早期石英次生加大边中气液两相成岩包裹体不发育;(c)50 倍放大,早期石英次生加大边中气液两相成岩包裹体不发育;(d)50 倍放大,石英次生加大边中干净,气液两相成岩包裹体不发育第二期成岩作用包裹体主要分布在石英次生加大边、方解石胶结物中(图2-3-42至图2-3-45),且在石英次生愈合裂隙中捕获了一期气液两相烃类成藏包裹体,多与气液两相盐水包裹体伴生,透射光下为无色,荧光下多为蓝绿色荧光(图2-3-46)。该期成岩包裹体的均一温度值明显比第一期成岩包裹体的均一温度高,且包裹体发育数量也较第一期有显著的增多。

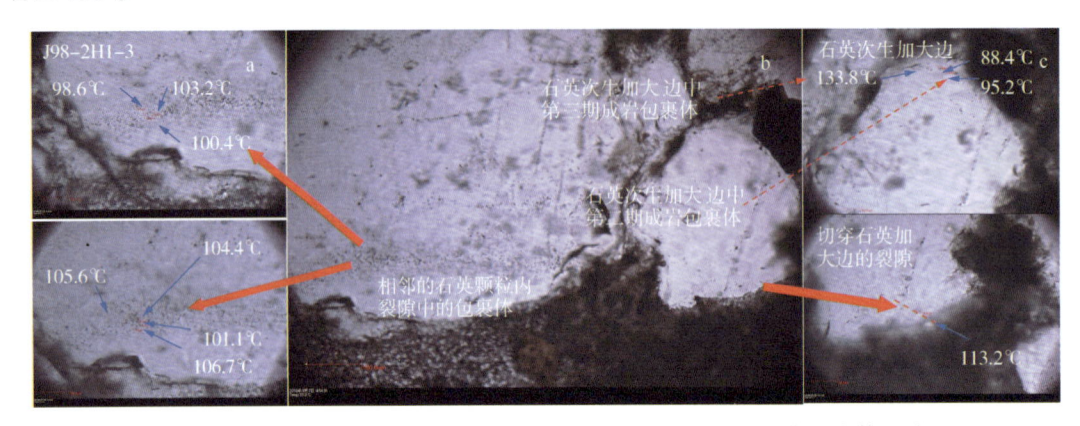

图2-3-42 石英颗粒愈合裂隙中流体包裹体与石英加大边中两期包裹体的关系

(a)石英颗粒愈合裂隙中的包裹体均一温度介于石英次生加大边中两期成岩包裹体均一温度数据之间。(b)为锦98井H1-3样品中相邻的两个石英颗粒(右边发育石英次生加大边),左边颗粒发育愈合裂隙。(c)次生加大边发育两期气液两相盐水成岩包裹体(第二期和第三期),愈合裂隙切割石英加大边且其中气液两相包裹体均一温度介于加大边中两期包裹体均一温度之间

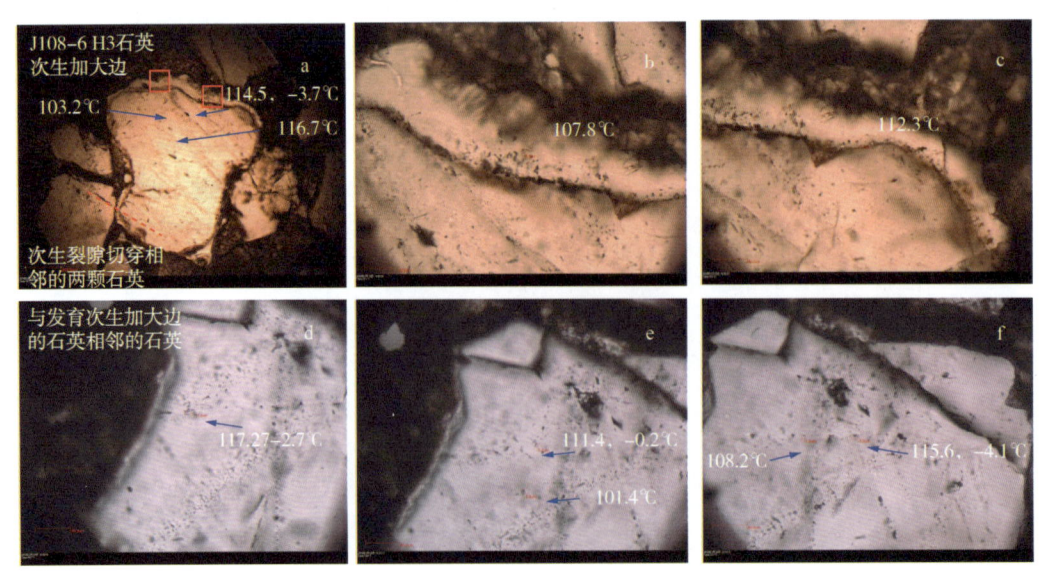

图2-3-43 发育在石英次生加大边中和次生愈合裂隙中的第二期流体包裹体微观图

(a)(b)(c)为锦108井盒2段砂岩石英次生加大边内的气液两相盐水成岩包裹体(第二期);(d)(e)(f)分别为相邻石英颗粒且次生愈合裂隙切穿相邻两个石英颗粒,愈合裂隙内的气液两相盐水成岩包裹体(与第二期石英加大边内成岩包裹体均一温度接近)

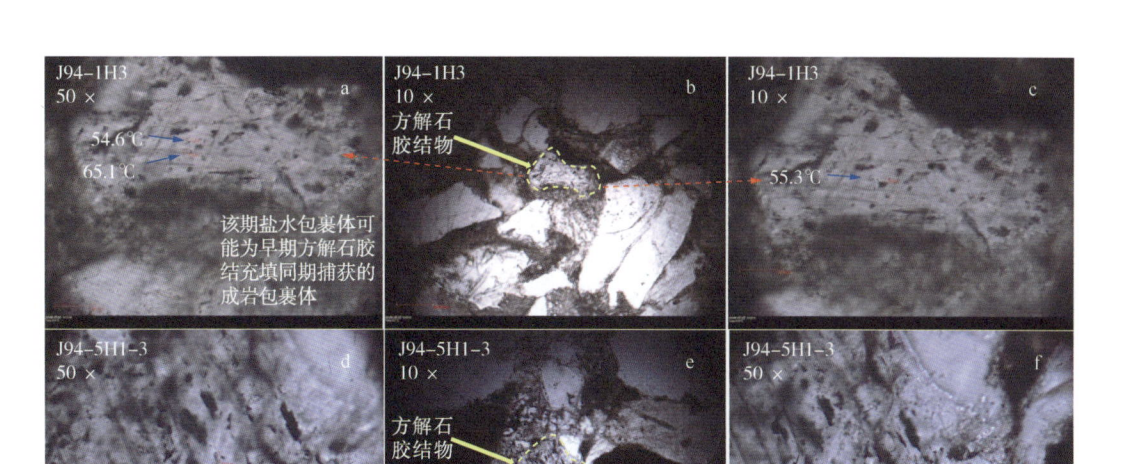

第二章　二叠系大型层状含气系统成藏要素的差异配置关系

图 2-3-44　J94 井下石盒子组砂岩样品中第一期和第二期流体包裹体镜下图像

(a)(b)(c) 分别为样品 50 倍、10 倍和 50 倍放大，粒间孔内充填的早期方解石胶结物中同期捕获的第一期（早期）气液两相成岩包裹体；(d)(e)(f) 分别为 50 倍、10 倍和 50 倍放大下，样品粒间孔内第二期方解石胶结物中同期捕获的气液两相成岩包裹体

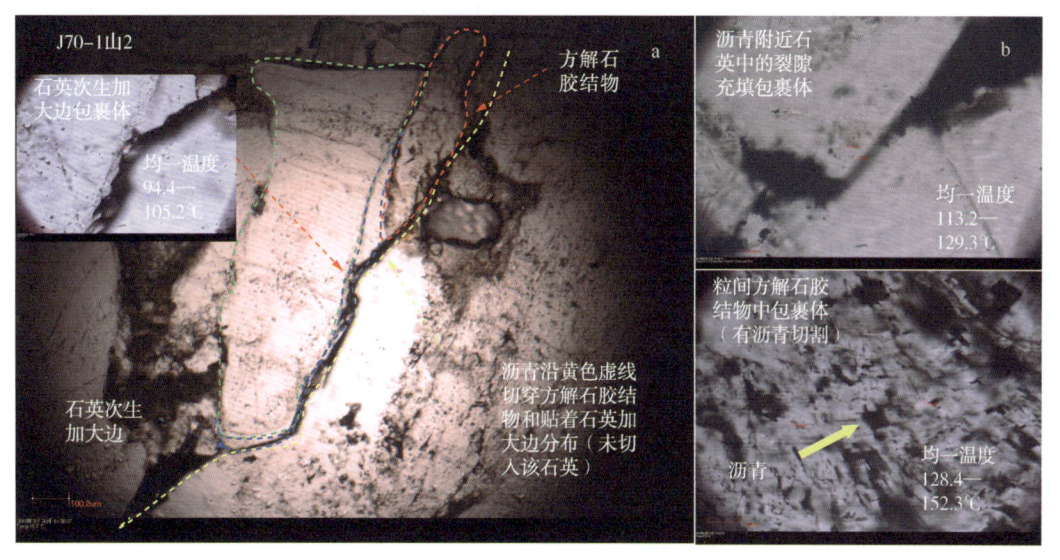

图 2-3-45　J70-1 井山 2 段砂岩样品中的流体包裹体镜下图像

(a) 石英颗粒发育石英次生加大边，部分粒间孔被方解石胶结物充填，从产状上看，沥青切穿方解石胶结物后沿石英次生加大边外侧粒间缝分布且未切入石英次生加大边；(b) 石英愈合裂隙内发育气液两相包裹体，裂隙内无沥青，粒间有沥青充填。结合产状和包裹体测温数据分析，石英次生加大成岩作用要早于切穿石英颗粒的愈合裂隙中的成岩包裹体，而（含沥青的）方解石胶结物中气液两相成岩包裹体应为最晚的第三期捕获的

— 91 —

第三期成岩包裹体仅发育在少量方解石胶结物和石英次生加大边中，数量和分布范围较前两期的成岩包裹体都骤减了很多。在 J70 井山 2 段等样品中发育少量第三期方解石胶结物，该期流体包裹体均一温度较高，有少量沥青沿微裂隙切穿该方解石胶结物，综合产状和伴生的气液两相盐水包裹体判断该期方解石胶结属于较晚期胶结（第三期）。

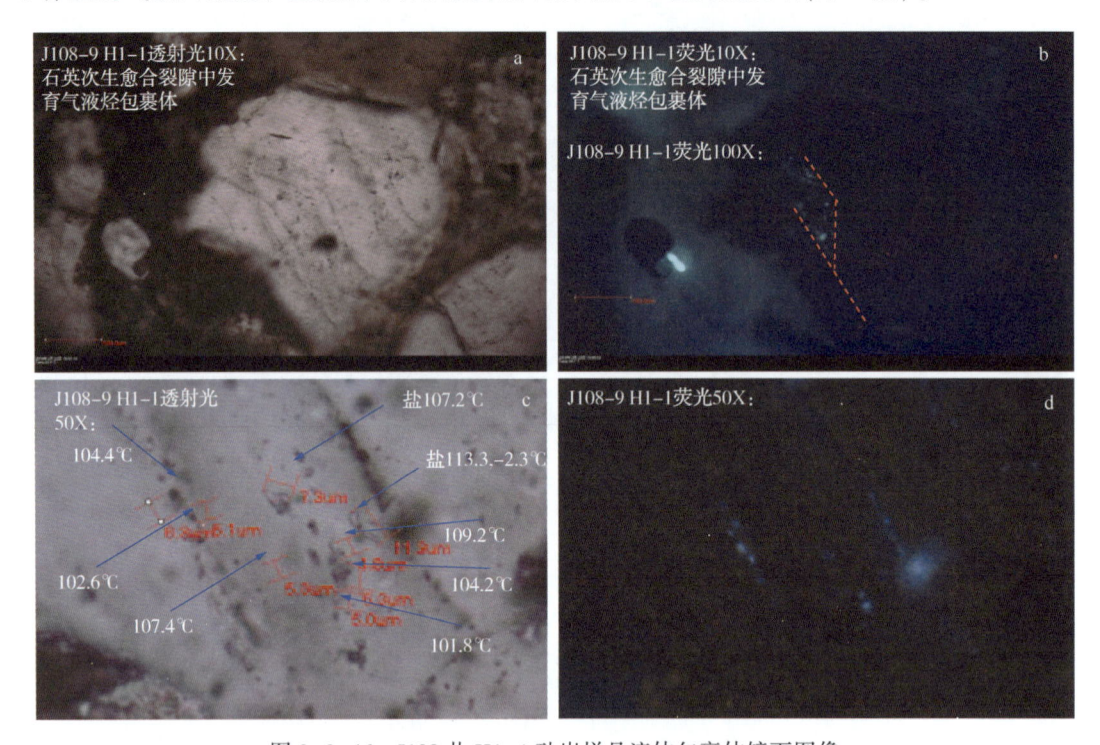

图 2-3-46　J108 井 H1-1 砂岩样品流体包裹体镜下图像

(a)(b)分别是 10 倍放大倍数，石英愈合裂隙内烃包裹体的偏光和荧光照片；(c)(d)分别是 50 倍放大下石英愈合裂隙内烃包裹体的偏光和荧光照片，可以看到烃包裹体沿微裂隙平行排列产出

（3）包裹体均一温度分布特征。

断裂带以南（十里加汗区带、独贵加汗区带、新召东区带）上古生界砂岩盐水包裹体均一温度具有以下特点。一是均一温度的分布范围广，在 40~150℃ 的区间范围内均有分布（图 2-3-47）。二是均一温度分布可分为 90~100℃、100~110℃ 和 110~120℃ 三个峰值，其中包括石英次生加大边、方解石胶结物中的气液两相包裹体、同期的烃类包裹体及同期伴生的气液两相盐水包裹体均一温度范围相互重叠，反映出该温度区间范围内地层流体活动比较强。三是山西组早期方解石胶结物捕获的第一期成岩流体包裹体不发育，而下石盒子组和太原组方解石胶结物内成岩流体包裹体是早、中、晚三期均发育，表明方解石胶结成岩作用跨度时间更长，期次更多。四是硅化成岩作用（第三期）分布范围已经非常局限，仅在下石盒子组砂岩样品中石英第二期硅化基础上捕获极少的第三期成岩包裹体，可见第三期硅化成岩作用对于孔隙的影响已经微乎其微。

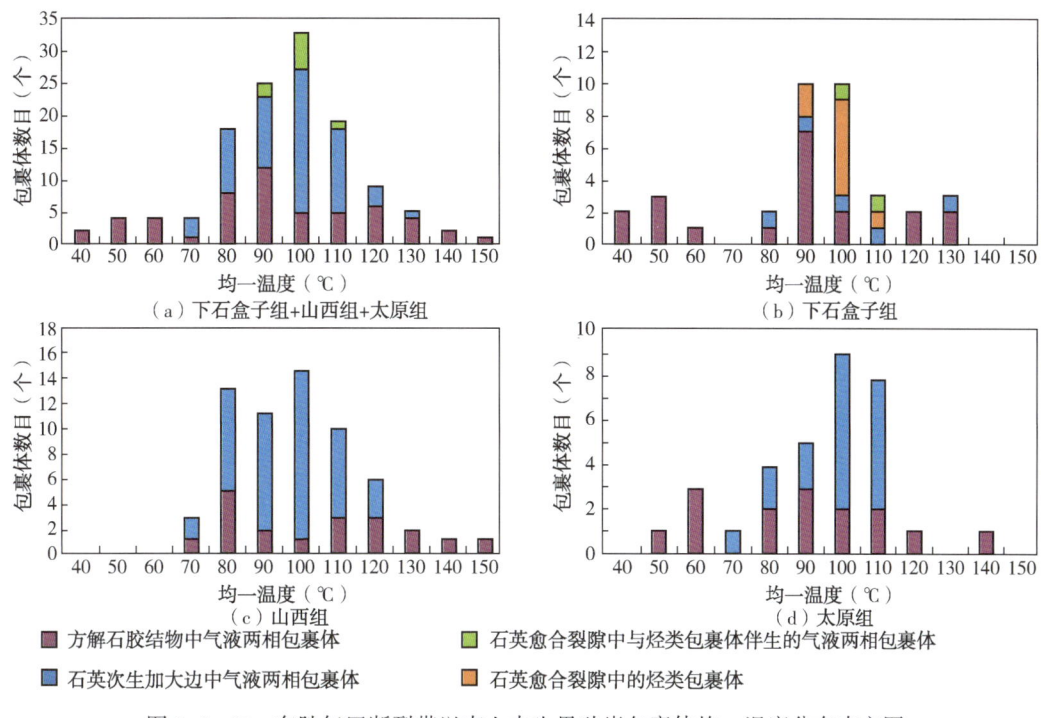

图 2-3-47　东胜气田断裂带以南上古生界砂岩包裹体均一温度分布直方图

3. 成岩序列

下石盒子组主要发育两种沉积亚相：河道和河漫亚相，河道亚相中心滩砂体发育，心滩砂体颗粒粗、厚度较大；河漫亚相中砂体厚度薄且粒度偏细、泥质含量高。由于岩性组成和胶结特征具有不同的特征，其成岩序列也具有差异（图 2-3-48）。

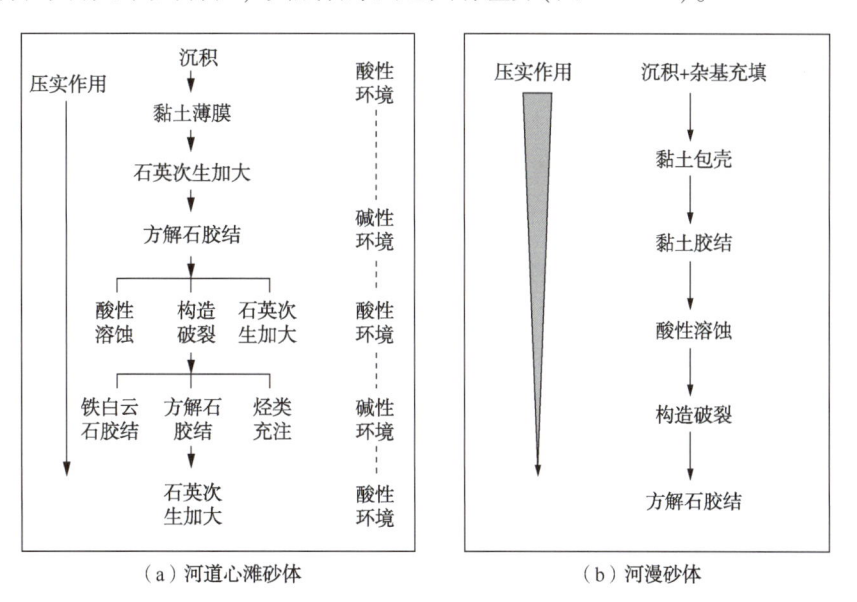

图 2-3-48　河道心滩砂体、河漫砂体储层成岩特征

心滩砂体的主要成岩作用有压实作用、胶结作用(黏土薄膜胶结、方解石胶结、石英次生加大胶结、铁白云石胶结)、油气充注等，确定成岩作用的先后顺序主要根据矿物在显微镜下的产状以及交切关系来确定，证据如下：

(1) 黏土包壳一般都在石英颗粒的表面，处在石英次生加大和石英颗粒之间，表明黏土包壳发生在石英次生加大之前。

(2) 第一期石英次生加大形成后，粒间孔内早期方解石胶结在石英第一期次生加大边外面，可以判定第一期石英次生加大先于早期方解石胶结。

(3) 铁白云石在镜下的产状一般是交代方解石，零星分布于方解石胶结物边缘或者之间，表明铁白云石在方解石之后形成。

(4) 长石和岩屑等硅铝酸盐矿物溶蚀产生粒内溶孔或者粒间溶孔，同时方解石胶结物也有部分溶解表明溶蚀作用发生于早期方解石胶结之后。

(5) 铁白云石在显微镜下一般呈零星的分布，并没有产生酸性的溶蚀，推测铁白云石沉淀于酸性溶蚀之后形成。

(6) 第二期石英次生加大边中的包裹体均一温度在100~120℃之间，发生在有机质成熟以后。

通过分析，可以得出东胜气田下石盒子组成岩序列为：沉积—压实作用—黏土薄膜—第一期石英次生加大—早期方解石胶结—酸性溶蚀—构造破裂—石英次生加大—烃类充注—铁白云石胶结—方解石胶结—石英次生加大。河漫亚相砂岩储层沉积水体能量弱，粒间的岩屑含量高，粒间以黏土杂基充填为主，其发育的成岩作用主要有压实作用、杂基充填、黏土包壳胶结、酸性溶蚀、构造破裂以及方解石胶结作用，这与心滩砂岩具有明显的差异。

四、储层致密化因素讨论与储层综合分级评价标准

导致本区储层致密化、近致密化的成岩后生作用主要是压实作用和胶结作用，通过模拟计算，致密化发生在早白垩世及其之前，即在成藏关键期之前或同步。

1. 储层致密化因素分析

(1) 砂岩孔隙度恢复。

恢复砂岩初始孔隙度是定量评价不同类型成岩作用对原生孔隙消亡和次生孔隙产生的基本前提。通常采用Beard和Weyl根据等大球体沙粒在不同分选状况下堆积方式的差异，而实测的初始孔隙度关系式来计算。

$$OP = 20.91 + (22.9/So) \qquad (2-3-1)$$

式中　OP——初始孔隙度，%；

So——特拉斯克分选系数。

对十里加汗区带10口井的盒1-1层砂岩的分选系数进行统计(图2-3-49)，数值分布在1.66~2.49之间，平均值为2.03。根据经验公式(2-3-1)可以计算盒1-1层砂岩原始孔隙度分布在29.7%~33.4%之间，平均为31.2%。

在独贵加汗区带，以同样方法可以得到盒1-1层原始平均孔隙度为30.73%，根据成岩

作用研究中的胶结作用和溶蚀作用对于孔隙的损益量,可以得出压实作用、溶蚀作用和胶结作用分别对于孔隙的增加或减少量(图 2-3-50):压实作用减少 5.07%的孔隙度,溶蚀作用增加 7.34%孔隙度,胶结作用减少孔隙 18.32%,胶结作用减少孔隙最多。

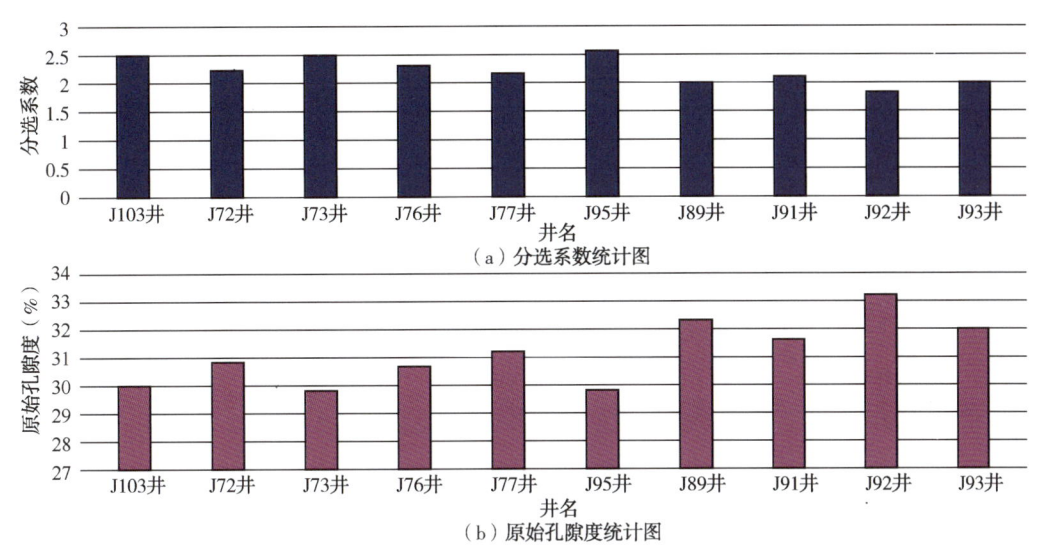

图 2-3-49　十里加汗区带盒 1-1 层单井砂岩的分选系数和原始孔隙度统计图

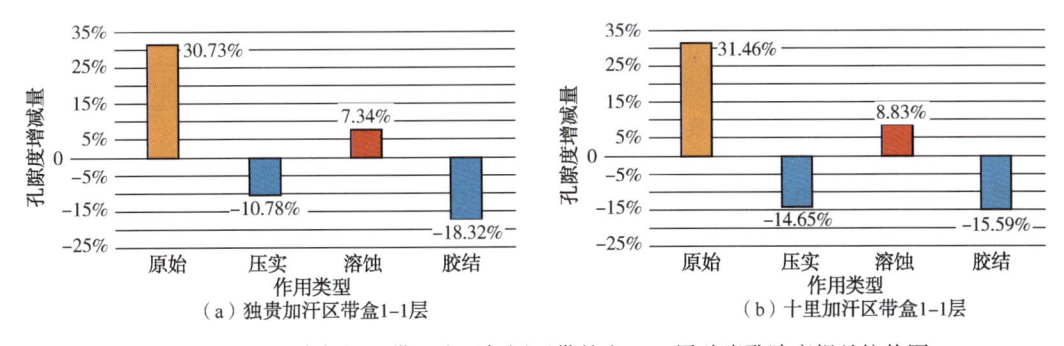

图 2-3-50　独贵加汗区带和十里加汗区带的盒 1-1 层砂岩孔隙度损益柱状图

在十里加汗区带,测算盒 1-1 层的原始孔隙度为 31.46%,根据成岩作用研究中的胶结作用和溶蚀作用对于孔隙的损益量(图 2-3-50),压实作用减少 14.65%的孔隙度,溶蚀作用增加 8.83%的孔隙度,胶结作用减少孔隙 15.59%。

对十里加汗地区盒 1-3 层的 6 口井分选系数进行统计,分选系数分布在 1.89~4.22,平均值为 2.95[图 2-3-51(a)]。根据式(2-3-1)可以计算盒 1-3 段原始孔隙度分布在 27.2%~32.2%[图 2-3-51(b)],平均为 29.4%。

以同样方法可以得独贵加汗区带盒 1-3 砂岩原始平均孔隙度为 29.24%,根据成岩作用研究中的胶结作用和溶蚀作用对于孔隙的损益量,可以得出压实作用、溶蚀作用和胶结作用分别对于孔隙的增加或减少量(图 2-3-52)。

独贵加汗区带盒 1-3 层,压实作用减少 14.68%的孔隙度,溶蚀作用增加 8.46%孔隙度,胶结作用减少孔隙 14%;十里加汗区带盒 1-3 层,可以得到的原始孔隙度为 29.57%,

成岩作用对于孔隙的损益量如图2-3-52所示。

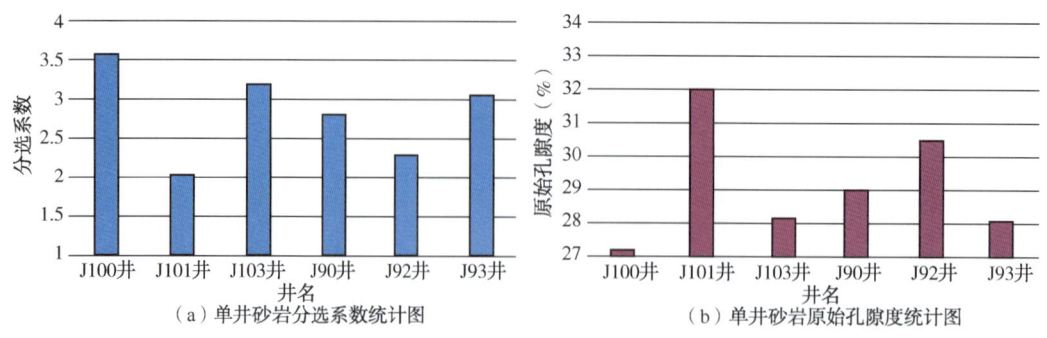

图2-3-51 十里加汗区带盒1-3层单井砂岩分选系数和原始孔隙度统计图

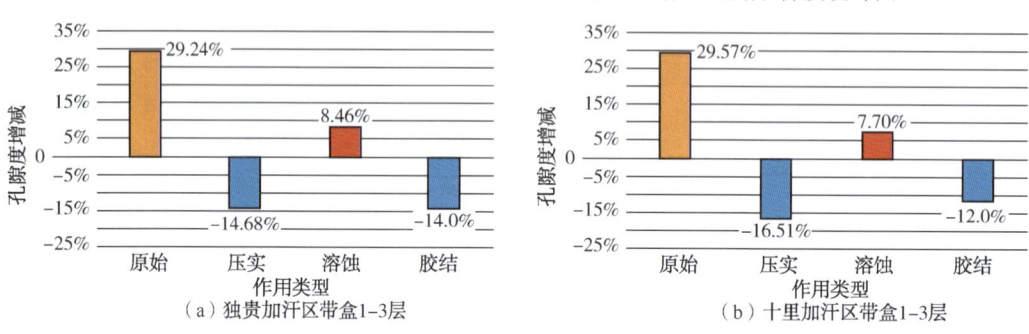

图2-3-52 独贵加汗区带和十里加汗区带的盒1-3层砂岩孔隙度损益柱状图

对十里加汗区带5口井的盒3-1砂岩的分选系数进行统计,分选系数分布在1.64~3.07之间,平均值为2.46。根据式(2-3-1)计算该5口井盒3-1砂岩原始孔隙度分布在29.9%~31.7%之间,平均为30.6%(图2-3-53)。采用同样方法可以得到独贵加汗区带盒3-1砂岩原始平均孔隙度为30.5%。

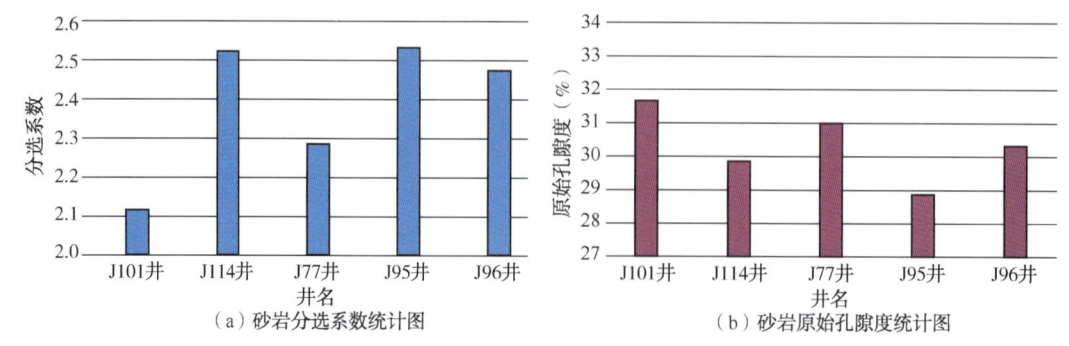

图2-3-53 十里加汗区带盒3-1层砂岩分选系数和原始孔隙度统计图

分析后得出在独贵加汗区带盒3-1砂岩,压实作用减少12.68%的孔隙度,溶蚀作用增加11.69%孔隙度,胶结作用减少孔隙17.13%(图2-3-54)。十里加汗区带盒3-1砂岩,压实作用减少9.68%的孔隙度,溶蚀作用增加7.1%孔隙度,胶结作用减少孔隙21.5%。

通过对盒1-1、盒1-3以及盒3-1砂岩的原始孔隙度恢复及其成岩作用对孔隙的损益分析,可见压实和胶结作用是减少原始孔隙、使得砂岩致密化的最大因素,溶蚀作用是改善储层的最重要因素。

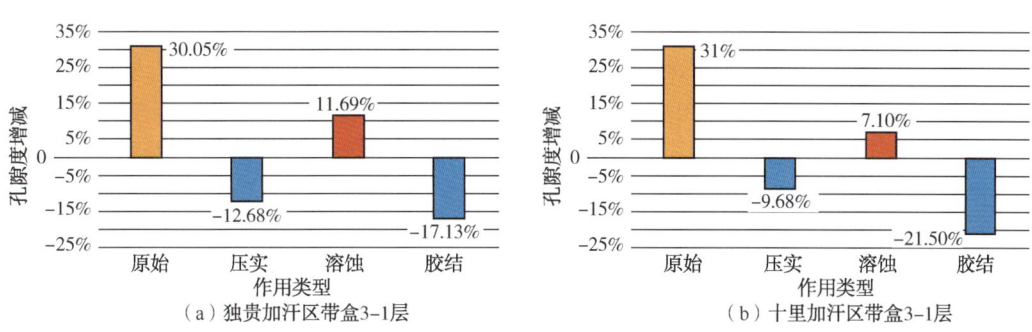

第二章 二叠系大型层状含气系统成藏要素的差异配置关系

图 2-3-54 独贵加汗区带和十里加汗区带盒 3-1 砂岩孔隙度损益柱状图

根据对不同沉积亚相成岩序列的分析，编制了断裂带以南上古生界河道心滩砂岩的成岩序列图以及孔隙演化图（图 2-3-55）。在中成岩阶段 A 期，砂岩总体已致密化，原生孔隙已基本消亡，这一阶段也是油气大量生成、排烃的过程，同时期的溶蚀作用对砂岩孔隙度的提升产生了积极作用。

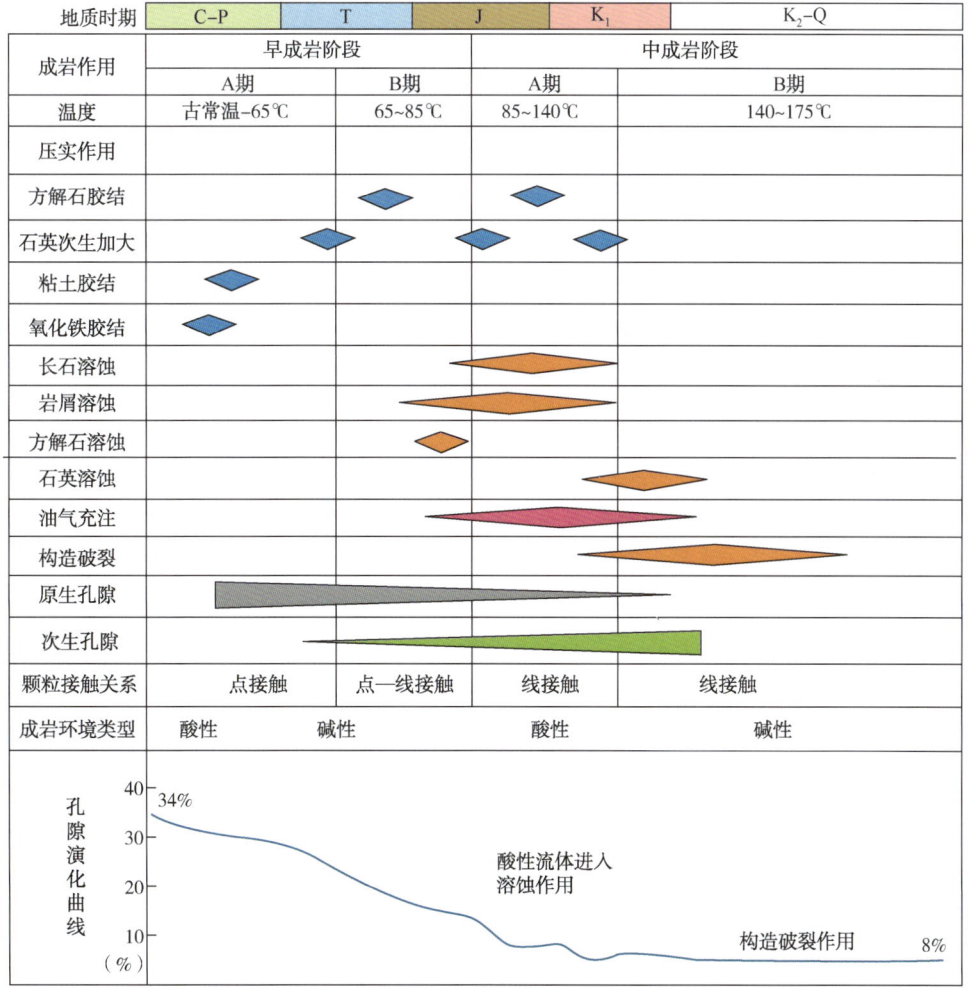

图 2-3-55 独贵加汗区带和十里加汗区带河道心滩砂岩的成岩序列图

— 97 —

（2）储层致密化时间。

通过单井计算（图 2-3-56），可以看出本区砂岩储层致密化、近致密化主要发生在成藏关键时刻的110Ma之前，或者同步进行。

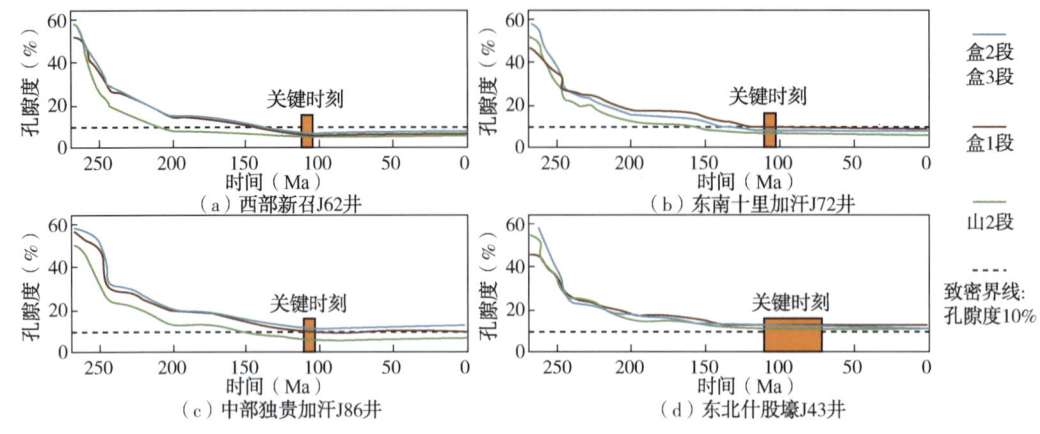

图 2-3-56　东胜气田代表井储层孔隙度演化曲线

2. 储层综合分级评价标准

根据岩性、物性（孔隙度与渗透率）和孔隙结构特征及其内在关系，对东胜气田上古生界储层段砂岩进行分类（表 2-3-6）。

表 2-3-6　东胜气田（杭锦旗探区）上古生界储层分类表

类　　别		I	II	III
主要岩性		含砾粗砂岩、粗砂岩	粗砂岩、中砂岩	中砂岩、细砂岩
物性	孔隙度（%）	>10	10~5	<5
	渗透率（mD）	>1.0	1~0.1	<0.10
	孔隙类型	粒间残余孔、粒间溶孔	粒间溶孔+晶间孔	粒内溶孔、晶间孔
毛管压力曲线	排驱压力（MPa）	<0.3	0.3~1.5	>1.5
	中值压力（MPa）	<5	5~20	>20
	中值半径（μm）	>0.5	0.1-0.5	<0.1
综合评价		好	较好	非

I 类：岩性主要为含砾粗粒岩屑砂岩及粗粒砂岩，孔隙度一般大于10%，渗透率大于1.0mD。岩石孔隙以粒间余孔为主。毛细管压力曲线为 I 类，孔喉分布具较粗歪度，排驱压力一般小于0.3MPa，中值压力小于5MPa，属好储层。

II 类：岩性为粗、中粒砂岩及一些粗粒岩屑砂岩，孔隙度5%~10%，渗透率一般0.1~0.5mD。毛细管压力曲线为 II 类，排驱压力0.3~1.5MPa，中值压力5~20MPa，孔喉分选差，较粗歪度。储集空间类型以粒间、粒内溶孔为主。该类储层是盒1段主要的储集岩类。

III 类：岩性为中粒砂岩及一些细粒砂岩，储集空间类型以粒内溶孔、晶间微孔为主。孔隙度小于5%，渗透率小于0.1mD。毛细管压力曲线向右上方拱起，斜率远大于 II 类压汞曲线，排驱压力大于1.5MPa，中值压力大于20MPa。评价为非有效储层。

五、储层形成和保存的主控因素分析

1. 有利相带是储层发育的根本因素

不同的沉积微相类型具有不同的水动力特征,所形成的砂体在岩相组成、厚度、内部非均质性以及砂岩碎屑成分组成、泥质含量、颗粒的粒度、分选等多方面不尽相同,造成不同沉积相所形成的砂体间具有不同的原始孔隙度和渗透率。虽然成岩作用对沉积物原始孔隙度的改造较强,但是成岩作用是在沉积作用的基础上进行的。东胜气田二叠系相对高孔渗储层平面上主要分布在主河道、河流汇流的主流线之处。以测井曲线划分有三种:

(1)物性最好的砂体是自然伽马曲线(GR)具单一或叠置光滑箱形,或微齿化且低值,顶、底均与泥岩呈突变接触关系;岩性为(含砾)粗砂岩、中—粗粒砂岩。属于持续强水动力沉积的心滩砂体(图 2-3-57、图 2-3-58)。

(2)GR 测井曲线锯齿状箱形,顶、底均与泥岩呈突变接触,岩性一般为含砾粗砂岩夹细粉砂岩薄层,通常由多个向上变细的正旋回组成,泥质或细粒夹层较多。反映了水动力条件强但不稳定,对应的沉积微相为辫状河道侧翼。由于夹层较多而物性非均质性很强,其中有效储层的厚度与砂体厚度差异较大,有效储层在砂体中的位置也高低不一。

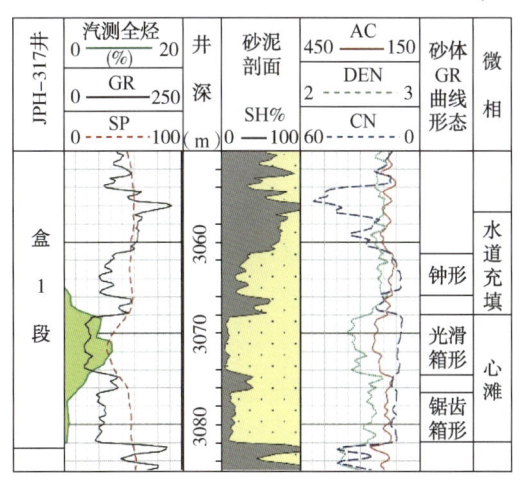

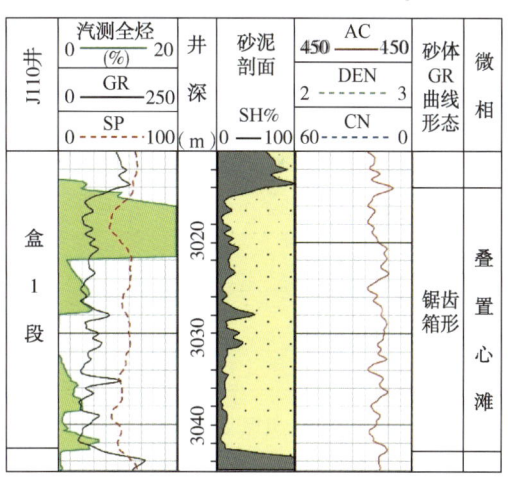

图 2-3-57 砂体测井相(GR 曲线形态)类型

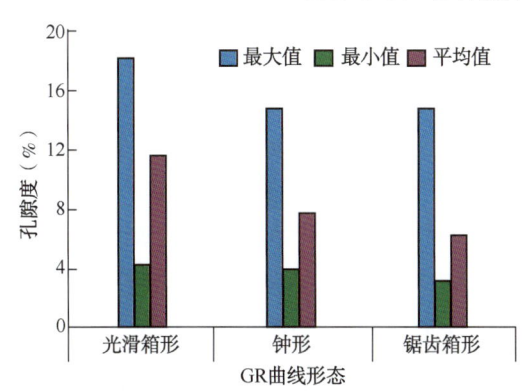

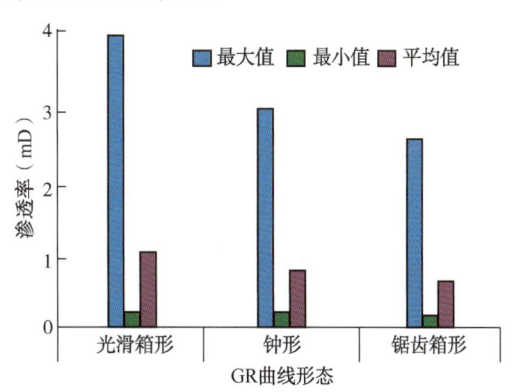

图 2-3-58 不同类型测井相砂体孔隙度、渗透率统计直方图

(3) GR 测井曲线钟形，岩性具正粒序结构，底部与泥岩呈突变接触关系，一般对应底冲刷，顶部与泥岩渐变接触，反映了由强变弱的水动力特征。其对应的沉积微相多为辫状河心滩之间的水道充填，或为曲流河边滩或三角洲平原曲流化的分流河道。钟形砂体通常只在下部粗粒沉积部分有较好的储层发育，单层厚度较薄。

2. 影响储层物性的岩石学因素

砂岩粒度、泥质含量和碎屑组分是影响本区砂体物性的主要岩石学因素，三者之间是有机联系的。

(1) 碎屑颗粒粒度与储层物性。

组成碎屑颗粒的大小对岩石物性有较大的影响。通常，岩石颗粒越粗，孔隙结构就越好，孔喉越粗，因而物性就越好。反之，岩石颗粒越细，粒间孔隙体积就越小，物性就越差。根据取心段不同碎屑颗粒粒度类型与相应储层物性分布进行定性和定量统计表明，碎屑颗粒粒度与孔隙度、渗透率之间存在着较好的正相关关系(图 2-3-59)，随着粒度变粗，储层的孔隙度和渗透率都有逐渐变好的趋势。对比发现，96%粗粒砂岩的孔隙度大于 5%，99%粗粒砂岩渗透率大于 0.1mD；中粒砂岩孔隙度和渗透率平均值偏小，孔隙度分布范围一般为 2%~22%，渗透率分布范围一般为 0.08~5mD；细粒砂岩孔隙度一般不高于 6%，渗透率小于 0.3mD。因此，碎屑颗粒粒度是影响本区储层物性的重要因素之一。

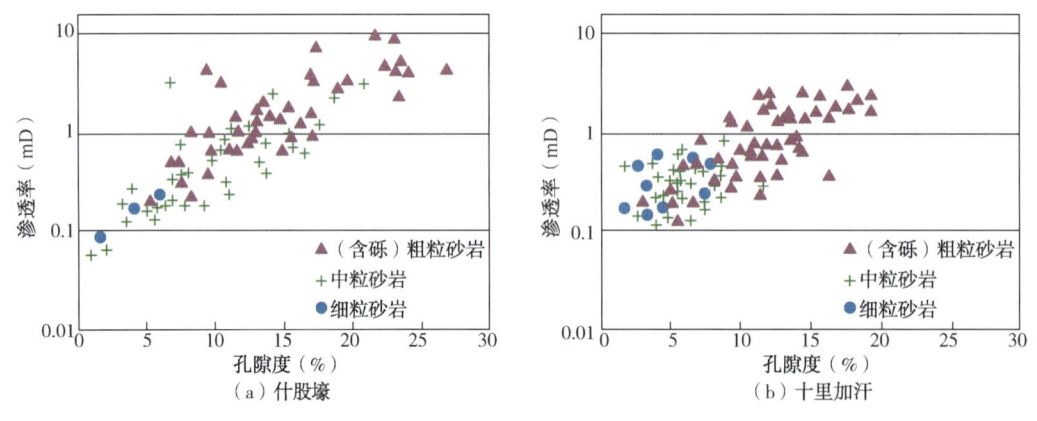

(a) 什股壕

(b) 十里加汗

图 2-3-59　十里加汗区带和什股壕区带下石盒子组不同粒度砂岩与孔隙度、渗透率关系图

(2) 泥质含量越高砂体物性越差。

本区储层低孔低渗的根本原因是砂岩分选差致使孔隙中充填大量泥质阻塞孔喉(图 2-3-60、图 2-3-61)，因此强水动力沉积的砂岩物性好，反之砂岩物性差，黏土矿物的存在总体是降低砂岩的物性(图 2-3-62)。

长石是主要的选择性溶蚀物质，其含量影响到次生孔隙的形成。颗粒边缘的绿泥石胶结可以抑制孔隙壁的后期矿物胶结。源岩层与储层距离近，有机质成熟过程中带来溶蚀性流体。多期构造运动有利于微裂缝的形成，而喜马拉雅期的构造抬升则可能释放了部分孔隙空间，形成了部分微裂缝。塑性岩屑在压实过程中变形，会堵塞孔隙造成砂岩致密。方解石、硅质、菱铁矿和黄铁矿等矿物胶结，对孔隙造成明显破坏作用。

第二章 二叠系大型层状含气系统成藏要素的差异配置关系

（a）细粒岩屑砂岩，难以看到孔隙
J33井，2372.61m，盒1段

（b）中粒岩屑砂岩，少量孔隙（蓝色）
J33井，2356.38m，盒1段

图 2-3-60　J33 井盒 1 段中、细岩屑粒砂岩铸体镜下照片

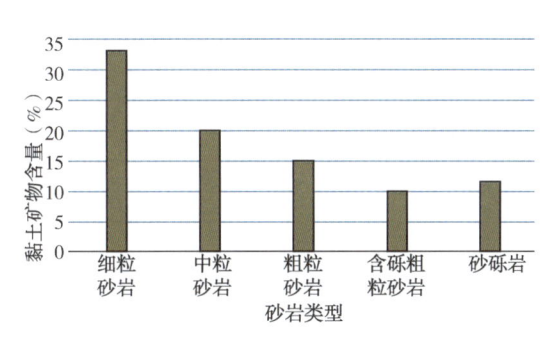

图 2-3-61　不同粒度砂岩黏土含量直方图

（a）黏土矿物含量与孔隙度关系

（b）黏土矿物含量与渗透率关系

（c）伊/蒙混层绝对含量与孔隙度关系

（d）伊/蒙混层绝对含量与渗透率关系

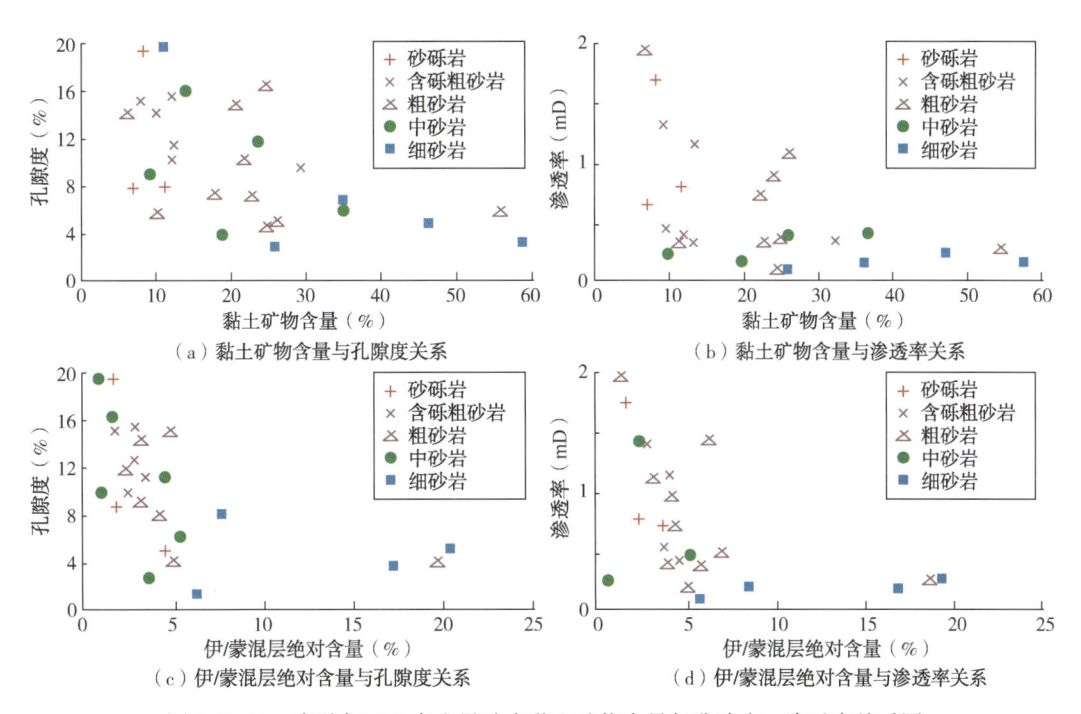

图 2-3-62　东胜气田上古生界砂岩黏土矿物含量与孔隙度、渗透率关系图

— 101 —

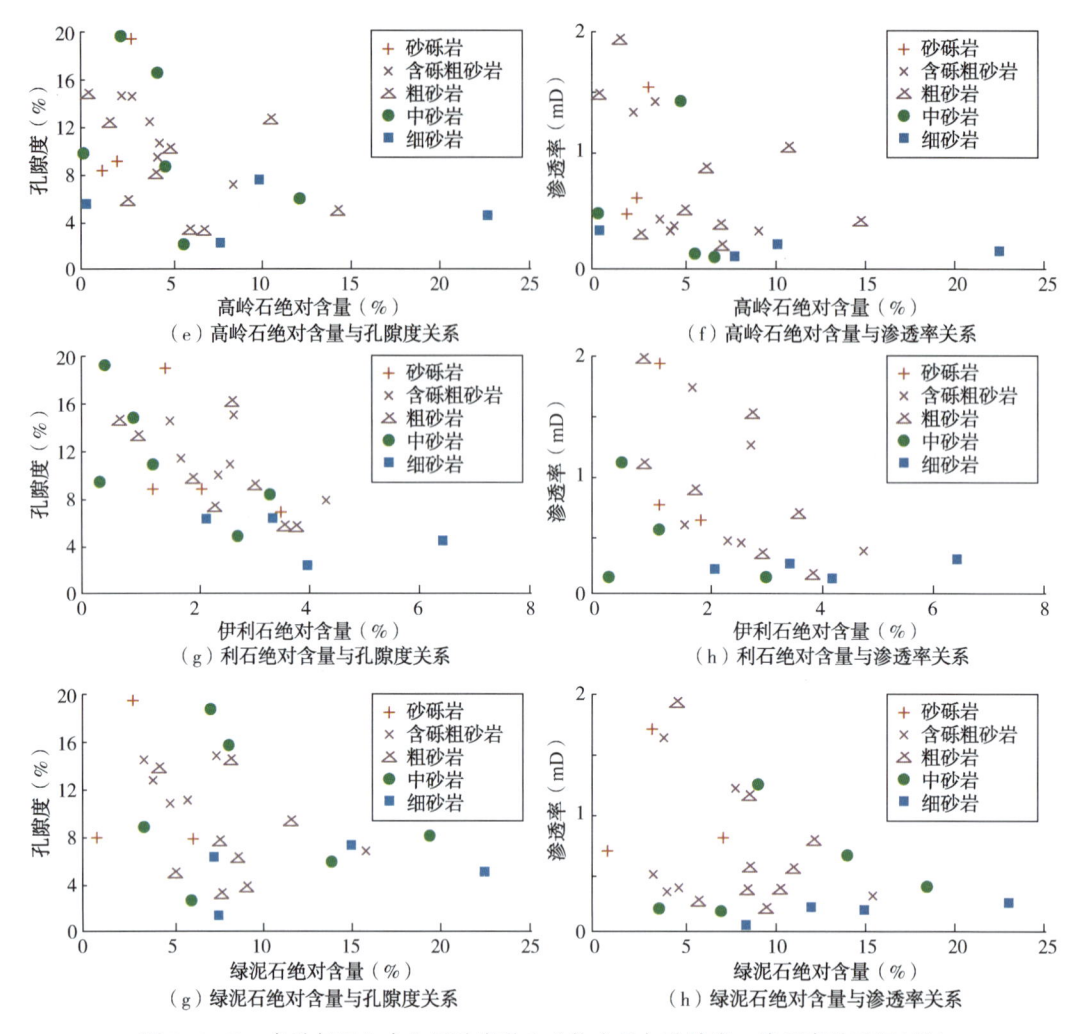

图 2-3-62　东胜气田上古生界砂岩黏土矿物含量与孔隙度、渗透率关系图(续)

砂岩中基质含量高时，导致溶蚀作用弱使得孔隙不发育；当基质含量低时，溶蚀作用强有利孔隙较发育。图 2-3-63 是 J74 井盒 1 段一个单砂体不同部位的三个砂岩薄片镜下图像，砂岩粒度不同，相应的泥质含量、自生矿物发育程度不同。粗粒砂岩泥质含量低、自生矿物普见，反映成岩期有流体活动，因此溶蚀孔隙发育。

(3) 碎屑组分与储层粒度相关，并影响储层物性。

本区砂岩按碎屑颗粒粒度可以划分为粗砂岩、中砂岩和细砂岩，按碎屑组分划分岩性主要有岩屑砂岩、岩屑石英砂岩。根据十里加汗区带盒 1 段样品薄片资料统计分析，碎屑颗粒粒度和碎屑组分之间存在着较好关系(图 2-3-64)，岩屑石英砂岩 90% 以上为粗粒砂岩，而岩屑砂岩粒度分布范围较宽，既有粗粒砂岩、中粒砂岩，也有细粒砂岩。

砂岩石英含量与孔隙度、渗透率之间存在着较好的正相关关系(图 2-3-65)，随着石英含量的增加，砂岩的孔隙度和渗透率都有逐渐变大的趋势。对比发现，岩屑石英砂岩的储集物性最好，其储集物性明显高于岩屑砂岩。

第二章 二叠系大型层状含气系统成藏要素的差异配置关系

(a) 砂体上部细粒砂岩，基质含量较高，致密，自生矿物不发育

(b) 砂体中部中粒砂岩，基质含量较高，致密，局部发育自生矿物、晶体较小

(c) 砂体下部粗粒砂岩，基质含量较低，自生矿物和溶蚀孔隙发育

图 2-3-63 J74 井盒 1 段不同粒度砂岩孔隙发育差异

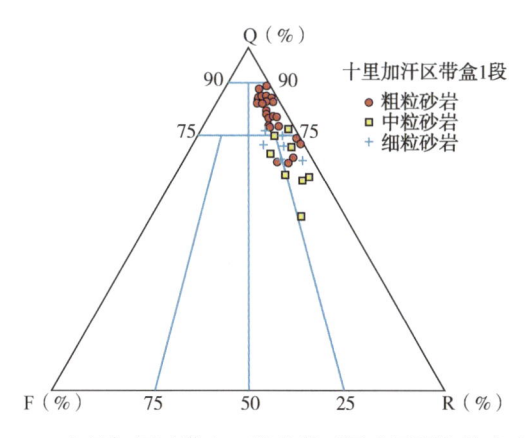

图 2-3-64 十里加汗区带盒 1 段砂岩不同碎屑颗粒粒度砂岩类型

通过碎屑颗粒粒度、碎屑组分和储层物性三者之间的关系分析，颗粒粒度和碎屑组分是控制储层物性的因素之一。物性较好的砂岩(孔隙度大于 5%，渗透率大于 0.1mD)均发

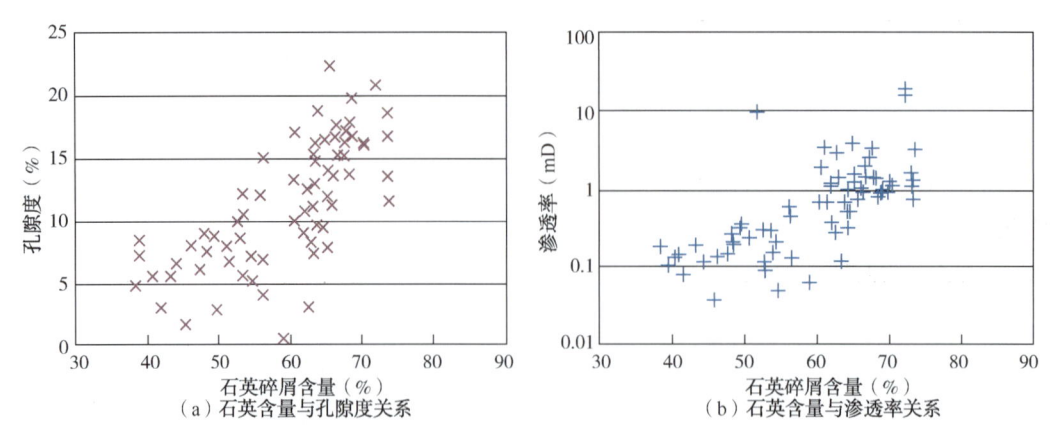

图 2-3-65　十里加汗区带盒 1 段砂岩碎屑组分石英含量与孔隙度、渗透率关系图

(a) 石英含量与孔隙度关系

(b) 石英含量与渗透率关系

育在粗粒岩屑石英砂岩中及部分岩屑砂岩中，细粒砂岩中不发育。这主要是由于①石英是高成熟度矿物，抗机械压实作用较强，在成岩压实过程中，可以使砂岩致密化程度降低，保存部分原生孔隙，也使得孔隙水的渗滤和交替作用加强，有利于次生孔隙的生成。②由于石英属刚性矿物，在后期的构造活动中，石英含量较高的矿物容易产生裂隙，并可以使裂隙较好地得以保存。③由于石英含量高的砂岩保存了较多的原生孔隙，砂体内部连通性较好，酸性成岩介质渗流排替较快，利于火山岩屑等可溶物质的迁移，对次生孔隙的形成有促进作用。④由于粗粒砂岩沉积时水动力条件很强，粉砂和泥质颗粒不能沉降下来，故粗粒砂岩比细粒砂岩泥质含量低。因此，粗粒岩屑石英砂岩、粗粒的岩屑砂岩是相对高孔高渗储集体的主要类型。

(4) 碎屑组分与储层粒度相关，并影响储层物性。

根据镜下观察统计，当砂岩基质含量大于 15%～20%，以塑性变形为主，颗粒少有碎裂；当砂岩基质含量小于 10%～15%，颗粒以点接触、线接触为主，脆性变形现象普遍，颗粒碎裂明显，微裂缝显著增加(图 2-3-66)。

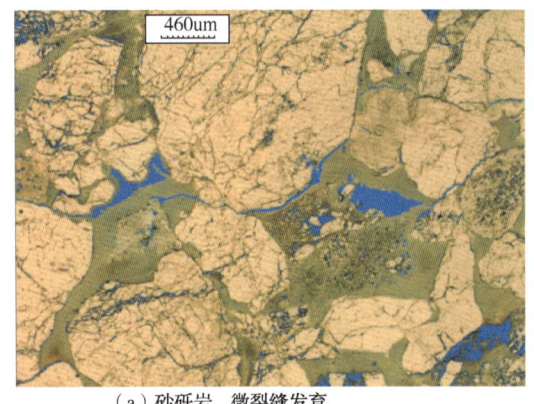

(a) 砂砾岩，微裂缝发育
铸体，J103井，3074.67m，盒1段

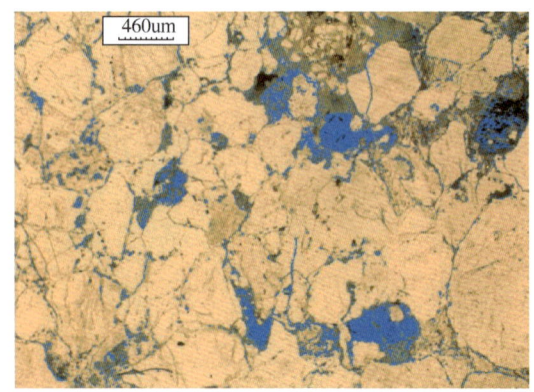

(b) 粗粒岩屑石英砂岩，微裂缝发育
铸体，J103井，3078.91m，盒1段

图 2-3-66　粗颗粒砂岩中颗粒破碎现象

3. 成岩作用对储层发育的影响

本区上古生界成岩作用类型繁多而复杂，总体可将成岩作用划分为对形成储层有利的建设性成岩作用和对形成储层不利的破坏性成岩作用两大类（表 2-3-7），两类成岩作用强弱是决定储层物性好坏的重要因素。溶蚀作用、蚀变作用和破裂作用为建设性成岩作用，形成粒内溶孔、粒间溶孔和裂缝，提高了储集性能；而压实、压溶作用、胶结作用及充填作用为破坏性成岩作用，使砂岩致密化。

表 2-3-7　东胜气田上古生界成岩作用类型及主要特征

成岩作用类型		主 要 特 征	强弱程度
建设性	溶蚀作用	酸性水选择性溶蚀	中等—强
	蚀变作用	长石、水云母蚀变为高岭石、蒙脱石等	中等—弱
破坏性	机械压实作用	颗粒排列紧密，减少粒间孔隙	中等
	压溶和自生石英	SiO_2 析出并形成石英次生加大边	中等—弱
	胶结作用	方解石、硅质、铁质及淀黏土充填粒间孔	中等—强
	裂缝充填	方解石等充填微裂缝	弱
	交代作用	少量菱铁矿、方解石交代颗粒碎屑，并发生溶蚀	较弱
	重结晶作用	高岭石在 110~160℃温度范围内重结晶形成地开石	较弱
	自生矿物	主要是自生黏土矿物的形成	中等—弱

第四节　二叠系层状含气系统成藏要素的差异配置关系

常规—非常规油气共生及其有序聚集成藏是近年来非常规油气研究的一个重要方面。处于伊陕斜坡—伊盟隆起过渡带上的东胜气田（杭锦旗探区）石炭—二叠系发育大面积的层状天然气成藏系统（图 2-4-1），在层状成藏系统内部，源内准连续聚集与源侧非连续聚集两种成藏方式在横向上并存，两者成藏机理及气藏类型有显著差异。泊尔江海子—乌兰吉林庙—三眼井断裂带以南的斜坡区发育大面积致密岩性气藏，其特点为：下石盒子组与下伏太原组—山西组高成熟气源岩呈紧邻配置，在晚侏罗—早白垩世呈现近源大面积充注成藏；区域构造趋势平缓，局部构造稀少；河道砂体非均质强，先致密后成藏；非浮力驱动聚集，气藏无明显的边底水；气藏个数众多，边界模糊；河道相带控藏、物性控富。断裂带以北的隆起区下石盒子组具有源侧非连续成藏特征：无高成熟气源岩发育，天然气主要来自南部高熟烃源岩；下石盒子组发育厚层低渗透储层，较断裂带以南物性变好；处于区域构造上倾方向；气藏类型以构造、构造—岩性复合气藏为主，边底水发育；低渗砂体与低幅构造叠合后产生的浮力大于毛细管阻力，足以产生气水分异。两种聚集成藏方式并非截然分离，而是之间存在一个过渡带，在个过渡带中砂体物性由致密向低渗过渡、砂体非均质性由强转弱、岩性和物性封堵条件由好变差、封堵因素由岩性转变为构造因素。

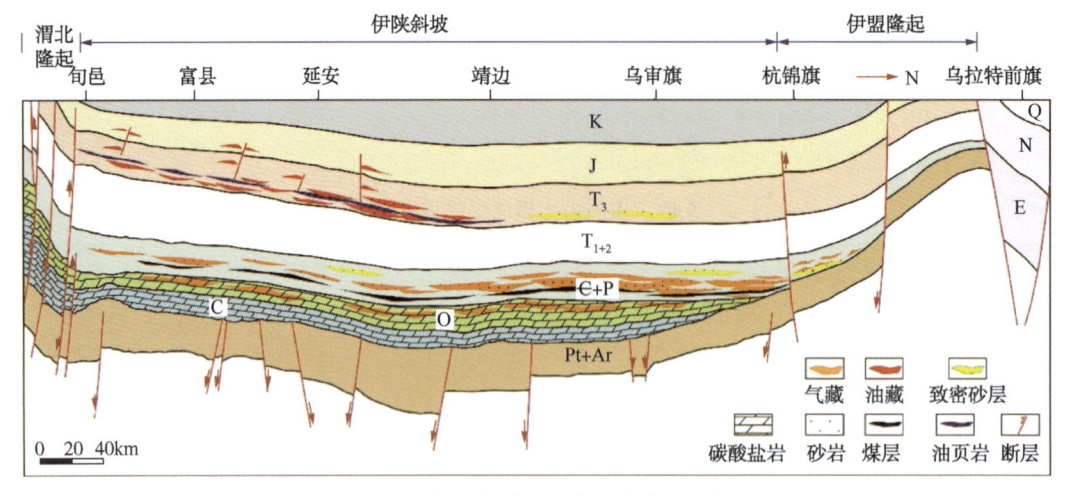

图 2-4-1 鄂尔多斯盆地成藏系统南北向剖面图

一、层状含气系统的宏观特征及控制因素

东胜气田位于盆地北部构造、沉积、生烃及成藏过渡带上，主要含气层位分布于二叠系中、下统（图 2-4-2）。断裂带南部斜坡区太原组、山西组生烃有利区是天然气的主要来源，上石盒子组、石千峰组区域封盖控制了天然气的主要在其下部层位运聚成藏；西部公卡汉凸起南坡发育上倾方向岩性和地层尖灭联合封堵，封堵带以南是近源致密岩性气藏有利区，东部主要含气层位下石盒子组砂体物性向上倾方向变好，具有南北向的砂体优势输导体系，形成南部致密岩性气藏向北部过渡为复合圈闭控藏。

沉积期形成的大面积的"层状"生储盖组合，在下降埋藏过程中演化为"层状"成藏系统，在燕山—喜马拉雅期的抬升过程中没有遭受破坏。燕山中晚期—喜马拉雅期整体抬升并发生构造反转，形成现今西低东高、北高构造格局（图 2-4-3、图 2-4-4）。

"层状"成藏系统中，成藏动力系统是大面积发育"压力封存箱"。二叠系沉积后在中生代—早白垩世的快速下降埋藏过程中（图 2-4-5、图 2-4-6），成藏动力系统逐步形成，主要标志是：系统下部太原—山西组煤系烃源岩进入成熟、过成熟，产生过剩压力；上石盒子组—石千峰组厚层泥质岩"欠压实"产生过剩压力；处于上、下两套超压层之间的山西组—下石盒子组砂岩发生致密、近致密化，形成下有超压天然气充注、上有物性—超压双重封盖的成藏动力系统。

鄂尔多斯盆地上古生界广泛发育"压力封存箱"，是上古生界层状含气系统的重要控制因素，上古生界压力封存箱在东胜气田同样广泛发育（2-4-7），整体含气层位限制在下石盒子组及其以下，压力封存箱内的相（储层）—势（成藏动力）耦合关系是控制气、水分布的关键因素。

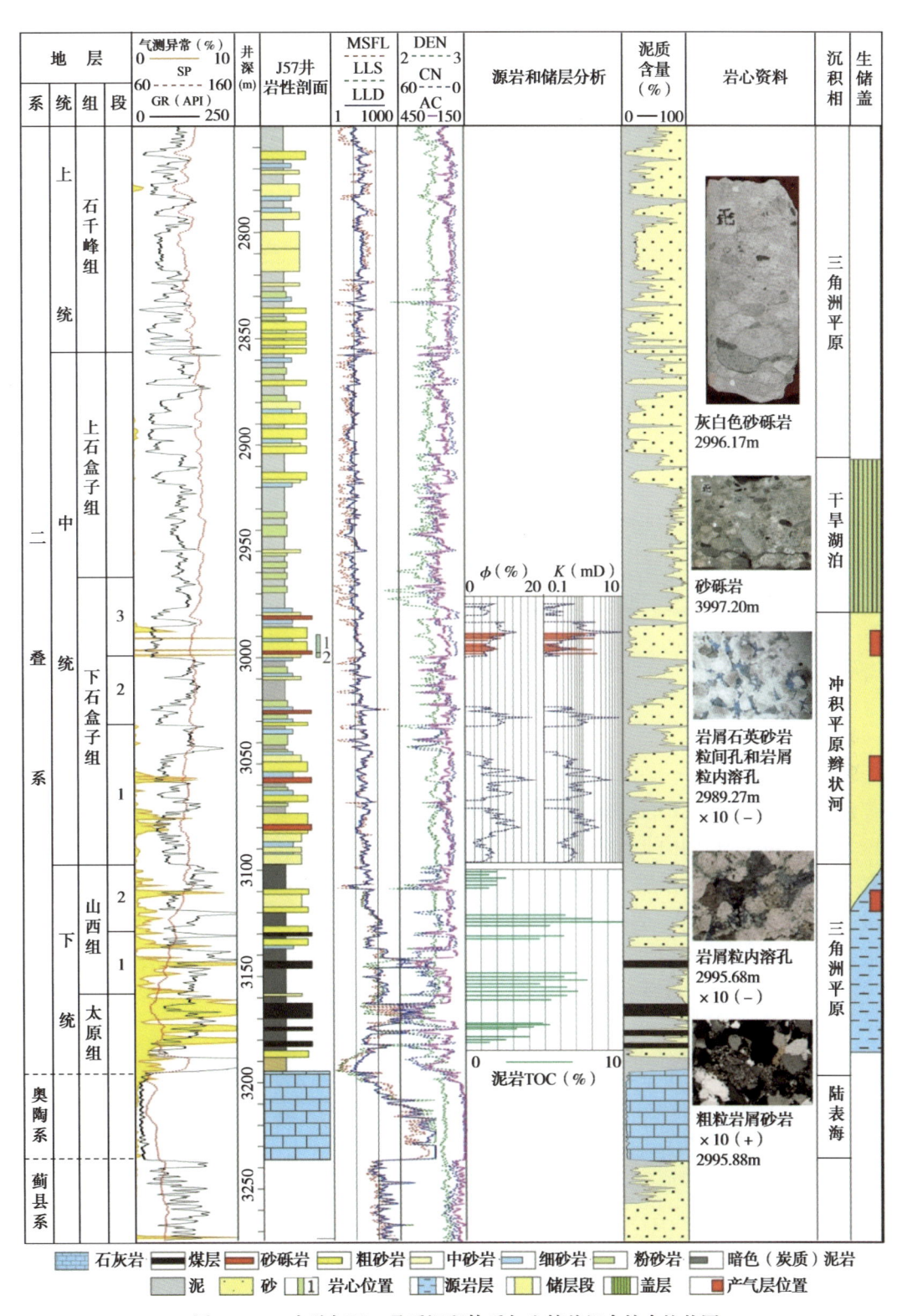

图 2-4-2 东胜气田二叠系沉积体系与生储盖组合综合柱状图

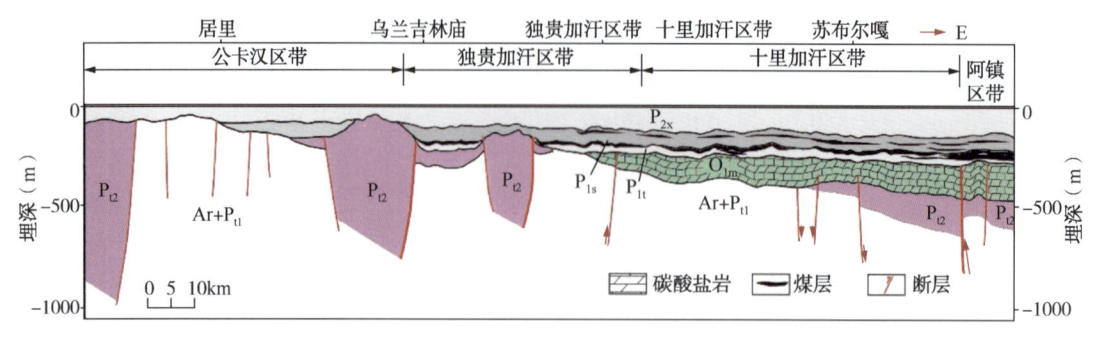

图 2-4-3　东胜气田二叠系沉积期东西向剖面

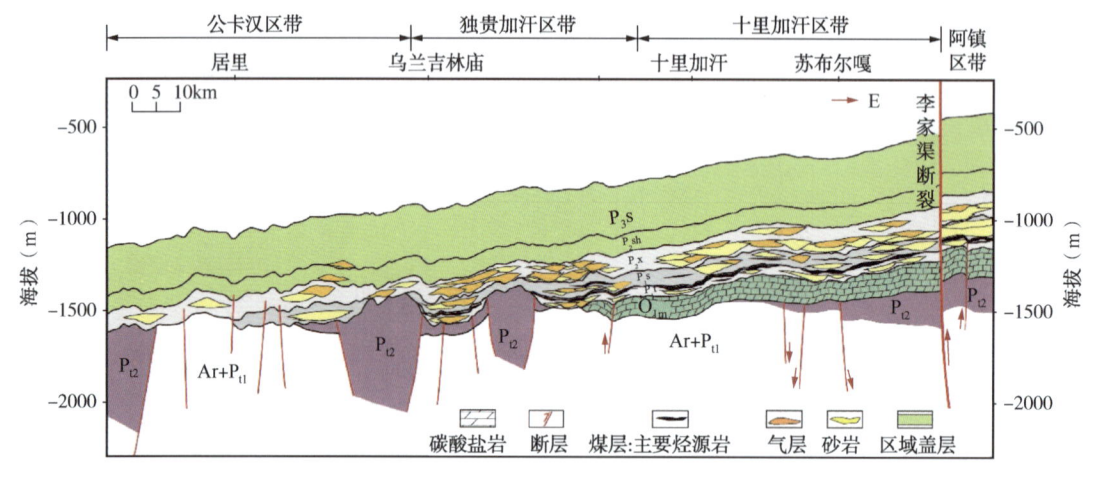

图 2-4-4　东胜气田二叠系现今东西向剖面

自南部斜坡区向北部隆起区，随着煤层厚度减薄，下部烃源岩层（太原组+山1段）的剩余压力逐步减小，表明向北部隆起区天然气一次运移的动力减弱甚至消失；而上覆盖层上石盒子组厚层泥质岩剩余压力自南部斜坡向北部隆起区持续发育，分布范围大大超过烃源岩层的分布，由"欠压实"造成的剩余压力自三叠纪以来一直持续发育，形成物性、压力双重封盖；处于上、下超压层之间的下石盒子组、山西组是天然气的主要成藏层位，其大范围含气显然是受"压力封存箱"的控制（图 2-4-8、图 2-4-9、图 2-4-10 和表 2-4-1、表 2-4-2、表 2-4-3）。

表 2-4-1　西部新召区带代表井现今剩余压力数据表

井　号	煤层厚度(m)	太原组—山西组烃源岩最大生烃速率（mgHC/gTOC/Ma）	烃源岩层和盖层最大剩余压力（MPa）	
			烃源岩层	盖　层
			太原组—山1段	上石盒子组
J62	14	11.88	18.7	16.6
J59	16		17.9	15.8
J119	2	4.98	13.6	19.6

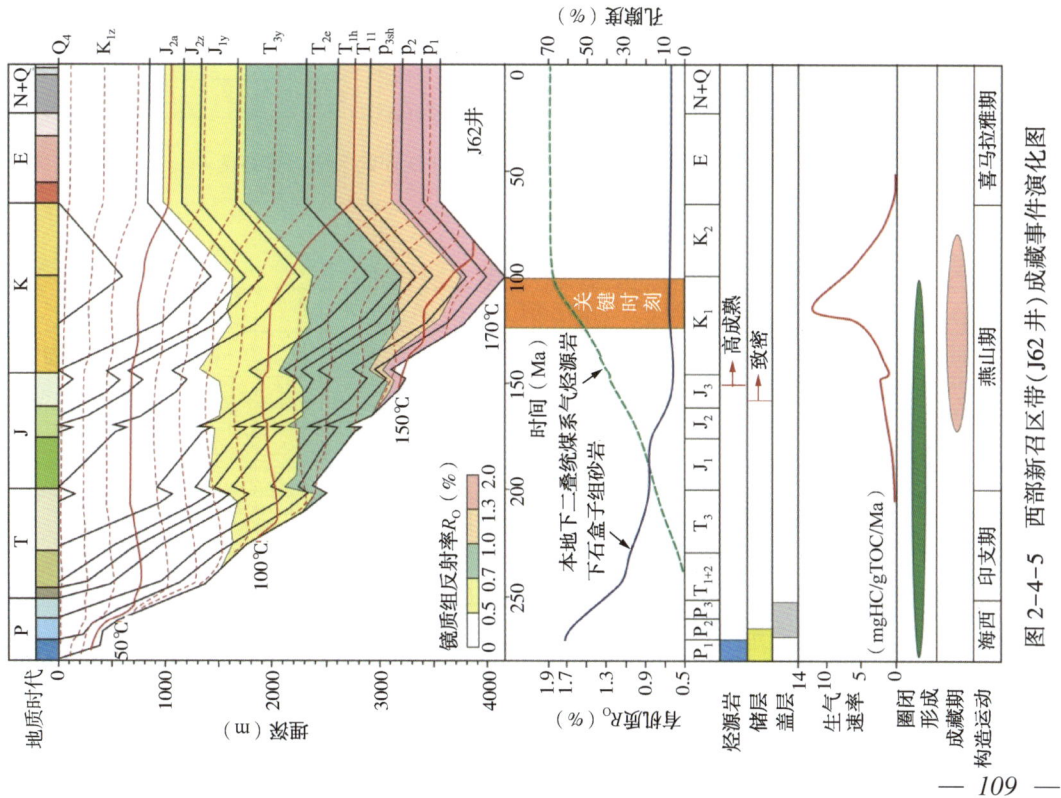

第二章 二叠系大型层状含气系统成藏要素的差异配置关系

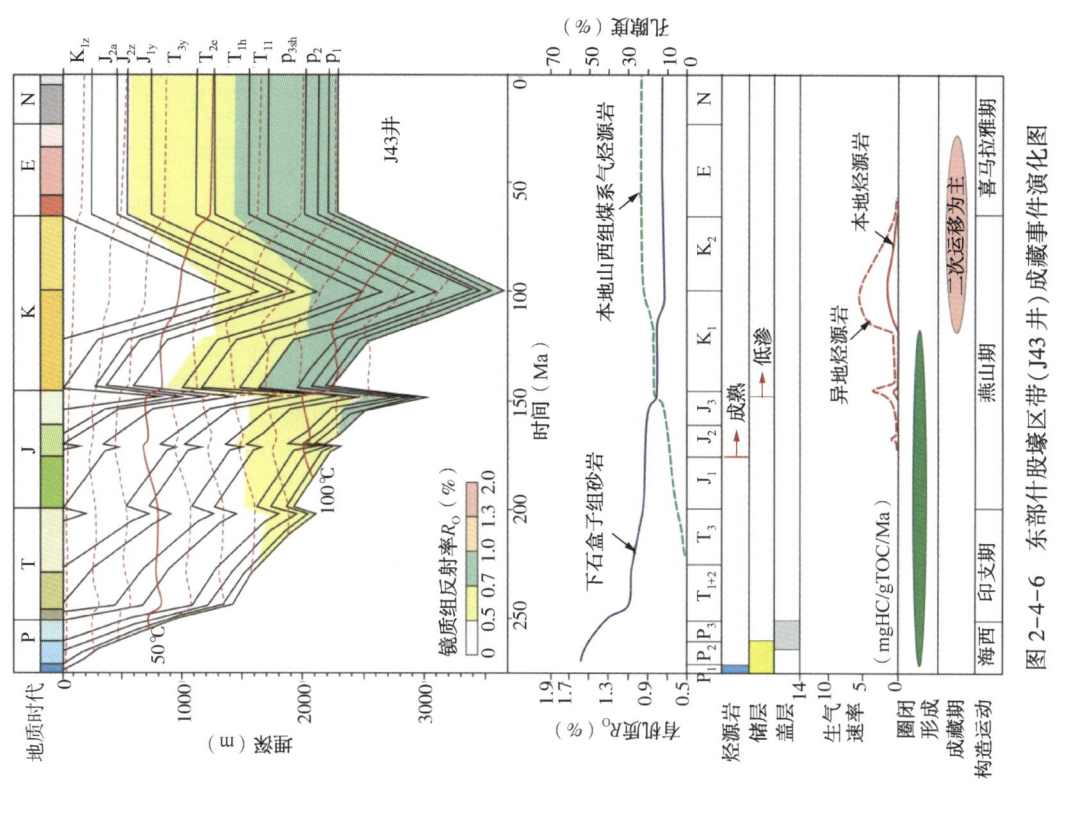

图 2-4-6 东部什股壕区带（J43 井）成藏事件演化图

图 2-4-5 西部新召区带（J62 井）成藏事件演化图

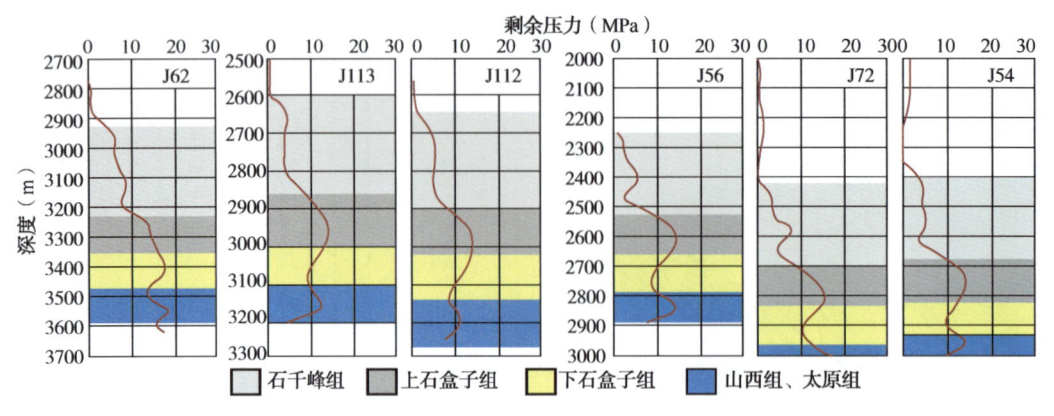

图 2-4-7　断裂带以南斜坡区自西向东代表井现今剩余压力分布图

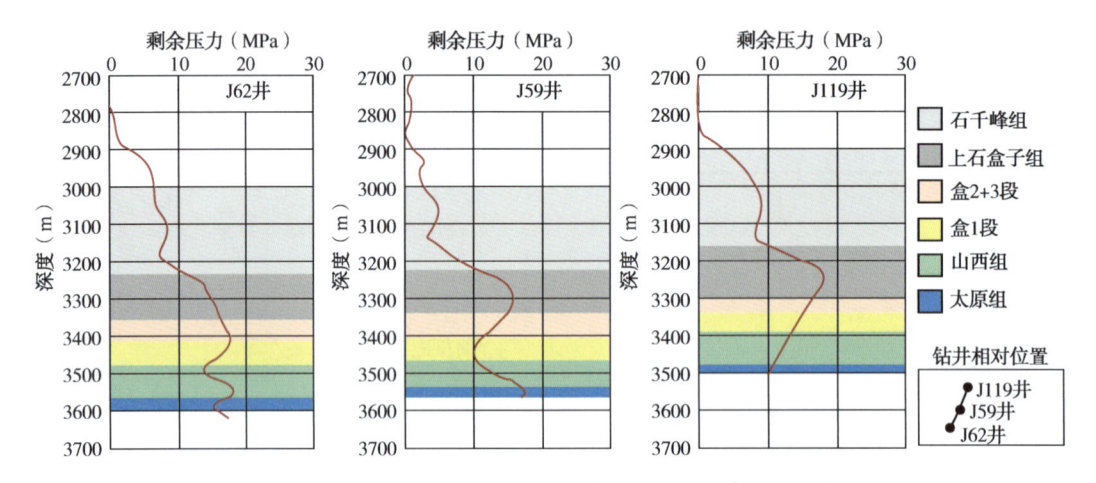

图 2-4-8　西部新召区带自南向北代表井现今剩余压力分布图

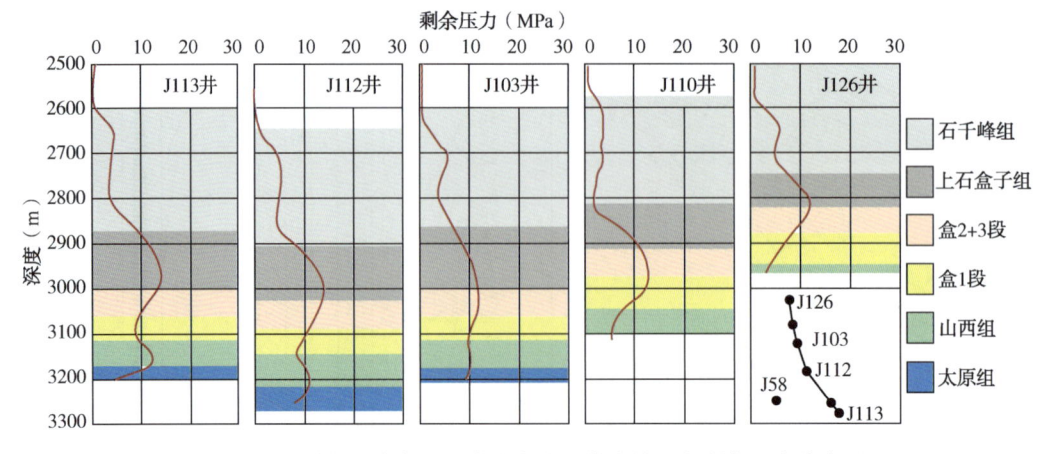

图 2-4-9　中部独贵加汗区带自南向北代表井现今剩余压力分布图

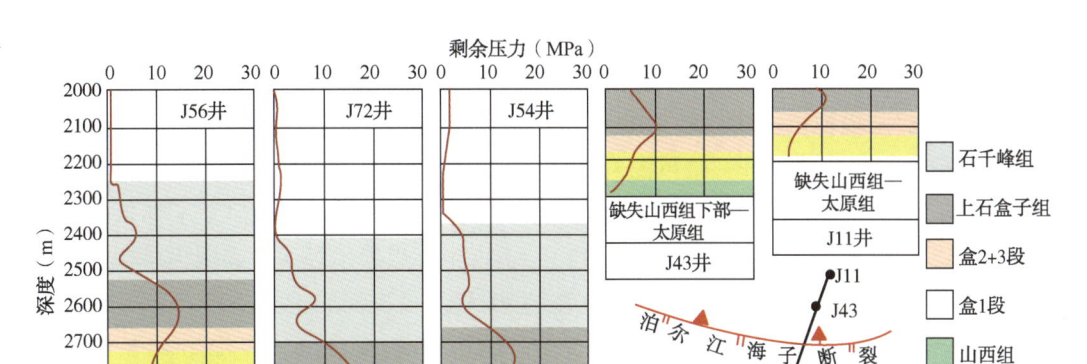

图 2-4-10　东部十里加汗—什股壕区带自南向北代表井现今剩余压力分布图

表 2-4-2　中部独贵加汗区带代表井现今剩余压力数据表

井　号	煤层厚度(m)	太原组—山西组烃源岩最大生烃速率（mgHC/gTOC/Ma）	烃源岩层 太原组—山1段	盖　层 上石盒子组
J113	13	1.47	12.7	14.8
J112	11	2.28	11.3	14.4
J103	5	7.05	11	12
J110	1	5.31	6	12.6
J126	0	1.86	—	13.2

表 2-4-3　东部十里加汗—什股壕区带代表井现今剩余压力数据表

区　带	井　号	煤层厚度(m)	太原组—山西组烃源岩最大生烃速率（mgHC/gTOC/Ma）	烃源岩层 太原组—山1段	盖　层 上石盒子组
十里加汗	J56	21	5.64	14.2	14.3
	J72	16	1.47	16.8	15.6
	J54	18		14.7	14.1
什股壕	J43	0	0.21	无	9.7
	J11	0		无	10

二、成藏要素的差异配置关系

在东胜气田不同区带之间，其烃源岩、储层、构造特征、地层结构、砂体非均质性、区域侧向封堵条件等成藏要素及其组合关系存在着显著差异，因此在不同位置其成藏特征也存在明显差别，如气水关系、气藏类型等。

1. 高成熟的煤层分布在区域构造低部位

J6 井煤岩样品热模拟产烃率曲线(参见第二章第二节)揭示高成熟煤岩是本区天然气成藏的优质气源岩。模拟温度在 300~400℃(对应 R_o 在 0.9%~1.4%)时产烃率较低且平稳,大于 400℃后产烃率快速上升,暗色泥岩有机质的热模拟产烃率过程也有同样规律。

杨华等(2016)在低成熟煤岩样品的热模拟实验结果分析基础上,建立了鄂尔多斯盆地上古生界煤岩油气生成演化模式(图 2-4-11)。上古生界煤岩生烃演化表现为早期生油、晚期生气、持续生烃。在低成熟—成熟阶段(R_o 为 0.5%~1.3%),总液态烃产率大于气态烃的产率,生油高峰期的 R_o 值为 1.0%~1.3%;高成熟阶段(R_o 在 1.3%~2.0%)液态烃产率快速降低,气态烃产率大量增加;过成熟阶段(R_o>2.0%),气态烃产率缓慢增加;低成熟和成熟早期阶段的气态烃累计产率非常低,只占总生气量的 5%~25%,大量生气期发生在 R_o 大于 1.3%之后。

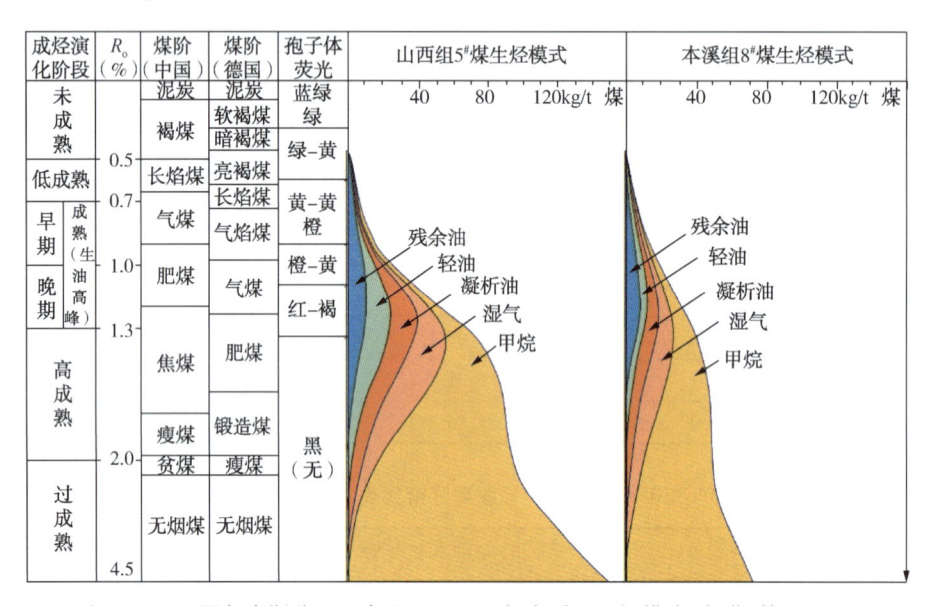

图 2-4-11 鄂尔多斯盆地上古生界山西组与本溪组生烃模式(杨华 等,2016)

东胜气田的上古生界烃源岩主要为太原组、山西组的煤层、暗色泥岩与碳质泥岩。有机碳含量以煤最高,碳质泥岩次之,暗色泥岩最低。本区太原—山西组煤层总厚一般 5~15m,最厚达 20m 左右,全区均有分布,具有"广覆式"特点(参见第二章第二节)。以泊尔江海子、乌兰吉林庙及三眼井断裂为界,具有南厚北薄、东厚西薄、凹陷最为发育的特点。在南部地区煤层厚度相对较大,一般在 8~16m 之间。北部地区煤层厚度相对较小,一般在 0~6m 之间。

2. 低渗透储层分布在区域高部位

东胜气田太原组发育扇三角洲沉积、山西组发育三角洲沉积、下石盒子组盒 1 段发育冲积扇—辫状河沉积、下石盒子组盒 2 段、盒 3 段发育辫状河沉积。除太原组的河道砂体仅在泊尔江海子断裂以南发育,其他目的层河道砂体均在全区分布,伸展方向自北向南,规模大小不一,盒 1 段河道砂体规模最大,其次为山西组,盒 2 段和盒 3 段规模最小。

不同区带其储层特征也存在显著差异,以盒1段为例。什股壕区带盒1段储层厚度最大(平均有效储层厚度25m)、物性最好(平均孔隙度12.5%、平均渗透率1.5mD),十里加汗东部地区次之(平均储层厚度20m、平均孔隙度11.9%、平均渗透率1.2mD),独贵加汗区带、新召区带储有效层厚度继续减薄,储层相对较致密。

3. 全区分布的区域盖层

上石盒子组和石千峰组分布广泛、层位稳定的泥质岩构成了本区天然气藏的区域性盖层,岩性主要为粉砂质泥岩、泥岩。盆地北部泥质岩盖层中的黏土矿物以高岭石和伊利石为主,并含有较多的膨胀性矿物蒙脱石和伊利石—蒙脱石,当泥质岩石中膨胀性矿物越多,其封阻能力较强。经统计,本区上石盒子组泥岩层累计厚度介于32~112m之间(图2-4-12),石千峰组泥岩层累计厚度介于80~201.5m之间(图2-4-13)。

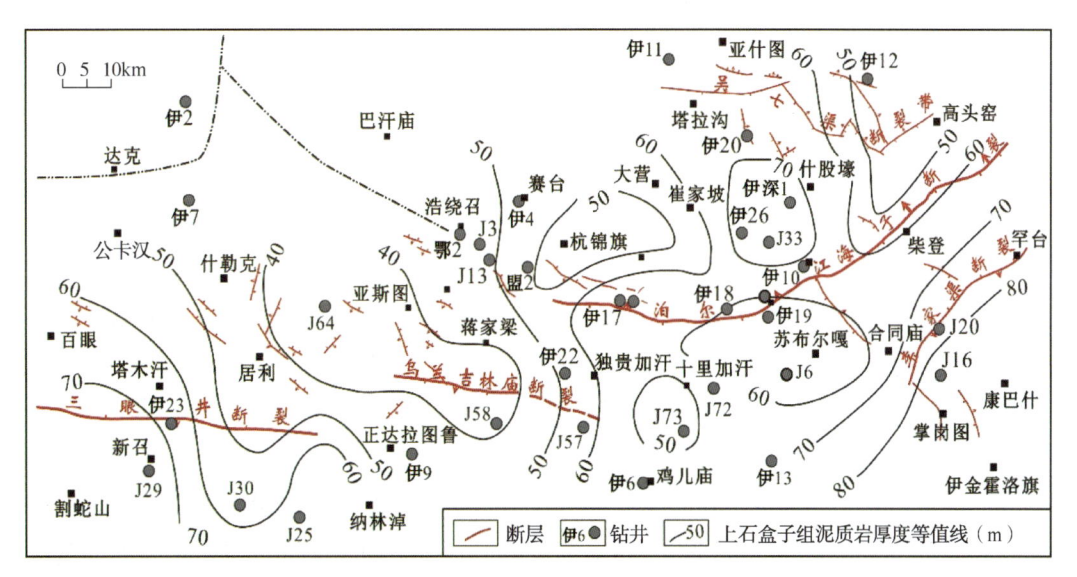

图2-4-12 东胜气田上石盒子组泥质岩盖层厚度分布图

通过利用测井资料计算泥质岩盖层排替压力的方法,对东胜气田区域盖层进行了评价。排替压力是指岩石中最大连通孔隙的润湿相流体被非润湿相流体排替所需要的最低压力,它是反映盖层微观封闭能力的最直接、最根本的参数。泥岩的排替压力与其孔隙度之间存在明显的反比关系,其孔隙度可以从三孔隙度测井数据得到。李明瑞等通过拟合鄂尔多斯盆地神木区上古生界泥岩排替压力与声波时差之间的关系,建立了计算泥岩排替压力的经验公式证,经验证与实测压力符合率达到75%。采用李明瑞等计算公式:

$$p_d = -89.314\ln(\Delta t) + 502.78 \quad (\Delta t \geq 237.5)$$
$$p_d = 79 - 0.3048\Delta t \quad (\Delta t < 237.5) \quad (2-4-1)$$

对东胜气田上石盒子组、石千峰组盖层的排替压力进行计算(图2-4-14),作为评价盖层封闭能力的参考。

从计算数值的分布看,东胜气田上石盒子组、石千峰组最大排替压力在平面分布上具有中西部较大,东部、东北部较小的特点。

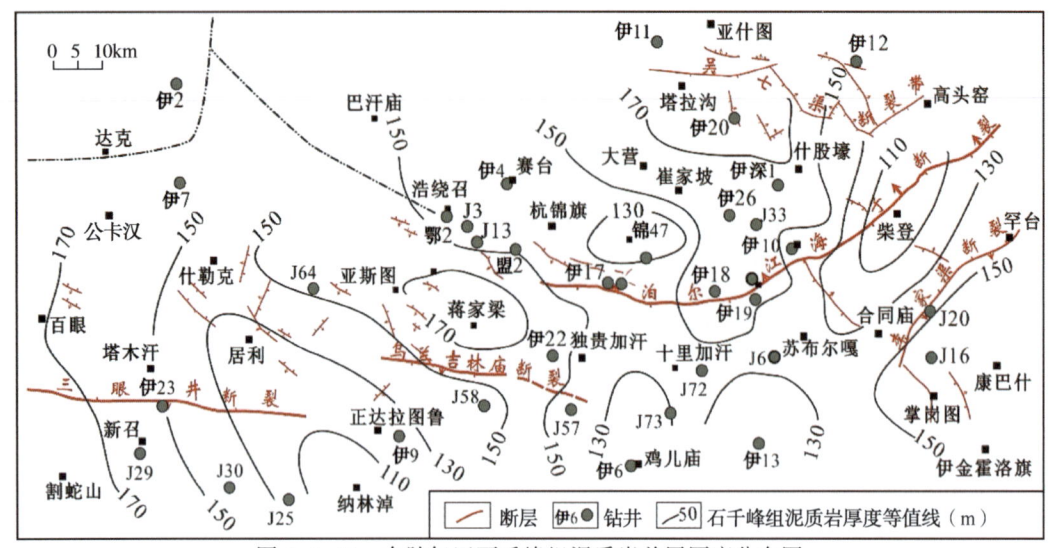

图 2-4-13　东胜气田石千峰组泥质岩盖层厚度分布图

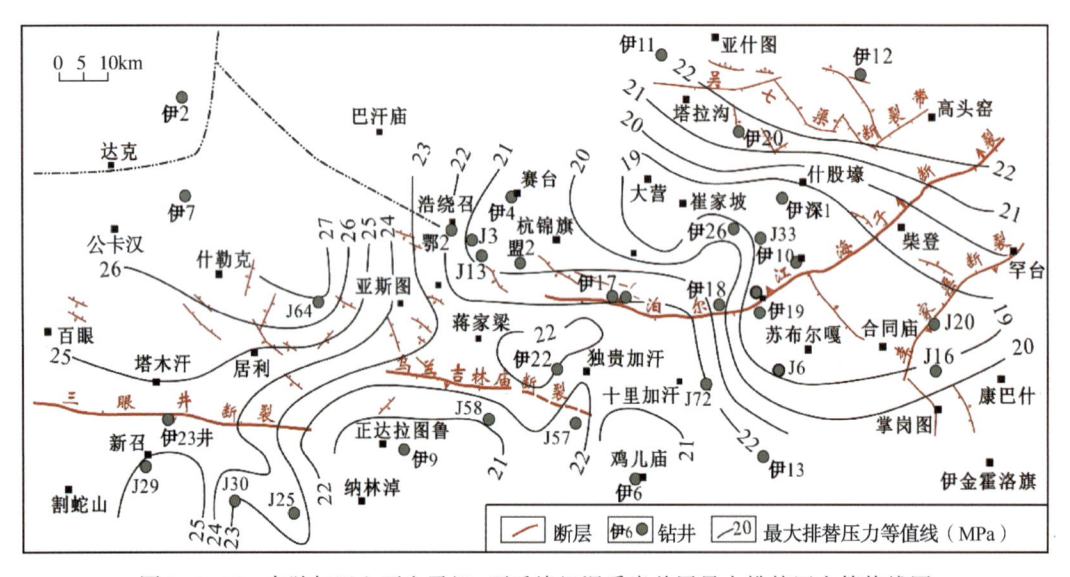

图 2-4-14　东胜气田上石盒子组+石千峰组泥质岩盖层最大排替压力等值线图

4. 源—储配置对成藏控制作用

东胜气田上古生界含气系统的源、储层总体上有两大配置关系：

（1）高成熟烃源岩与致密储层配置，主要存在于南部斜坡区，包括新召区带、独贵加汗区带全部和十里加汗区带南部。

（2）成熟烃源岩与特低渗储层配置，主要存在于十里加汗区带北部、阿镇区带和什股壕区带南部。

烃源岩生烃能力与优质储层的配置关系对天然气成藏具有明显的控制作用，即在南部斜坡区源储有效配置关系控制着天然气富集区的分布。根据烃源岩评价结果，独贵加汗地区烃源岩主要以太原组、山西组的煤层为主,烃源岩总体上具有厚度大,成熟度高,煤层质量好的特点,为独贵加汗区带天然气富集提供了有力的烃源岩条件。在优质煤层发育的区域,烃源岩生烃能力强,充注动力大,优质储层和中等储层都可以完成气水置换,其中物性好的优质储层气水置换比较彻底,更有利于形成油气富集。什股壕地区烃源岩厚度较小或不发育,成熟度低,质量相对较差。已有研究成果表明天然气存在由南向北的长距离运移过程。什股壕地区储层物性相对较好,山西组及盒1段砂岩为天然气由北运移提供了有效的通道,在运移过程中过程若在山西组、盒1段遇到有效圈闭,就形成背斜构造气藏。或在山西组和盒1段构造顶部油气可沿裂缝和断裂垂向运移,在盒3段和盒2段有效圈闭处形成岩性+构造气藏。

为了考查煤层品质与气层分布的关系,利用 Passey 等(1990)提出的 $\Delta \lg R$ 公式对独贵加汗区带、十里加汗区带的煤层品质进行了评价。

一般情况下,当烃源岩富含有机质时,会表现为高电阻率、高声波的特征。Passey 等(1990)做了大量的统计,提出了一项可以用于烃源岩的测井评价方法,能够计算出不同成熟度条件下的总有机碳值。根据声波、电阻率叠加计算 $\Delta \lg R$ 的方程为:

$$\Delta \lg R = \lg(R/R_{基线}) + 0.02(\Delta t - \Delta t_{基线}) \tag{2-4-2}$$

式中　R——实测电阻率,$\Omega \cdot m$;

$R_{基线}$——基线对应的电阻率,$\Omega \cdot m$;

Δt——实测声波时差,$\mu s/ft$;

$t_{基线}$——基线对应的声波时差,$\mu s/ft$。

由 $\Delta \lg R$ 计算 TOC 的定量关系式是:

$$TOC = 10^{(2.297-0.1688 R_o)} \Delta \lg R \tag{2-4-3}$$

可见,只要有了 R_o 值,就可以利用式(2-4-3)对 TOC 进行计算。金强 等(2003)对 Passey 法进行了改进。改进后公式为:

$$TOC = a \cdot \lg R + b \cdot \Delta t + c \tag{2-4-4}$$

式中　a,b,c——系数。

通过对改进的 $\Delta \lg R$ 法进行实际应用,发现用该方法预测烃源岩,回归曲线的回归系数较高,测出的 TOC 和实测值符合较好。

从式(2-4-3)和式(2-4-4)可知,$\Delta \lg R$ 不仅可以有效地计算烃源岩的 TOC,对烃源岩成熟度与生烃潜力也有一定的相关性。那么,是否可以用 $\Delta \lg R$ 法对研究区煤层的生烃能力进行评价呢?为此,对研究区煤层 $\Delta \lg R$ 与其有机碳含量进行了相关分析(图2-4-15)。结果表明,煤层 $\Delta \lg R$ 值与其有机碳含量具有较好的相关

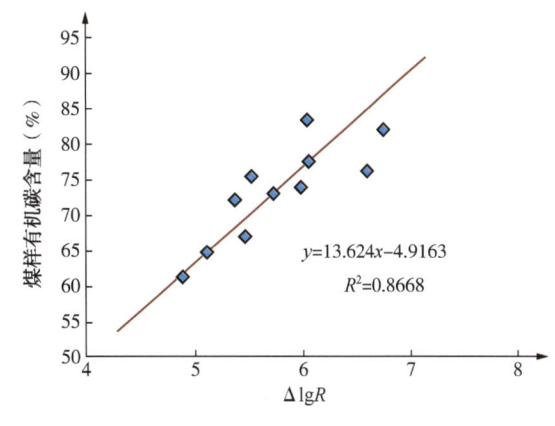

图2-4-15　十里加汗区带煤层 $\Delta \lg R$ 与煤样有机碳含量交会图

性，因此初步确认利用 $\Delta \lg R$ 法可以对煤层质量进行评价。

在以上研究的基础上，对独贵加汗区带、十里加汗区带单井太原组—山 1 段主煤层的 $\Delta \lg R$ 进行了计算和统计，并刻画了其平面分布特征(图 2-4-16)。

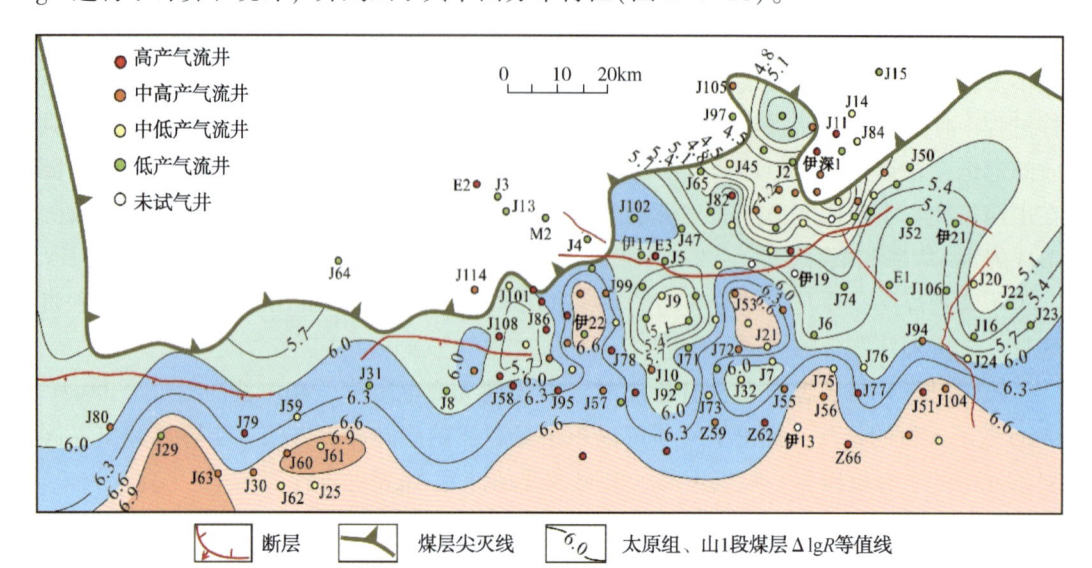

图 2-4-16　十里加汗区带太原组—山 1 段主煤层 $\Delta \lg R$ 平面分布图

南部区域煤层镜质组反射率在 1.2%～1.6% 之间，已进入高成熟阶段，对应的煤层 $\Delta \lg R$ 在 5.5～6.9 之间，北部区域煤层镜质组反射率一般在 0.5%～1.0% 之间，煤层 $\Delta \lg R$ 在 4.2～5.7 之间，与生烃强度的分布具有较好的对应。另一方面，单井产气量较高的井基本都分布在主煤层 $\Delta \lg R > 6.5$ 的高值区范围内，气产量较小的气层井基本都分布在主煤层 $\Delta \lg R < 5.5$ 的低值区范围内。说明优质煤层的分布对高产气层的分布与富集具有宏观的控制作用。

5. 区域上倾方向封堵条件对成藏控制作用

东胜气田上古生界主要目的层地层展布特征如图 2-4-17 所示，太原组地层向北延伸至断裂带两侧附近逐渐减薄尖灭；山西组、下石盒子组地层在西部围绕公卡汉凸起区逐渐超覆尖灭；在东部地区，山西组在乌兰格尔凸起南侧的塔拉沟—单家塔断层带附近形成尖灭带，下石盒子组则呈南北向贯通分布；下石盒子组和石千峰组呈全区覆盖。

(1) 西部缓坡区区域上倾方向岩性封堵类型。

西部新召区带主力气层为山 2 段、盒 1 段，均为典型的致密岩性气藏，向北部公卡汉凸起方向含气性变差(图 2-4-18)，公卡汉凸起的斜坡区构成新召大面积气藏的区域封堵带。

该区山 2 期、盒 1 期的古地貌为缓坡区，发育浅水辫状河沉积，水动力较弱，河道变迁快，岩性以粗—中粒岩屑石英砂岩为主，单期河道砂体厚度薄。河道砂岩自然伽马测井曲线以齿化箱形为主，储层非均质性强。向北部公卡汉区带河道上游方向，随着沉积期古地貌坡度变缓，水动力变弱，砂体厚度变化不大，平均 22～23m，但心滩发育规模越来越小，砂体连续性变差。储层(渗透率大于 0.15mD 的砂岩)厚度从南向北逐渐变小，南部储层平均厚度

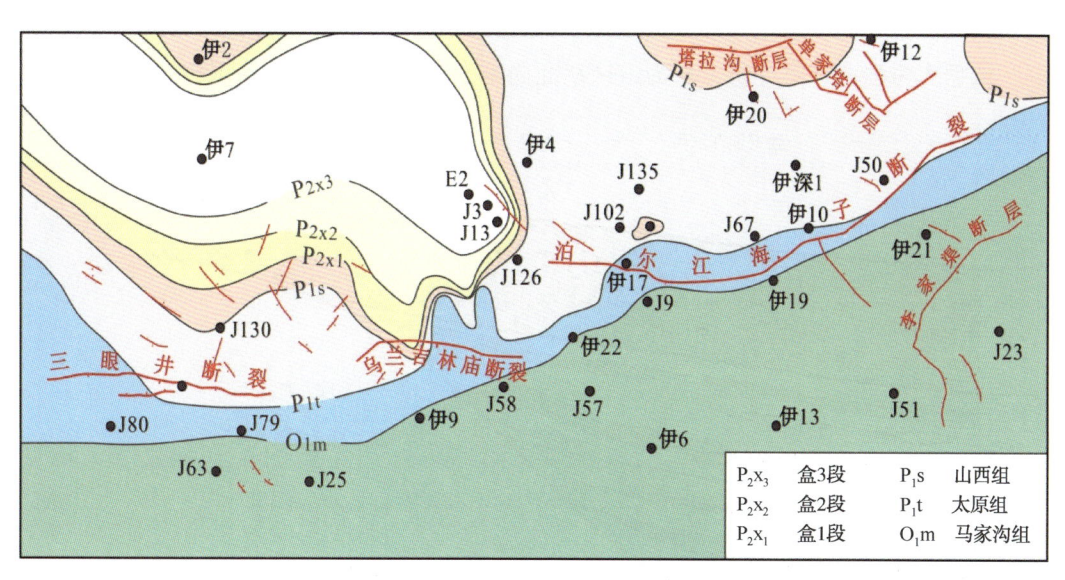

图 2-4-17　东胜气田及周缘上古生界各层段尖灭线分布图

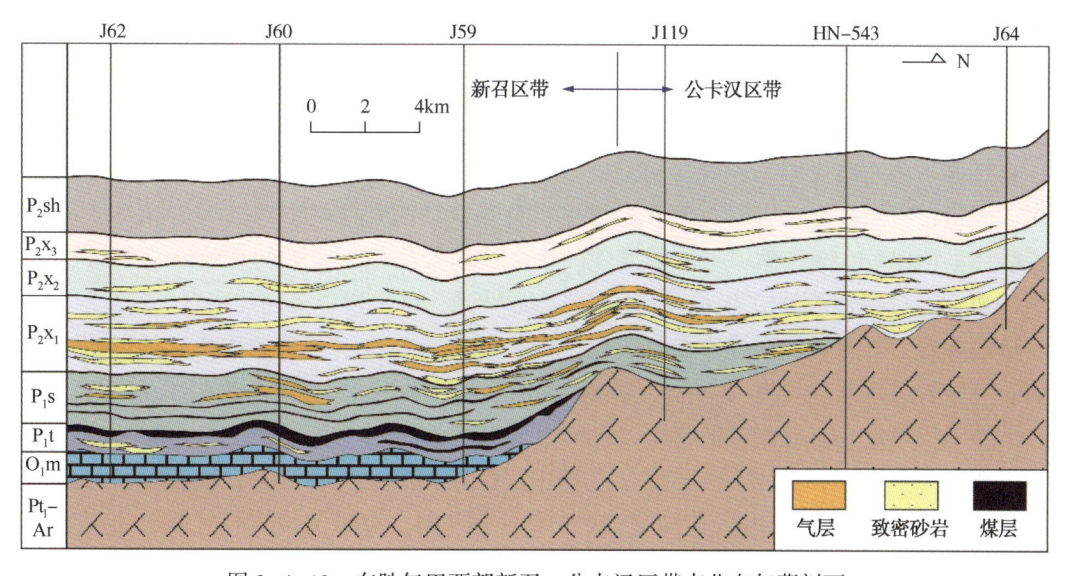

图 2-4-18　东胜气田西部新召—公卡汉区带南北向气藏剖面

14.7m，北部储层平均厚度 7.2m。物性向北部变差，储层非均质性变强。统计公卡汉区带盒 1 段储地比平均值为 0.13，有效砂岩储层呈透镜体状并被泥岩彻底分割，横向连通性差。在这种地层结构条件下，公卡汉区带盒 1 段大面积分布的泥岩和致密砂岩可以为下倾方向的气藏提供有效的区域侧向岩性封堵，成为南部大面积连续气藏的边界，目前在该区北部还没有取得勘探突破，因此寻找有利输导通道和有效圈闭是该区下一步重点勘探方向。

（2）中部陡坡区区域上倾方向地层尖灭—岩性封堵类型。

中部独贵加汗区带是东胜气田的一个多层含气富集区，主力气层有盒 1 段、盒 2 段、盒 3 段和太原组（图 2-4-19）。该区紧邻公卡汉凸起，从各层段地层尖灭带的分布分析，与

— 117 —

公卡汉凸起西部相比，沉积期属于陡坡区，水动力较强，向南坡度逐渐变缓、水动力逐渐减弱。依据大量岩心观察分析，认为该区从北向南发育冲积扇—辫状河沉积。

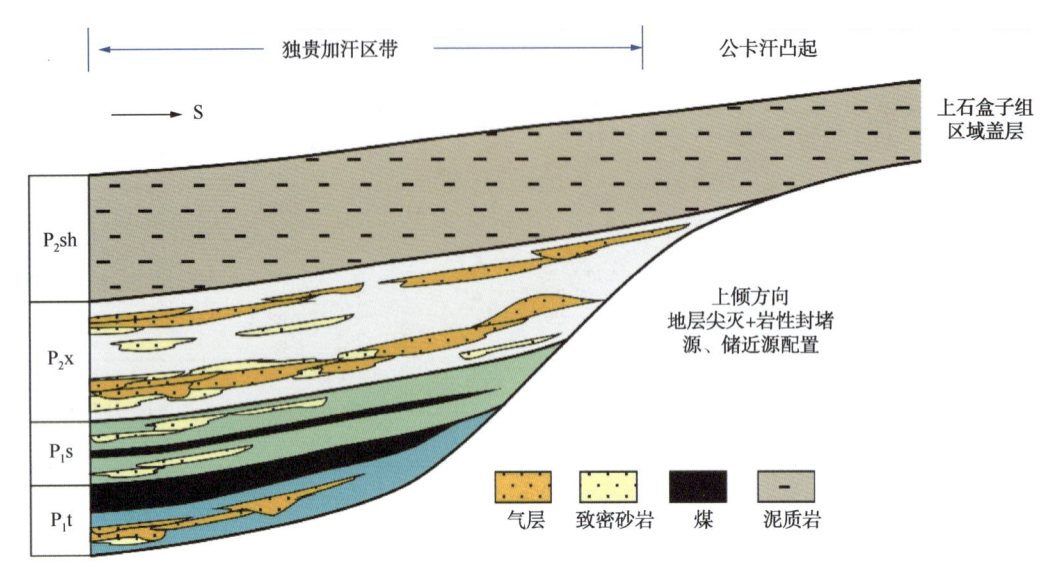

图 2-4-19　独贵加汗上古生界成藏剖面示意剖面图

最北部靠近古隆起部位为扇根微相（J126 井），岩性为砂砾岩、粗—中砂岩和泥岩互层，自然伽马测井曲线形态为齿化箱形，砂体厚度大，但物性较差。中部为扇中微相，岩性以含砾粗粒岩屑砂岩、岩屑石英砂岩为主，自然伽马测井曲线形态为厚层箱形、齿化箱形，砂体平均厚度 35m，储层平均厚度 19m。整体储层物性好，平均孔隙度为 12%，渗透率为 1.2mD，以特低渗储层为主，储层横向连通性强，整个扇中呈连片发育。

南部随着古地貌坡度变缓，逐渐演变为辫状河心滩与水道充填微相，岩性以粗—中粒岩屑石英砂岩、岩屑砂岩为主。自然伽马测井曲线形态为箱形（心滩）与钟形（河道充填）叠置，砂体平均厚度 31m，储层平均厚度 12m。储层物性较扇中变差，平均孔隙度为 8.5%，平均渗透率为 0.8mD，整体为致密储层。其中心滩微相的粗粒砂岩为有效储层，河道充填相的中—细粒砂岩为致密砂岩（非储层）。在顺河道方向，心滩微相的有效储层与河道充填微相的致密砂岩呈相间分布。

独贵加汗地区上石盒子组泥岩为区域盖层，由南向北太原组、山西组、下石盒子组地层依次超覆尖灭，上石盒子组与公卡汉凸起直接接触，形成顶部的封闭条件。独贵加汗地区基底为太古界片麻岩，公卡汗凸起基底局部为中元古石英岩，两种基底相对于上古生界砂岩储层较为致密，可以形成底部有利的封闭条件。有利的源—储近源配置，上倾方向有力的遮挡条件，上石盒子组区域盖层有利的封盖条件，以及有利的储层发育条件，共同作用形成了独贵加汗地区地层超覆尖灭带有利的天然气成藏条件。

（3）东部岩性封堵向有效圈闭聚集的过渡类型。

东部主要包括三个区带，北为什股壕区带，南为十里加汗区带、阿镇区带，下石盒子组是主力含气层，在十里加汗区带南部表现为典型的致密岩性气藏，在什股壕区带表现为背斜气藏、岩性—构造复合气藏。从砂岩储层条件看，下石盒子组三个层段均为由南向北物性变好，非均质性变弱，即向上倾方向砂体物性和连通性变好（图2-4-20），笔者认为这是控制气藏类型变化的主要因素，也是连续成藏向非连续成藏过渡的主要因素。

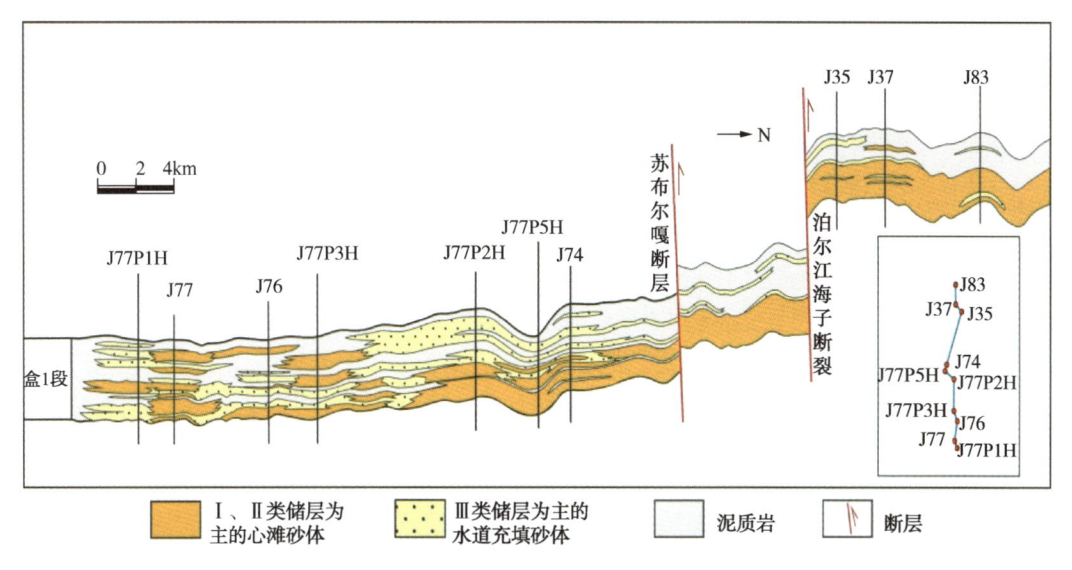

图2-4-20 东胜气田东部十里加汗区带—什股壕区带盒1段砂体特征剖面图

什股壕区带处于乌兰格尔凸起南部，下石盒子沉积期受北部乌兰格尔凸起影响，古地貌坡度大，水动力强，发育深水辫状河沉积，岩性以含砾岩屑砂岩为主，自然伽马测井曲线形态为厚层箱形、齿化箱形。以盒1段为例，砂体平均厚度29.7m，储层平均厚度28.6m，平均孔隙度为12.3%，平均渗透率为1.6mD，物性明显好于区内其他地区。河道心滩以垂向加积叠置为主，河道充填不发育，储层横向连通性强。在南部十里加汗区带，随着盒1沉积期古地貌坡度变缓，水动力减弱，从北向南辫状河心滩规模变小，砂岩粒度变细，储层厚度变薄，河道摆动频繁，储层非均质性增强。

东部地区盒1段砂体受沉积相差异控制，砂体连通性由南部缓坡区向北部隆起区逐渐变强，天然气运聚模式由南部岩性封堵向圈闭聚集过渡。在十里加汗区带南部，盒1段储层/地层厚度比平均值为0.27，有利于岩性气藏形成，物性是成藏与富集主控因素（表2-4-4）。

在十里加汗区带北部，盒1段储层/地层厚度比平均值为0.33，有效储层厚度增大，连通性增强，层内岩性封堵条件变差，天然气向北部上倾方向散失，局部出现气水分异，形成岩性气藏与构造气藏之间的过渡带。北部什股壕断阶带缺少有效烃源岩，天然气主要来源于断裂以南，盒1段储层/地层厚度比平均值为0.51，由连片心滩构成的河道形成天然气向北运移大通道，不具备形成岩性气藏条件，当河道砂岩与局部构造相匹配时，可形成构造气藏或岩性—构造复合气藏。

— 119 —

表 2-4-4　东胜气田东部十里加汗区带—什股壕区带的源—储配置与侧向封堵参数表

参数类别	参　数	十里加汗南部 源内岩性成藏区	十里加汗北部 源内岩性—构造过渡成藏区	什股壕 源侧构造成藏区
烃源岩参数	生气强度 ($10^8 m^3/km^2$)	15~20	10~15	0~8
沉积特征	岩相	粗砂岩、中砂岩	粗砂岩	含砾粗砂岩
	测井相	齿化箱形、钟形	箱形、钟形	箱形、钟形
	粒度曲线	三段式	三段式	两段式
储层参数	孔隙度(%)/渗透率(mD)	8.8/0.56	8.1/1.2	12.3/1.6
	砂层厚度(m)	28.3	30.7	29.7
	储层厚度(m)	18.6	21.8	28.6
封堵参数	储层厚度/地层厚度	0.27	0.33	0.51
	储层厚度/砂岩厚度	0.66	0.71	0.96
	气层厚度/砂岩厚度	0.53	0.41	0.32

三、砂体非均质性对区带气藏类型发育的控制作用

在致密、低渗砂岩近源成藏区，储层与地层的比值较砂岩与地层的比值更能反映侧向封堵和气藏类型的关系。

下石盒子组盒 1 段是东胜气田主要的含气层段，由南西向北东方向随着盒 1 段储层厚度增大、物性由整体致密变为整体低渗透，其气藏类型由大面积岩性气藏转变为局部含气的构造气藏，这种气藏类型在区域上转变的关键因素之一是有效储层的连通性。中、细粒砂岩通常由于泥质含量较高、物性更差使得天然气在成藏期间难以充注，这部分砂岩实际上是起封堵作用，形成岩性封堵和物性封堵机制并存，当这种物性非均质性较强时，造成砂体连续而物性不连通的现象非常普遍，是大面积致密岩性气藏形成的控制因素之一。

马超等人提出用有效储层厚度与地层厚度比值(简称储地比)这一参数来表征有效储层的连通性，其解释机理与砂地比参数相同。通过典型区带盒 1 段储地比参数统计与分析，可以看出储地比值趋势与气藏类型密切相关，在储地比普遍小于 0.30 的区域主要发育岩性气藏，在储地比普遍大于 0.50 的区域以构造气藏为主。在致密低渗含油气区带评价中，储地比参数统计分析可以作为区带划分、评价的一个重要指标。

砂地比是指砂岩总厚度与地层总厚度之比的百分数，它是砂体规模、分布方式及富集程度的综合反映，是储层宏观非均质性研究的一项内容(于兴河，2000)。砂地比研究应用最为广泛的是用于判断砂体连通性(赵健 等，2011；罗晓容 等，2012；薛欣宇 等，2017；徐永强 等，2019；娄瑞 等，2019)。1978 年，Allen 首次提出了砂地比的概念，并用于预测砂体连通性，他认为砂地比大于 50%时，砂体连通性好，小于 50%则连通性差。裘亦楠(1990)根据我国陆相河道砂体实际统计研究，对 Allen 的临界值做了补充：当砂地比大于 50%，砂体大面积连通；砂地比小于 30%时，多属孤立的河道砂体；砂地比在 30%~50%之

间时，可能会有局部连通。King(1990)利用阈渗理论研究了不同形状砂体的空间几何接触关系和叠置砂体的连通性问题，当砂地比小于 27.6% 时砂体间基本不连通；随着砂地比值越来越高，砂体之间开始叠置，形成连通砂体集群；当砂地比大于 66.8% 时，砂体全面连通。Matthew(2011)通过对科罗拉多地区上白垩统下威廉姆斯地层的河流相连通性分析，提出在砂地比低于 20% 时，砂体的连通性极差，砂地比高于 30% 时则连通性快速提高；罗晓容(2012)从油气输导层内砂体几何连通性的角度阐述了砂地比值与砂体连通性的关系，他认为砂地比小于 20% 时砂体不连通，砂地比在 20%~50% 之间时砂体局部连通，当砂地比大于 50% 时砂体完全连通。此外，砂地比也常用于沉积相划分(王文胜 等，2019)、物源识别(张矿明 等，2018)、储层建模方面(国景星 等，2018；夏竹 等，2016)。

已有研究表明，在进行区带划分评价时，利用砂地比值资料可以对油气藏类型进行较为有效的判断。胡宗全(2003)通过对准噶尔盆地车排子地区侏罗系砂岩连通性研究，提出了"砂地比小于 30% 时，砂体是孤立的，很有可能形成岩性圈闭，砂地比为 30%~50% 的应做具体分析，可能形成岩性圈闭，砂地比大于 50% 的则难以形成岩性圈闭"。蔡希源(2004)通过对松辽盆地青山口组—嫩江组岩性圈闭分布控制因素研究，提出岩性圈闭主要发育在相对孤立的河口坝、远砂坝和湖底扇砂体中，而在三角洲主体部位由于砂体叠置连通，砂体本身很难具备圈闭条件，主要发育构造圈闭；冯志强(2009)通过对松辽盆地葡萄花油层油藏分布控制因素研究，提出"砂地比小于 20% 时主要发育岩性圈闭，20%~50% 以岩性—构造复合圈闭为主，砂地比大于 50% 时很难形成岩性圈闭"；李君等认为(2009)"在吐哈盆地较薄的砂岩有利于岩性油气藏的形成"；张顺等(2011)通过对松辽盆地泉头组岩性油藏控制因素研究提出了"岩性油藏主要发育在砂地比小于 20% 的层段"。说明在砂泥岩地层中，砂地比这一表征宏观非均质性的参数可以用于对油气藏类型可能性的研判。

2015—2020 年，马超等人在对鄂尔多斯盆地北部二叠系下石盒子组致密—低渗含气层系进行区带评价和气藏类型研究的过程中，发现上述砂地比参数在本区不完全适用于气藏类型的判断，而使用储地比值能更准确地反映岩性气藏区向构造气藏区的变化规律。其原因是研究区下石盒子组辫状河道砂体物性非均质性很强，物性更差的那部分砂岩(通常孔隙度小于 4%~5%、空气渗透率小于 0.1mD)由于其毛细管力高于天然气充注动力，实际上充当着封堵作用，这种情况下，砂地比值只能反映砂体叠置连通情况，难以反映砂体中有效储层的连通情况，因此笔者定义的储地比值就是有效储层厚度与地层厚度之比，试图用于物性非均质性很强的致密、低渗砂岩区带储层连通性的表征。

1. 典型区带盒 1 段砂地比、储地比特征

(1) 大牛地气田盒 1 段岩性气藏区带。

大牛地气田上古生界含气层位主要是二叠系下统和中统的下石盒子组，纵向上多套致密砂岩气层叠置、大面积展布，普遍为岩性气藏。盒 1 段地层厚度 50~60m，是大牛地气田的主力气层，含气面积约 1300km^2，储集体为辫状河砂体、非均质性强，储层孔隙度 4.5%~12%、平均 7.5%，储层渗透率 0.15~1.1mD、平均 0.65mD。

在大牛地气田范围内选取了 130 口井进行统计，盒 1 段砂岩厚度主要分布在 15~35m

之间、平均 25.6m（图 2-4-21），储层厚度主要在 5~20m 之间、平均 10.6m；砂地比分布区间为 0.18~0.77、平均为 0.46，储地比分布区间为 0.02~0.45、平均为 0.19。统计数据表明盒一段砂体连通性较好，但由于砂体中有效储层厚度较小导致储地比值较低，有效储层的连通性较差，厚砂层中的非有效储层部分形成分割、封堵。制作单井气层厚度与砂地比、储地比交会图（图 2-4-22），可以看出盒 1 段气层厚度与砂地比参数关系不明显，而气层厚度与储地比呈明确的正相关关系，即与有效储层厚度基本一致，表现出典型岩性气藏特征。

图 2-4-21 大牛地气田盒 1 段砂岩厚度、气层厚度直方图

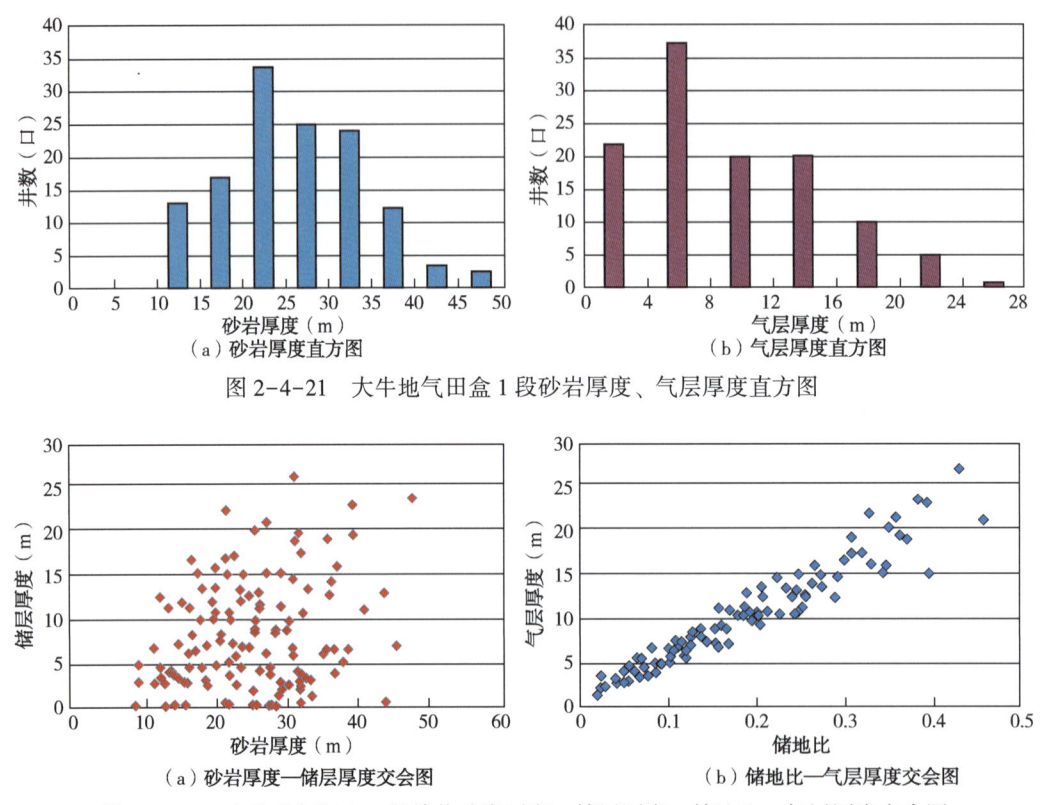

图 2-4-22 大牛地气田盒 1 段单井砂岩厚度—储层厚度、储地比—气层厚度交会图

（2）什股壕盒 1 段构造气藏区带。

什股壕区带处于鄂尔多斯盆地北部伊盟隆起的杭锦旗断阶，南侧与伊陕斜坡以泊尔江海子断裂为界，是区域继承性隆起区，该区盒 1 段发育大面积的辫状河砂体，砂岩孔隙度平均值 11.2%、渗透率平均值 1.56mD，是典型的低渗透储层，发育背斜、断背斜等构造类型气藏。在什股壕区带采集了 38 口井盒 1 段的数据进行统计，砂岩厚度分布在 20~40m 之间，平均 34m，储层厚度主要在 15~35m 之间，平均 24.6m；砂地比分布区间为 0.25~0.92，平均为 0.62，储地比分布区间为 0.17~0.92、平均为 0.46。表明该区盒 1 段不仅砂体完全连通，而且有效储层的连通性也较好，不利于形成岩性气藏，钻井证实仅在一些局部构造高部位含气，气层厚度与砂地比、储地比值没有明确的相关性。而盒 2 段、盒 3 段储地比普遍小于 0.3，以岩性气藏、构造—岩性复合气藏为主。

什股壕区带盒 1 段砂岩厚度与有效储层厚度正相关关系，反映了沉积微相控制储层发

第二章 二叠系大型层状含气系统成藏要素的差异配置关系

育的特征。但是,盒 1 段储层厚度与气层厚度关系、砂岩厚度与气层厚度关系统计表明,气层厚度与储层厚度、砂岩厚度无明显的相关性(图 2-4-23、图 2-4-24),表面该区盒 1 段,储层不是含气性的唯一控制因素。

(a)砂层厚度与储层厚度交会图　　(b)砂层厚度与气层厚度交会图

图 2-4-23　什股壕区带单井下石盒子组砂层厚度与储层、气层厚度交会图

(a)储层厚度与气层厚度交会图　　(b)砂层厚度与储地比交会图

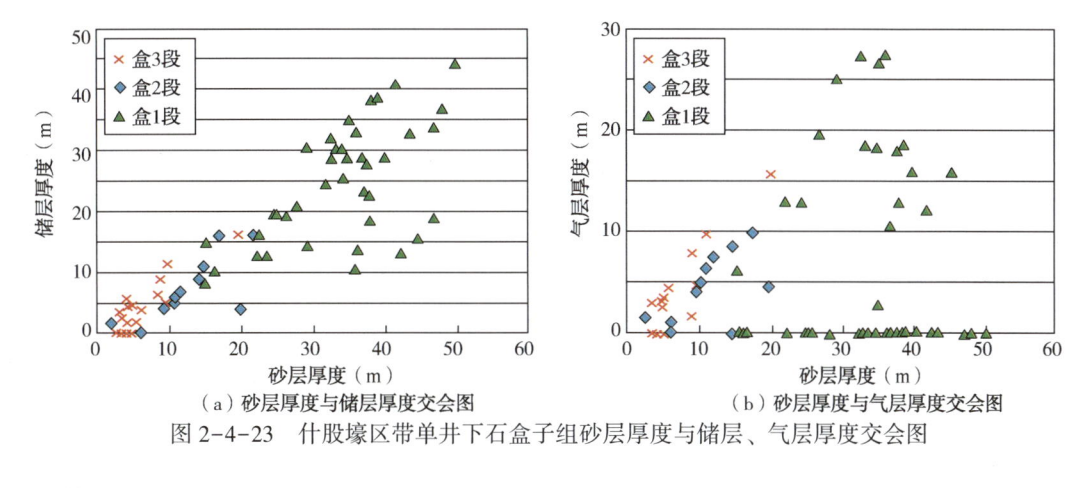

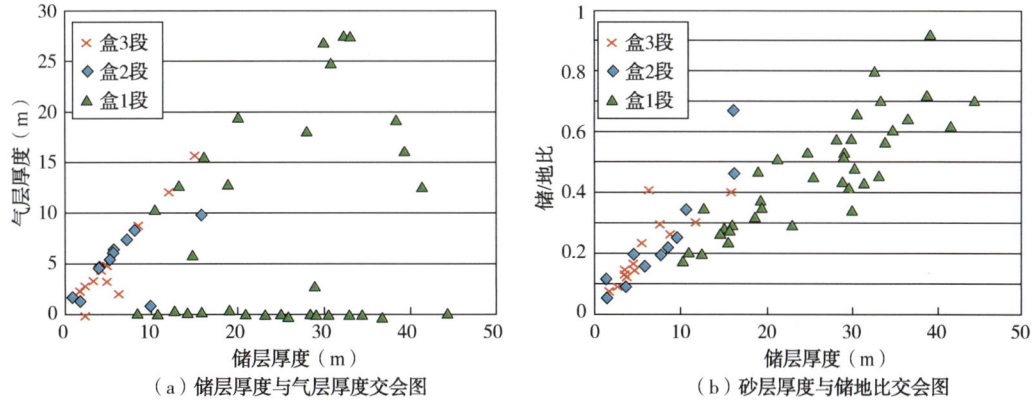

图 2-4-24　什股壕区带单井下石盒子组储层厚度与气层厚度、储地比交会图

陈敬轶等(2016)、倪春华等(2018)通过对泊尔江海子断裂两侧天然气组分和碳同位素资料分析得出,什股壕区带天然气主要来自断裂南侧;张威等(2016)利用压汞和相渗资料计算得出,本区低渗透储层厚度在 10~20m 时可以产生气水分异;孙晓等(2016)认为断裂南侧的苏布尔嘎一带到断裂北侧的什股壕区带具有较好的不整合面+砂体输导体系。这些研究认识从不同角度说明什股壕区带盒 1 段具有区域输导层的条件。

2. 泊尔江海子断裂南侧盒 1 段砂地比、储地比特征

泊尔江海子断裂南侧的盒 1 段发育近南北向 6 条主河道,东西方向煤系烃源岩生气强度基本一致,探井揭示盒 1 段含气特征由西部的沿主河道连片含气向东逐步过渡为点状含气,与储层向东变好的趋势恰恰相反,这种现象简单地用储层的优劣无法解释,而用储地比变化趋势解释更为合理。

平面上储地比值分布特征与储集体含气状况密切相关(图 2-4-25),盒 1 段产气井主要

— 123 —

分布在储地比普遍小于 0.3 的地区。西部三条主河道储地比整体较低，平均值小于 0.3，侧向上有效储层连通性相对较差，具有较好的物性遮挡条件，储集体的含气性主要受储层物性的控制。东部河道储集体储地比高，储层的连通性好，特别是 J77 井区和 J16 井区，主河道部位储地比大于 0.5，储层完全连通，向北构造上倾方向缺乏有效的区域遮挡条件，只在发育局部构造背景下含气。沿河道向上游方向储地比值有规律升高（图 2-4-26、表 2-4-5），有效储层连通性逐步变好，应是气藏类型有规律的变化的主导因素。

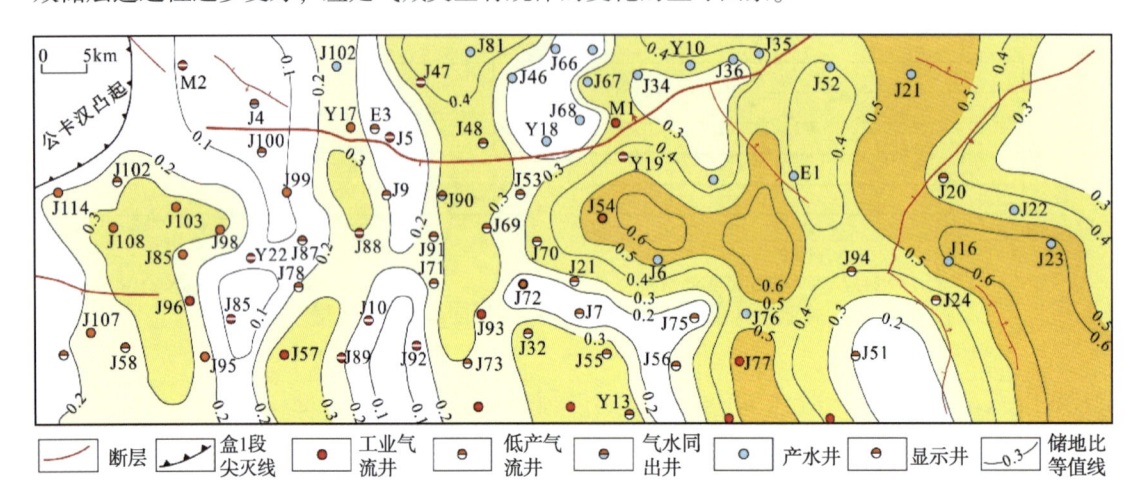

图 2-4-25　泊尔江海子断裂南侧盒 1 段储地比值等值线图

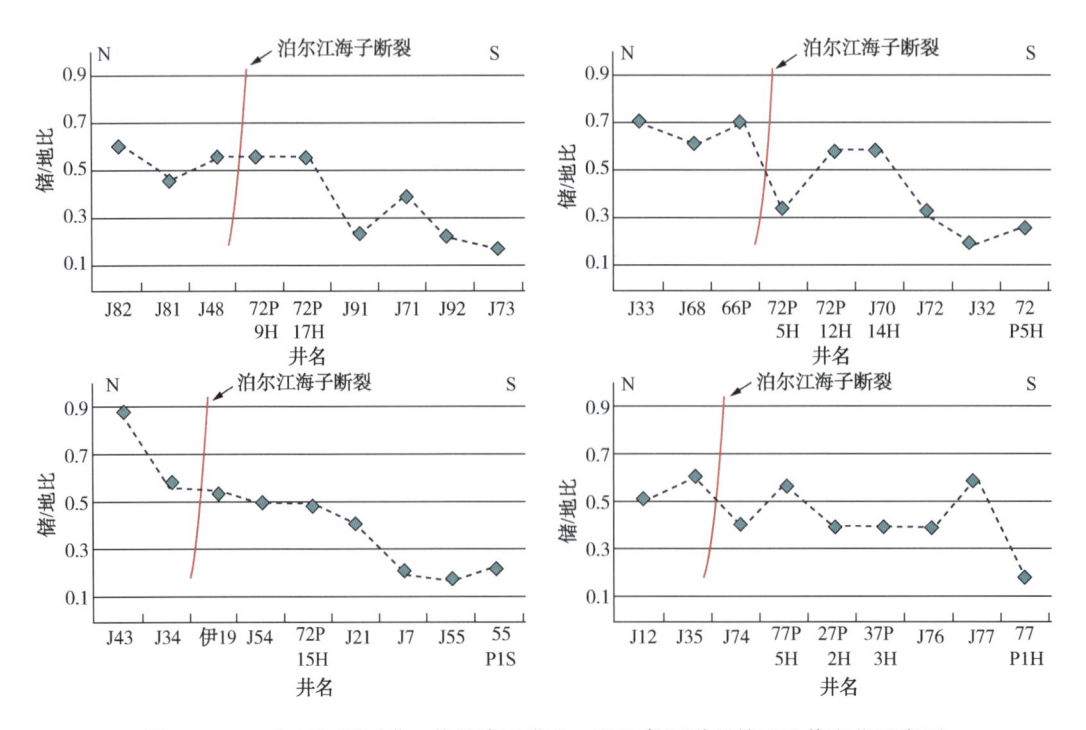

图 2-4-26　十里加汗区带—什股壕区带盒 1 段四条河道的储地比值变化示意图

第二章　二叠系大型层状含气系统成藏要素的差异配置关系

表 2-4-5　东胜气田东部盒 1 段南北向源—储差异配置参数表

参数类别	参　　数	十里加汗南(源内)	十里加汗北(过渡)	什股壕(源侧)
烃源岩参数	生气强度($10^8 m^3/km^2$)	15~20	10~15	0~8
储层参数	孔隙度(%)/渗透率(mD)	8.8/0.56	8.1/1.2	12.3/1.6
	砂层厚度(m)	28.3	30.7	29.7
	储层厚度(m)	18.6	21.8	28.6
	气层厚度(m)	14.8	12.8	11.9
净毛比	气层厚度/砂体厚度	0.53	0.0~0.41	0.0~0.32
封堵参数	储层厚度/地层厚度	0.27	0.33	0.51
	储层厚度/砂岩厚度	0.66	0.71	0.96
	砂岩厚度/地层厚度	0.41	0.47	0.53

该区单井盒 1 段储地比值与气层厚度统计关系表明(图 2-4-27、表 2-4-6),当储地比小于 0.3 的时,气层厚度与储层厚度呈正相关关系;当储地比值超过 0.3 时,随着储层厚度的增大出现气层厚减小的趋势,甚至出现当储地比超过 0.5 时储层基本不含气现象,表明随着储地比值的升高,储层的连通性增强,形成岩性气藏的条件逐渐变差。对 6 条主河道的统计表明(表 2-4-6、图 2-4-28),研究区砂体厚度、储层厚度、砂地比和储地比均呈现自西向东逐渐升高的趋势。从砂岩连通性上看,除了研究区西部 J58 河道、J57 河道砂体连通性稍低以外,中、东部四条主河道砂体完全连通。

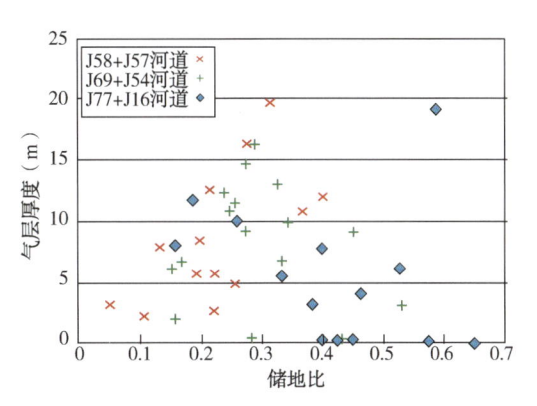

图 2-4-27　泊尔江海子断裂南侧盒 1 段单井气层厚度与储地比交会图

表 2-4-6　鄂尔多斯盆地北部不同区带盒 1 段储地比有关参数统计表

区　　带		样本井数(口)	平均值				
			地层厚度(m)	砂岩厚度(m)	储层厚度(m)	砂地比	储地比
大牛地气田		130	55.1	25.6	10.6	0.46	0.19
泊尔江海子断裂南侧	J58 河道	10	61.7	25.9	13.2	0.42	0.21
	J57 河道	7	60.5	23.8	13.9	0.39	0.23
	J69 河道	8	56.6	27.3	14.7	0.48	0.26
	J54 河道	8	51.5	33.6	17.2	0.65	0.33
	J77 河道	8	61.2	33.8	22.8	0.55	0.37
	J16 河道	6	59.7	34.9	28.2	0.58	0.47
什股壕区带		38	55.5	34.2	24.6	0.62	0.44

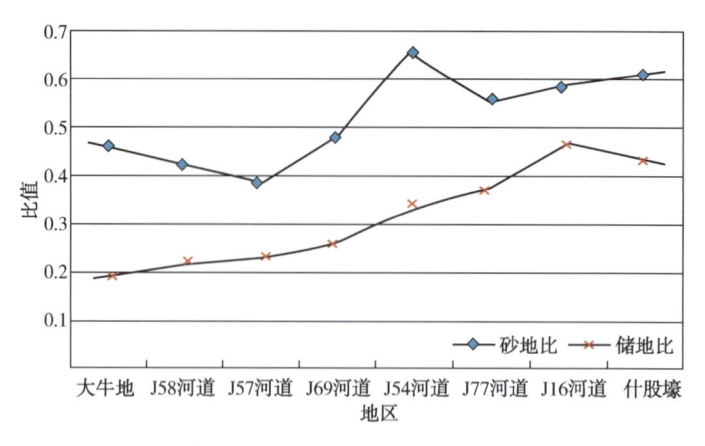

图 2-4-28　鄂尔多斯盆地北部不同地区盒 1 段地层沉积结构对比图

3. 讨论

通过与大牛地盒 1 段、什股壕盒 1 段的对比，泊尔江海子断裂南侧的 6 条主河道砂地比值、储地比值由西向东的规律性变化对气藏分布的影响，其中储地比值的变化更具规律性。J58 河道、J57 河道和 J69 河道具有与大牛地气田盒 1 段类似的砂地比和储地比结构，具有较好的泥岩遮挡条件和物性遮挡条件，有利于形成岩性气藏。向东 J54 河道和 J77 河道砂地比>0.5，砂体完全连通，储地比值平均为 0.33、0.37，砂体中有效储层连通性达到较好程度，砂体内部物性遮挡能力降低。东部 J20 井区砂地比、储地比特征与什股壕区带盒 1 段类似，厚砂体内部有效储层连通性好，砂体主要作为输导层，难以形成岩性气藏。因此笔者认为，储地比值分布特征可以在本区作为区带划分的重要指标。

砂体连通而砂体内有效储层不连通的现象广泛存在于非均质性较强的砂体中，较强的非均质性可以由沉积因素也可以由成岩因素造成，在河流沉积砂体中这种更为突出（图 2-4-29）。

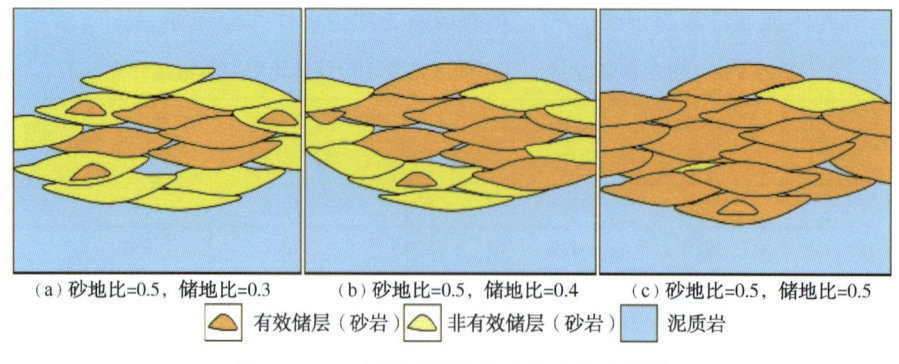

图 2-4-29　河道砂体储地比值变化示意图

齐荣等（2019）解剖了本区盒 1 段西部两条辫状河砂体的沉积结构，认为研究区盒 1 段属于"宽心滩窄水道充填"型砂砾质辫状河，河道砂层内部粗粒的心滩砂体交错叠置，心滩之间的水道充填为粒度较细的砂、泥质沉积，统计盒 1 段心滩长度 232～1046m、平均

517m、心滩宽度为43~386m、平均为172m。心滩砂体岩性以砂砾岩、含砾粗砂岩、粗砂岩为主，孔隙度5.5%~19%%、平均为11.5%，渗透率0.3~2.6mD、平均值为1.1mD；水道充填砂体岩性以中细砂岩为主，孔隙度1.8%~8.7%、平均值为6.1%，渗透率0.03~1.0mD、平均值为0.42mD，表明砂体内部物性非均质性很强。可以认为砂体内部物性非均质性是造成砂地比值大于储地比值的原因，在物性非均质性较强的区域利用储地比值划分区带类型是一个好的指标。

四、成藏特征分区—各具特色的四个成藏区

根据不同地区成藏要素及圈闭类型的差异性，可将东胜气田进一步划分为四个成藏区带：源内致密岩性成藏带、源内致密地层—岩性成藏带、源内低渗岩性—构造成藏带及源侧低渗构造—岩性成藏带(图2-4-30)。

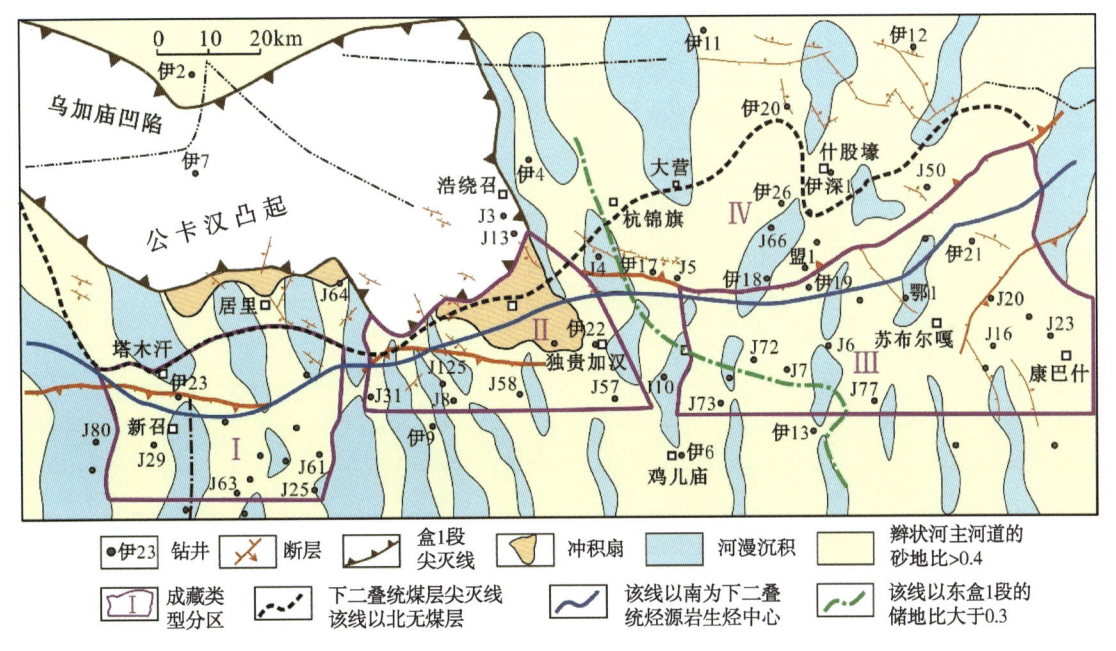

成藏类型分区说明：
Ⅰ. 源内致密岩性气藏成藏带：高熟烃源岩与致密储层近源叠置，区域上倾方向岩性封堵，砂体物性控制富集。
Ⅱ. 源内致密—低渗岩性气藏成藏带：高熟烃源岩与致密、低渗储层近源叠置，区域上倾方向地层尖灭+岩性封堵，砂体物性控制富集，层内局部调整。
Ⅲ. 源内致密—低渗岩性与复合气藏过渡带：高—低熟烃源岩与致密、低渗储层近源叠置，区域上倾方向储层物性变好。
Ⅳ. 源侧低渗复合气藏成藏带：低熟烃源岩—无烃源岩与低渗储层、低幅构造配置，厚砂体+断层疏导，有效圈闭控藏。

图2-4-30 东胜气田二叠系天然气富集区四种源-储-封配置关系及成藏分区图

源内致密岩性成藏带：主要位于西部，包含新召东、新召西两个区带。特点是高熟烃源岩与致密储层紧邻叠置，区域上倾岩性封堵。有利相带控制含气范围，砂体物性控制天然气富集，气藏类型为岩性气藏，边界模糊。该区的地质要素见表2-4-6。

源内致密—低渗地层—岩性成藏带：位于中部独贵加汗区带，特点是高熟烃源岩与致密、特低渗储层紧邻叠置，区域上倾方向地层尖灭+岩性封堵。有利相带控制含气范围，砂体物性控制天然气富集，气藏类型为岩性气藏，边界模糊。该区的地质要素见表2-4-7。

源内致密—低渗岩性与复合气藏成藏带：位于气田东部、泊尔江海子断裂以南，包含十里加汗区带和阿镇区带，特点是高—低熟烃源岩与致密、特低渗储层紧邻叠置，上倾方向物性变好且储地比值增高。在其南部类似源内致密岩性成藏带特点，在其北部接近泊尔江海子断裂带则以复合型气藏为主，是源内岩性气藏区向源侧成藏区的过渡带。

源侧低渗构造—岩性成藏带：主要指泊尔江海子断裂带北侧的什股壕区带，特点是低熟烃源岩—无烃源岩与低渗储层配置，低渗透厚砂体与断层组成有利的疏导系统，有效圈闭控藏。成藏层位主要下石盒子组，气藏类型以构造、构造—岩性复合气藏为主。

表2-4-7 东胜气田成藏要素的分区分带配置关系表

成藏区类型		源内致密岩性气藏成藏带	源内致密—低渗岩性气藏成藏带	源内致密—低渗岩性与复合气藏成藏带	源侧低渗复合气藏成藏带
区带		新召	独贵加汗	十里加汗+阿镇	什股壕
烃源岩	煤层厚度(m)	8~16	6~16	8~16	0~6
	成熟度R_o(%)	1.4~1.6	1.3~1.6	1.0~1.4	0.5~1.0
	生烃潜力ΔlgR	6.0~6.9	5.7~6.6	5.1~6.6	4.2~5.7
储层（盒1段）	储层厚度(m)	12	16	20	25
	孔隙度(%)	7.8	8.7	11.9	12.5
	渗透率(mD)	0.5	0.8	1.2	1.5
侧向封堵（盒1段）	地层上倾尖灭	有	有	无	无
	储地比	0.1~0.3	0.15~0.3	0.2~0.5	0.4~0.6
	河道与构造走向关系	平行	平行	斜交—垂直	斜交—垂直
	构造特征	平缓	平缓	发育局部构造	隆凹相间

总体来看，东胜气田主要含气层位从西向东，构造的控制作用逐渐增强，由岩性圈闭为主过渡为构造圈闭为主；从下到上，岩性的控制作用逐渐增加，圈闭类型由构造圈闭为主过渡为岩性圈闭为主。在源内致密成藏带中，烃源岩与储层的配置关系控制天然气成藏、储层物性控制了天然气富集，与盆地内部相同；东部、北部砂体物性变好的区域，岩性封堵条件变差，传统的有效圈闭控藏特征显著加强。

第三章

致密砂岩气的含水特征及其分布规律探讨

随着鄂尔多斯盆地上古生界致密、低渗砂岩气藏的勘探开发深入，气层分布特征与气、水关系成为一个重要研究内容。

北美和中国的致密砂岩气勘探开发表明，致密砂岩大面积含气是就其资源、含气特征而言是大面积，但并非是大面积具有商业开发价值的气层（杨华 等，2016）。一是因储层大多致密，只有相对渗透性较好的砂体才有开发价值，随着技术进步可以使开发价值比例不断提高；二是储量巨大，透镜状储层往往表现为在大面积范围内垂向叠加连片含气，但并非储层百分之一百含气，当砂体内部非均质性增大时，其束缚水含量高低不一；三是含气区也含水，除了一些致密储层内束缚水含量较高以外，含气区内个别独立的封闭性很强区域或砂体也含水，在地层条件下这种含水区与含气区压力不联通。

上述关于致密砂岩含气区的气、水特征同样适合东胜气田。区域构造平缓背景下，致密砂岩气的气、水关系复杂的原因有三：烃源岩条件、砂体横向变化及其储层物性非均质性。东胜气田断裂带以南致密气层区储层的含气饱和度一般在40%~65%之间，这是致密砂岩含气性的一大特点。鄂尔多斯盆地北部上古生界各大气田含气饱和度差异也很大，总体来看东部高于西部，一是与优质气源岩的分布格局有关，二是与相对高渗透储层的比例有关。

东胜气田至今没有发现上倾方向水动力封闭的气藏，尽管在东部、东北部构造上倾方向水层发育，但并非深盆气的非水动力封闭成藏模式。这种宏观上的气、水倒置现象并非是一个气藏的气、水分布关系，而是很多个气藏的气、水关系在空间上的叠置结果，是烃源岩、不同物性级别的储层及构造起伏程度共同作用的结果。这种气藏类型及其气、水关系的宏观分布规律恰恰说明了盆地北部边缘上古生界含气系统存在两种不同聚集方式，即（准）连续聚集成藏和非连续聚集成藏模式的有序过渡。

第一节　气层四性关系分析与流体识别

致密砂岩气藏中的流体包括天然气和地层水，地层水包括束缚在黏土矿物和毛细管中的束缚水和可以自由流动的可动水（郝国丽 等，2010）。在东胜气田的勘探开发实践中，根据储层中气、水占据孔隙空间的关系，将致密砂岩储层划分为干层、气层、气水层、水层。

干层：孔隙空间由束缚水所占据，可含少量天然气，在本区主要是中、细粒砂岩和泥质含量较高的中粗粒砂岩，储层分类划为非有效储层。射孔求产基本不产流体，压裂后以产水为主。

气层：孔隙空间除了部分被束缚水所占据，可流动空间全部充注天然气。

气水层：孔隙空间中有束缚水、可动水和天然气，天然气占据部分可流动空间。

水层：孔隙空间中几乎全部被束缚水、可动水占据，仅少量天然气充注可流动空间。

第三章 致密砂岩气的含水特征及其分布规律探讨

一、气层四性关系综合分析

1. 岩性与物性

前已述及,本区上古生界砂岩与储层物性的关系总体表现为,砂岩颗粒越粗、储层物性整体较好。从岩石学类型看,岩屑石英砂岩物性最好,岩屑砂岩次之,长石岩屑砂岩最差(表3-1-1、表3-1-2、图3-1-1)。

表3-1-1 独贵加汗区带下石盒子组不同粒度砂岩物性统计表

砂岩粒度	岩心渗透率(mD)	岩心孔隙度(%)	岩心分析密度(g/cm³)
含砾粗砂岩	0.52~3.63	6.15~16.97	2.33~2.49
粗砂岩	0.20~0.74	3.53~11.68	2.36~2.60
中砂岩	0.21~0.38	4.18~10.62	2.40~2.58

表3-1-2 独贵加汗区带下石盒子组不同岩性砂岩物性统计表

岩石分类	岩心渗透率(mD)	岩心孔隙度(%)	岩心分析密度(g/cm³)
岩屑石英砂岩	0.92~13.14	11.18~24.25	2.22~2.28
长石岩屑砂岩	0.28~1.24	5.48~10.17	2.38~2.54
岩屑砂岩	1.39~7.38	8.12~14.70	2.27~2.44

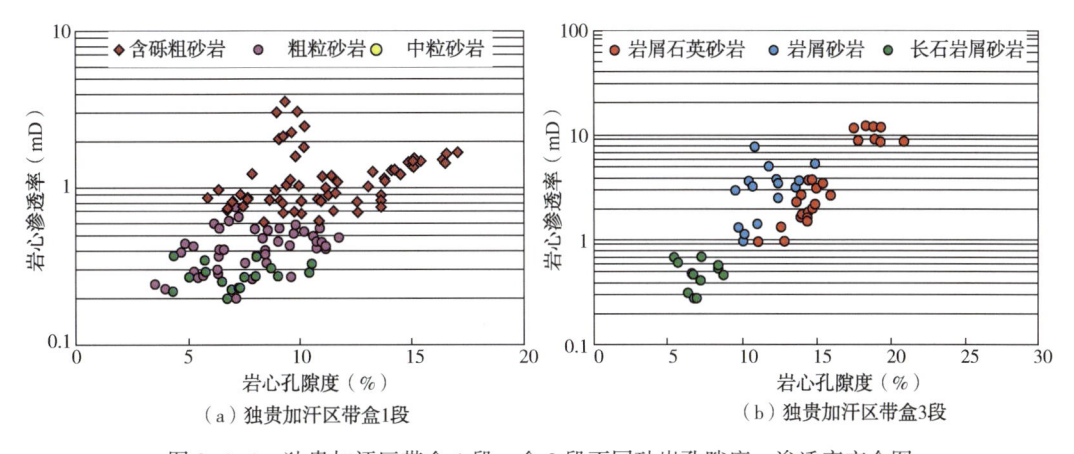

(a)独贵加汗区带盒1段　　(b)独贵加汗区带盒3段

图3-1-1 独贵加汗区带盒1段、盒3段不同砂岩孔隙度—渗透率交会图

2. 岩性、物性与电性

本区砂岩储层岩性、物性与测井特征具有较好的相关性。自然伽马测井数值即反映岩石泥质含量高低,也与砂岩孔隙度具有负相关关系,总体上随着砂岩自然伽马值降低、其孔隙度值增大(图3-1-2、图3-1-3);密度测井值降低,砂岩孔隙度增大;声波时差值增大,砂岩孔隙度增大;自然电位曲线负异常与砂岩物性变好密切相关,与声波时差增大、密度降低具有一致性(图3-1-4、图3-1-5、图3-1-6、图3-1-7)。

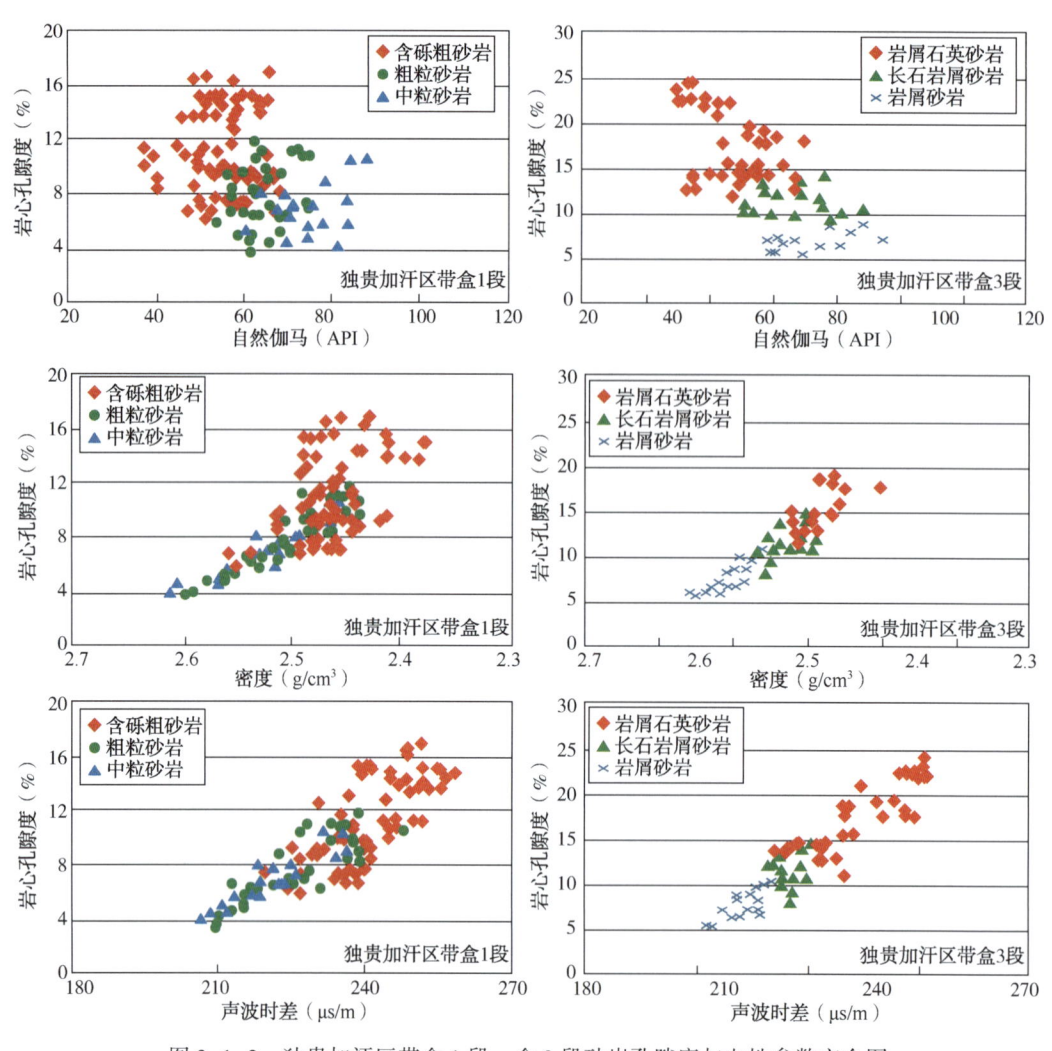

图 3-1-2　独贵加汗区带盒 1 段、盒 3 段砂岩孔隙度与电性参数交会图

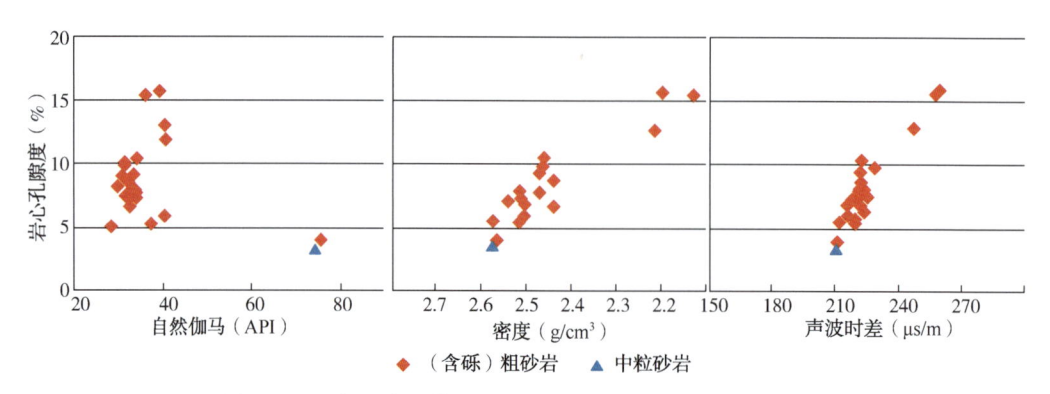

图 3-1-3　新召东区带盒 1 段砂岩孔隙度与电性参数交会图

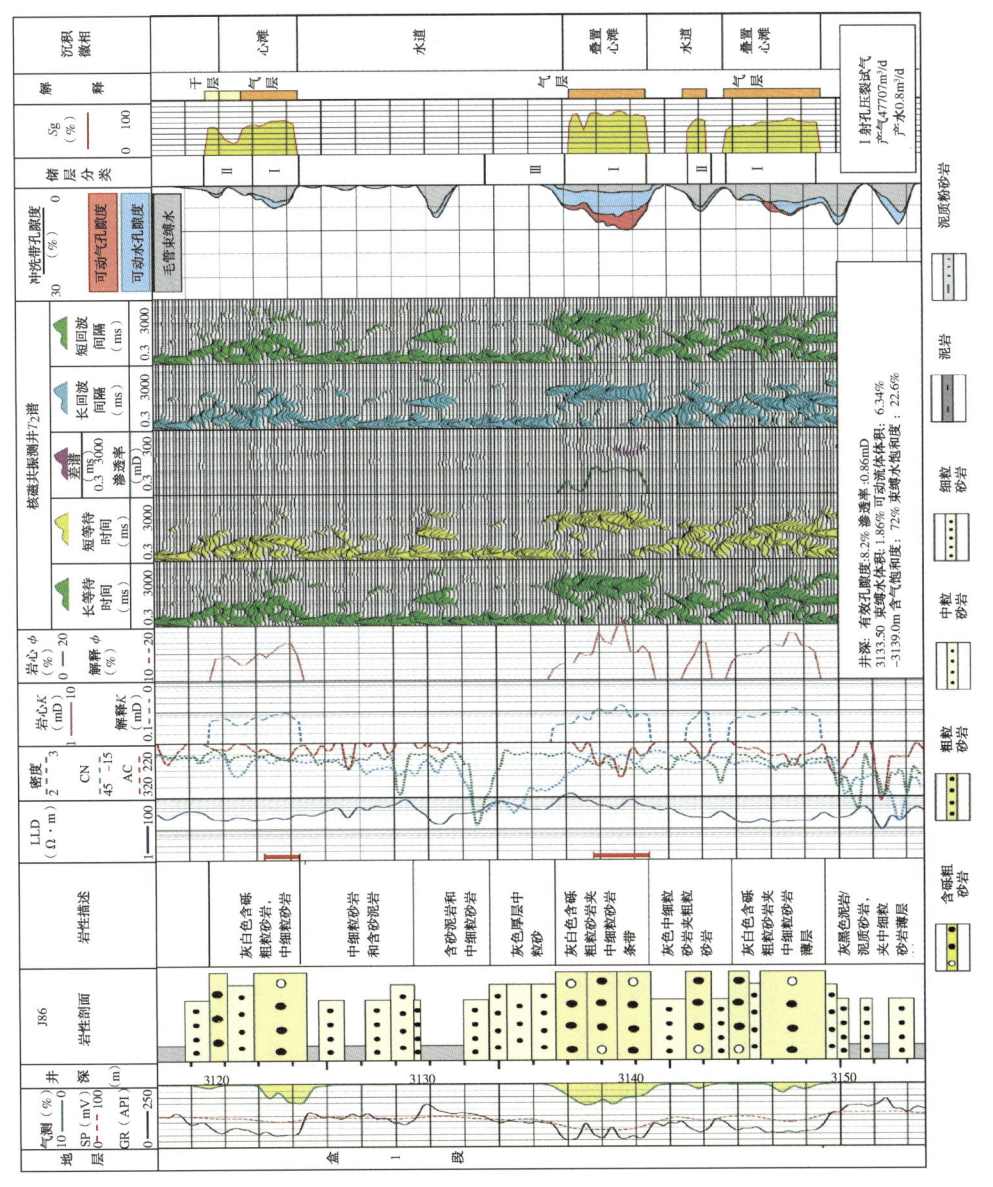

第三章 致密砂岩气的含水特征及其分布规律探讨

图3-1-4 独贵加汗区带J86井盒1段气水层解释综合图

图 3-1-5 什股壕区带 J39 井盒 1 段气水层解释综合图

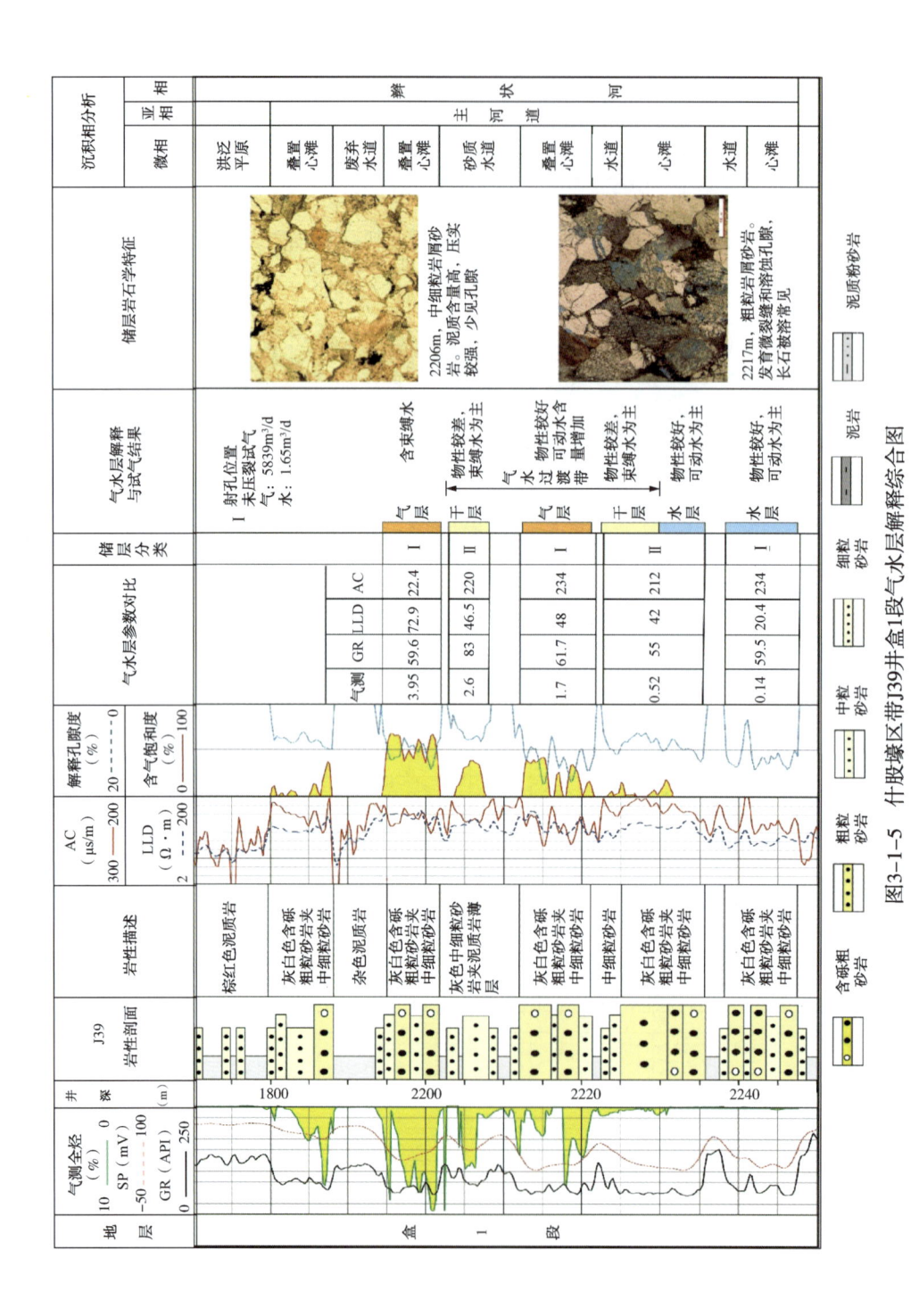

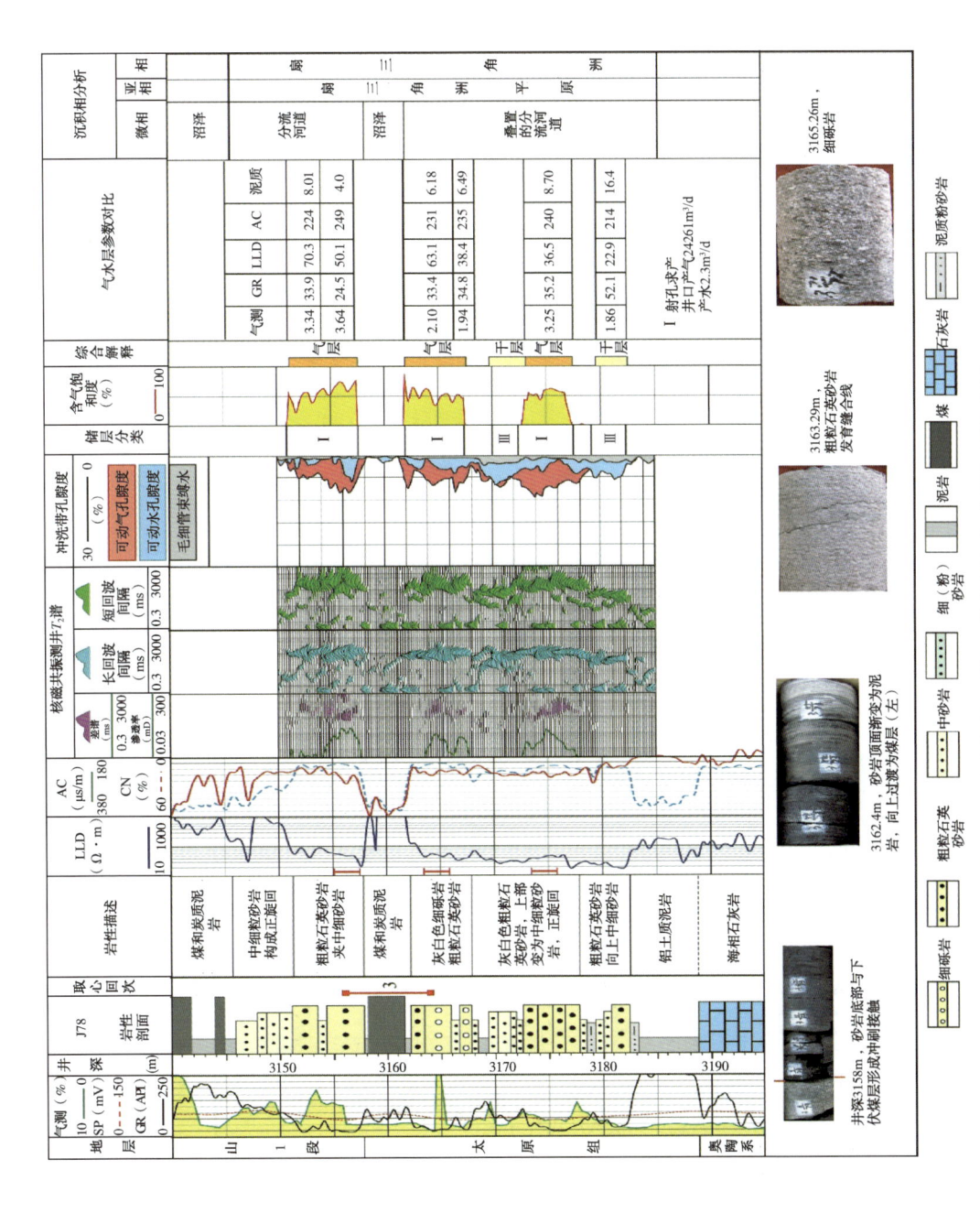

第三章 致密砂岩气的含水特征及其分布规律探讨

图3-1-6 独贵加汗区带J78井太原组气水层解释综合图

图3-1-7 新召东区带J153井山2段气水层解释综合图

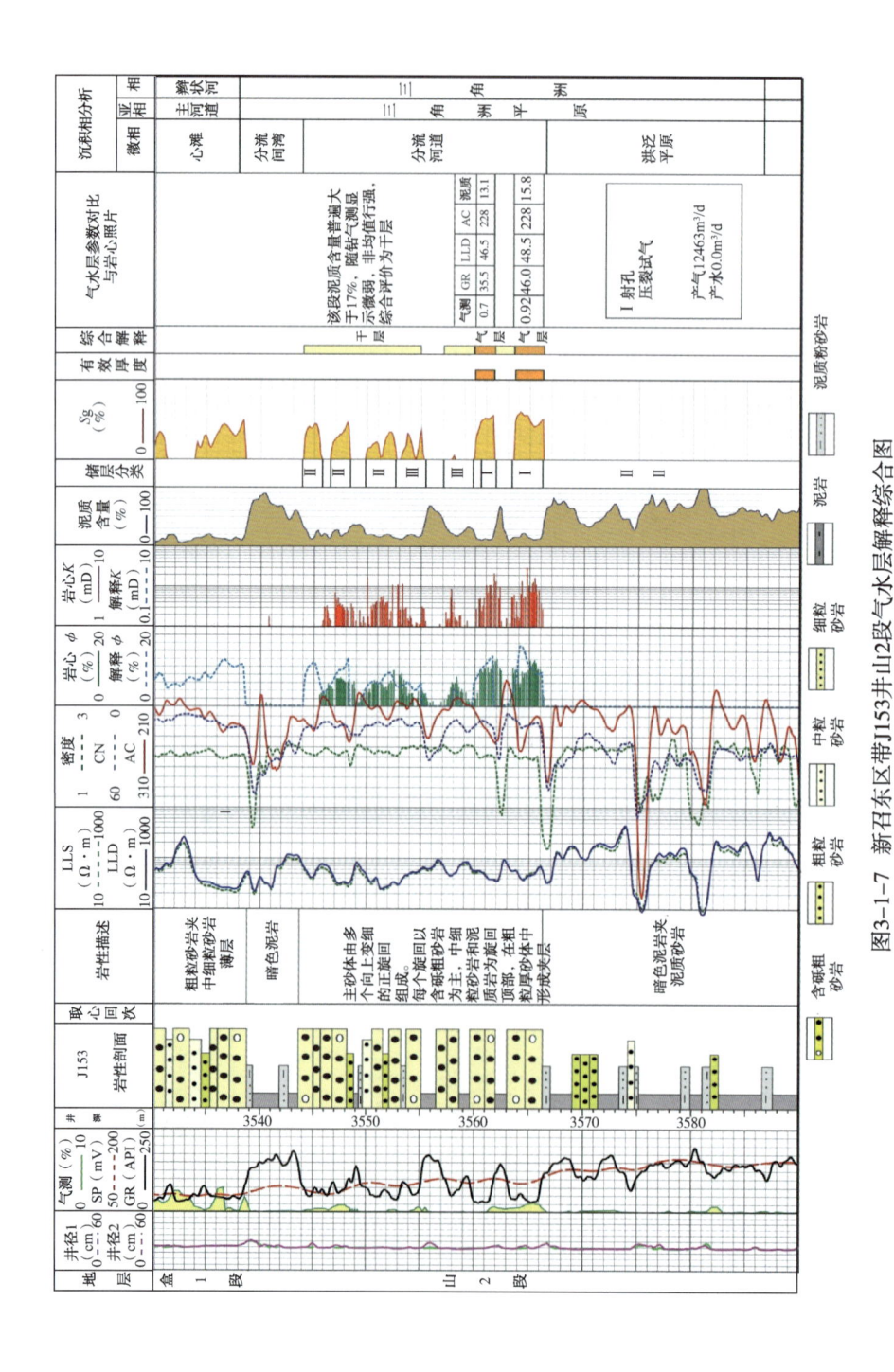

3. 随钻气测全烃曲线形态与物性的关系

随钻气测全烃曲线是实时检测地层烃类气体的连续曲线，它的高低、曲线形态，直接反映着地层含气性在纵向上的变化情况。在钻开地层时，储层中的气一般是以游离、溶解和吸附三种状态存在于钻井液中。当砂岩层物性较好、含气饱和度高时，气测全烃曲线就会出现相应异常形态，因此根据全烃曲线形态及其净增值成为本区气测识别不可缺少的一项指标。马超 2014 年在单井评价研究中，总结了本区根据随钻气测曲线特征判断储层含气特点的几种情况。

(1) 当砂岩层物性和气测曲线形态都较好时，气测全烃曲线形态饱满，持续时间较长，显示层厚度比自然电位(SP)负异常厚度大或者基本相等，表明气充满了整个储层，为明显的气层特征。这种类型的储层岩性主要为粗砂岩或含砾粗砂岩，孔隙类型主要为粒间余孔、粒间溶孔。

(2) 当砂岩层物性好而气测曲线无显示或显示低值，这种储层岩性也以粗粒、含砾粗砂岩为主，同样表现为物性好，但含气性差，气测显示低或者基本无显示，储层可动水饱和度较大，通常表现为典型的水层特征。

(3) 砂岩层物性好而气测曲线形态表现为上好下差，这种储层岩性主要为粗粒、含砾粗砂岩，气测全烃曲线形态表现为上部形态好下部形态差的正三角形，曲线呈尖峰型，气测异常层厚度明显小于有效储层厚度，反映储层上气下水。这种情况往往出现在有效储层厚度大、物性好的河道中，如什股壕区带、阿镇区带和十里加汗区带北部。

(4) 当砂岩层非均质性较强时，主要表现为储层局部物性好、局部物性差与气测曲线形态好与差相对应。

(5) 砂岩层物性和气测显示都差，表现为自然电位曲线无负异常，气测全烃值很小或基本无显示。这种储层通常为致密砂层，由于泥质含量或胶结程度的增强导致砂岩渗透性差，基本不含气，这种组合模式经测试基本不产气或产很少量的气，一般划为干层。

值得强调的是，由于气测全烃显示值除受地质因素影响外，还受到钻井过程中多种因素(钻速、钻井液密度、黏度、钻杆直径等)的影响。因此在判断气测显示值的大小时，还需要注意储层段气测显示相对于煤层的气测显示大小，在小范围内，煤层的气测全烃显示值是一个相对稳定的标志层(刘四洪 等，2015)。

4. 气层"四性关系"综合分析举例

新召东区带盒 1 段、山 2 段发育典型的近源致密岩性气藏，对其储层、气层的四性关系进行了分析总结。

盒 1 段砂岩储层分为三类(表 3-1-3、表 3-1-4)，分别对应着三种不同的电性特征，其中Ⅰ类砂岩和Ⅱ类砂岩为盒 1 段主要的储层。Ⅰ类砂岩在电性上主要表现为低伽马，相对高深侧向电阻，高声波时差，低补偿密度、相对低补偿中子、低泥质含量的特征，孔隙度分布范围>10%，渗透率分布范围>1mD，自然伽马值 35~60API，声波时差 235~260μs/m，密度 2.3~2.4g/cm^3，电阻率变化较大分布范围为 13~70Ω·m，气测全烃净增值大于 3%。Ⅱ类砂岩在电性上主要表现为中—低伽马，中—高声波时差，中—低补偿密度、相对低补偿中子、低泥质含量的特征，孔隙度主要分布范围 5.0%~10%，渗透率主要分布范围 0.2~1mD，自然伽马值 55~75API，声波时差 220~240μs/m，密度 2.3~2.5g/cm^3，电阻率变化较大，分布范围为 13~50Ω·m，气测全烃净增值 1%~3%。

表 3-1-3　新召东 J30 井区盒 1 段储层段四性关系特征表

砂岩分类	岩性	岩性 泥质含量（%）	物性 孔隙度（%）	物性 渗透率（mD）	含气性 气测全烃净增值（%）	含气性 含气饱和度（%）	电性 自然伽马（API）	电性 声波时差（μs/m）	电性 深侧向电阻率（Ω·m）	电性 补偿密度（g/cm³）
Ⅰ类	（含砾）粗砂岩	5~10	>10	>1	>3	60~70	35~60	235~260	13~70	2.3~2.4
Ⅱ类	中粗粒砂岩	10~15	5~10	0.20~1	1~3	50~60	55~75	220~240	13~50	2.3~2.5
Ⅲ类	中细粒砂岩	15~40	<5	<0.20	<1	<50	70~90	200~220	—	2.5~2.7

表 3-1-4　新召东 J30 井区山 2 段储层段四性关系特征表

砂岩分类	岩性	岩性 泥质含量（%）	物性 孔隙度（%）	物性 渗透率（mD）	含气性 气测全烃净增值（%）	含气性 含气饱和度（%）	电性 自然伽马（API）	电性 声波时差（μs/m）	电性 深侧向电阻率（Ω·m）	电性 补偿密度（g/cm³）
Ⅰ类	（含砾）粗砂岩	5~10	>10	>1	>3	60~70	30~60	225~245	21~70	2.3~2.4
Ⅱ类	中粗粒砂岩	10~15	5~10	0.25~1	1~3	50~60	50~75	218~230	21~50	2.3~2.5
Ⅲ类	中细粒砂岩	15~40	<5	<0.20	<1	<50	70~90	200~218	—	2.5~2.7

山 2 段砂岩储层分为三类，分别对应着三种不同的电性特征，其中Ⅰ类砂岩和Ⅱ类砂岩为山 2 段主要的储层。Ⅰ类砂岩在电性上主要表现为低伽马，相对高深侧向电阻，高声波时差，低补偿密度、相对低补偿中子、低泥质含量的特征，孔隙度值>10%，渗透率值>1mD，自然伽马值 30~60API，声波时差 225~245μs/m，密度 2.3~2.4g/cm³ 电阻率变化较大，分布范围为 21~70Ω·m，气测全烃净增值大于 3%。Ⅱ类砂岩在电性上主要表现为中—低伽马，中—高声波时差，中—低补偿密度、相对低补偿中子、低泥质含量的特征，孔隙度主要分布范围 5.0%~10%，渗透率主要分布范围 0.25~1mD，自然伽马值 50~75API，声波时差 218~230μs/m，密度 2.3~2.5g/cm³，电阻率变化较大，分布范围为 21~50Ω·m，气测全烃净增值 1%~3%。

另外，在含气性较好的储层中，三条孔隙度测井曲线组合具有较明显的气层"挖掘"效应，声波时差值增大，补偿中子和补偿密度降低，出现一定的幅度差，形成"阴影"。

综合研究表明，盒 1 段、山 2 段气藏岩性、电性、物性和含气性特征关系明显。总体来看，物性受岩性影响、含气性受物性控制，电性对岩性、物性和含气性的差异及变化有较好的识别能力。

二、气层识别

对气田已测试井层的气产量与气层的自然电位、自然伽马、三孔隙度和电阻率等电性特征进行交会分析,结果表明,单个电性参数不能明显地将高产气层识别出来。由于决定气层高产的主要因素的储层物性和含气饱和度,所以识别气层需要同时对储层物性和含气性进行综合评价,而单个电性参数一般只对储层物性或含气性的其中一个方面比较敏感。因此,需要同时利用对物性敏感的电性参数和对含气性敏感的电性参数进行交会分析。在生产研究中较为有效的方法是利用声波时差、密度、中子和电阻率建立多个交会图版,其中声波时差—电阻率、声波时差—中子两组图版可以较好地将气层有效地识别出来(范玲玲,2017)。

电阻率实际上是对孔隙流体的响应,声波是对有效孔隙的响应,二者组合可以反映含气孔隙大小,进而进行气层的有效识别。根据气层的声波时差—电阻率交会图版,区内气层总体上具有"相对高电阻、相对高时差"的特点。

不同层位气层的声波时差—电阻率组合存在差异,其中山1段—太原组高产气层表现为"高阻—低时差"的特点,声波时差一般小于240μs/m,电阻率一般大于36Ω·m;而山2段、盒1段与盒3段的高产气层表现为"低阻—高时差"的特点,声波时差一般大于240μs/m,电阻率一般小于36Ωm。形成这种差异的主要原因是岩石类型不同,研究区太原组—山1段储层主要岩石类型为石英砂岩、岩屑石英砂岩,石英颗粒含量较高;而山2段—盒3段储层的岩石类型主要为岩屑砂岩,石英含量相对较低。石英含量越高,声波时差越小,电阻率越大。

图3-1-8至图3-1-12、表3-1-5至表3-1-9分别是全区太原组+山1段、全区盒2+3段、独贵加汗区带盒1段、新召区带山2+盒1段、十里加汗+什股壕盒1段声波时差—电阻率交会图版,可以看出能够较好地进行储层流体性质区分。

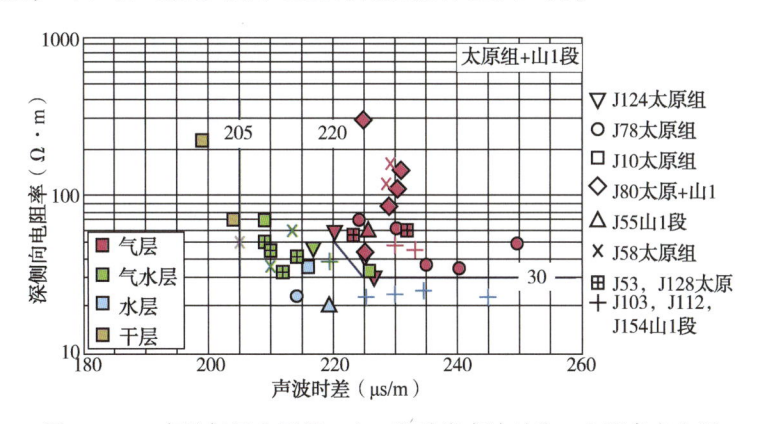

图3-1-8 东胜气田太原组、山1段砂岩声波时差—电阻率交会图

表3-1-5 东胜气田太原组、山1段气层识别参数表

参数	指标
砂岩粒度	中粗粒以上
物性	孔隙度大于4%或5%,渗透率大于0.2mD
气测全烃	有明显的净增,非取心段大于1%,取心段大于0.5%

续表

参数	指标
LLD	大于 30Ω·m
AC	大于 220μs/m
泥质含量	一般小于 15%

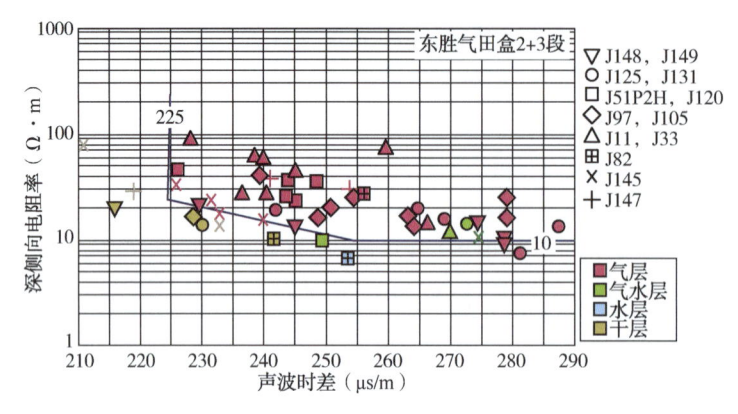

图 3-1-9　东胜气田盒 2 段、盒 3 段砂岩声波时差—电阻率交会图

表 3-1-6　东胜气田下石盒子组盒 2 段、盒 3 段气层识别参数表

参数	指标
砂岩粒度	中粗粒以上
物性	孔隙度大于 5%，渗透率大于 0.2mD
气测全烃	有明显的净增，非取心段大于 1%、取心段大于 0.5%
LLD	大于 10Ω·m（当 AC 大于 250μs/m 时）；12~20Ω·m（当 AC 为 250~225μs/m 时）
AC	大于 225
泥质含量	一般小于 15%

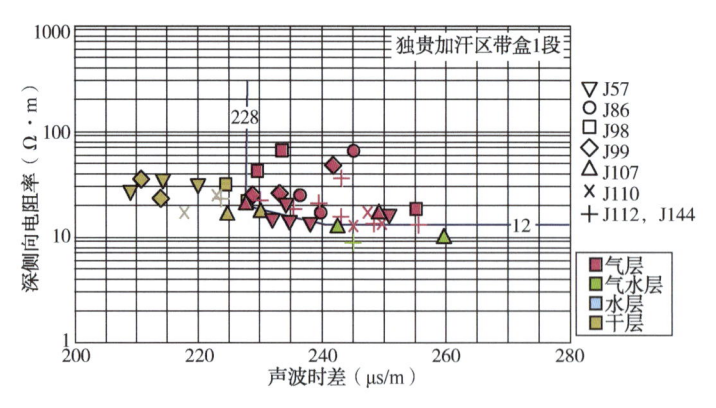

图 3-1-10　东胜气田独贵加汗区带盒 1 段砂岩声波时差—电阻率交会图

表 3-1-7　独贵加汗区带下石盒子组盒 1 段气层识别参数表

参数	指标
砂岩粒度	中粗粒以上
物性	孔隙度大于 5%，渗透率大于 0.2mD
气测全烃	有明显的净增，非取心段大于 1%、取心段大于 0.5%

第三章　致密砂岩气的含水特征及其分布规律探讨

续表

参数	指标
LLD	大于 10Ω·m（当 AC 大于 240μs/m 时）；12~20Ω·m（当 AC 为 240~228μs/m 时）
AC	大于 228μs/m
泥质含量	一般小于 15%

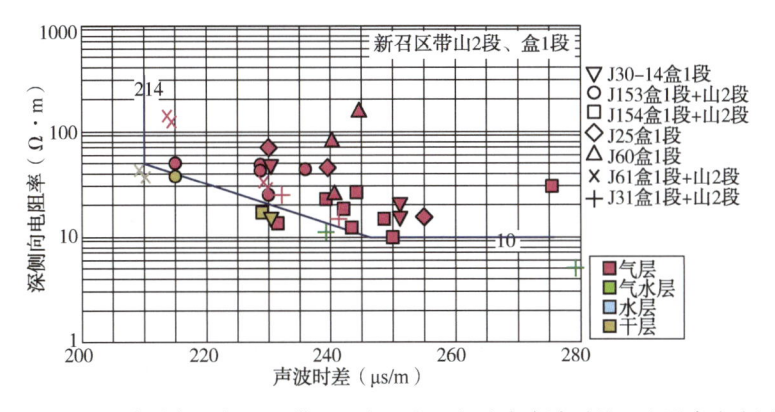

图 3-1-11　东胜气田新召区带山 2 段、盒 1 段砂岩声波时差—电阻率交会图

表 3-1-8　新召区带山西组山 2 段、下石盒子组盒 1 段气层识别参数表

参数	指标
砂岩粒度	中粗粒以上
物性	孔隙度大于 5%，渗透率大于 0.2mD
气测全烃	有明显的净增，非取心段大于 1%、取心段大于 0.5%
LLD	大于 10Ω·m（当 AC 大于 250μs/m 时）；12~50Ω·m（当 AC 为 250~214μs/m 时）
AC	大于 214μs/m
泥质含量	一般小于 15%

表 3-1-9　十里加汗区带、什股壕区带山西组山 2 段、下石盒子组盒 1 段气层识别参数表

参数	指标
砂岩粒度	中粗粒以上
物性	孔隙度大于 6.5%，渗透率大于 0.2mD
气测全烃	有明显的净增，非取心段大于 1%、取心段大于 0.5%
LLD	大于 11Ω·m（当 AC 大于 250μs/m 时）；11~40Ω·m（当 AC 为 250~224μs/m 时）
AC	大于 214μs/m
泥质含量	一般小于 15%

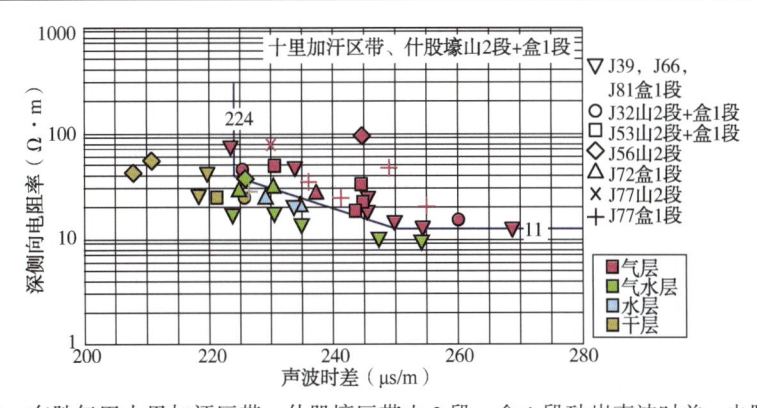

图 3-1-12　东胜气田十里加汗区带、什股壕区带山 2 段、盒 1 段砂岩声波时差—电阻率交会图

第二节　东胜气田致密低渗透气、水层产状分析

根据钻井揭示的气层与水层叠置关系，概括为 6 个类型(图 3-2-1)。

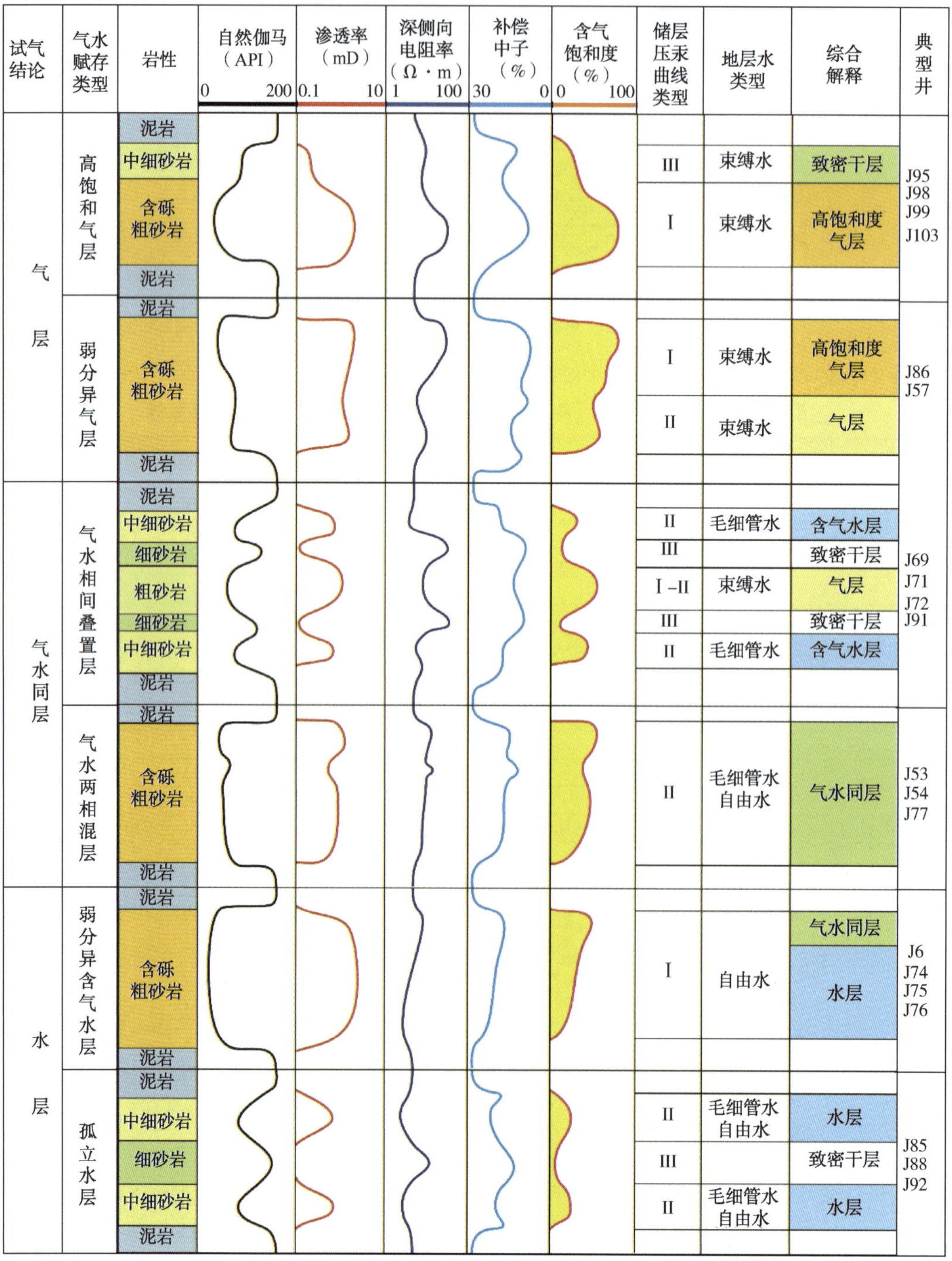

图 3-2-1　东胜气田钻井揭示的气水层叠置关系分类图(张威等，2016)

1. 高饱和气层

高饱和气层是指物性好、含气饱和度高，测试气产量较高，不产水或产水量很小的气层。在较强的圈闭动力背景下，孔隙结构好、相对高孔渗的(含砾)粗粒砂岩储层由于排驱压力较低，排驱压力小于 0.5MPa，天然气充注门槛压力低，运移阻力小，气容易驱替水，自由水被天然气充分置换，仅小孔喉中残余少量束缚水，从而形成高含气饱和度气层；在正粒序河道沉积旋回中，气层上部一般为中细粒致密层，物性变差，孔喉结构复杂，平均孔喉半径小于 0.1μm，排驱压力大于 2.0MPa，气水置换阻力大，含气饱和度低，无法形成连续气相，也没有连续自由水，以束缚水为主[图 3-2-2(a)]。

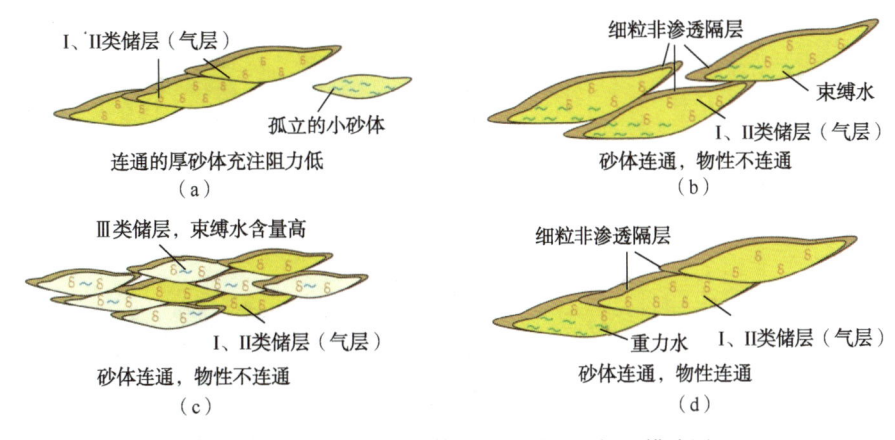

图 3-2-2 致密低渗砂体气水层关系的解释模式图

该类气层在测井曲线表现为自然伽马呈低值光滑箱形或下低上高的钟形，在低伽马储层段渗透率大于 0.5mD，电阻率 20~100Ω·m，含气饱和度大于 60%，综合解释为高饱和度气层；在自然伽马较高的致密层段，渗透率小于 0.15mD，电阻率随物性变差而增大，一般为 10~30Ω·m，含气饱和度小于 20%，综合解释为致密含水层(干层)(图 3-2-3)。

2. 弱分异气层

弱分异气层是指物性和含气饱和度在纵向上存在上高下低的差异，测试气产量大，不产水或仅产微量水的气层。在厚层反旋回沉积储层中，储层物性表现为上高下低，上部排驱压力小于 0.5MPa，气水置换阻力小，形成高含气饱和度气层；下部泥质含量增大，孔喉结构和物性变差，排驱压力为 0.5~2.0MPa，气水置换不完全，形成相对低饱和度气层，但仅残余微量自由水，仍以束缚水为主[图 3-2-2(b)]；由于本区储层是先致密后成藏，这种含气饱和度上高下低差异的主要成因是物性的差异，而在厚度较大的储层中，可以形成足够高时连续气柱时，成藏后的气水弱分异作用也会造成纵向上含气饱和度的差异。

该类气层在测井曲线表现为自然伽马一般呈低值光滑箱形或上低下高的漏斗形，在低伽马储层段渗透率大于 0.5mD，电阻率 20~100Ω·m，含气饱和度大于 60%，综合解释为高饱和度气层；在高自然伽马层段渗透率 0.15~0.5mD，电阻率随物性变好而增大，一般为 15~30Ω·m，含气饱和度大于 50%，综合解释为气层。

连续成藏 与 非连续成藏过渡带上的气藏分布特征
——以鄂尔多斯盆地北部东胜气田为例

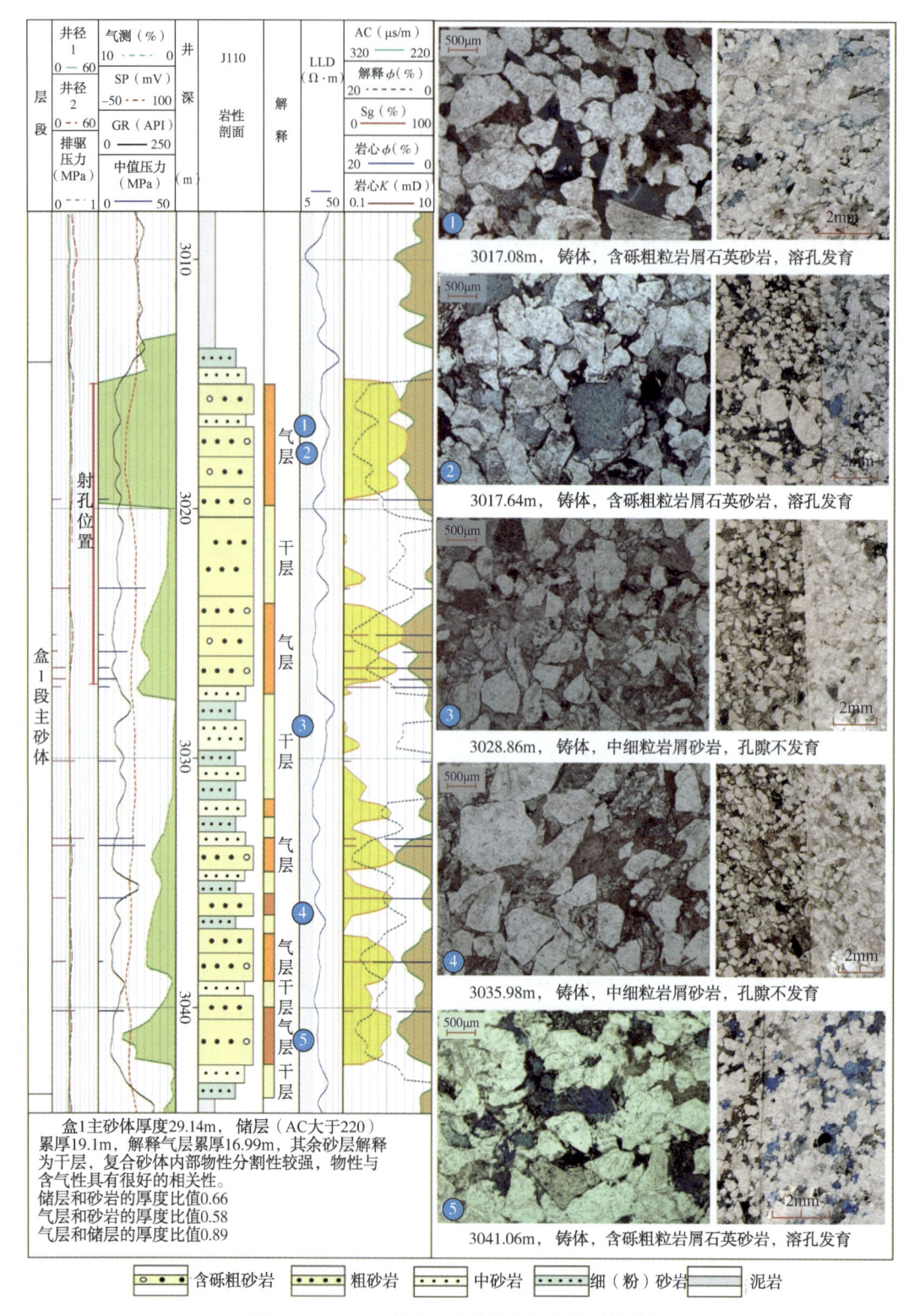

盒1主砂体厚度29.14m，储层（AC大于220）累厚19.1m，解释气层累厚16.99m，其余砂层解释为干层，复合砂体内部物性分割性较强，物性与含气性具有很好的相关性。
储层和砂岩的厚度比值0.66
气层和砂岩的厚度比值0.58
气层和储层的厚度比值0.89

① 3017.08m，铸体，含砾粗粒岩屑石英砂岩，溶孔发育

② 3017.64m，铸体，含砾粗粒岩屑石英砂岩，溶孔发育

③ 3028.86m，铸体，中细粒岩屑砂岩，孔隙不发育

④ 3035.98m，铸体，中细粒岩屑砂岩，孔隙不发育

⑤ 3041.06m，铸体，含砾粗粒岩屑石英砂岩，溶孔发育

含砾粗砂岩　粗砂岩　中砂岩　细（粉）砂岩　泥岩

图3-2-3　J110井盒1主砂体含气非均质性特征

— 144 —

3. 气水相间叠置层

气水相间叠置层是指气层与含气水层在纵向上由致密夹层分割、交互叠置的气层。在沉积水动力相对较弱的河道上，形成的储层往往非均质性较强，致密夹层较多，储层被分割成较薄的独立单元，相互不连通[图3-2-2(c)]。当成藏动力不足时，天然气优先充注物性好、阻力小的储层；物性较差的储层由于毛细管阻力较大，气水置换程度小，形成含气水层。因此，在气水相间叠置层较发育的区域，物性对气层的含气性具有较强控制作用，那些物性和孔喉结构较好的储层往往能成为含气"甜点"。

该类气层在测井曲线表现为自然伽马呈锯齿形或齿化箱形，在低伽马储层段渗透率为0.5mD左右，电阻率15~30Ω·m，含气饱和度大于50%，综合解释为气层；在高GR层段渗透率0.15~0.5mD，电阻率一般小于15Ω·m，含气饱和度小于50%，综合解释为含气水层。

4. 气水两相混层

气水两相混层是指天然气与地层水在储层中呈混储状态，无明显气水分异的气水同层。

这类储层排驱压力一般0.5~2.0MPa，在这类储层中，受充注动力限制，天然气总是只进入含有大喉道的孔隙中；对较小的孔隙，天然气进入需要克服较大的毛细管力，若动力不足就会有部分孔隙中剩余有地层水，形成气水混层。

该类气层在测井曲线表现为自然伽马一般呈齿化箱形，渗透率为0.5~1.0mD，电阻率15~30Ω·m，没有明显含水特征，含气饱和度30%~50%，综合解释为气水同层。压裂测试后气产量500~10000m³/d，产水量1.0~10.0m³/d。在物性较好的层段可获得自然产能，产气量较高，同时产水量也较高，如J77井，井口气产量33480m³/d，水产量5.1m³/d。

5. 弱分异含气水层

弱分异含气水层是指厚度大、物性好、含气饱和度小于50%且上高下低的含气水层。这类储层排驱压力一般小于1.0MPa，物性相对较好，但在成藏动力较弱的圈闭中，这类储层也不能完成气水置换，形成含气水层；这些含气水层如果厚度足够大、物性足够好，在成藏后形成的气柱浮力大于储层毛细管阻力，推动天然气向储层顶部运移，导致气水呈弱分异状态，储层顶部含气饱和度相对较高，底部为滞留水层[图3-2-2(d)]。

该类含气水层在测井曲线表现为自然伽马一般呈光滑箱形，渗透率为大于1.0mD，电阻率小于15Ω·m，含水特征明显，上部含气饱和度大于50%，下部含气饱和度小于50%，压裂后产气的同时产水量较高，如J1316井。

6. 孤立水层

孤立水层是指呈透镜体状或薄层状、与相邻气层或水层不连通的水层。在河漫滩发育部位或河道侧翼部位，容易形成"泥包砂"的岩性组合，储层厚度小且被周围泥岩封闭，成藏期未完成气水置换而形成孤立水层。

第三节　气、水关系的研究与讨论

一、致密岩性气藏区储层含水机理

地层水根据赋存状态进行划分，主要有两种分类，一是根据地层水的可动性将其分为束缚水和可动水；另一种是根据水存在的位置分为孔道水和薄膜水。

低渗气藏储层原生沉积水主要包括束缚水和可动水，其中束缚水指赋存于微小孔喉或死孔隙内的毛细管滞水和滞留在孔隙壁上的薄膜滞水，这部分水在生产过程中无法运移；而可动水赋存于较大孔喉内，在生产中可以运移或部分产出。

按地层赋存状态可以将地层水分为气藏边底水、层间致密带束缚水、孤立水层三种。由于孔喉结构和润湿性的影响，束缚水主要分布在岩石颗粒表面及细小孔喉内，这些水最初为非连续分布。

气井产出水类型主要包括三种：一是气藏外部水，主要是边底水、上下层间的外来水；二是气藏内部水，主要为凝析水和储层原生沉积水，储层原生沉积水又可分为间隙水、封存水、裂缝水；三是施工滞留液，包括钻井、压裂和措施用液。凝析水是地下高温高压状态下天然气饱和的水蒸气采到地面后由于凝析作用而形成的。

1. 致密储层束缚水含量变化大

高渗透气层与致密气层最大区别就是在高渗透气层中的束缚水含量很小且近似为固定值，而致密气层中的束缚水受储层非均质性的影响而含量变化大，含水饱和度高低不一。致密砂岩储层孔喉细小、毛细管压力大，气驱水比较困难，含水饱和度普遍偏高。与北美丹佛、圣胡安、阿尔伯达等盆地致密砂岩气特征相比，鄂尔多斯盆地具有相似的含气饱和度特征(杨华 等，2016)。

表 3-3-1　鄂尔多斯盆地与国内外典型致密砂岩气田特征对比表(杨华 等，2016)

盆地	丹佛盆地	圣胡安盆地	阿尔伯达盆地	鄂尔多斯盆地		四川盆地
油气田	Wattenberg	BlancoMesaverde	Elmworth Wapiti	苏里格	榆林	广安
孔隙度(%)	8~12	9.5	4~7	9.5	6.4	1~8
渗透率(mD)	0.05~0.005	0.5~2	0.001~1.2	0.75	1.78	0.178
地层压力(MPa)	异常低压	异常低压	低压	低压	常压	高压
含气饱和度(%)	56	66	50~70	<60	74.5	60

含水饱和度与致密储层物性交会图表明，含水饱和度与储层孔隙度、渗透率具有一定的相关性(图 6-3-1)。

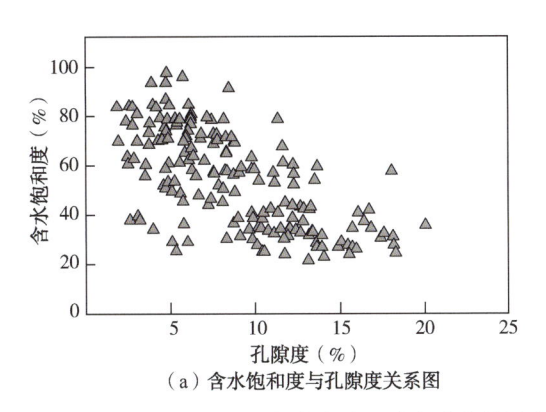

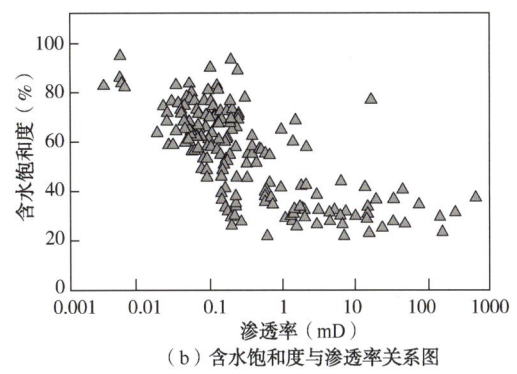

第三章 致密砂岩气的含水特征及其分布规律探讨

图 3-3-1 鄂尔多斯盆地致密砂岩储层含水饱和度与物性关系图(杨华 等，2016)

储层物性越差、含水饱和度越高；当渗透率大于 1mD 时含水饱和度低且稳定，当透率小于 1mD 时含水饱和度随渗透率变差而升高，多大于 40%。

东胜气田上古生界砂岩样品束缚水饱和度同样较高，不同的测试计算方法结果不尽一致(图 3-3-2、表 3-3-2、图 3-3-3)，但都能说明致密低渗储层中含水的复杂性。

（1）随砂岩物性变好，束缚水饱和度降低；
（2）随砂岩颗粒变粗，束缚水饱和度降低。

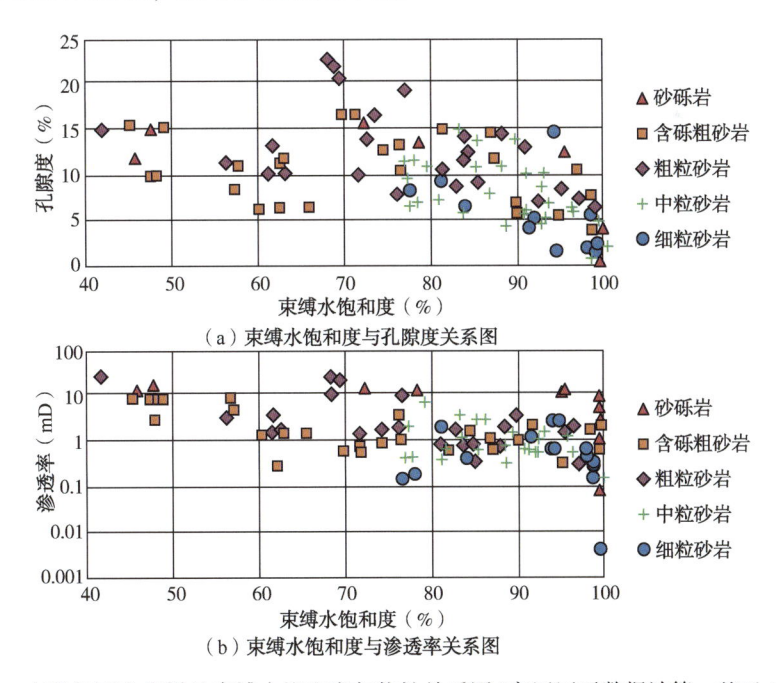

图 3-3-2 东胜气田砂岩样品束缚水饱和度与物性关系图(高压压汞数据计算，基于 1.379MPa)

表 3-3-2 东胜气田下石盒子组储层束缚水饱和度(相渗资料解释)

井名	层位	样品深度(m)	岩性	束缚水饱和度(%)
J78	盒 1 段	3093.00	灰白色含砾粗砂岩	55.33
J78	盒 1 段	3097.93	灰白色粗砂岩	54.55

— 147 —

续表

井名	层位	样品深度(m)	岩性	束缚水饱和度(%)
J78	盒1段	3098.97	浅灰色中砂岩	54.55
J95	盒3段	3085.82	浅灰色含砾粗砂岩	52.04
J96	盒3段	3060.51	灰白色粗砂岩	56.31
J96	盒3段	3062.86	灰白色粗砂岩	65.04
J98	盒1段	3061.73	灰白色含砾粗砂岩	54.95
J98	盒1段	3084.82	灰白色含砾粗砂岩	58.10
J99	盒3段	2928.33	灰绿色砂砾岩	48.40
J99	盒3段	2929.37	灰绿色砂砾岩	44.62
J99	盒3段	2930.25	灰绿色砂砾岩	54.55
J100	盒1段	2931.53	浅灰色粗砂岩	51.84
J101	盒1段	3021.95	灰白色含砾粗砂岩	44.15

独贵加汗区带 J112 井盒 1 段为密闭取心井段，54 个密闭取心样品含气饱和度平均值 58.4%（表 3-3-3、图 3-3-4），含水饱和度与储层孔隙度呈负相关性，当孔隙度为 10%~12% 时含水饱和度在 30% 左右，即含气饱和度可以达到 70% 上下。

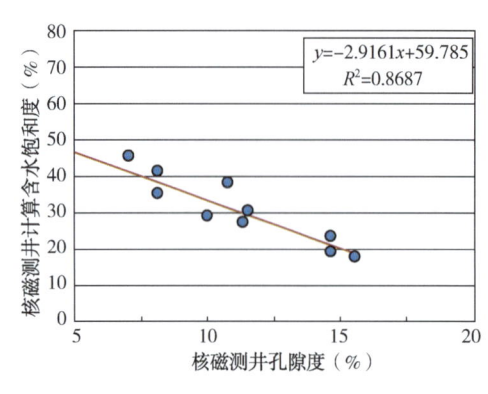

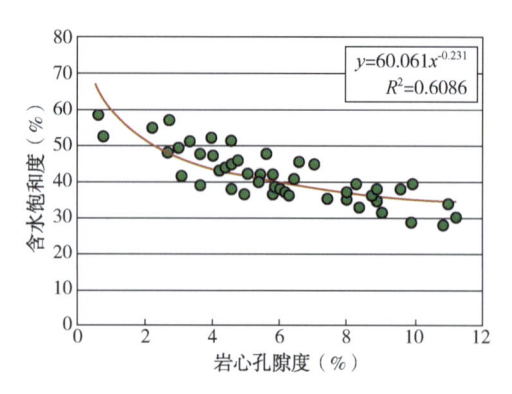

图 3-3-3　独贵加汗区带盒 3 段砂岩储层核磁测井计算的孔隙度与含水饱和度交会图　　图 3-3-4　独贵加汗区带 J112 井盒 1 段密闭取心分析含水饱和度与孔隙度关系图

表 3-3-3　独贵加汗区带 J112 井盒 1 段密闭取心含气饱和度与计算含气饱和度对比表

密闭取心测试分析含气饱和度(%)			测井计算含气饱和度平均值(%)	绝对误差(%)	样品数(个)
最小值	最大值	平均值			
41.3	72.4	58.4	56.1	2.3	54

什股壕区带 J82 井盒 3 气层（图 3-3-5），井深 2478~2483m，岩性为粗粒岩屑砂岩，岩心分析孔隙度 15%~17%、渗透率 1~10mD，解释含气饱和度 65%~80%，束缚水饱和度 17.72%~26.93%（表 3-3-4），试气井口产气 26396m³/d、产水 1.4m³/d。

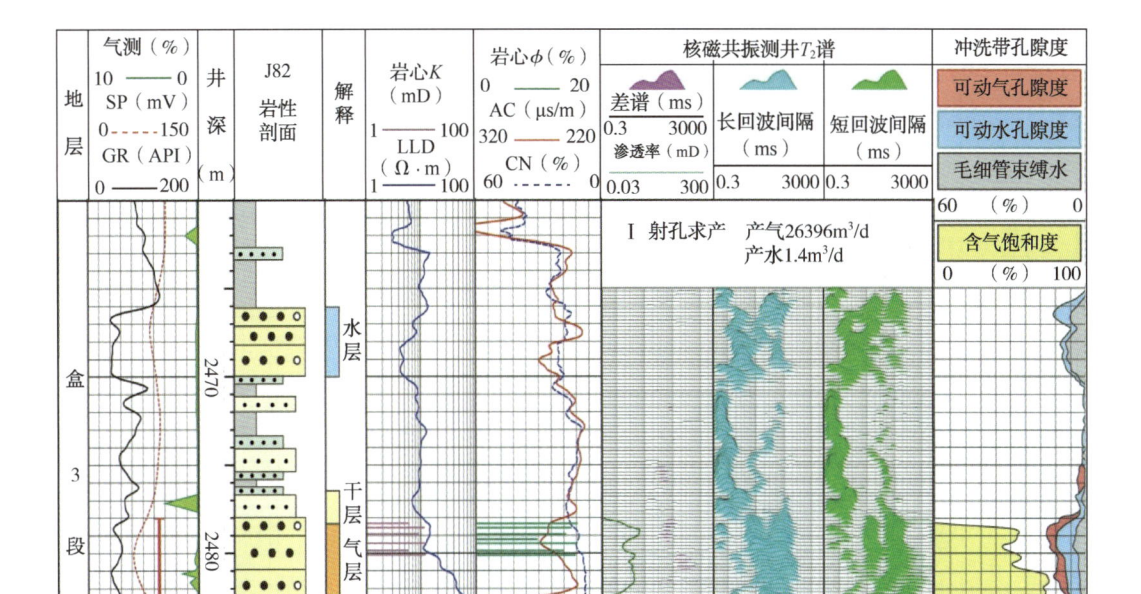

图 3-3-5　什股壕区带 J82 井盒 3 段气层气层解释综合图

表 3-3-4　**J82 井盒 3 段气层核磁共振测井束缚水饱和度解释表**

井号	层位	井深(m)	核磁孔隙度(%)	T_2 截止值(ms)	束缚水饱和度(%)
J82	盒 3	2480.58	14.7	9.50	22.75
		2481.58	15.6	14.13	17.72
		2481.81	14.7	15.99	19.75
		2482.08	11.4	11.68	26.93

独贵加汗区带 J112 井盒 1 气层（图 3-3-6），井深 3112~3147m，岩性为粗粒岩屑砂岩、含砾粗砂岩，发育中细粒砂岩和泥岩夹层岩心；分析孔隙度 4%~10%、渗透率 0.6~1mD，解释含气饱和度 45%~70%，试气井口产气 9984m³/d、产水 2.6m³/d。该层砂体非均质性较强，物性差异大，产少量水应是解析的束缚水。

J131 井盒 3 气层（图 3-3-7），该井层砂体厚度 12m，自然伽马值较低、曲线总体为光滑的箱形，为厚层含砾粗砂岩，声波时差值高、解释孔隙度 10%~24%，核磁测井 T_2 谱显示中小孔径和大孔径并存（图 3-3-8），与薄片分析结果一致；核磁测井解释砂体下部可动水饱和度较高，平均为 20.6%，该层压裂试气日产气 14600m³、日产水 13.1m³，综合分析认为属于砂体底部滞留水。

连续成藏 与 非连续成藏过渡带上的气藏分布特征
——以鄂尔多斯盆地北部东胜气田为例

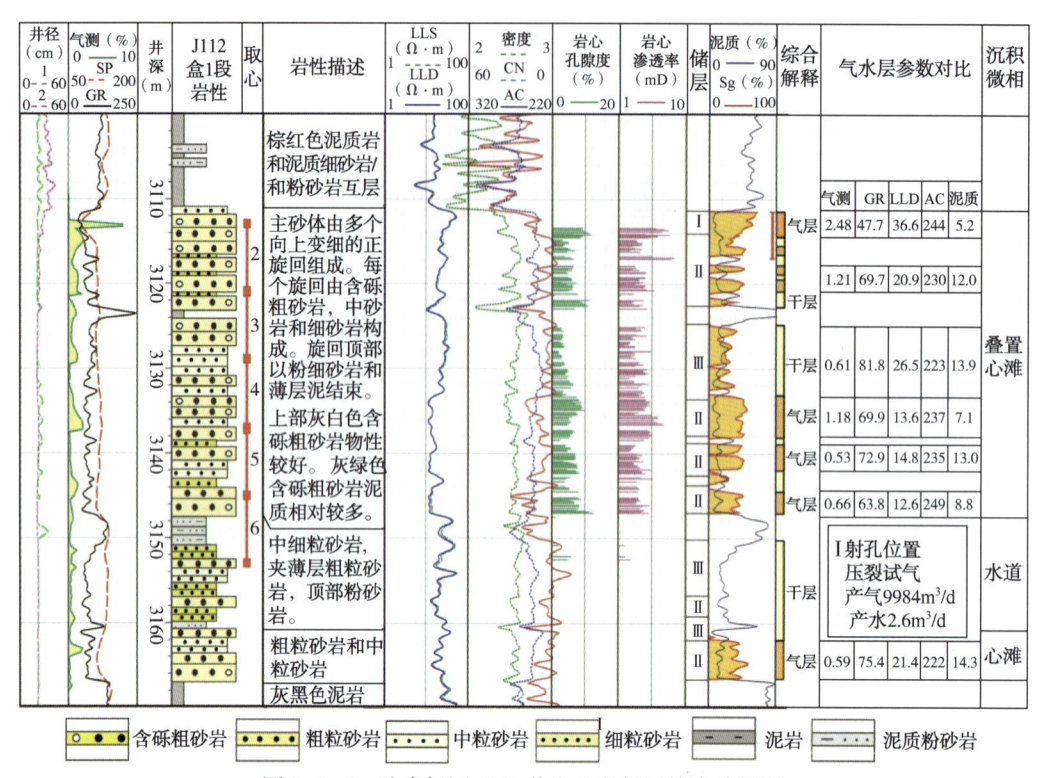

图 3-3-6 独贵加汗 J112 井盒 1 段气层综合分析图

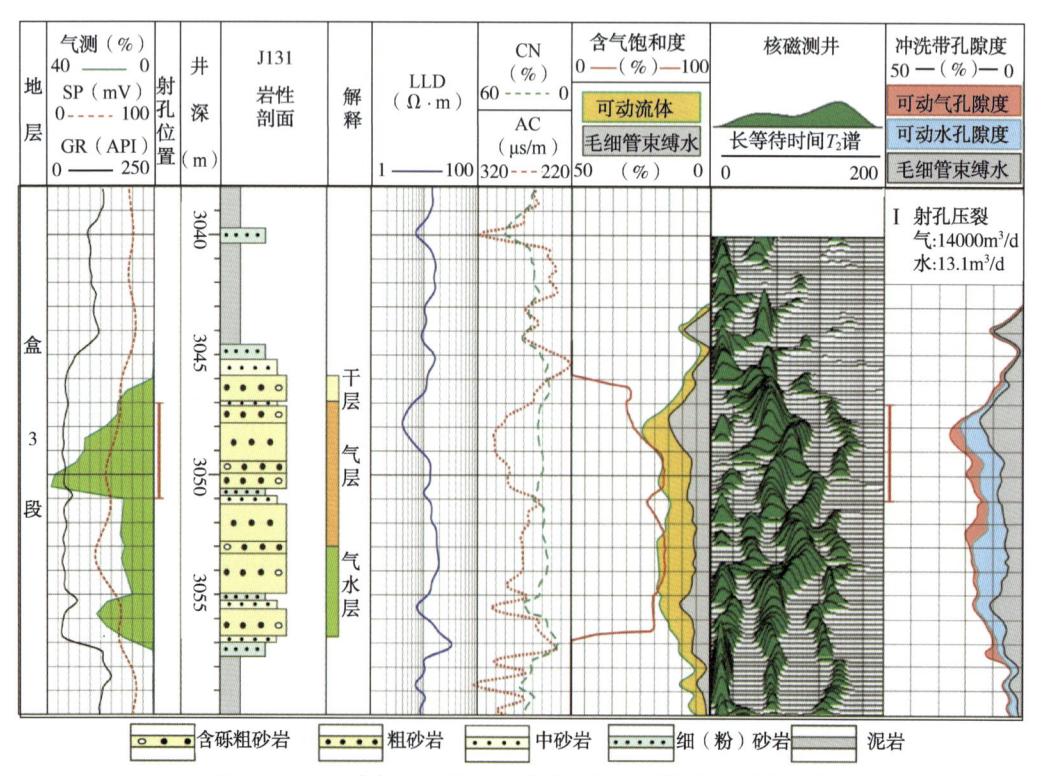

图 3-3-7 独贵加汗区带 J131 井盒 3 段气层测井解释综合图

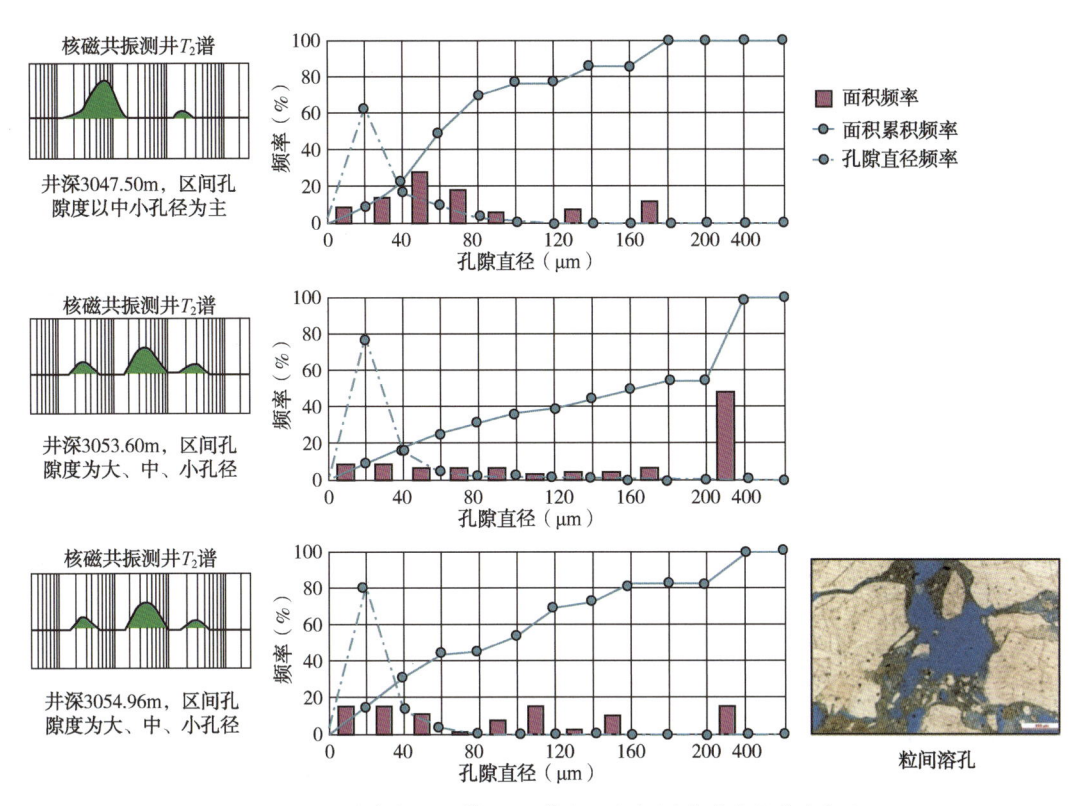

图 3-3-8　独贵加汗区带 J131 井盒 3 段气层孔隙直径分布解释

2. 气、水分异条件差

气、水分异强弱主要受浮力和毛细管力之间相互作用的影响。储层孔喉条件越差，毛细管压力越大，水在储层孔喉中上升的高度就越高，即气、水过渡带就越宽，在储层中形成气顶所需的闭合高度就越大。

对独贵加汗区带开发密井网区的河道砂体构型研究（齐荣 等，2019）表明，盒1段心滩砂体长度（可联通的单砂体长度）为230~1050m、平均517m，盒3段心滩砂体长度100~774m、平均长度413m；厚度一般5~25m，即单个气藏气柱高度不超过25m。根据这样的气柱高度计算所产生的最大浮力为0.15MPa，明显小于本区砂岩的排驱压力（表3-3-5）。赵文智（2005）、杨华等（2016）对苏里格气田的研究结果也具同样的结论。

表 3-3-5　东胜气田下石盒子砂岩样品排驱压力和中值压力正态分布值

东胜气田砂岩样品	排替压力（MPa）（正态分布峰值）	中值压力（MPa）（正态分布峰值）
含砾粗砂岩	0.84	3.42
粗砂岩	0.92	6.29
中砂岩	1.88	16.36
细砂岩	4.59	28.29

上述计算是在地层构造倾角小于1°的条件下得出，这种条件下，复合砂体中储渗单元

互不联通(图3-3-9)，同时气层、干层、气水层空间上交互分布，大大降低了气水分异的作用，既是在局部厚砂体出现气水分异，在横向上也没有明确统一的气水界面。

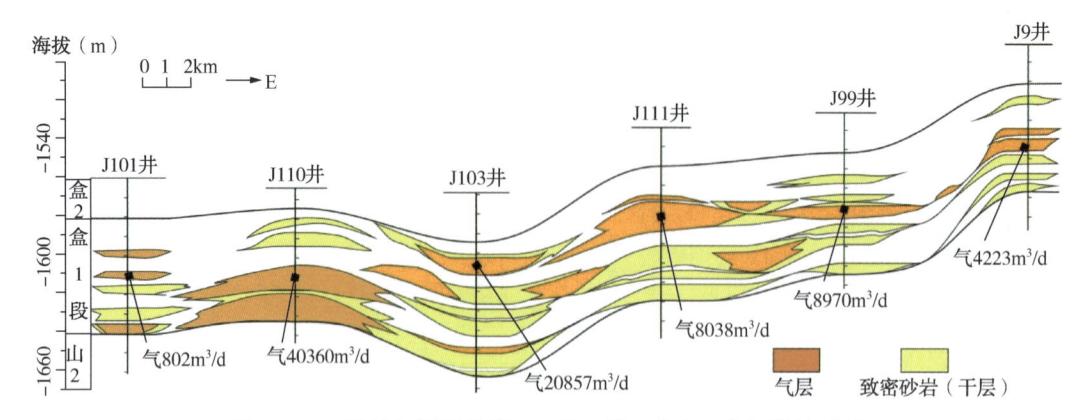

图 3-3-9 独贵加汗区带锦 101 井—锦 9 井盒 1 段气藏剖面图

从另一方面看，由于地处伊盟隆起构造相对复杂区，东胜气田中、西部的储层致密区也常见局部地层构造倾角大于 1° 的情况，会大大增加气水分异的条件，当物性较好的厚砂体天然气充满度不够高时会在底部发育底部滞留水，单井剖面上看是水层特征，但这种底部滞留水分布受砂体范围控制、范围有限，但是也造成气水关系的复杂性。

二、伊陕斜坡—伊盟隆起气、水宏观分布的控制因素探讨

东胜气田目前没有发现上倾方向水动力封闭的气藏，尽管在东部、东北部构造上倾方向水层发育，但并非深盆气的非水动力封闭成藏模式(图3-3-10)。东胜气田在区域构造下倾方向的平缓区和上倾方向的局部构造复杂区都有大面积的气藏群发育，区域上倾方向的气藏近似常规气藏而表现出水层更为突出，我们认为是烃源岩、储层及其非均质性和构造条件共同作用的结果。

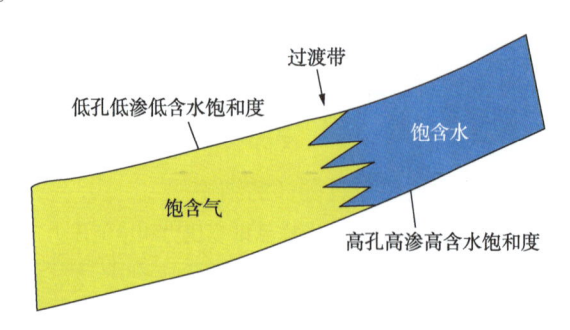

图 3-3-10 致密砂岩气藏水动力封闭成藏模式图(Masters，1979)

西部，如独贵加汗区带、新召等区带，致密砂体与高成熟烃源岩配置，有效储层被整体充注，由于砂体层间、层内分割强(层内封堵)，往往只在物性联通单元内形成连续气柱，砂层内以束缚水为主，含量高低不等。

东部,如阿镇区带、什股壕区带,砂体物性变好、厚度增大、宏观非均质性变弱、连通性变好,要求圈闭条件越好,如果没有有效的圈闭,会形成连片的水层;低渗透砂体形成的岩性圈闭,在天然气充满度不高时会出现下倾方向的自由水层。

这种宏观上的气水倒置现象并非是一个气藏的气、水分布关系,而是很多个气藏的气水关系在空间上的叠置结果,是烃源岩、不同物性级别的储层及构造起伏程度共同作用的结果(图3-3-11)。这种气藏类型及其气水关系的宏观分布规律恰恰说明了东胜气田上古生界含气系统存在两种不同聚集方式的成藏模式,即(准)连续聚集成藏和非连续聚集成藏模式有序过渡。

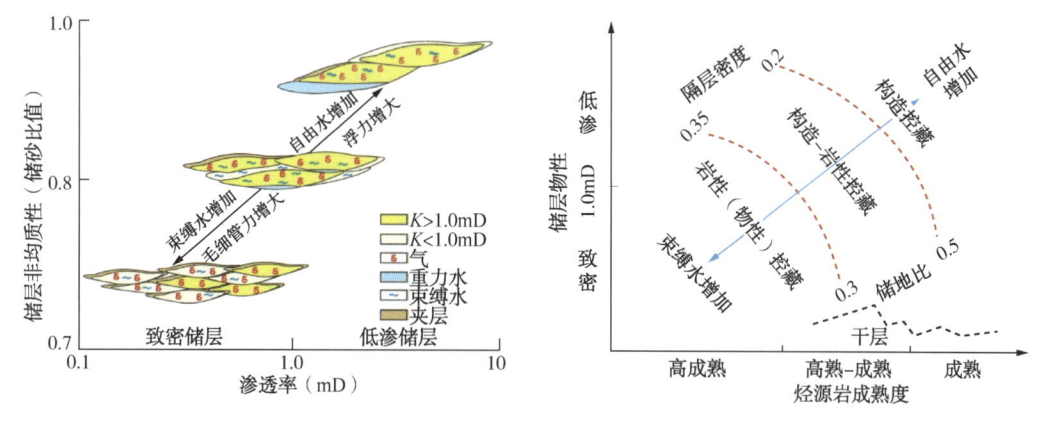

图3-3-11 东胜气田上古生界源-储-构造配置、储地比值对气藏类型的影响

姜福杰等(2010)在"致密砂岩气藏成藏过程中的地质门限及其控气机理"一文中,基于束缚水膜厚度不变的地质特征,通过对致密砂岩气藏成藏过程中储层流体变化规律和控制因素的分析,确定了致密砂岩气藏成藏过程中的三个地质门限,分别为:天然气充注门限、天然气饱和门限和天然气终止门限,建立了相应的概念模型和计算模型。将这一模型应用于鄂尔多斯盆地上古生界致密气藏的预测,三个门限的对应深度分别为2350m、2850m和4800m。

基于束缚水膜厚度不变的孔隙流体组成模型(姜福杰 等,2010):随着储层埋深的增加,储层的孔隙空间逐渐减小,而束缚水所占的孔隙空间比例不断增大。对于"先成型"致密砂岩气藏而言,储层的致密化过程先于天然气的充注过程,在这类气藏中,天然气是以整体向上排驱自由水的方式进入储层。理论上储层孔隙空间的流体组成大致可以分成四种情况。第一种,储层内没有天然气注入时,孔隙空间为自由水和束缚水占据,表现为水层,这一阶段束缚水所占比例并不十分明显。第二种,天然气开始注入储层,并驱替孔隙空间内的自由水,储层孔隙中的流体组分发生变化,变为自由水、束缚水和天然气共存,表现为气水同层。第三种,天然气注入量持续增加,自由水的比例逐渐减小,天然气的比例则不断增大,束缚水饱和度也相对增大。当天然气充注量足以排驱所有自由水时,储层孔隙空间中的流体组成变为束缚水和天然气两相共存,此时,储层表现为气层。第四种,储层的孔隙空间小到完全为束缚水所占据时,自由孔隙空间近于零,天然气无法注入储层,储层表现为干层。由上所述，若能确定出天然气开始充注点、天然气充注饱和点和天然气充注终止点就可以建立相应的地质模型，进而预测致密储层中的流体分布特征。

将上述模式与东胜气田上古生界天然气成藏分区结合，可以看出有较好的对应关系（图 3-3-12）。什股壕区带和浩绕召区带东部边、底水特征明显的低渗复合气藏，埋深在 2200~2700m；十里加汗区带北部过渡区上古生界目的层埋深在 2500~2900m，十里加汗区带南部气层埋深在 2600~2950m；独贵加汉区带、新召区带气层埋深在 2900~3800m。

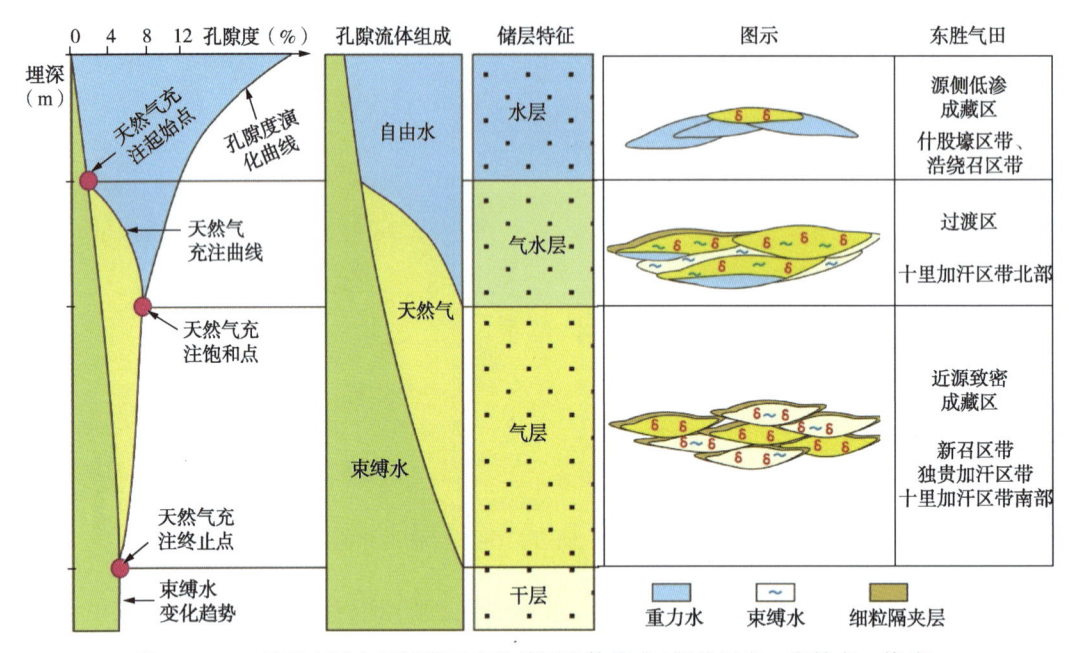

图 3-3-12 基于束缚水膜厚度不变的储层流体模式（据姜福杰、庞雄奇，修编）

姚泾利等（2014）研究了鄂尔多斯盆地东部上古生界致密砂岩超低含水饱和度气藏形成机理，采用密闭取心岩样，借助气水相渗、核磁共振、流体包裹体测温等技术手段，分析了致密砂岩气藏的含水饱和度特征和天然气成藏特征。结果表明：(1)应用气水相渗、核磁共振两种实验技术方法所测定的束缚水饱和度均高于密闭取心测定的原始含水饱和度值，说明该区盒8段、太原组致密砂岩气藏普遍存在超低含水和度现象；(2)气藏形成过程中由于温度、压力增大，随着烃源岩在过成熟演化阶段干气的注入，天然气的携水能力不断增强，束缚水不断蒸发气化，并随着天然气的大规模运移及气藏后期的泄漏散失而带出储层，从而形成超低含水饱和度气藏。

通过统计、分析盆地东部三口密闭取心井盒8段、太原组的138个原始含水饱和度数据，结果表明，盒8段、太原组的原始含水饱和度主要分布在40%以下，累计频率可达83.1%，平均含水饱和度为26.7%（姚泾利 等，2014），具有较低的原始含水饱和度特征。选取鄂尔多斯盆地东部的sh16井、sh60井和M41井盒8段、太原组的10块密闭取心样品，开展气水相渗、核磁共振实验测试，将密闭取心所测试的储层原始含水饱和度与采用气水相渗、核磁共振实验所确定的束缚水饱和度进行了对比。对比结果显示，10块密闭取心样品的原始含水饱和度值平均为 18.3%，针对同一块样品，应用核磁共振法测试出的束缚水饱和度和应用相渗法测试出的束缚水饱和度均大于原始含水饱和度，应用核磁共振法测试出的平均束缚水饱和度为 47.9%，应用相渗法测试出的平均束缚水饱和度为 38.0%，原始含水饱和度比应用相渗法测试出束缚水饱和度低 6.9%~37.0%，平均要低 19.7%，表明该区盒 8 段、太原组致密砂岩气藏存在超低含水饱和度现象。

致密砂岩气藏束缚水饱和度一般较高，但一些气井仍可大量产水，一些生产井前期产水量不大或不产水，但加大压差增大产气量之后却出现产水现象。气井在生产过程中，束缚水是一个相对概念，生产过程中储层孔隙压力逐渐降低、有效应力增大，导致孔喉体积缩小，致使部分孔喉内的束缚水转化为可动水；当储层内气体流速超过某一定值，使得其对孔喉管壁水膜的拖拽力大于孔隙内壁对水膜流动产生的沿程阻力时，束缚水便可向可动水转化；地层压力的降低促使束缚水膜膨胀加厚，在流动压差下从压力高处向压力低处流动，转化为可动水。致密气藏可动水产出控制因素包括采气速度、气驱压力、储层渗透率、储层含水饱和度、有效应力等。

有关在致密砂岩中的束缚水是一个相对概念，通过岩心驱替实验讨论了压差、渗透率变化对束缚水饱和度的影响。通过对大牛地气田致密砂岩储层岩心样品驱替试验数据分析（表 3-3-6），认为在压差存在时束缚水仍有一部分可以流动产出，并将其称为可动束缚水。

表 3-3-6 大牛地气田致密砂岩岩心含水饱和度与驱替压差关系实验数据表

岩心编号	渗透率(mD)	孔隙度(%)	基质岩心 压差(MPa)	基质岩心 束缚水饱和度(%)	基质岩心 可动水饱和度(%)	造缝岩心 压差(MPa)	造缝岩心 束缚水饱和度(%)	造缝岩心 可动水饱和度(%)
D24-H1-15	0.69	12.45	0.0	100.0	0.0	0.0	100.0	0.0
			1.17	98.83	14.79	0.33	77.01	22.99
			3.42	96.58	23.33	0.66	62.89	37.11
			6.16	93.84	34.80	1.03	54.94	45.06
			10.43	89.57	40.33	1.45	47.32	52.68
D11-H1-6	0.55	7.44	0.0	100.0	0.0	0.0	100.0	0.0
			1.64	98.36	18.12	0.07	79.49	20.51
			2.88	97.12	28.51	0.21	63.56	36.44
			6.82	93.18	39.44	0.31	55.16	44.84
			10.78	89.22	46.47	0.69	52.33	47.67
D17-T2-4	0.48	9.10	0.0	100.0	0.0	0.00	100.00	0.0
			3.69	96.31	14.07	0.07	80.49	19.51
			6.98	93.02	29.75	0.25	69.02	30.98
			10.16	89.84	37.87	0.35	63.53	36.47
			12.86	87.14	39.08	0.73	59.60	40.40

续表

岩心编号	渗透率（mD）	孔隙度（%）	基质岩心 压差（MPa）	基质岩心 束缚水饱和度（%）	基质岩心 可动水饱和度（%）	造缝岩心 压差（MPa）	造缝岩心 束缚水饱和度（%）	造缝岩心 可动水饱和度（%）
D18-T2-2	0.40	7.70	0.0	100.0	0.0	0.00	100.00	0.0
			3.01	96.99	14.64	0.41	84.48	15.52
			6.46	93.51	27.53	0.59	73.96	26.04
			9.67	90.33	34.88	1.00	62.63	37.37
			12.41	87.59	36.89	1.27	50.38	49.62
D45-S1-4	0.25	7.47	0.0	100.0	0.0	0.0	100.00	0.0
			3.59	96.41	12.04	0.41	81.99	18.01
			7.30	92.70	27.07	0.72	72.44	27.56
			10.38	89.62	33.66	1.02	60.42	39.58
			12.37	87.63	37.62	1.18	56.62	43.38

随着驱替压差的增大，基质岩心与裂缝岩心的束缚水饱和度均呈下降趋势（图3-3-13），在较小驱替压差下其下降趋势更为明显，因为小压差首先将大孔道水驱出；后随着驱替压差的增大，束缚水下降趋势趋于平缓。造缝后裂缝连通了岩心孔隙，提高了岩心渗透率，减弱了毛细管力，裂缝岩心束缚水饱和度低。随着岩心渗透率的降低，束缚水饱和度增大，但同时受孔隙大小分布影响，造缝后，束缚水饱和度下降趋势受裂缝渗透率的影响较大。

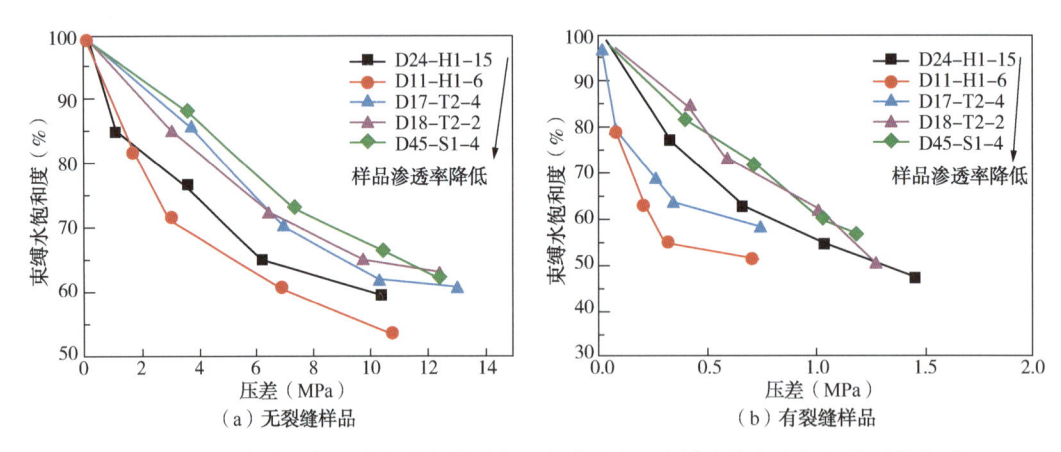

图3-3-13 大牛地气田致密砂岩基质岩心和裂缝岩心束缚水饱和度与驱替压差关系

压差对可动水饱和度的影响，驱替压差增大，基质岩心与裂缝岩心的可动水饱和度均呈上升趋势（图3-3-14），其变化规律与压差对束缚水影响相反；造缝后小压差下可达到较高的可动水饱和度，即束缚水向可动水转化的程度增高，表明生产中压裂可增加地层产水程度。

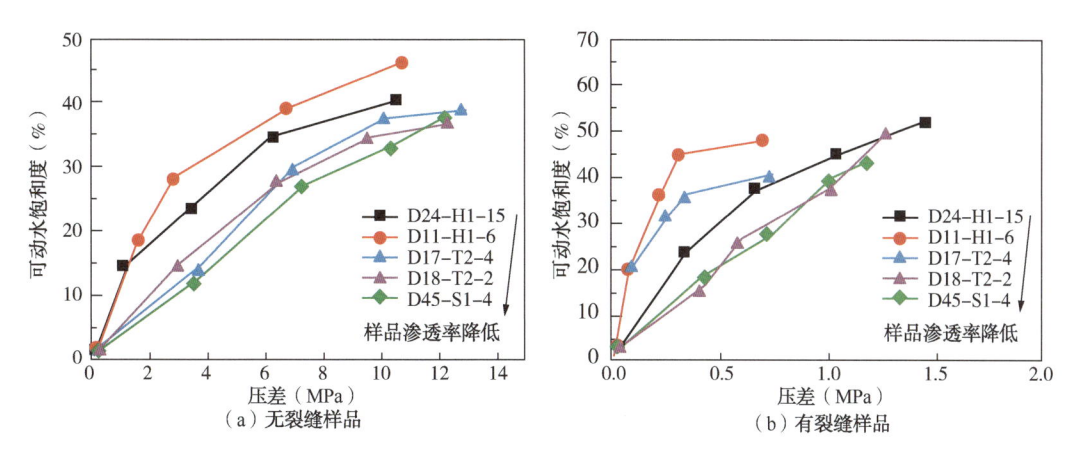

图 3-3-14　大牛地气田致密砂岩基质岩心、裂缝岩心可动流体饱和度与驱替压差关系

相同的样品和实验条件进行的岩性驱替压差与可动水饱和度关系实验表明，驱替压差增大，基质岩心、裂缝岩心的可动水饱和度均呈上升趋势，其变化规律与压差对束缚水饱和度影响趋势相反，造缝后较小压差可以达到较高的可动水饱和度，可动水饱和度上升趋势更快。

第四章

连续成藏区与非连续成藏区的成藏模式

连续成藏与非连续成藏过渡带上的气藏分布特征
——以鄂尔多斯盆地北部东胜气田为例

鄂尔多斯盆地上古生界天然气的成藏机理与成藏模式已有大量的研究成果，普遍认为是近源大面积致密岩性气藏、连续型聚集成藏、非连续型聚集成藏；而对于北部伊盟隆起这个处于大型含气系统边缘的地区，历史上有"构造气藏""深盆气边侧富水区"等看法。随着勘探开发资料的积累，该区不同类型气藏有规律分布的特征逐步被认识，"十二五"至"十三五"期间，总体按照连续—非连续成藏理论认识去解剖东胜气田上古生界的成藏特征。

针对该区地处盆地边缘，空间上源—储配置不均衡的特点，系统研究了构造-沉积演化对上古生界生、储、盖、侧向封堵等发育分布的控制作用；深入研究了煤系烃源岩的生烃演化过程及生烃潜力、致密低渗砂岩储层的致密化过程及源—储配置关系，以早白垩世成藏关键期相—势耦合关系为核心，揭示了东胜气田二叠系是一个大面积分布的层状成藏系统，斜坡致密区具有(准)连续成藏机理，隆起区具有非连续成藏机理，两种成藏机理在空间上随着相—势耦合关系变化呈现有规律过渡，控制多种类型气藏有序分布。

我们认为东胜气田二叠系处于原型盆地、叠合盆地的盆缘过渡带上，发育大面积的层状天然气成藏系统，既有盆内近源大面积致密岩性气藏成藏特征(非常规)、也有源侧低渗透常规气藏成藏特征，二者有序过渡，体现了盆地上古生界大型成藏系统的边缘带特征。

(1) 在层状成藏系统内部，源内(准)连续聚集与源侧非连续聚集两种成藏方式在横向上并存，两者成藏机理及气藏类型有显著差异。

(2) 泊尔江海子—乌兰吉林庙—三眼井断裂带以南的缓坡区发育大面积致密岩性气藏。其特点为：下石盒子组与下伏太原组—山西组高成熟气烃源岩呈紧邻配置，在晚侏罗—早白垩世呈大面积充注成藏；河道砂体非均质强，先于成藏致密；气藏个数众多、无明显的边底水，边界模糊；河道相带控藏、物性控富。

(3) 断裂带以北的隆起区(如什股壕区带)下石盒子组具有源侧非连续成藏特征：无高成烃熟气烃源岩发育，气源对比表明天然气来自断裂带以南高熟烃源岩；下石盒子组河道砂体普遍为厚层低渗透储层，相对于断裂带以南物性变好；处于区域构造上倾方向；气藏类型以构造气藏和构造—岩性复合气藏为主，边底水发育。

(4) 两种聚集成藏方式并非截然分离，而是之间存在一个过渡带，在过渡带中砂体物性由致密向低渗过渡、砂体非均质性由强转弱、岩性和物性封堵条件由好变差、封堵因素由岩性转变为构造因素。

(5) 东部和北部区域构造上倾方向自由水普遍发育，是因为砂体物性普遍为低渗透形成气水分异所致，而构造下倾方向(西部、南部)储层致密气藏区的封堵因素是河道砂体相变为泥质岩、或砂岩泥质含量升高造成的物性分割，并非上倾方向水力封堵，与深盆气藏的封堵机理截然不同。

第一节 关于致密砂岩气成藏模式的探讨

邹才能等在《常规与非常规油气聚集类型、特征、机理及展望》一文中系统总结了常规、非常规油气在类型、地质特征、聚集机理等方面的本质区别(表4-1-1)。常规油气研究的灵魂是成藏，目标是回答圈闭是否有油气；非常规油气研究的灵魂是储层，目标是回答储层中有多少油气，非常规油气主要表现在连续分布、无自然工业产量。常规油气以孤立的单体式或较大范围的集群式展布，圈闭界限明显，储集体发育毫米级—微米级孔喉系统，浮力成藏。非常规油气一般源储共生，大面积连续或准连续分布于盆地斜坡或中心，圈闭界限不明显，浮力作用受限，油气以原位滞留或短距离运移为主，储集空间主体为纳米级孔喉系统，局部发育微米—毫米级孔隙，其中致密砂岩气储层的孔隙孔径为40~700nm。

表4-1-1 常规油气非常规油气聚集特征对比（邹才能 等，2011）

项别	常规油气聚集（非连续圈闭聚集）	非常规油气聚集（连续型储层聚集）
聚集单元	构造、岩性与地层等常规圈闭	无明显界限的非闭合圈闭
储层特征	常规毫米—微米级孔喉	非常规纳米级孔喉，滞留作用明显
源储配置	一般源外成藏，排聚时刻匹配	大面积源储共生
水动力作用	明显，重力分异，浮力聚集	不明显，流体分异差，浮力作用受限
运移方式	远距离二次运移为主	一次运移或短距离运移
渗流机理	达西流或管流	滞留、非达西渗流为主
油气水关系	上油气下水、压力系统界线明显，单井有自然产量	无统一油气水界面与压力系统，饱和度差异大，一般油气水共存，单井无自然工业产量
分布和聚集	单体型、集群型非连续分布，局部富集	盆地中心、斜坡等大面积（准）连续型分布，有"甜点"区
技术应用	直井、酸化压裂等常规勘探开发技术	水平分支井、分段分层压裂等特殊技术

赵靖舟等（2013）根据国内外致密油气聚集成藏特征的分析，提出致密大油气田存在三种成藏模式，既连续型（深盆气型）、准连续型和不连续型（常规圈闭型）。其研究认为，以深盆气或盆地中心气为代表的连续型油气藏与典型的不连续型常规圈闭油气藏，分别代表了复杂地质环境中致密油气藏形成序列中的两个端元类型，二者之间存在准连续油气藏这样一种过渡型的致密油气藏聚集。事实上，典型的连续型油气聚集应是那些形成于烃源岩内的油气聚集（如页岩气和煤层气），而像盆地中心气或深盆气那样的连续型聚集较为少见；典型的不连续型油气聚集则是那些形成于烃源岩外近源—远源的常规储层中、受常规圈闭严格控制的并且有边底水的油气聚集；形成于烃源岩外并且近源的致密油气藏主要为准连续型油气聚集，其次为非典型的不连续型（常规圈闭型）油气聚集。

赵靖舟等（2013）将准连续型油气聚集定义为有多个相互邻近的中小型油气藏所构成的油气藏群，油气藏呈准连续分布，无明确的油气藏边界，并总结其十大特征如下：

（1）油气分布面积较大，无明确边界；
（2）油气呈准连续分布，一个准连续聚集由多个彼此相邻的中小型油气藏组成；
（3）油气水分布复杂，无明显边底水，也无显著的油气水倒置；
（4）源储紧邻，广覆式分布；
（5）油气为大面积弥漫式充注，初次运移直接成藏和短距离二次运移成藏；
（6）油气运移聚集为非浮力驱动，非达西流运移为主；
（7）储层非均质性强，且先致密后成藏，或边致密边成藏；

（8）油气藏多具异常压力，且压力系统复杂；

（9）油气藏形成和分布主要受区域构造、烃源岩及储层控制；

（10）油气资源丰富，但丰度低。

李军等（2013）认为，鄂尔多斯盆地上古生界准连续型气藏主要为初次运移直接成藏或经短距离二次运移成藏，不存在长距离侧向运移的动力和通道条件；成藏动力主要为气源层在生气高峰期形成的异常高压和广泛存在的烃浓度差异所引起的扩散作用力，浮力作用弱或无。

S. P. Cumella 等（2005）在《地层学和岩石力学对皮申斯盆地 Mesaverde 群天然气分布的影响》（李建忠 等译，2014）一文中描绘了皮申斯盆地 Mesaverde 群天然气连续、非连续运聚特征，大部分 Mesaverde 群的天然气来自 Willianms fork 组下部的煤（图 4-1-1），生烃产生的超压在地层中形成广泛的裂缝，天然气向上运移形成饱含气层（砂岩的低渗透率和非连续的特点，使得天然气很难从砂体中逸散），向上运移的天然气中可能也含有沿直立走滑断层运移上来的更深部天然气。当天然气向上穿透连续饱和气层至上部的气水过渡带中或更上部的 Wasatch 组砂岩中，由于砂体物性变好而产生气水分异（可识别出边底水）。过渡带砂岩比下部连续气藏的砂岩具有更好的孔隙度和渗透率，常规圈闭是天然气聚集的主要方式。

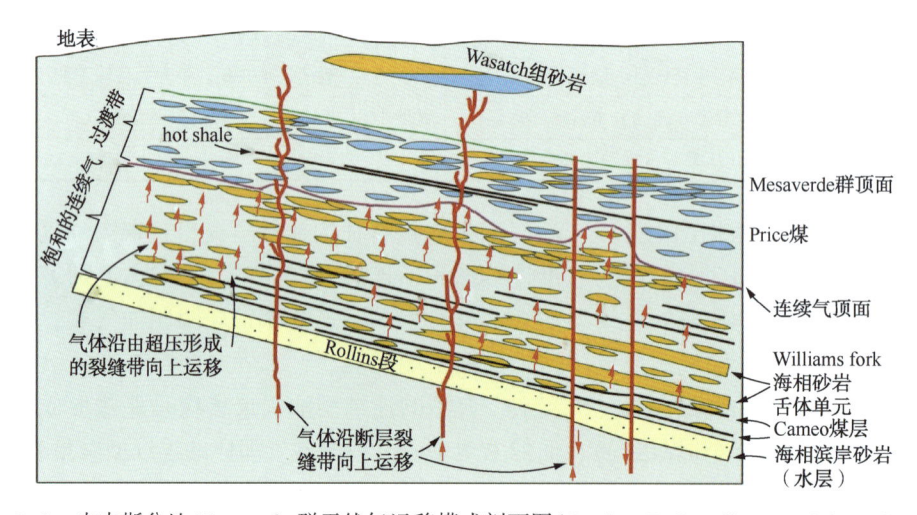

图 4-1-1　皮申斯盆地 Mesaverde 群天然气运移模式剖面图（Stephen P. Cumella，Jay Scheevel，2005）

东胜气田二叠系从伊陕斜坡到伊盟隆起存在连续、非连续两种成藏方式，以侧向过渡为特征。横向上，从西南向东北，随着源储配置变化（源内到源侧、致密到低渗、区域构造低部位到高部位），气藏类型从致密岩性类变为复合气藏、构造气藏（表 4-1-2、图 4-1-2）。在两种聚集成藏方式并非截然分离，而是之间存在一个过渡带，在过渡带中砂体物性由致密向低渗过渡、砂体非均质性由强转弱、岩性和物性封堵条件由好变差、封堵因素由岩性转变为构造因素。以盒 1 段为例，源、储、封参数在横向上有规律变化，导致东、西部成藏机理和气藏类型显著不同：（1）西部，高成熟烃源岩与非均质性强的致密储层叠置，以充注（一次运移）成藏为主，普遍含气的岩性气藏群；（2）东部，低成熟烃源岩与非均质性弱的低渗透储层叠置，岩性封堵条件变差，不利于形成岩性气藏，以二次运移成藏为主，层内气、水分异明显。代表了两种不同聚集成藏模式的过渡区。

第四章 连续成藏区与非连续成藏区的成藏模式

表 4-1-2 东胜气田不同区带盒 1 段源-储差异配置参数表

类别	参数	新召	独贵加汗	十里加汗	阿镇	什股壕
	砂体形态					
烃源岩条件和充注能力	生气强度 ($10^8 m^3/km^2$)	15~25	10~30	10~15	10	0~10
	K_1末储层过剩压力(MPa)	6~12	6~15	3~8	≤5	≤3
储层参数	$\phi(\%)/K(mD)$	7.8/0.5	8.7/0.8	11.9/1.2	12.5/1.5	12.3/1.6
	砂层厚度(m)	18.5	24.4	31	32.1	29.7
	储层厚度(m)	13.6	19.1	21	25.9	28.6
	气层厚度(m)	9.39	12.8	10.6	3.5	11.9
封堵性参数	储层厚度/砂岩厚度	0.74	0.78	0.67	0.81	0.96
	储层厚度/地层厚度	0.24	0.31	0.25~0.41	0.42	0.51
	砂岩厚度/地层厚度	0.30	0.39	0.46	0.52	0.53
气藏形态		带状、片状		带状、点状	点状	
气藏类型 含水类型		致密岩性气藏；束缚水为主，与气层共存，局部孤立的透镜体含水			与构造因素有关的气藏，边、底水	

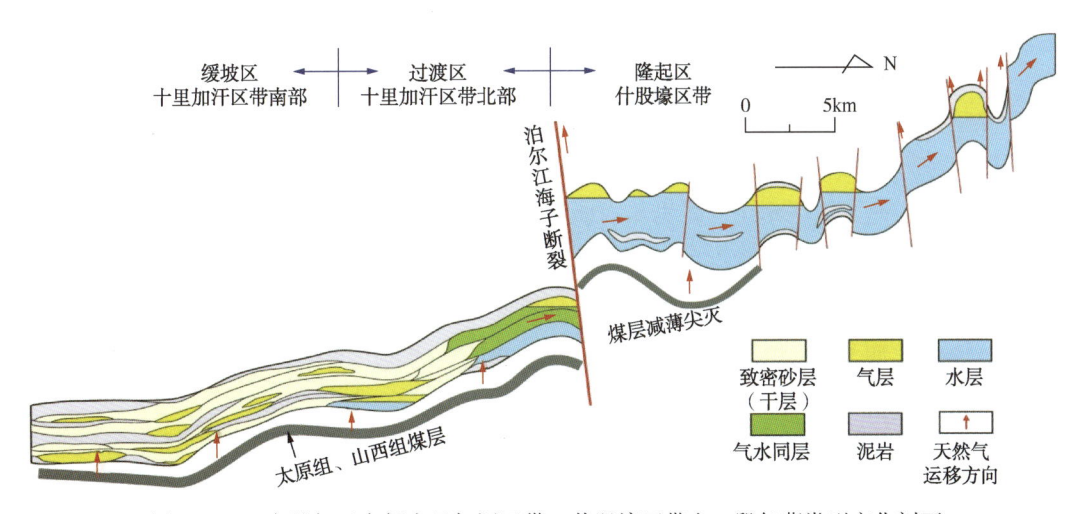

图 4-1-2 东胜气田东部十里加汗区带—什股壕区带盒 1 段气藏类型变化剖面

第二节　斜坡致密区准连续聚集成藏模式

一、斜坡致密区准连续聚集成藏模式

东胜气田断裂带以南（伊陕斜坡）致密砂岩气区符合（准）连续聚集成藏的机理，包括西部三眼井断裂以南的新召区带、中部乌兰吉林庙断裂和泊尔江海子断裂以南的大部分地区，按照源储配置及气藏类型特征，称之为"源内致密—低渗大面积岩性气藏成藏模式"，即：近源整体充注，局部调整分异，河道相带控藏，物性控制富集（图4-2-1）。

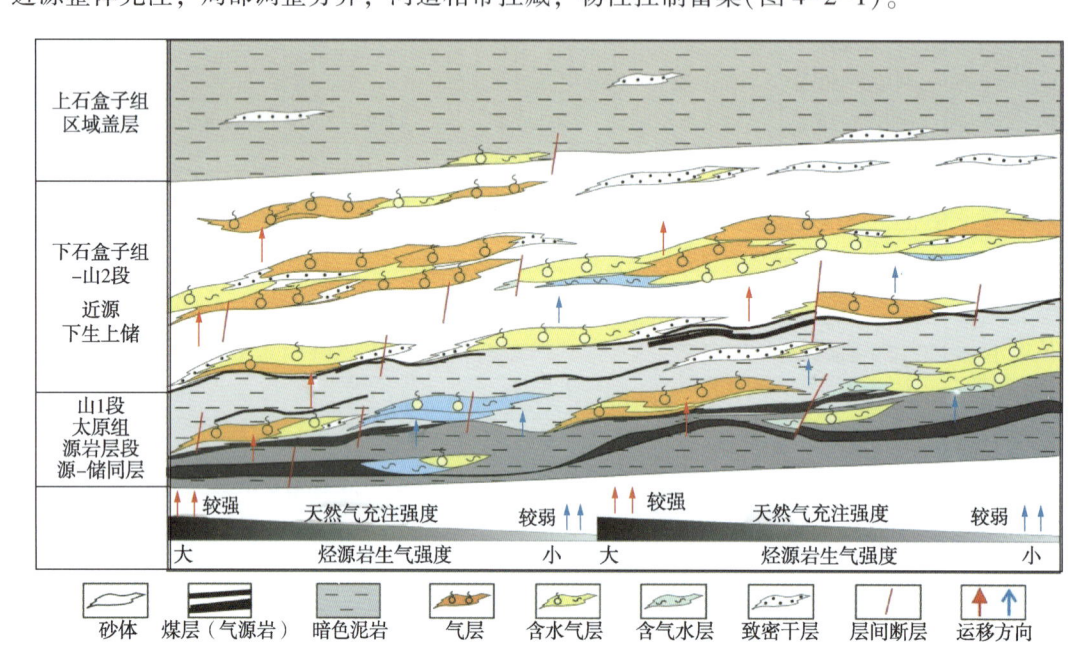

图4-2-1　东胜气田断裂带以南斜坡致密区准连续成藏模式

近源整体充注是指，在早白垩世，太原组—山西组煤系烃源岩生气高峰期，生烃产生的异常压力将天然气充注至同层位、上部的下石盒子组已经致密化的储层中，由于烃源岩大面积分布，这种天然气充注过程也是大面积同时进行的。

局部调整分异是指，天然气进入储层后，在局部物性较好、厚度较大的储层中会产生气水分异，但由于储层的非均质性很强，这种分异不会大范围发生。

河道相带控藏是指，河道砂体普遍被天然气充注，没有明显的含气边界。

物性控制富集是指，从连片复合砂体含气角度看气藏类型是岩性气藏，但由于储层物性变化大，物性好的储集体单元含气饱和度高，物性差的储层束缚水含量较高。

富集特征可概括为"相带控藏，物性控富"，因此集富集区选带的主要依据是源储纵向优+优配置，即高熟烃源岩+主河道。

气层"甜点"就是相对优质储集体，也就是主河道区心滩微相的厚层砂体。

二、关键期成藏动力特征分析

综合厘定了上古生界天然气成藏关键时刻，分区重建了储层致密化过程及其与天然气充注的时序关系，明确了现今及成藏关键时刻天然气充注动力、阻力的分布特征。早白垩世烃源岩层(二叠系下统)剩余压力达到高峰，这种下部烃源岩层生烃产生的超压，为天然气向上运移提供了强大动力，烃源岩区致密—近致密储层可以实现有效充注；剩余压力由烃源岩区(断裂带南部斜坡区)向隆起区降低，甚至消失，也证实烃源岩区致密—近致密储层和源侧区低渗透储层的成藏动力性质不同；进入地层抬升期剩余压力降低，现今剩余压力较高峰期降低 8Pa~12MPa。

1. 成藏关键时刻厘定

（1）烃源岩生烃史法。

基于生烃高峰期确定成藏关键时刻，选取研究区单井 41 口井、二维模拟测线 9 条测线进行热史、有机质成熟度史和生烃史模拟。

采用的方法模型：热史—瞬变热流模型，有机质成熟度史—LLNL-Easy R_o 法，生烃史模拟—化学动力学法。

最高古地温模拟结果：在 100Ma(早白垩世)研究区上古生界埋藏达到最深阶段，最高古地温和有机质成熟度具有西高东低、南高北低的特点(图 4-2-2)，西部代表井下二叠统最大古地温为 170℃(图 4-2-3)，中部代表井下二叠统最大古地温为 162℃(图 4-2-4)，东南部代表井下二叠统最大古地温为 160℃(图 4-2-5)。参照图 2-2-11 太原—山西组有机质现今成熟度分布图，Ro 值呈西高东低、南高北低分布，与现今构造埋深格局一致。西部 Ro 值在 1.3%~1.8% 之间，东部 Ro 在 0.8%~1.3% 之间。

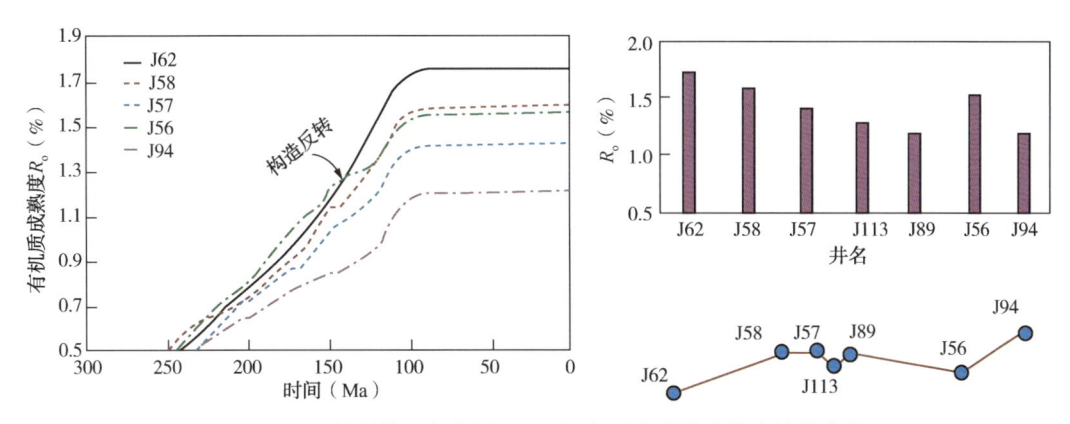

图 4-2-2 断裂带以南太原—山西组烃源岩单井成熟度演化曲线

生烃高峰期与最大生气速率。模拟结果显示生气关键时刻为距今 115~100Ma(早白垩末)。研究区进入生气高峰时间中—西部早于东部，最大生气速率西部为西部新召>中部独贵加汗>东部十里加汗(表 4-2-1、图 4-2-6)。

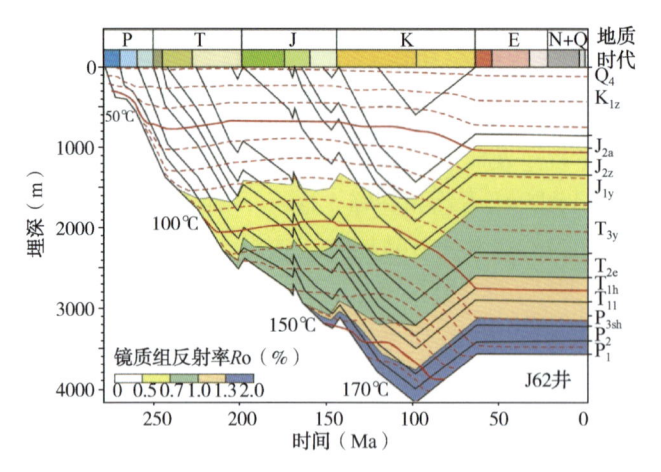

图 4-2-3 西部新召区带 J62 井埋藏史、热史分析

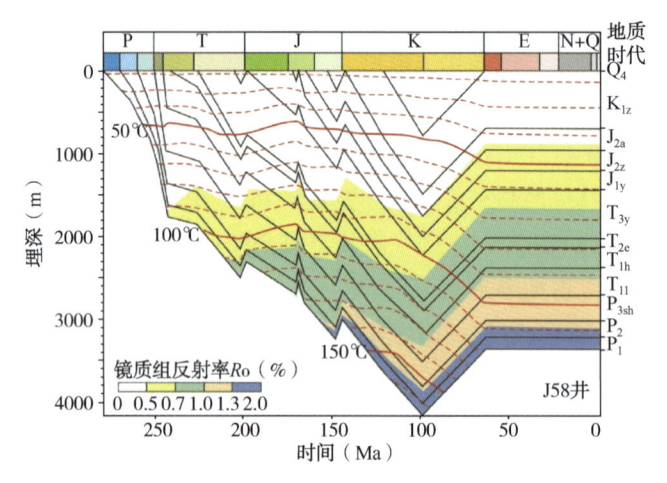

图 4-2-4 中部独贵加汗区带 J58 井埋藏史、热史分析

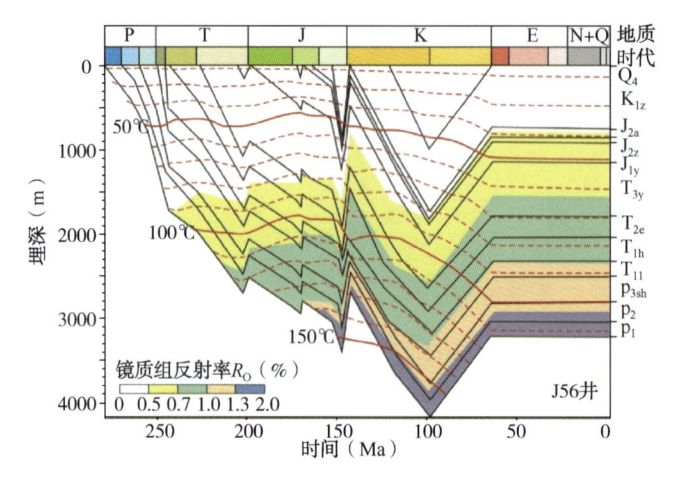

图 4-2-5 东南部苏布尔嘎 J56 井埋藏史、热史分析

第四章 连续成藏区与非连续成藏区的成藏模式

表 4-2-1　东胜气田断裂带以南太原—山西组烃源岩单井生烃高峰期与最大生气速率

生气特征	西部新召区带	中部独贵加汗区带	东部十里加汗区带
	J62 井	J58 井	J56 井
进入生烃高峰时间(Ma)	115	115	100
最大生气速率(mgHC/gTOC/Ma)	12	7	6

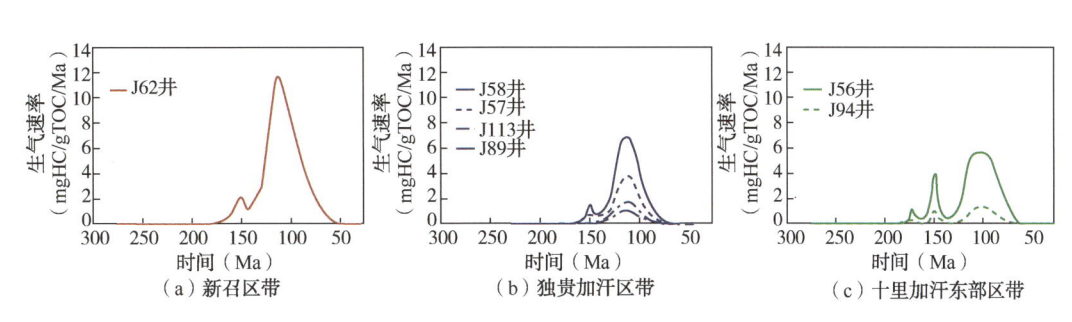

(a) 新召区带

(b) 独贵加汗区带

(c) 十里加汗东部区带

图 4-2-6　代表井太原组—山西组烃源岩生烃速率演化史

(2) 包裹体测温联合激光拉曼光谱法。

进行流体包裹体显微岩相学观察，确定包裹体类型及产状。在石英颗粒内和石英内裂纹观察到两种产状的包裹体，可分为纯气相、气液两相两种包裹体类型（图 4-2-7）。激光拉曼光谱分析确定单包裹体气体成分（烃类气、非烃气）（图 4-2-8）。

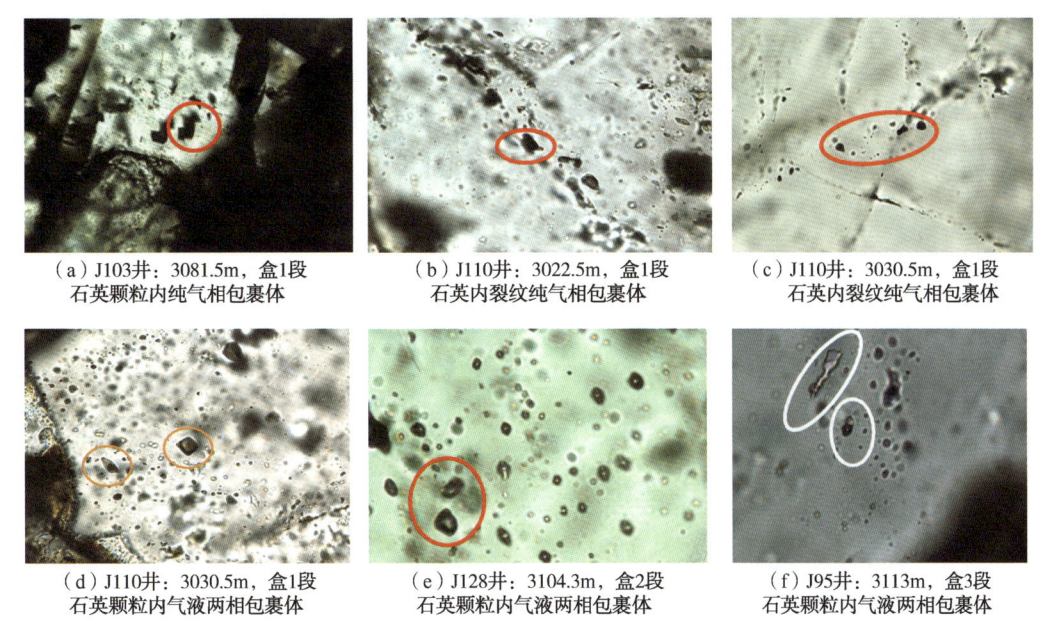

(a) J103井：3081.5m，盒1段 石英颗粒内纯气相包裹体

(b) J110井：3022.5m，盒1段 石英内裂纹纯气相包裹体

(c) J110井：3030.5m，盒1段 石英内裂纹纯气相包裹体

(d) J110井：3030.5m，盒1段 石英颗粒内气液两相包裹体

(e) J128井：3104.3m，盒2段 石英颗粒内气液两相包裹体

(f) J95井：3113m，盒3段 石英颗粒内气液两相包裹体

图 4-2-7　下石盒子组砂岩样品流体包裹体显微照片

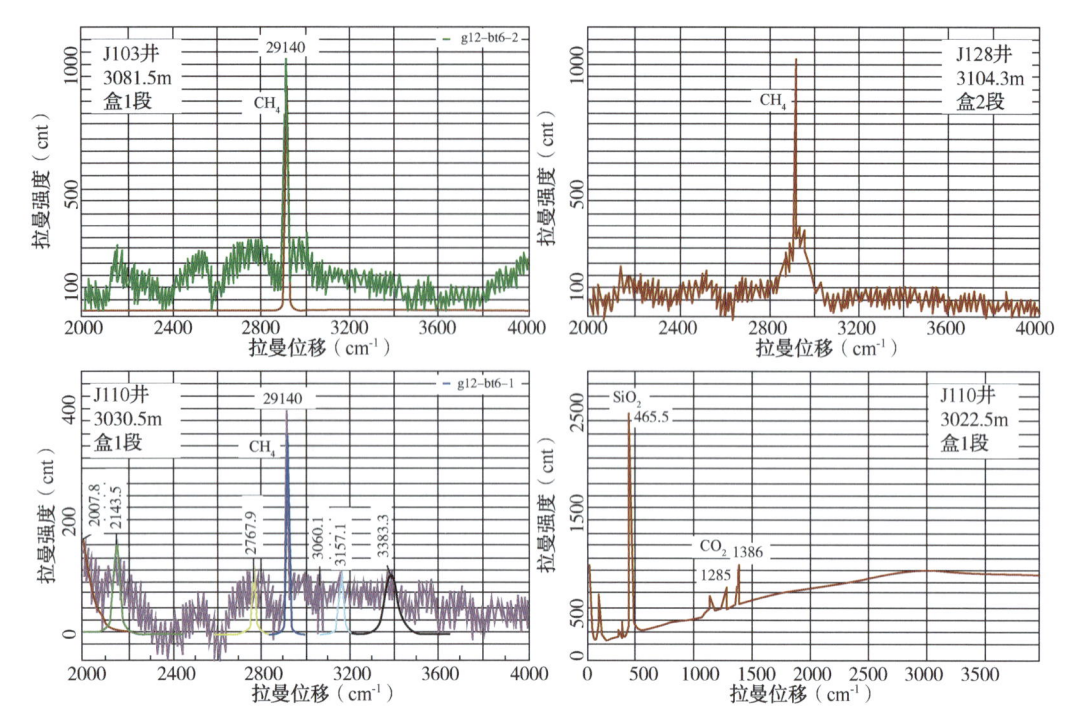

图 4-2-8　独贵加汗区带下石盒子组砂岩样品流体包裹体成分检测

进行气相包裹体同期盐水包裹体均一温度测定，确定成藏期温度。图 4-2-9 是 J110 井盒 1 段砂岩盐水包裹体均一温度直方图，第一期温度 100℃，第二期温度 120℃，第三期温度 155℃，可以判定 J110 井盒 1 段储层地质历史时期共经历三期气充注。

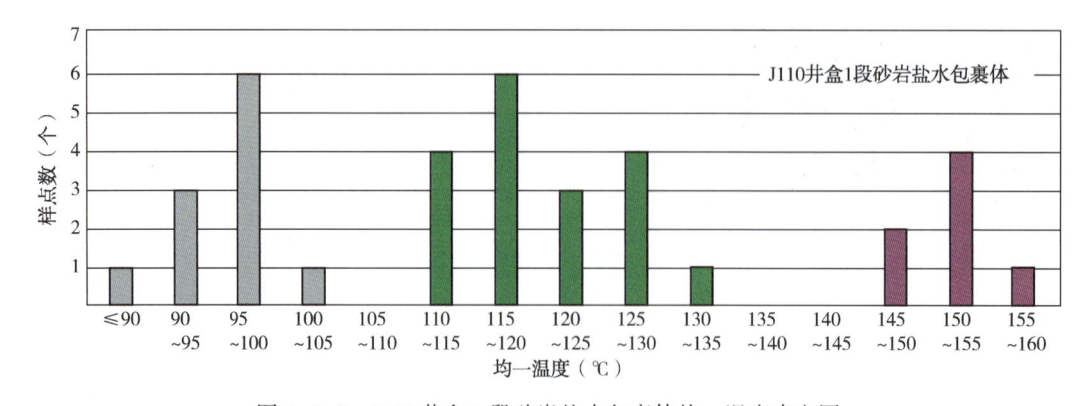

图 4-2-9　J110 井盒 1 段砂岩盐水包裹体均一温度直方图

将均一温度结果投点至单井古地温图(图 4-2-10)确定天然气成藏关键时刻，J110 井位于中部的独贵加汗区带，盒 1 段储层地质历史时期共经历三期气充注；主成藏期(关键期)约为距今 110Ma(晚侏罗世—早白垩世)，此时该井区太原组—山西 1 组烃源岩已达干气生成阶段(R_o 值超过 1.6%)，主成藏期是以甲烷为主的干气充注。

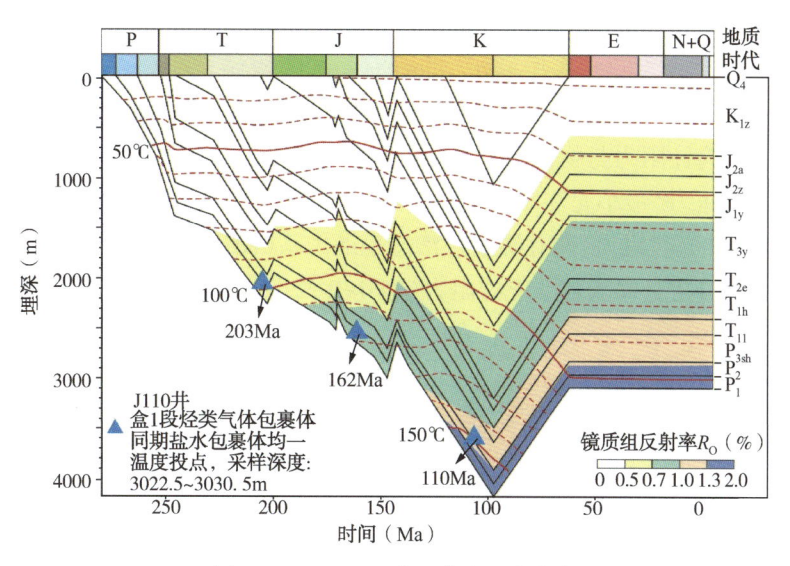

图 4-2-10　J110 井埋藏史及成熟史

2. 储层致密化程度分区

根据砂岩储层致密化演化分析结果(参见第二章第三节),对气田主力含气层盒1段在关键成藏期和现今致密化程度进行分区(图4-2-11),致密界限—孔隙度为10%、渗透率为1mD。

盒1段在成藏关键期(110Ma)储层可以分出三个类型：

(1) 致密型,分布在新召区带和独贵加汗区带南部、十里加汗区带南部。

(2) 特低渗型,分布在什股壕区带、十里加汗区带北部及东部阿镇区带。

(3) 致密—特低渗型：独贵加汗区带北部。

与盒1段砂岩现今孔隙度特征对比,现今孔隙度分布与成藏关键期的分布基本一致。

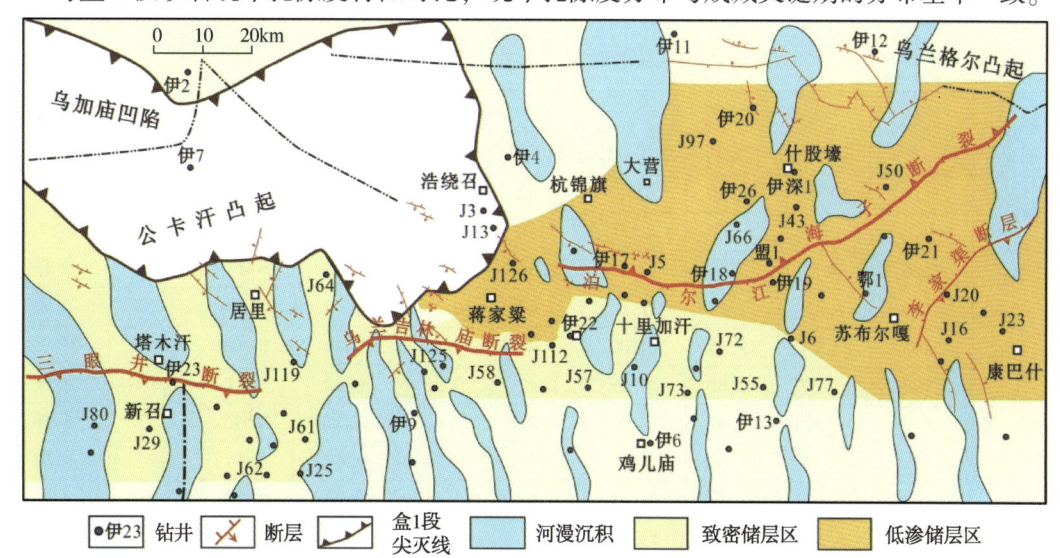

图 4-2-11　东胜气田盒1段关键时刻(110Ma)储层致密化程分区

3. 天然气充注动力—阻力时空分布

通过对研究区天然气充注阻力、动力的研究，试图探讨充注动力—阻力差对气水分布的控制作用，明确天然气运聚机制与分布规律，为成藏富集模式的建立提供支撑。

（1）现今砂岩充注阻力与物性的关系。

分区建立排驱压力（最小充注阻力：门槛压力）与孔隙度、渗透率的关系，建立中值压力（含气饱和度50%充注阻力）与孔隙度、渗透率的关系（图4-2-12、图4-2-13），实现依据孔隙度资料分区分层计算天然气充注阻力（表4-2-2）。

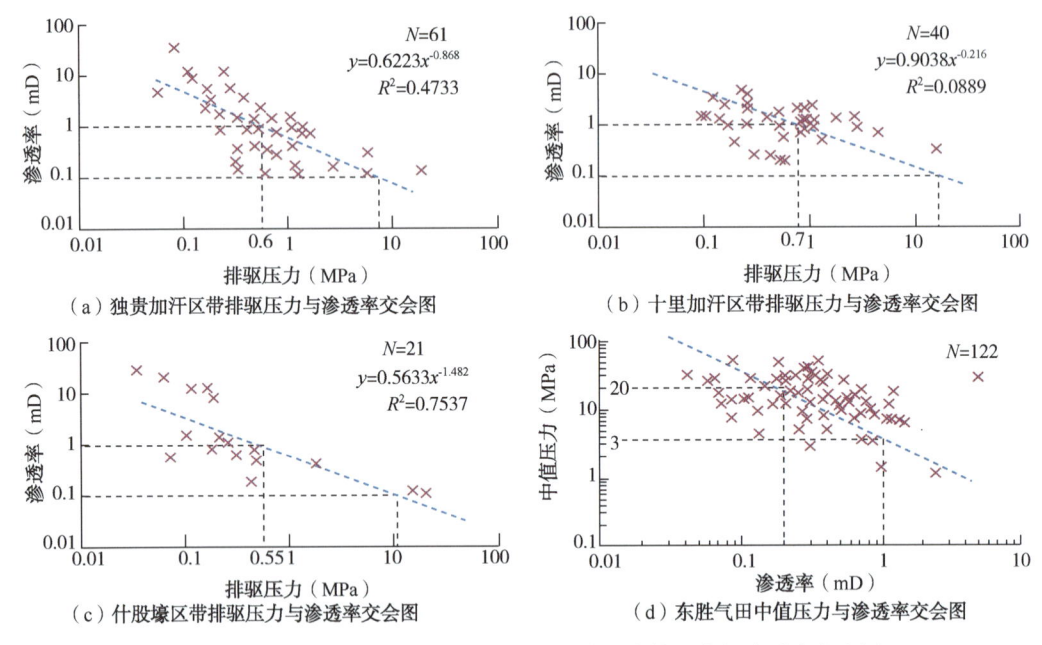

图 4-2-12　东胜气田盒1段砂岩排驱压力、中值压力与渗透率交会图

表 4-2-2　东胜气田单井充注阻力计算数据表

区带	井号	孔隙度(%)			排驱压力(MPa)			中值压力(MPa)		
		山2段	盒1段	盒2+3段	山2段	盒1段	盒2+3段	山2段	盒1段	盒2+3段
新召	J119	10.22	10.80	9.78	0.48	0.44	0.52	7.47	6.75	8.10
	J62	6.10	7.22	8.00	1.10	0.84	0.72	19.27	14.14	11.71
独贵加汗	J126	13.52	13.41	12.54	0.31	0.31	0.35	4.47	4.54	5.13
	J110	6.33	12.27	11.59	1.04	0.36	0.40	18.0	5.34	5.93
	J103	11.21	11.25	11.09	0.45	0.45	0.46	10.06	10.01	10.22
	J108	11.37	12.60	14.05	0.41	0.35	0.29	6.14	5.09	4.16
	J86	6.54	11.01	12.00	0.99	0.43	0.37	16.95	6.52	5.56
	J109	13.63	11.39	10.85	0.31	0.41	0.44	4.40	6.12	6.69
	J112	8.43	11.41	14.63	0.66	0.41	0.27	10.64	6.10	3.87
	J107	8.39	13.58	13.43	0.66	0.31	0.31	10.73	4.43	4.52
	J58	8.83	11.01	9.74	0.61	0.43	0.52	9.77	6.52	8.16

第四章 连续成藏区与非连续成藏区的成藏模式

续表

区带	井号	孔隙度(%)			排驱压力(MPa)			中值压力(MPa)		
		山2段	盒1段	盒2+3段	山2段	盒1段	盒2+3段	山2段	盒1段	盒2+3段
独贵加汗	J57	8.26	10.26	10.80	0.68	0.48	0.44	11.04	7.42	6.75
	J89	5.49	8.11	6.20	1.31	0.70	1.08	8.34	3.16	6.17
	J113	4.70	8.02	5.18	1.68	0.71	1.43	31.09	11.66	26.01
十里加汗南部	J70	7.03	7.87	8.31	0.68	0.57	0.52	12.71	10.49	9.56
	J72	6.15	9.32	7.28	0.84	0.43	0.64	31.99	7.72	17.97
	J94	9.33	12.62	13.29	0.43	0.27	0.25	7.86	4.70	4.31
	J55	9.25	9.15	7.63	0.44	0.45	0.59	7.97	8.12	11.06
	J56	8.10	9.36	6.52	0.54	0.43	0.76	9.99	7.81	14.44
什股壕	J17	12.30	12.81	12.21	0.69	0.65	0.69	9.22	9.0	9.26
	J43	7.38	9.28	6.46	1.48	1.05	1.80	12.56	10.94	13.61
	J97	8.12	13.43	11.33	1.28	0.60	0.78	11.86	8.73	9.69

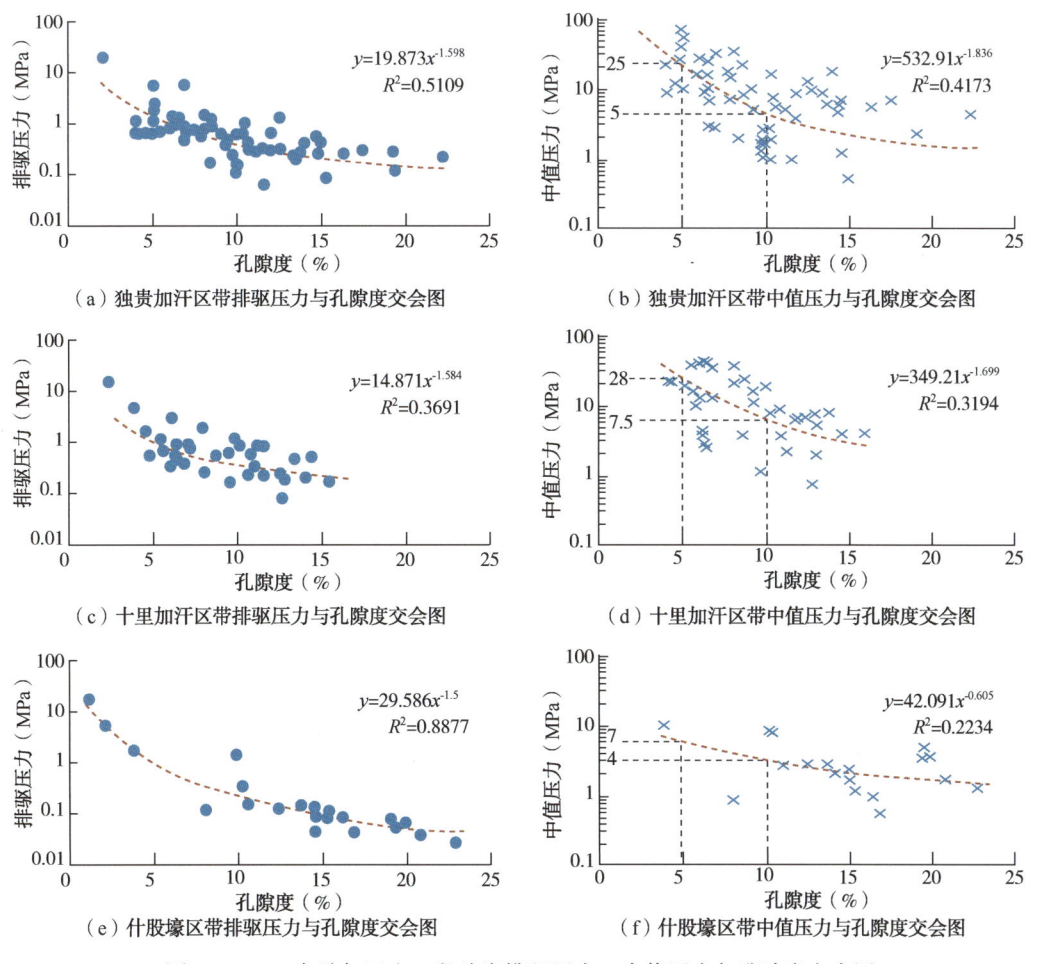

(a) 独贵加汗区带排驱压力与孔隙度交会图　　$y=19.873x^{-1.598}$，$R^2=0.5109$

(b) 独贵加汗区带中值压力与孔隙度交会图　　$y=532.91x^{-1.836}$，$R^2=0.4173$

(c) 十里加汗区带排驱压力与孔隙度交会图　　$y=14.871x^{-1.584}$，$R^2=0.3691$

(d) 十里加汗区带中值压力与孔隙度交会图　　$y=349.21x^{-1.699}$，$R^2=0.3194$

(e) 什股壕区带排驱压力与孔隙度交会图　　$y=29.586x^{-1.5}$，$R^2=0.8877$

(f) 什股壕区带中值压力与孔隙度交会图　　$y=42.091x^{-0.605}$，$R^2=0.2234$

图 4-2-13　东胜气田盒1段砂岩排驱压力、中值压力与孔隙度交会图

(2) 现今充注阻力的分布格局。

统计 70 余口单井盒 1 段现今孔隙度(正态分布中值)，基于分区的孔隙度与排驱压力关系，完成盒 1 段现今排驱压力(气充注门槛压力)、中值压力(气富集门槛压力)分布刻画。现今充注门槛阻力(排驱压力)主体区间 0.5~1.8MPa，西高东低、南低北高；现今富集门槛阻力(中值压力)西高东低、南低北高。

(3) 关键时刻充注阻力。

关键时刻储层古孔隙度与现今孔隙度值接近(图 4-2-14)，基于阻力与孔隙度关系，分区分层恢复关键时刻储层排驱压力与中值压力(图 4-2-15、图 4-2-16)。

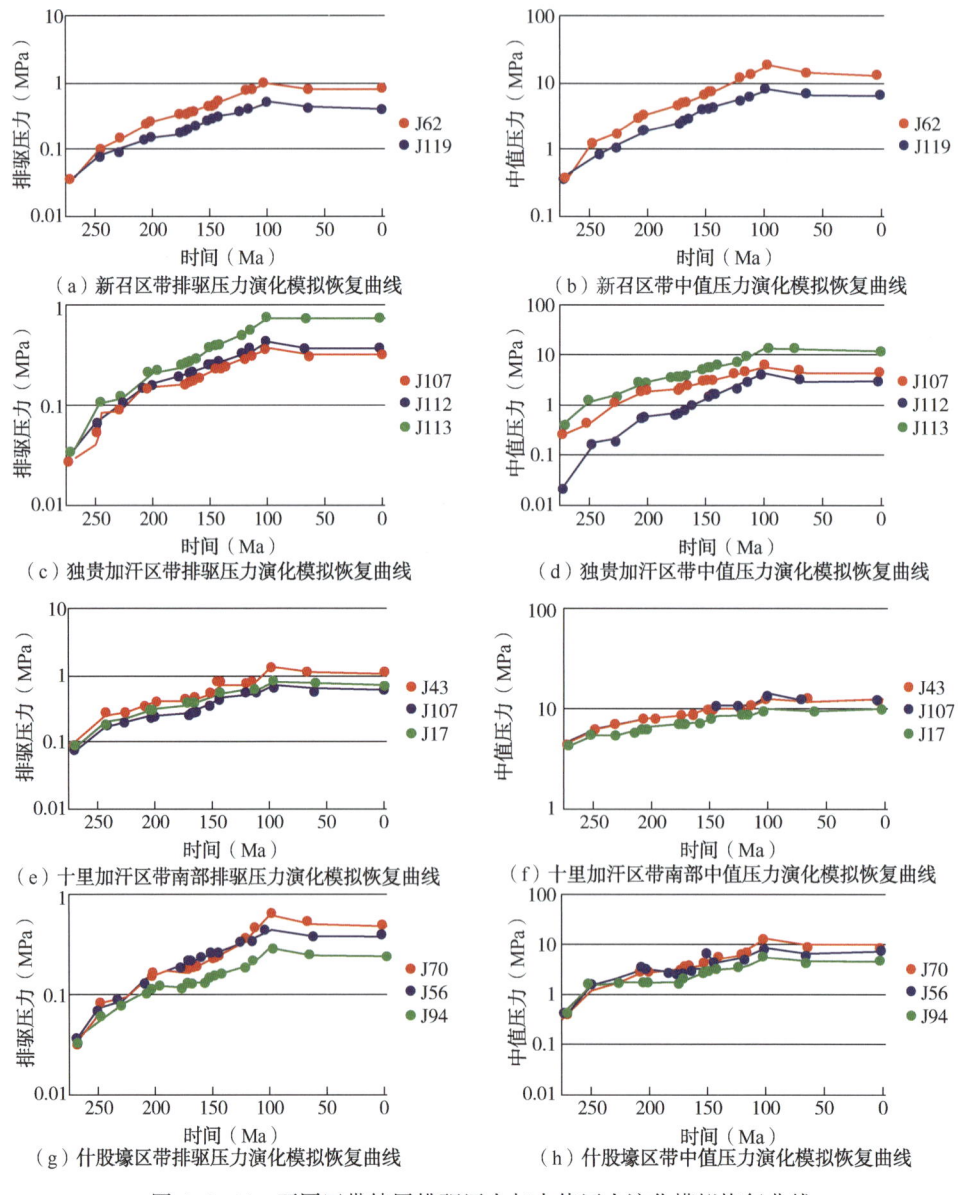

图 4-2-14 不同区带储层排驱压力与中值压力演化模拟恢复曲线

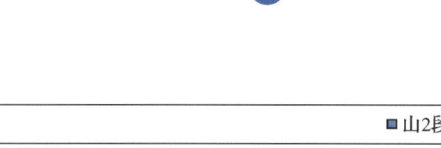

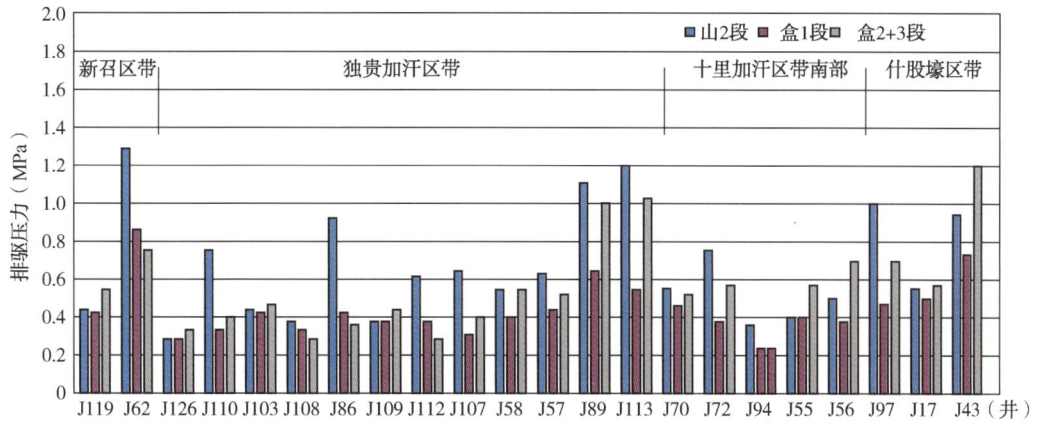

第四章 连续成藏区与非连续成藏区的成藏模式

图 4-2-15　东胜气田分区分层关键时刻(110Ma)储层排驱压力直方图

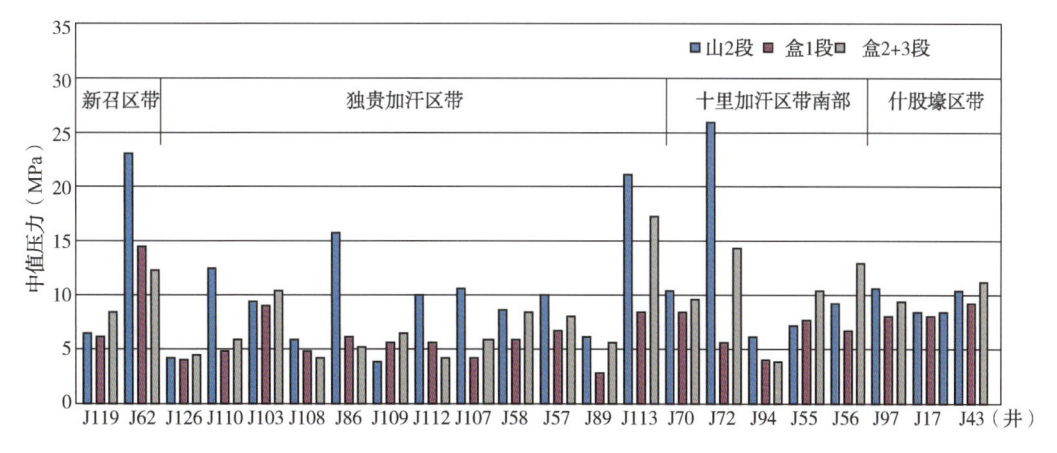

图 4-2-16　东胜气田分区分层关键时刻(110Ma)储层中值压力直方图

气充注门槛阻力分布特征：盒 1 段<盒 2+3 段<山 2 段，区域上十里加汉区带<独贵加汗区带<什股壕区带<新召区带；气富集门槛阻力分布特征：盒 1 段<盒 2+3 段<山 2 段，区域上独贵加汉区带<十里加汉区带<什股壕区带<新召区带。盒 1 段储层充注阻力(充注门槛阻力与富集门槛阻力)最低，最有利于天然气富集；十里加汗区带充注门槛阻力最低，独贵加汗区带富集门槛阻力最低。

（4）现今充注动力与关键时刻充注动力。

与鄂尔多斯盆地内部相同，本区二叠系天然气充注(一次运移)的动力是生烃增压作用产生的剩余压力。简略统计，现今充注动力与生烃速率、煤层厚度成正比(图 4-2-17)。现今充注动力计算：① 基于声波测井判识泥岩超压，利用"伊顿法"预测泥岩现今压力；② 用与煤源岩紧邻的泥岩最大流体压力近似等价于煤层的剩余压力(图 4-2-18)。

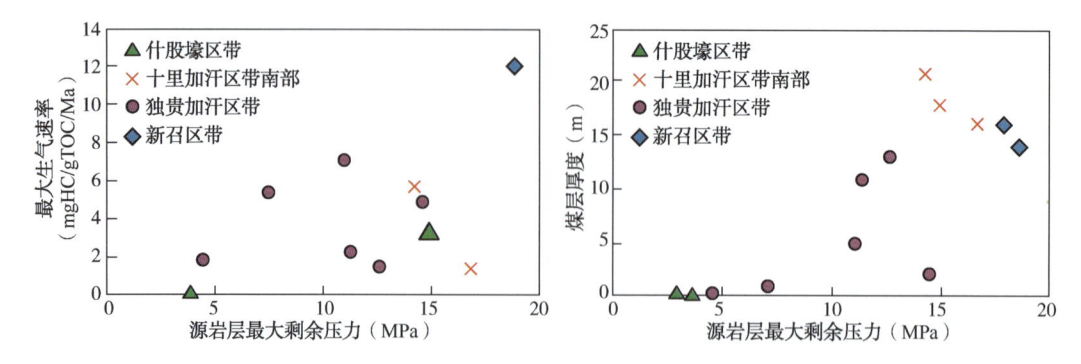

图 4-2-17　太原组、山西组源岩最大生烃速率、剩余压力与煤层厚度交会图

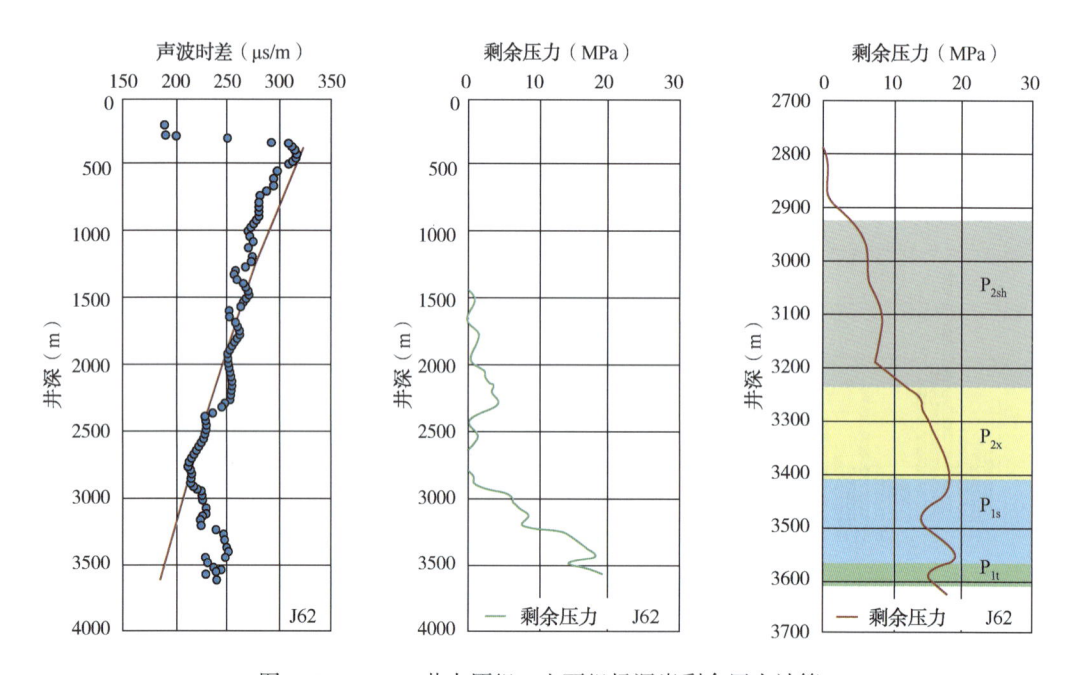

图 4-2-18　J62 井太原组、山西组烃源岩剩余压力计算

从太原组、山西组烃源岩单井测算的现今剩余压力分区特点看（图 4-2-19、图 4-2-20）：西部新召区带最高 15~24MPa，向三眼井断裂以北降低；十里—苏布 10~18MPa，向北降低；中部独贵加汗区带最大剩余压力分布比较均衡，为 10~13MPa；什股壕区带大部分地区为 0~6MPa，在 J117 井一带有较高值区；东部阿镇区带为 10~15MPa。盒 1 段在储地比值为 0.3 等值线以西的地区，其储地比值普遍<0.3，对应烃源岩层的剩余压力普遍较高，盒 1 段砂体为致密、近致密储层，非均质性强，是盒 1 段源内岩性气藏有利发育区。采用 PetroMod12，利用三维地震和钻井数据，进行古压力恢复以及压力演化过程的分析，模拟结果具有同样的趋势。

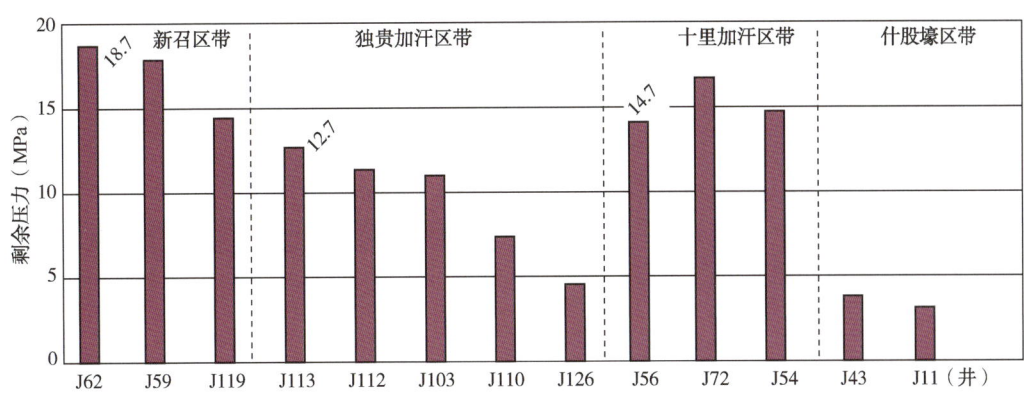

图 4-2-19　不同区带单井太原组、山西组烃源岩层现今剩余压力(充注动力)分布直方图

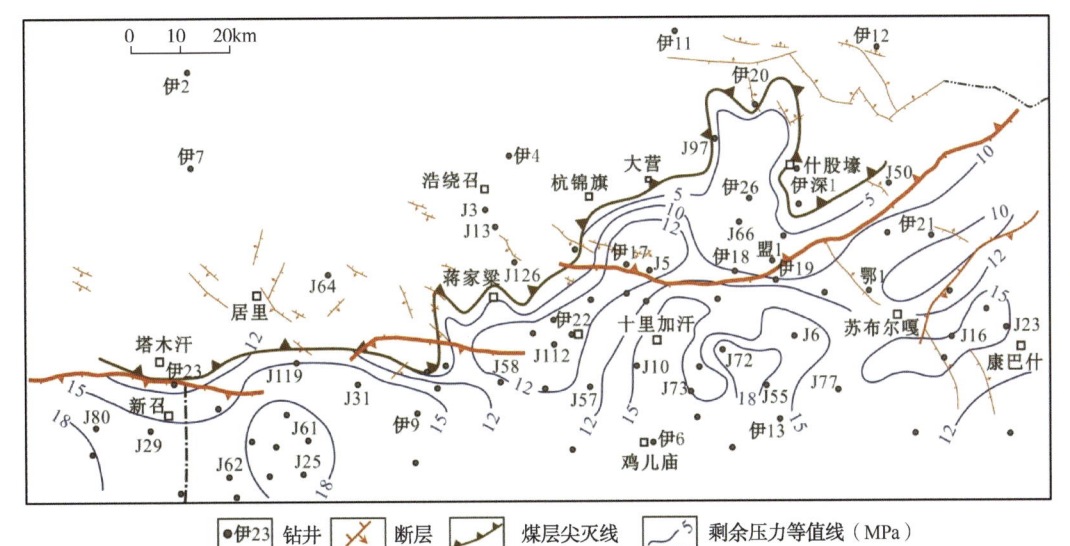

图 4-2-20　东胜气田及周缘太原段—山西组烃源岩现今最大剩余压力分布图

模拟结果显示(图 4-2-21、图 4-2-22、图 4-2-23),早期超压缓慢形成期(274~171Ma),中期超压快速积累与少量释放期(171~144Ma),晚期超压持续积累与快速释放期(144~0Ma)。早白垩世末期压力达到高峰,这种下部烃源岩层产生的超压,为天然气向上运移提供了强大动力,剩余压力由烃源岩区(断裂带南部斜坡区)向隆起区降低,甚至消失,也证实烃源岩区和源侧区的成藏动力性质不同。进入地层抬升期剩余压力降低,现今剩余压力较高峰期降低 8~12MPa。

鄂尔多斯盆地上古生界气层在早白垩世生气高峰期普遍为超压气层,后期的构造抬升作用使得气层降为常压。地层压力模拟表明杭锦旗地区断裂带以南下石盒子组在中侏罗世开始产生超压,至早白垩世末时,南部和西部高成熟烃源岩分布区的下石盒子组超压超过 10MPa(图 4-2-24),与烃源岩分布及其成熟度趋势一致,说明下石盒子组的砂岩储层得到普遍充注;什股壕区带由于无高成熟烃源岩发育,基本无超压,但却是区域构造高部位的低势区,有利于接受南部高势区运移而来的天然气,遵循浮力运移、有效圈闭聚集成藏机理(非连续聚集成藏)。

— 175 —

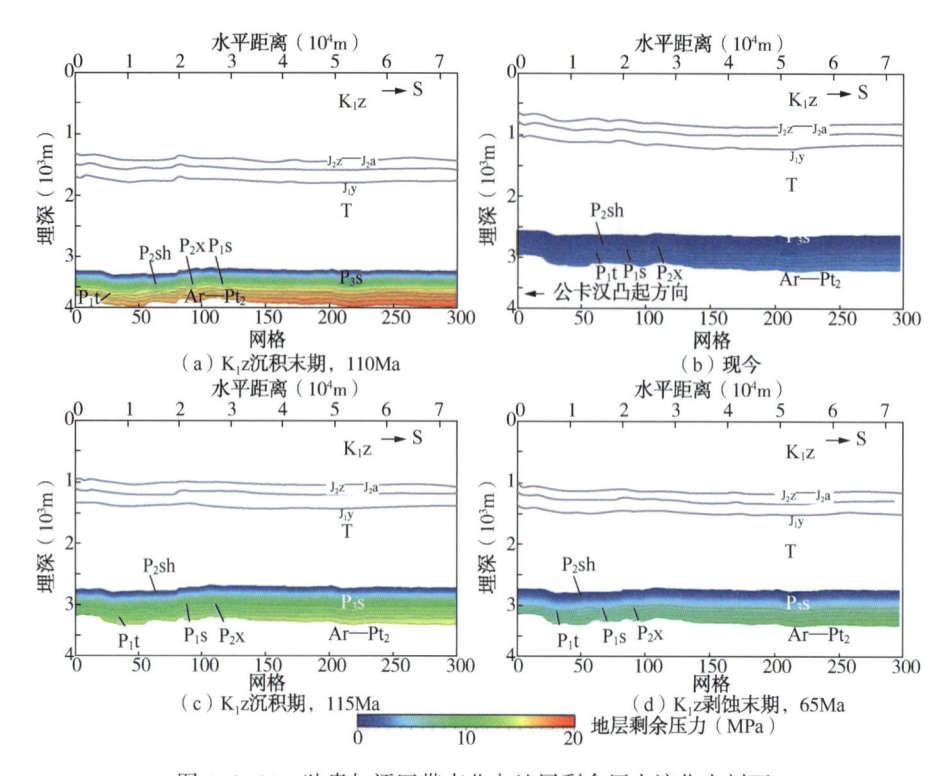

图 4-2-21　独贵加汗区带南北向地层剩余压力演化史剖面

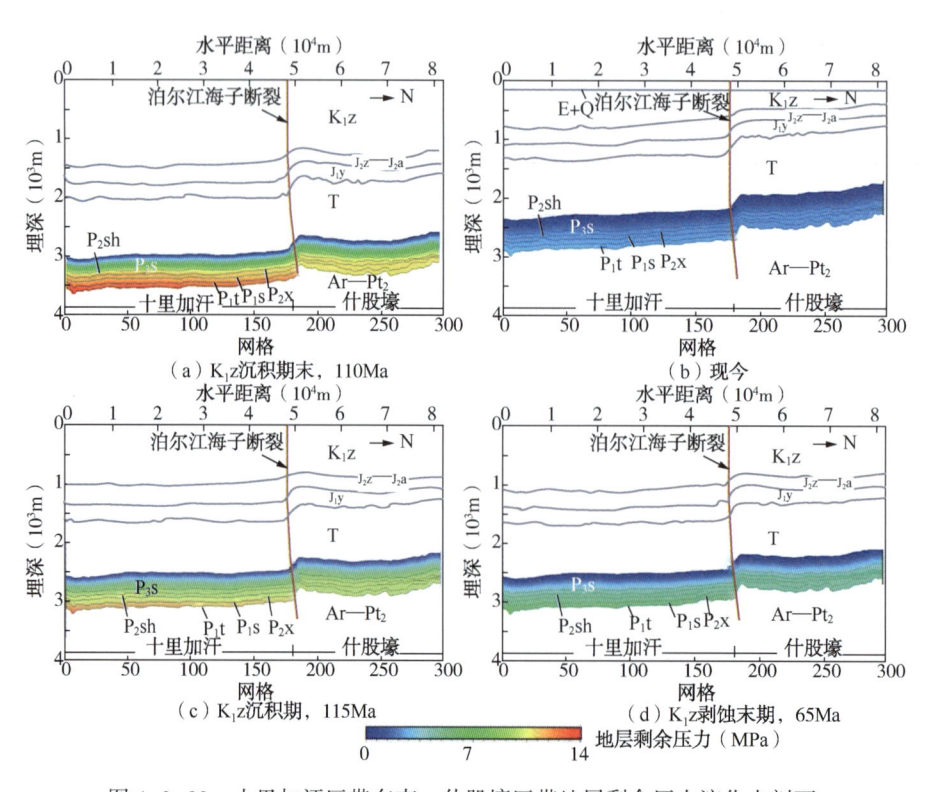

图 4-2-22　十里加汗区带东南—什股壕区带地层剩余压力演化史剖面

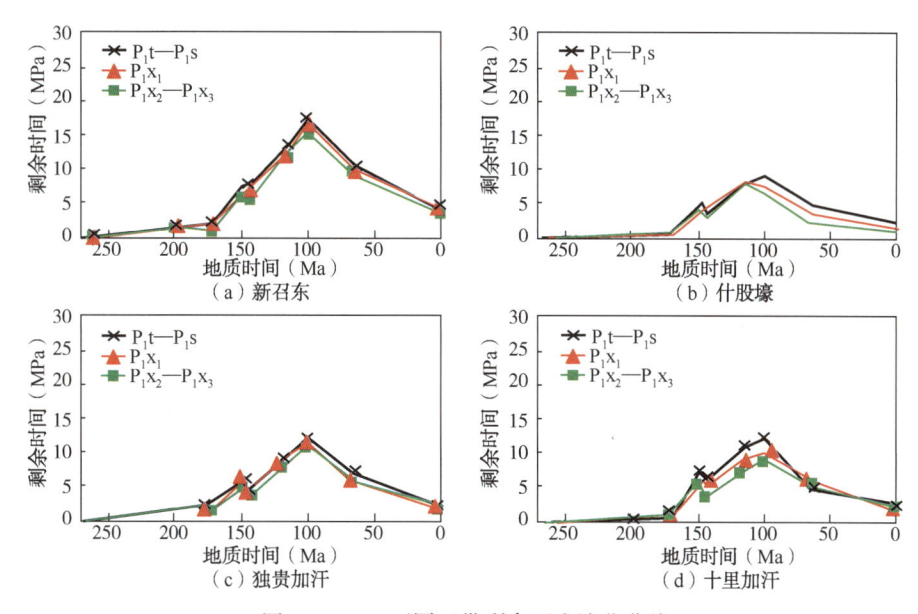

图 4-2-23　不同区带剩余压力演化曲线

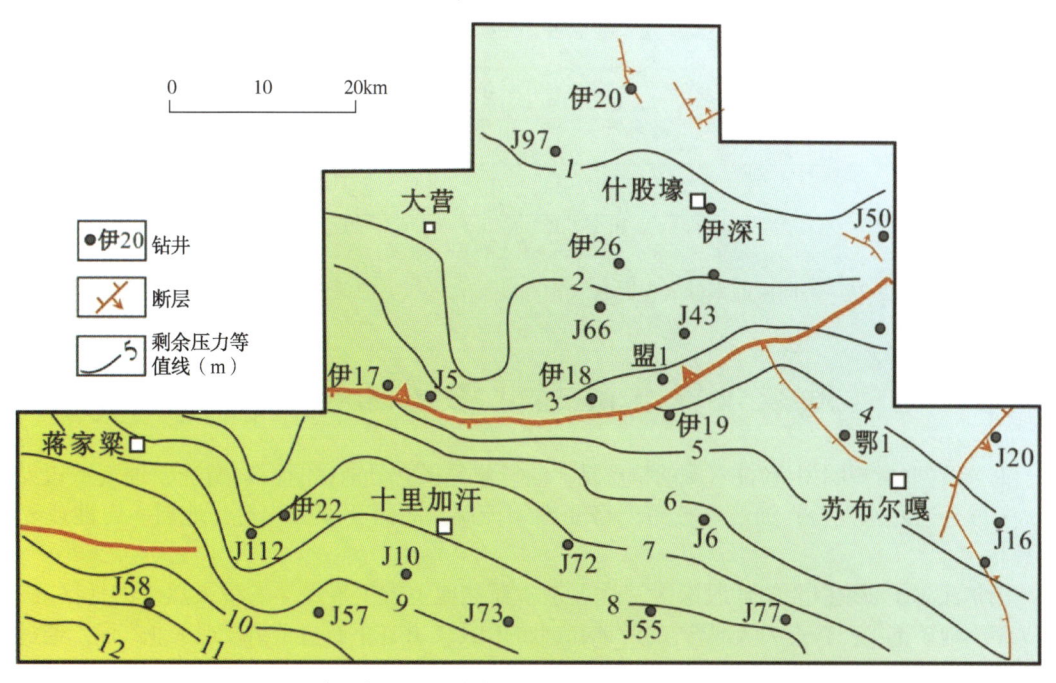

图 4-2-24　东胜气田中、东部下石盒子组早白垩世过剩压力分布图

4. 不同粒度砂岩充注阻力分析

通过作图法可以得到，本区砂岩渗透率在1mD（致密界限）时的充注门槛压力为 0.55~0.65MPa、中值压力在 4MPa 左右，代表了较好的储层。砂岩渗透率在 0.1mD 时的充注门槛压力为 8~20MPa，根据本区充注动力的分析，可以认为是充注下限。

对本区不同粒度砂岩样品的排替压力和中值压力进行统计，可见粒度越粗、充注阻力越小(表4-2-3),在高成熟烃源岩区,含砾粗砂岩、粗砂岩可以达到富集充注(含气饱和度大于50%),中粒砂岩部分可以达到富集充注,而细粒砂岩难以达到。不同粒度砂岩的充注阻力大小与钻井揭示的不同粒度砂岩含气性有非常好的对应关系。

表4-2-3　东胜气田不同粒度砂岩充注阻力统计数据表

砂岩样品	排替压力(MPa)(正态分布峰值)	中值压力(MPa)(正态分布峰值)
含砾粗砂岩	0.84	3.42
粗砂岩	0.92	6.29
中砂岩	1.88	16.36
细砂岩	4.59	28.29

驱替实验揭示,驱替压力4~5MPa时,含砾粗砂岩样品(渗透率1mD)含气饱和度可达50%以上。张福东等(2018)综合实验结果及地质分析得出,在埋深小于3000m的地层中,生气强度达到$(7\sim10)\times10^8 m^3/km^2$可以实现致密砂岩(空气渗透率小于1mD)有效充注。如渗透率为0.683mD的样品,在0.9MPa的充气压力下可以达到25%的含气饱和度(图4-2-25)。

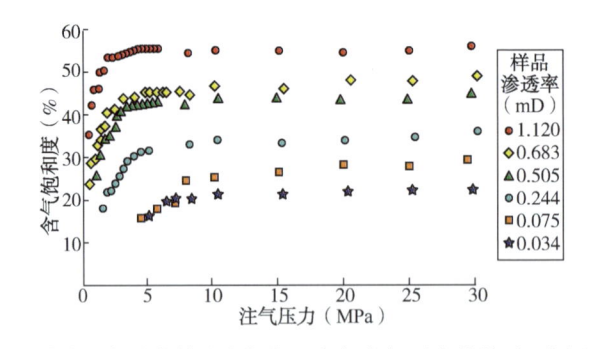

图4-2-25　不同渗透率砂岩样品含气饱和度与充气压力的关系(张福东 等,2018)

第三节　断裂带以北隆起低渗透区非连续成藏模式

非连续型(常规圈闭型)油气藏的特点是:油气藏呈孤立分散(不连续)分布,油气藏边界明确,一般有边底水发育;油气藏分布严格受圈闭控制,圈闭类型为构造、地层—岩性或复合圈闭。

泊尔江海子断裂以北的什股壕区带是鄂尔多斯盆地上古生界最早发现天然气的地区之一,1977年,地矿部第三普查大队部署在背斜构造上的伊深1井在下石盒子组发现工业气流。通过长期的勘探与研究,什股壕区带已在二叠系评价出三套气层(盒3段、盒2段、盒1段),获得的地质储量已超千亿立方米。

一、成藏特征分析

下石盒子组由下向上,河道砂体规模减小,岩性封堵能力增加。下部盒1段厚砂体主要发育背斜构造气藏(图4-3-1),上部盒2段和盒3段主要发育岩性、构造—岩性复合气藏。横向上,从西向东,由斜坡带到隆起带,构造作用逐渐加强,气藏类型由岩性气藏转变为构造—岩性气藏;从下部到上部,构造作用逐渐减弱,气藏类型由构造气藏转变为岩性气藏。

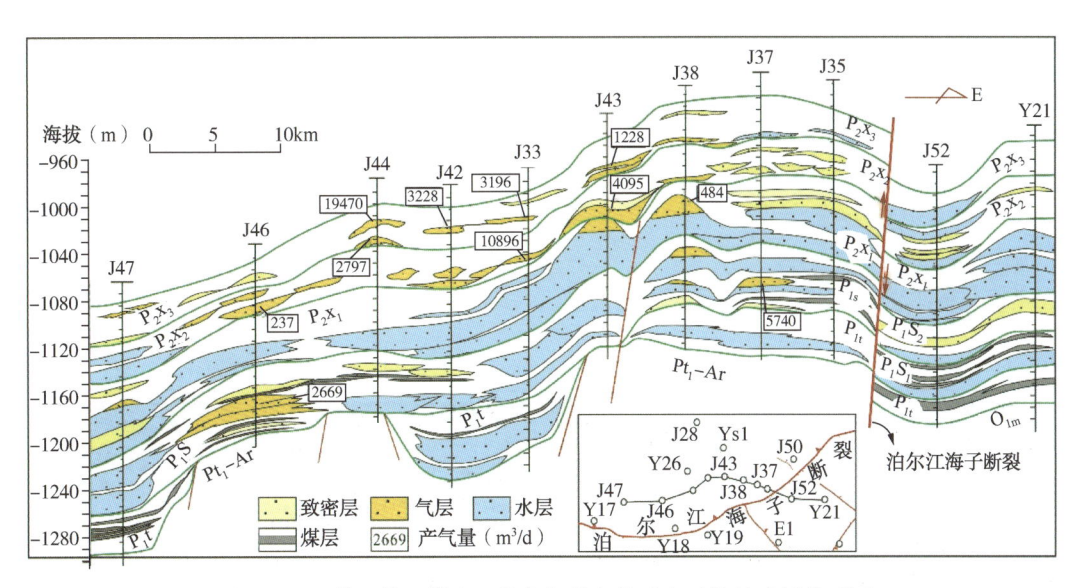

第四章 连续成藏区与非连续成藏区的成藏模式

图 4-3-1 什股壕区带盒 1 段产气井与构造和砂体的配置关系图

什股壕区带高成熟烃源岩不发育，自早古生代以来一直处于区域构造高部位，天然气主要来源于断裂带以南地区的烃源岩。

南北向贯通的盒 1 段厚砂体、古生界—太古界不整合面和层间断层构成立体输导体系，天然气在向北运移过程主要在紧邻上石盒子组区域盖层之下的下石盒子组圈闭中成藏。

层间断层分布不均，断距不大、倾角 70°左右，断穿层位一般是太原组—下石盒子组，在上石盒子组中不发育（图 4-3-2、图 4-3-3）。层间断层是天然气由盒 1 段向上运移至盒 2 段、盒 3 段的主要通道。

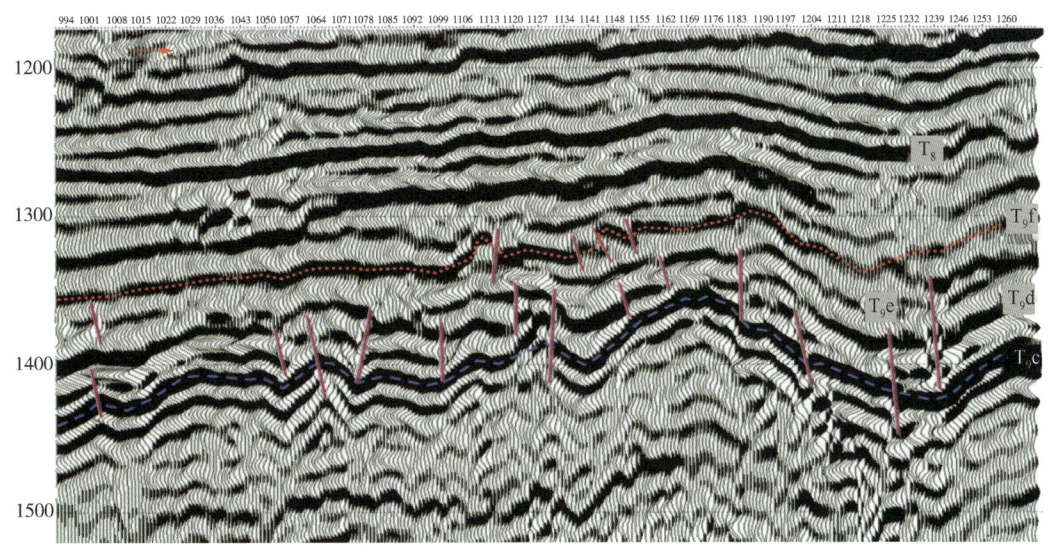

图 4-3-2 什股壕 Xline369 线地震剖面显示的山西组—下石盒子组层间断层

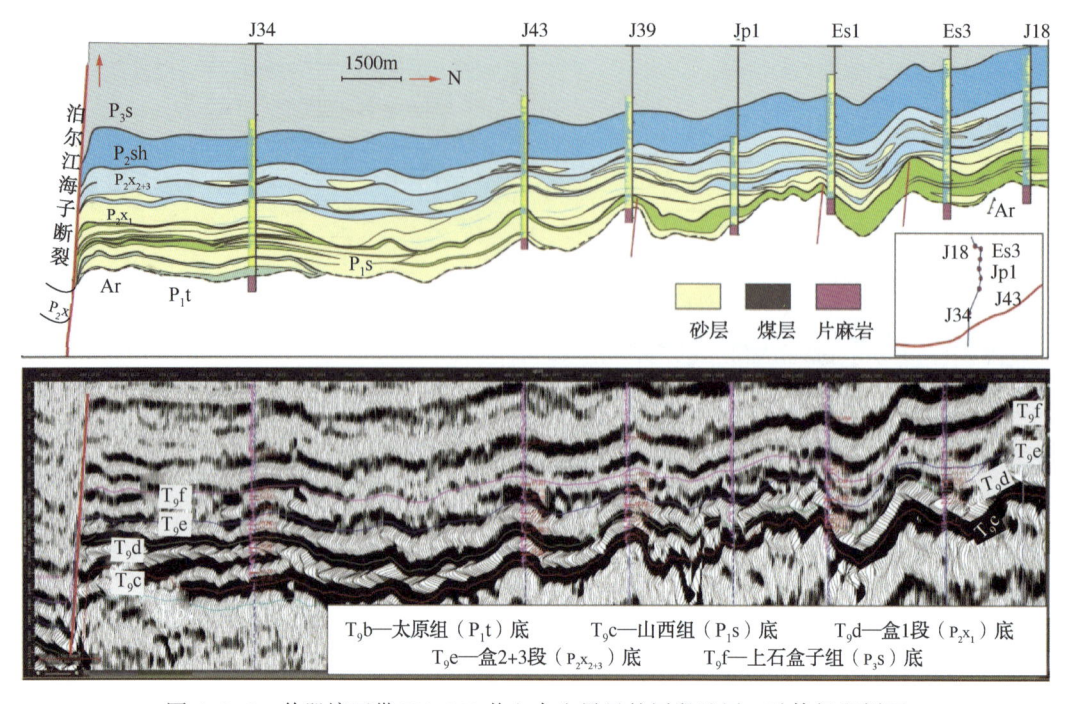

图 4-3-3　什股壕区带 J34-J18 井上古生界目的层段地层、砂体解释剖面

经计算，本区储层内产生气、水分异的条件是：孔隙度>10%，角度 2°，砂岩厚度>10 m，连续水平长度>400m。盒 1 段地层厚度 60m，连续砂岩厚度平均 40m，砂地比达到 67%，孔隙度 12%～15%、渗透率 1.5～3.0mD，砂体横向连片、连通性好，是什股壕地区天然气向北运移散失的主要输导层，只在有局部构造发育的地方才能成藏。

盒 2 段、盒 3 段"窄河道"砂体与构造等值线的起伏配置关系呈现多样性，形成几何形态不同的复合圈闭（图 4-3-4），造成气、水分异的位置复杂化。

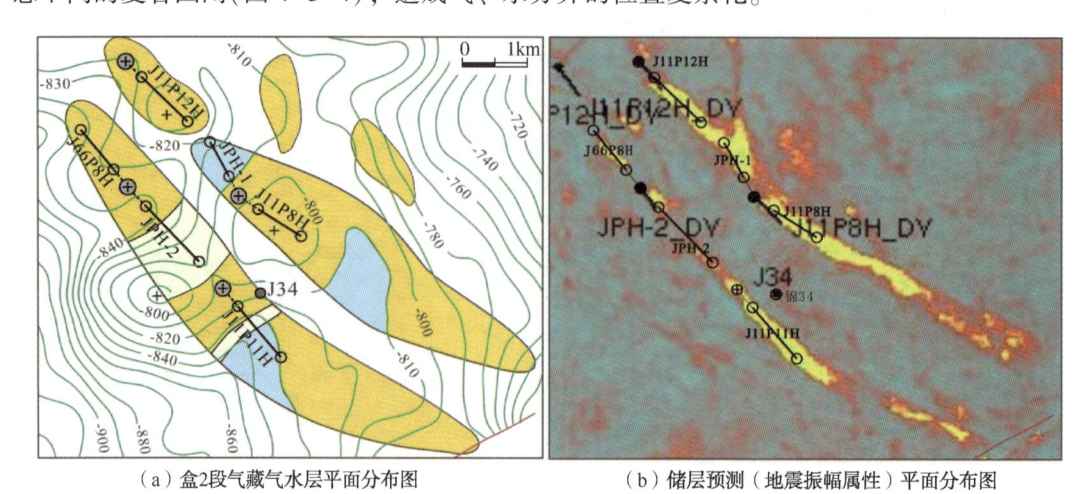

（a）盒2段气藏气水层平面分布图　　（b）储层预测（地震振幅属性）平面分布图

图 4-3-4　什股壕区带 J34 井盒 2 段复合气藏平面图

(c) J34井盒2段气藏剖面图

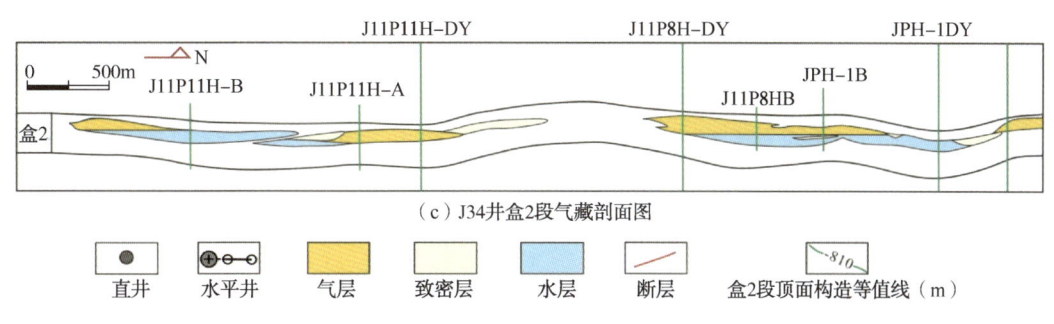

图 4-3-4　什股壕区带 J34 井盒 2 段复合气藏平面图(续图)

综上所述，建立了什股壕区带的成藏模式，即"优势输导供气，有效圈闭富集"模式（图 4-3-5），在这里的"有效圈闭"就是常规意义上的圈闭，与断裂带以南致密区下石盒子组"相带控藏、物性富集"的聚集方式有本质的区别。

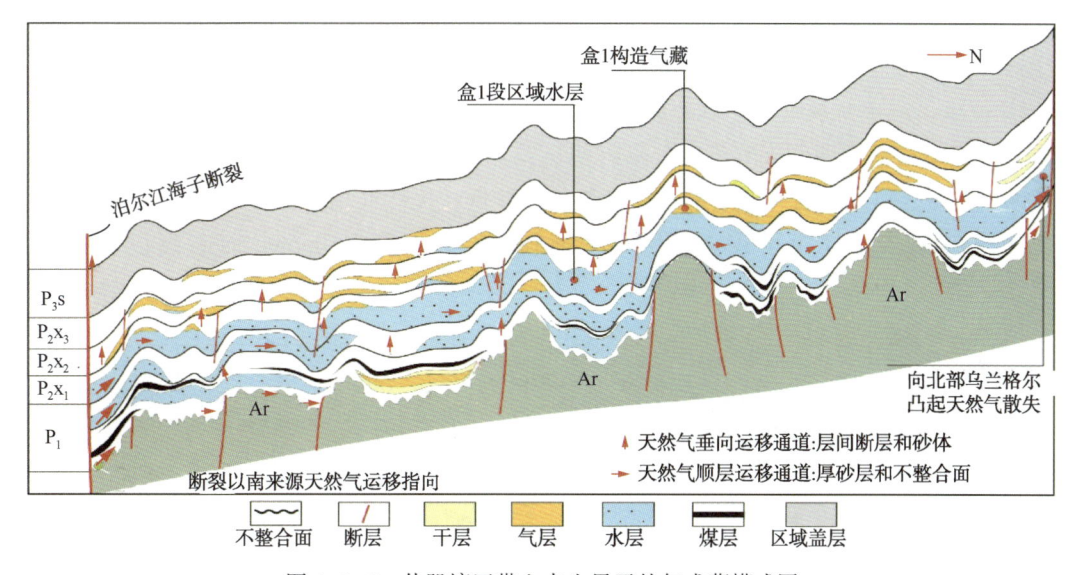

图 4-3-5　什股壕区带上古生界天然气成藏模式图

二、天然气向伊盟隆起运移的条件分析

盆地中的油气流动受控于其所处的流体势场，总是具有沿势梯度降低最快的方向由高势区向低势区运移的潜在趋势，但若使之能够演变为地质的事实，必须具备与之相配置的孔隙、裂缝、断裂、不整合面等运移通道或它们共同构建的输导体系。

20 世纪 50—60 年代，老一代石油勘探工作者在乌兰格尔凸起(吴四圪堵一带)发现地表油苗并进行吴字号钻井钻探的过程中，就开始关注研究伊盟隆起区油气的来源问题。乌兰格尔油苗出露于河床下白垩统砂岩中，油苗断续分布，长 100km，宽 20km，油砂厚 2~14m，油质轻，有强弱不等的煤油味，附近浅井岩心的含油率高达 12.4%，利用油砂分析资料推断母岩的 R_o 为 0.71%~0.92%。显然，油苗的成熟度相当于什股壕地区山西组烃源岩的成熟度，表明油气有向北运移的过程。1980年，陶庆才研究了盆地西缘、伊盟隆起山西组、太原组煤层、煤焦油、暗色泥岩、不同层位油砂的地化特征，认为伊深1井石盒子组与吴四圪堵 K_1Z_6 油砂具有相同的正构烷烃分布特点，有相同的母源。

杭锦旗断阶西端与公卡汉凸起结合部位的浩绕召一带，21世纪初完钻的J3井、J4井区缺失太原组和山西组，不仅没有煤层、甚至暗色泥岩也不发育，但该区的钻井在下石盒子组、上石盒子组和石千峰组有天然气产出，天然气碳同位素特征证实是煤成气。

鄂尔多斯盆地北部浅层中生界大规模漂白砂岩的形成与天然气运移散失有关。在燕山运动后期改造过程中，油气赋存状态发生了不同程度的调整。盆地东北部砂岩漂白蚀变带主要分布侏罗系延安组(J_2y)顶部地层中，漂白砂岩厚度从不足1m到十几米，分布面积大于100km²（杨华 等，2016）。漂白蚀变岩石是油气—酸性地下水联合作用的结果，形成于流—岩作用的早期阶段。马艳萍等（2006）根据鄂尔多斯盆地东北部中生界漂白砂岩的主要元素、稀土元素分析和岩石学特征以及北部巴则马岱白垩系油苗与上古生界气源碳同位素对比研究，认为漂白砂岩与上古生界煤系天然气散失有密切关系。

1. 泊尔江海子断裂带南、北天然气组分的差异

泊尔江海子断裂两侧天然气组分具有明显差异（图4-3-6）。北侧天然气甲烷含量较高，在92%～97%之间，而断裂以南甲烷含量普相对较低；天然气相对密度也具有分区性，断裂以北天然气由于重烃含量较少，相对密度较小，一般低于0.63，而断裂以南一般高于0.63。

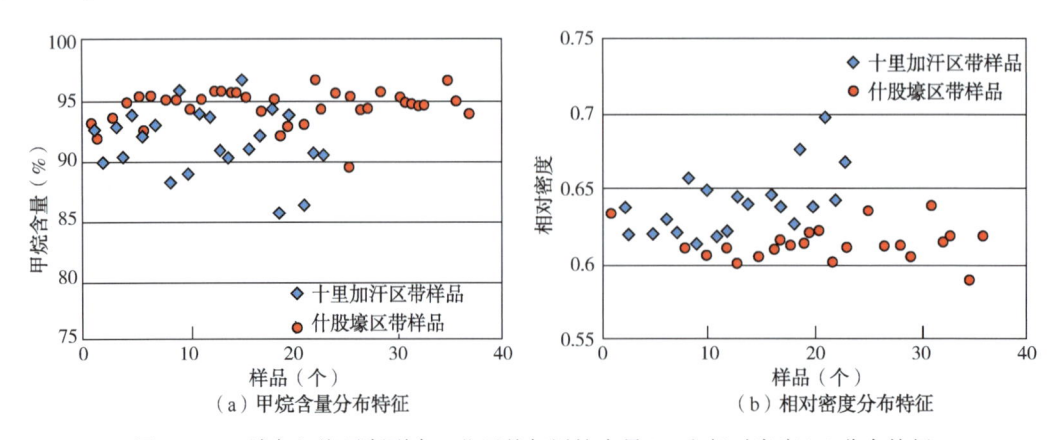

图4-3-6　泊尔江海子断裂南、北天然气甲烷含量(a)和相对密度(b)分布特征

研究发现，天然气的组分（干燥系数）受到诸多因素的影响，如烃源岩母质类型、成熟度、地质色层作用等（Stahl，1975；戴金星 等，1992，2000；徐永昌，1994；Prinzhofer 等，1997）。东胜气田下二叠统煤系烃源岩主要为腐殖型干酪根，无论是太原组，还是山西组，在烃源岩母质类型上差异不大。

区域上，从鄂尔多斯盆地北部地区整体来看，主要大气田的天然气干燥系数总体表现为随成熟度的增加而增大，如东胜气田平均值为0.890、大牛地气田平均值为0.914、苏里

格气田平均值为 0.932，这与盆地北部上古生界烃源岩的成熟度趋势特征是一致的，也反映了天然气的干燥系数与其烃源岩的热演化程度密切相关。

就东胜气田而言，干燥系数表征上古生界天然气总体具有湿气特点，但泊尔江海子断裂带两侧天然气干燥系数存在较大差异。断裂以南的十里加汗区带 45 个天然气样品干燥系数分布在 0.834~0.987（图 4-3-7），平均值为 0.913；新召区带 14 个天然气样品干燥系数分布在 0.861~0.941，平均值为 0.912，与大牛地气田天然气的干燥系数非常接近。断裂带北侧的什股壕区带 30 个天然气样品干燥系数分布在 0.876~0.967，平均值为 0.939，明显高于断裂带以南地区，而什股壕自身烃源岩热演化程度相对较低，而天然气干燥系数却较高，推断是天然气运移过程中地质色层作用的影响。

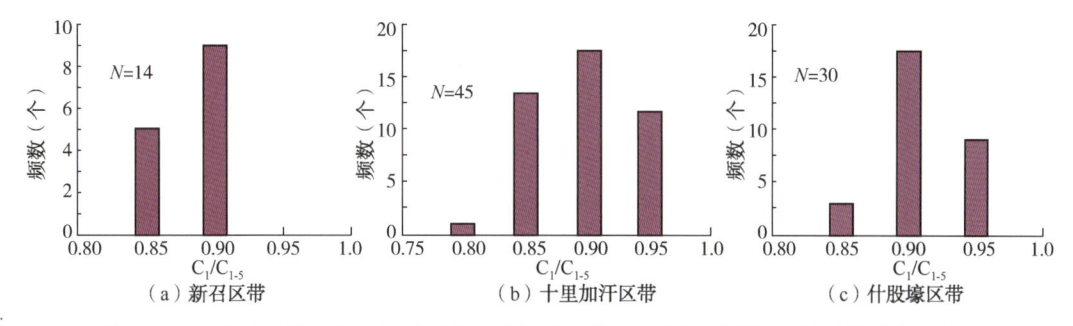

图 4-3-7 新召区带、十里加汗区带、什股壕区带上古生界天然气干燥系数分布直方图

2. 断裂以北天然气成熟度高于原地烃源岩成熟度

天然气甲烷碳同位素与有机质成熟度具有较好的线性相关关系（戴金星，1992；沈平，1987；刘文汇，1999）。利用不同学者建立的煤成气 R_o 值与甲烷碳同位素换算公式，分别计算了东胜气田不同气藏天然气的成熟度。计算结果见表 4-3-1，如图 4-3-8 所示。

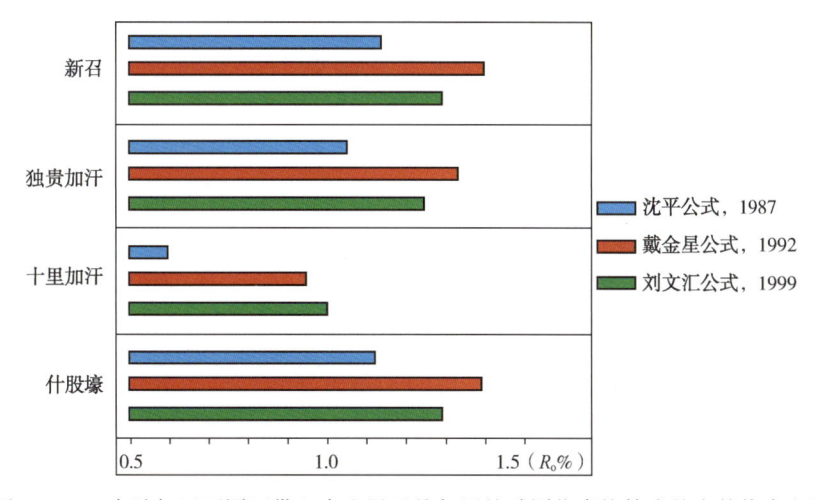

图 4-3-8 东胜气田不同区带上古生界天然气甲烷碳同位素换算成熟度数值直方图

表 4-3-1　依据不同学者建立的计算公式换算天然气成熟度一览表

区带	井号	层位	$\delta^{13}C_1$(‰)	R_o(%)计算值		
				刘文汇公式(1999)	戴金星公式(1992)	沈平公式(1987)
什股壕	J11-2	盒3	-31.8	1.36	1.53	1.31
	ES4	盒3	-31.8	1.36	1.53	1.31
	JPH-1	盒2	-32.4	1.28	1.38	1.11
	JPH-2	盒2	-32.0	1.33	1.48	1.24
	J66P9H-1	盒2	-32.3	1.29	1.41	1.14
	J66P9H-2	盒2	-32.8	1.23	1.30	1.00
	J66P8H	盒2	-32.7	1.24	1.32	1.03
	J66P12H	盒2	-32.6	1.25	1.34	1.05
	JPH-13	盒2	-32.7	1.24	1.32	1.03
	J11P4H	盒2	-31.9	1.35	1.50	1.27
	J11-1	盒2	-31.7	1.37	1.55	1.34
	J26	盒2	-32.0	1.33	1.48	1.24
	J66P5H	盒2	-32.9	1.22	1.28	0.97
	J66P5S	山1	-33.6	1.13	1.14	0.81
独贵加汗	J98	盒1	-32.8	1.23	1.30	1.00
	J99	盒1	-32.8	1.23	1.30	1.00
	J111	盒1	-32.4	1.28	1.38	1.11
	J110	盒1	-32.4	1.28	1.38	1.11
	J58P13H	盒1	-32.8	1.23	1.30	1.00
十里加汗	J77P1H	盒1	-34.3	1.05	1.01	0.67
	J77	盒1	-34.7	1.01	0.95	0.61
	J104	山2	-35.1	0.97	0.89	0.54
新召	J79	山1	-33.0	1.20	1.25	0.95
	J80	山2	-31.7	1.37	1.55	1.34

计算结果虽存在差异，但总体反映了不同区带天然气成熟度与其所在区域下二叠统煤系烃源岩的热演化程度匹配较好，只有什股壕区带差异较大。什股壕区带上古生界天然气换算的 R_o 值平均值>1.30%，处于高成熟演化阶段，而与本地太原组、山西组烃源岩所处成熟阶段不符，判断其主要来源于断裂以南的上古生界高成熟煤系烃源岩，另一方面本地烃源岩有一定的贡献，这也解释了断裂以北天然气烷烃气碳同位素比断裂以南重的原因。

3. 断裂封闭性分析

断裂封闭性指断裂与地层物性的各向异性匹配，形成新的物性和压力系统，阻止油气继续运移并聚集的能力。在空间上，断裂封闭性表现为两个方面：侧向上，断裂对穿过断面侧向运移的油气的封闭，称侧向封闭性；在垂向上，断裂对沿断面垂向运移油气的封闭，称垂向封闭性。侧向封闭机理包括岩性对接、断裂岩、泥岩涂抹和胶结封闭等。其中，岩性对接和泥岩涂抹因素最为重要。岩性对接的主要评价手段为 Allan 断面图解和 Knipe 图解，泥岩涂抹评价则用断裂泥岩比率(SGR)。

（1）Allan 断面图解法。

Allan（1989）在墨西哥湾沿岸三角洲油气与构造关系研究中提出了断裂封堵评价的工作方法，也就是著名的 Allan 图（断面图）（图 4-3-9）。Allan 断面图是以断面为叠合面，将断裂两侧地层的几何形态和岩性叠加起来，图解储层和盖层沿断裂倾向和走向的岩性接触关系，以评价断裂的侧向封闭性。其基本思想是断裂在横向上的封闭性取决于断裂两盘的岩性组合及接触关系，一般砂泥对接封闭；砂砂对接开启。

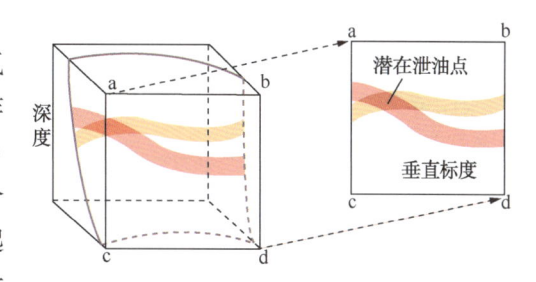

图 4-3-9　Allan 断面图的基本原理

杨明慧在 2013 年对泊尔江海子断裂进行了系统研究，利用 Allan 断面图对断层封闭性进行了解剖。从地震剖面解释看，泊尔江海子断裂较窄，可近似作为一个面来处理。泊尔江海子断裂的 Allan 断面图显示，断裂两端及断裂分段连接部位的断距较小，上、下盘多为同层对接或局部不同层位的地层对接，对接面积大。在测线 02—HN613.7 及测线 03—HN649.7 附近，断距较大，错断上古生界，两盘地层不发生对接。断裂其他部位多为南侧下盘的盒 2 段、盒 3 段与北侧上盘的山西组和太原组对接，局部可与盒 1 段下部对接(图 4-3-10)。

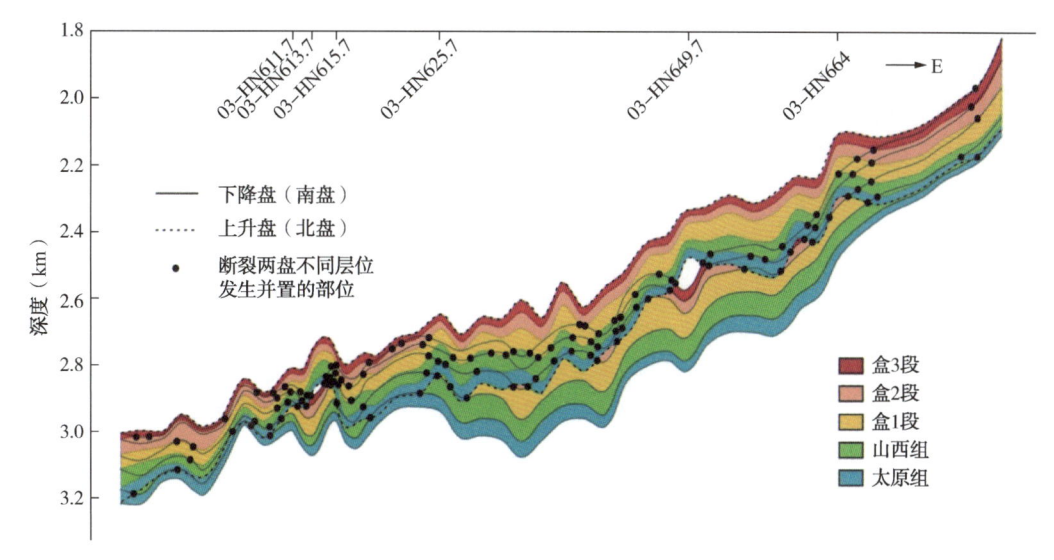

图 4-3-10　泊尔江海子断裂的 Allan 断面图

结合钻井、地震属性等资料预测砂体分布，判断断裂带附近两盘目的层段的岩性，从而进一步分析岩性并置关系。泊尔江海子断裂的岩性并置具有分段性，断裂两端（测线

07—HN664 以东、测线 03—HN611.7 以西)和分段连接处(测线 02—HN615.7 到测线 02—HN625.7 之间)断距较小(图 4-3-11),目的层段主要为砂—砂对接,侧向连通;仅底部小面积为砂—泥对接或泥—泥对接,封闭性较差。分段断裂中间部位(西段测线 03—HN611.7 至测线 03—HN615.7 之间以及东段测线 03—HN625.7 至测线 07—HN664 之间)断距较大,地层对接情况差,多砂—泥对接或直接错断;砂—砂对接仅在上盘盒 3 段的顶部,面积小,侧向封闭好。

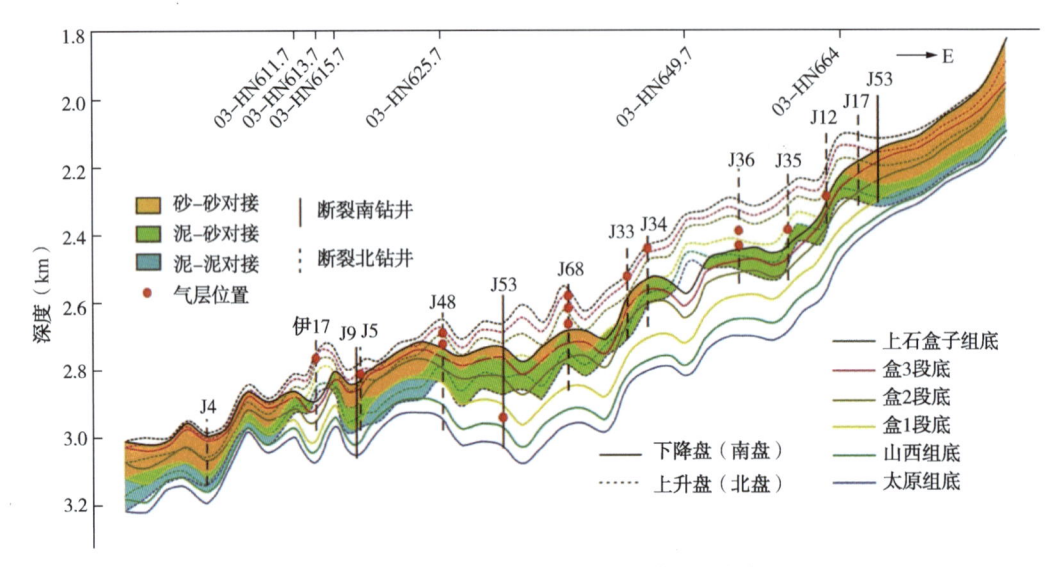

图 4-3-11 泊尔江海子断裂 Allan 断面图解析

三眼井断裂在 04—HN523 测线以东断距较小,一般为 10~30m,两盘之间地层并置情况比较普遍,多为同层或局部相邻层位对接;以西断距逐渐变大,不同层位地层发生并置。从岩性剖面上看,三眼井断裂在下石盒子组存在砂岩—砂岩对接。自东向西并置面积逐渐减小,封闭性向西逐渐变好。但总体上三眼井断裂不具侧向封闭性。

(2)断裂泥比率(SGR)。

在断裂活动中,由于泥岩(膏泥岩、盐岩)塑性较强,在构造挤压和重力作用下发生塑性变形,涂抹在断裂上下盘,形成由黏土层构成的剪切带(Berg,1995),并依靠其自身的高排替压力形成封闭。Bouvier 等(1989)提出用泥岩涂抹能力(CSP)确定断裂的相对封闭程度;Lindsay 等(1993)提出了确定泥岩连续涂抹可能性的泥质涂抹因子(SSF);Yielding 等(1998)给出广义涂抹因子公式,认为之前的公式分别适用于断面剪切型涂抹和压入型涂抹,而不适用于厚的非均质的碎屑层序,他们提出泥岩的断裂泥比率(SGR)计算公式为:

$$SGR = \frac{\sum 泥岩层厚度}{垂直断距} \times 100\%$$

稍加变化,可计算断裂带的 SGR:

$$SGR = \frac{\sum (地层带厚度) \times (地层带泥岩含量)}{垂直断距} \times 100\%$$

断裂泥比率就是在断裂位移段中确定泥岩或页岩的占比。上盘或下盘均可测定。当使用 SGR 定量评价断裂的封闭能力时，需要使用钻井已证实具有封堵能力的断裂标定。但在实际应用中，通常依据 Yielding 等(1997)设定的 SGR 门限值，即 25%~30%。其值越大，封闭性越好。结合本区的实际情况并参照吕延防等(1990)对盖层封闭性的评价标准，确定 SGR 评价标准(表 4-3-2)。另据 Manzocchi 等研究，在压力不变时，油气穿过断面所需的最小 SGR 值是固定的。SGR 值越小，油气越易穿过断裂运移。

表 4-3-2 东胜气田断层封闭性评价标准

封闭性评价	差	中等	较好	好
SGR	0~0.5	0.5~0.6	0.6~0.75	0.75~1

计算表明，泊尔江海子断裂的 SGR 值总体较低(表 4-3-3)，多在 0.1~0.5 之间，封闭差，说明泥岩涂抹难以造成断裂侧向封闭，其封闭应该与岩性并置有关。在太原组、盒 1 段层位的 SGR 值最低，是油气最易突破断裂运移的部位。乌兰吉林庙断裂的 SGR 值为 0.443，表明泥岩涂抹作用差，侧向开启较好。三眼井断裂的 SGR 值均<0.5，封闭水平差。盒 1 段的 SGR 值最低，油气最易突破断裂运移。

表 4-3-3 东胜气田不同层位断裂的 SGR 值

断裂	测线	盒1段 泥质含量	偏移厚度(m)	断距(m)	SGR	山西组 泥质含量	偏移厚度(m)	断距(m)	SGR	太原组 泥质含量	偏移厚度(m)	断距(m)	SGR
泊尔江海子	04-HN668	0.40	41	41	0.40	0.60	50	50	0.60	0.35	38	50	0.27
	03-HN660	0.28	65	191	0.10	0.43	45	227	0.09	0.57	55	243	0.13
	03-HN643.7	0.22	70	89	0.17	0.24	47	128	0.09	0.25	26	130	0.05
	02-HN635.7	0.20	56	101	0.11	0.40	70	131	0.21	0.50	37.5	148	0.13
	02-HN619.7	0.20	11	11	0.20	0.40	18	18	0.40				
	02-HN617.7	0.17	57	66	0.15	0.10	50	83	0.06				
	02-HN603B	0.18	15	15	0.18	0.12	20	20	0.2				
乌兰吉林	04-HN559	0.12	17	17	0.12	0.35	17	17	0.35	0.50	17	17	0.50
	04-HN535	0.30	11.7	31	0.11	0.35	25	25	0.35				
三眼井	04-HN527	0.50	23	26.5	0.43	0.40	26	59.8	0.17				
	04-HN523	0.35	26	27	0.34	0.40	22	22	0.40				
	04-HN515	0.47	11	57	0.09	0.40	42	42	0.40				

4. 不整合面输导条件分析

不整合面的倾角及交汇叠置程度控制油气的运移速度、距离、规模和富集程度。不整合面倾角越大，运移速度越大、距离越远、规模越大，不整合面交汇叠置程度越高，聚油强度越大。但是，不整合面对油气运移和聚集的作用是有限的。目前认为，不整合面对油气运移和封堵的作用取决于不整合空间结构,即不整合面之下的风化黏土层、不整合面上下的泥岩和淋滤带内的泥岩、淋滤带顶部砂岩受淋滤形成的半风化泥岩的作用(陈中红 等,2002)。不整合面之上的畅通型岩层(底砾岩、水进砂岩)、不整合面之下具有裂隙、溶蚀孔洞系统的半风化岩石可作为油气运移通道甚至油气聚集场所(何登发,1995)。王艳忠等(2006)针对不整合面上下的岩性配置、风化黏土层发育及油气分布等因素,将不整合空间结构分为双运移通道型(Ⅰ型)、单运移通道型(Ⅱ型)和封堵型(Ⅲ型)等三类;其中单运移通道型又分为Ⅱ$_1$、Ⅱ$_2$和Ⅱ$_3$等亚类。

孙晓等(2016)利用东胜气田录井和测井资料,将不整合内部结构分为两种运移通道类型:(1)双运移通道(Ⅰ型),包括砂岩—黏土层—砂岩、砂岩—黏土层—碳酸盐岩和砂岩—黏土层—变质岩等三种。(2)单运移通道三个亚型发育两个,分别是Ⅱ$_1$型和Ⅱ$_3$型,其中Ⅱ$_1$型可分泥岩—黏土层—砂岩、泥岩—黏土层—碳酸盐岩和泥岩—黏土层—变质岩等;Ⅱ$_3$型包括砂岩—变质岩和砂岩—碳酸盐岩等(表4-3-4)。

表4-3-4 东胜气田不整合面油气运移通道类型划分

类型		特征	岩性			作用	成藏
双运移通道型Ⅰ		不整合面之上岩层 不整合面风化黏土层	砂岩			输导储集	不整合面上下均可成藏
		半风化岩层	黏土层			封堵	
			砂岩	碳酸盐岩	变质岩	输导储集	
单运移通道型Ⅱ	Ⅱ$_1$	不整合面之上岩层 不整合面风化黏土层	泥岩			封堵	不整合面之下成藏
			黏土层				
		半风化岩层	砂岩	碳酸盐岩	变质岩	输导储集	
	Ⅱ$_2$	不整合面之上岩层 不整合面风化黏土层	砂岩			输导储集	不整合面之上成藏
			黏土层			封堵	
		半风化岩层	泥岩				
	Ⅱ$_3$	不整合面之上岩层 不整合面 半风化岩层	砂岩			输导	
			碳酸盐岩		变质岩		

不整合面作为输导体系并非单独起作用,而是与断裂分布、古地形高差以及构造脊的分布有关。然而,这些因素的叠加作用并非全区有效,而是存在一些优势地区或优势的输导体系。

第五章

致密岩性气藏区选区及"甜点"一体化评价方法

针对东胜气田源、储差异配置的基本条件,建立了源内致密成藏区源—储—封三位一体的选区评价方法,以高成熟烃源岩与密集河道叠合区作为规模储量勘探评价的有利区,同时考虑区域上倾方向的封堵条件;在有利区范围内的早期评价阶段,针对复合河道含气边界模糊这一特点,建立了基于有利相带气层钻遇概率统计基础上的致密岩性圈闭有效边界评价方法;随着勘探和认识程度提高,针对单期河道砂体横向非均质性强的特点,建立了基于辫状河砂体构型研究基础上的心滩砂体发育模式及其地震属性刻画技术。

第一节 选区、选带评价方法

一、选区评价方法

"十二五"至"十三五"期间,随着勘探工作的持续展开,把南部源内致密岩性气藏区(连续聚集成藏)作为主要勘探开发目标。根据成藏要素的差异配置,建立了源内致密岩性成藏区源—储—封三位一体的选区评价方法(表5-1-1)。

表5-1-1 东胜气田二叠系源内岩性气藏区有利目标选区评价参数表

评价条件	评价方法	标准 好	标准 中	标准 差
烃源岩	煤层厚度	>6	6~2	<2
烃源岩	煤层成熟度 R_o	>1.2	1.2~1.0	<1.0
烃源岩	煤层 ΔlgR 值	>6	5~6	<5
储层	沉积相	冲积扇、辫状河道主体		河漫区、河道侧翼
储层	砂体厚度(m)	>25(盒1段)		<25(盒1段)
储层	储层分类	Ⅰ类储层大于5m	Ⅱ类储层为主	Ⅲ类储层为主
侧向封堵	储地比	地层超覆尖灭	储地比<0.3	储地比>0.3
侧向封堵	地层尖灭	储地比<0.3		
侧向封堵	河道砂体与构造走向	平行	斜交	垂直
侧向封堵	断层封闭性	好	中	差

烃源岩评价方面,优选山西组—太原组煤层厚度>6.0m,R_o>1.2%,煤层 ΔlgR>6.0 的区域作为一类烃源岩区。新召东区带、独贵加汗区带、十里加汗区带南部为烃源岩发育一类区。

储层评价方面,在所建立的上古生界储集体分类评价标准基础上(表5-1-2),利用沉积微相+储层分类+厚度+地震属性评价优势储集体分布区。

表5-1-2 东胜气田盒1段储层识别评价标准

类别	岩性	GR曲线形态	沉积微相	物性 ϕ(%)	物性 K(mD)	SP负异常	电性参数 GR(API)	电性参数 AC(μs/m)
Ⅰ	(含砾)粗砂岩	箱形	心滩	>10	>0.4	明显	<60	>235
Ⅱ	粗砂岩 中粗砂岩	箱形 钟形	心滩 水道	>7	>0.25	较明显	<70	>225

第五章 致密岩性气藏区选区及"甜点"一体化评价方法

在区域封堵条件上,重点考察河道上倾方向非均质性的变化情况,在层内封堵条件评价方面,优选盒1段储地比<0.3的区域作为有利岩性气藏发育的一类区,优选走向与构造线平行的河道砂体作为有利于侧向封堵的一类河道。

2013年以来,根据上述评价方法,在断裂带以南优选了新召区带、独贵加汗区带、苏布尔嘎南部三个重点目标(表5-1-3),按照岩性气藏勘探模式展开评价,到2019年,仅独贵加汗区带岩性气藏勘探获得的探明储量已超千亿立方米。

表5-1-3 东胜气田上古生界岩性气藏有利目标区带综合评价结果表

区带名称	新召东、新召西	独贵加汗	十里加汗南部(苏布尔嘎)
资源量($10^8 m^3$)	1900	2900	2500
潜力层位	山2段、盒1段	盒1段、盒3段、太原组	盒1段、盒3段
富集因素	储层物性与厚度	储层物性与厚度	储层物性与厚度

二、以河道复合体为单元的岩性圈闭地质综合评价方法

鄂尔多斯盆地的勘探实践表明,上古生界气田往往由多层岩性圈闭组成,气田的地质评价应建立在对层圈闭全面评价的基础上,因此,按照一定单元建立并逐步完善大型岩性圈闭的地质综合评价技术(图5-1-1),是气田勘探的关键配套技术之一(郝蜀民 等,2018)。该项技术在不同勘探阶段建立、完善并得到应用,为气田资源潜力定量评价、勘探规划制定、年度勘探方案编制、勘探目标优选、探井部署等提供技术支撑。

层序地层分析和沉积相研究是层圈闭描述的基础,一个层序单元内有利储集相带的分布决定了层圈闭的主体范围;多层层圈闭在纵向上的叠置区是有利区带评价的基本原则。

层圈闭主体的基本形态可以用砂体厚度等值线表达,其描述采用地质研究和地震储层预测相互印证、逐步完善。

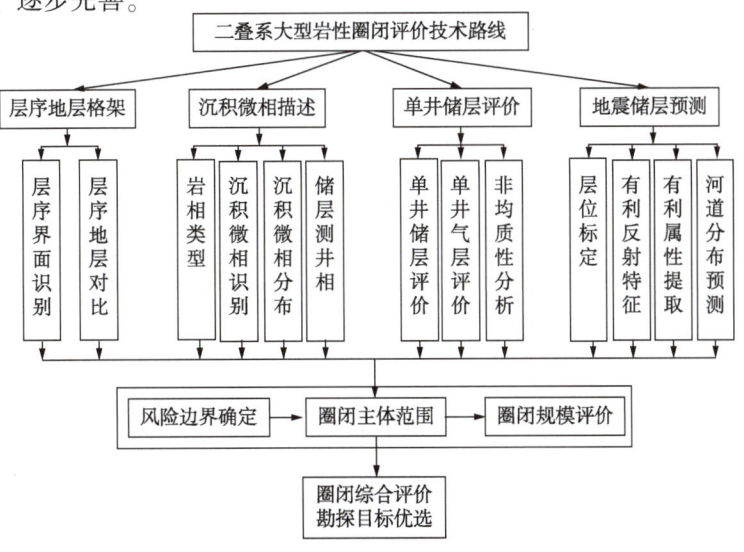

图5-1-1 岩性圈闭综合评价技术路线图

层圈闭评价边界，层圈闭评价边界是依据有效储层(气层)钻遇率+有效厚度下限确定的现阶段评价边界，该边界内气层钻遇率高、勘探风险低，因此圈闭评价边界是一个一定数值的砂岩累计厚度等值线，并不是砂岩厚度为零的界限。

在岩性圈闭为主的区域，选区、选带及其"甜点"评价所涉及的主要技术方法见表5-1-4，但不应只局限这些方法，随着地质资料的丰富和地质认识的提高，岩性圈闭地质评价技术方法也应与时俱进、不断完善。

表 5-1-4 东胜气田岩性圈闭地质综合评价技术方法

序号	技术方法	针对难点	作用
1	高分辨率层序地层分析对比技术	陆相砂、泥岩互层剖面	划分圈闭评价单元
2	(扇)三角洲—河流体系的沉积相分析技术	沉积体系及其演化 沉积相带展布及其演化	确定圈闭主体有利相带
3	岩性圈闭边界特征及识别技术	圈闭边界的模糊性	确定圈闭宏观分布
4	致密—低渗砂岩储层分类评价技术	有效储层的评价标准	分层段储集岩分类 储集岩成因类型 优质储层发育机理
6	辫状河砂体构型模式及统计学规律	主河道及心滩预测	富集"甜点"预测
7	岩性圈闭地质综合评价	"低品位"资源评价	区带评价 勘探目标优选 资源评价

在勘探中后期，积累了较多的地质资料，在精细的井间对比基础上，以主要储集岩相类型描述层圈闭的分布特征，准确反映圈闭范围沉积微相、储层物性、气层产能的差异，更能精细地对圈闭进行分区评价。

重点强调的是，层圈闭的边界不是一个狭窄的界限，往往是一个有一定宽度的区域，在这个区域内储层或减薄、尖灭，或变得致密，含气或不含气。这里所谓的岩性圈闭指一条河道或多个河道，在不同的勘探时期，对河道边界的刻画精度会不相同，总体把握以下几个特点。

（1）分流河道(或河道)叠合区域。

（2）砂岩层累计厚度较大的范围，该范围以内砂岩单层厚度较大、泥质夹层少，气层厚度一般大于2m。因此，从勘探评价伊始，就应不断统计建立砂岩厚度与储层厚度、气层厚度的关系，以指导圈闭评价边界的确定。

（3）有利储层、沉积微相与砂体厚度有较好的相关性，有利储层、沉积微相基本分布在砂体较厚的范围内，当砂体厚度小于一定值时，该范围内多分布无效砂体。

（4）储集岩性主要为(含砾)粗砂岩。

层圈闭的评价包括以长期旋回单元层圈闭评价为基础圈闭规模评价、产能等评价（表5-1-5），以中期旋回单元层圈闭评价为基础的岩相分布、产能分布等评价。在实际勘探中圈闭范围气层钻遇率较高，而且层圈闭的形态描述随着勘探的进程和认识的深入在不断地修正。

表 5-1-5　东胜气田断裂带以南以长期旋回为单元(段)层圈闭识别评价表

圈闭识别 分析流程		① 依据有利相带的分布确定层圈闭的基本轮廓	② 依据砂岩累计厚度等值线图确定圈闭的基本范围	③ 依据有效储层(气层)钻遇率+有效厚度下限确定圈闭有效边界区	④ 圈闭评价和分类
圈闭识别依据		有利相带控制了储层发育范围	砂岩厚度与物性有正相关关系,产气井分布于一定砂岩厚度范围内	有效厚度大于一定的数值作为圈闭有效范围	进行圈闭资源量计算,按照资源规模、高产富集因素、含气性预测、勘探成果和经济参数进行综合评价排队
定性 标准 定量 标准	盒3段	主河道	砂岩厚度大于6m	单层气层有效厚度大于2m,钻遇率大于50%	
	盒1段	主河道	砂岩累计厚度大于20m	单层气层有效厚度大于5m,气层钻遇率大于50%	
	山2段	分流河道主体	砂岩厚度大于10m	单层气层有效厚度大于5m,钻遇率大于50%	
	山1段	分流河道主体	砂岩厚度大于10m	单层气层有效厚度大于4m,钻遇率大于50%	
	太原组	分流河道主体	砂岩厚度大于6m	单层气层有效厚度大于4m,钻遇率大于50%	

鄂尔多斯盆地石炭系—二叠系大型岩性圈闭是由若干个相对独立的岩性圈闭组成的岩性圈闭带。在岩性圈闭的内部,有效储层和致密、无效砂层频繁交错,非均质性很大。岩性圈闭的边界为河道复合体边界,但该边界往往并非有效含气边界,实际上有效含气边界是一个带,与砂体边界不完全一致,地质意义上的岩性圈闭边界(岩性尖灭点或成岩圈闭边界)难以识别预测。

圈闭评价实践中常用的圈闭边界实际上是一个圈闭的经济边界或技术边界,而非自然的圈闭边界,在该边界以内,获得商业油气流的概率能满足当前勘探开发实际的需要。前期的研究已证实,圈闭主体的分布主要受沉积相带的控制,圈闭面积、含气面积确定的关键在于边界的确定。

圈闭含气面积边界确定方法:通常采用试获商业油气流井的最小有效厚度作为圈闭的含气边界。圈闭边界的确定方法通常有两种。一种为,利用圈闭内砂岩厚度与气层厚度交会图版,结合试油气结果来确定圈闭的砂体厚度边界;另一种为,利用圈闭的气层厚度下限和净毛比,反推圈闭的砂体厚度下限。

图 5-1-2 是 2014 年统计的独贵加汗区带盒1段、盒3段砂岩厚度与气层厚度交会图,表明当砂体厚度分别大于 20m、10m,已有产气井气层厚度一般大于 5m,经测试有较大概率(已有统计结果为 75%)试获工业气流,因此选择气层厚度 5m,砂体厚度分别为 20m、10m 作为独贵加汗区带盒1段、盒3段的圈闭经济边界下限,该方法是建立在统计学基础

上的，具有实际可操作性。随着资料的积累，这个界限的选择会越来越复合实际。

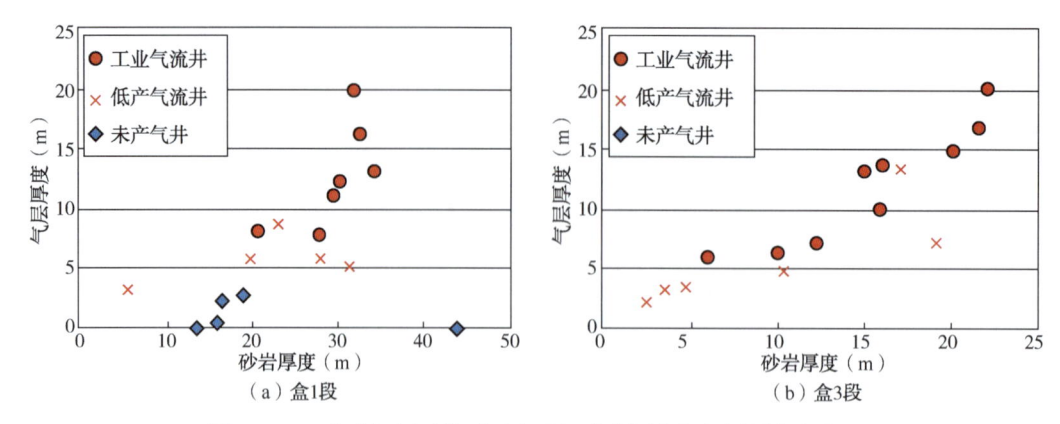

图 5-1-2 独贵加汗区带下石盒子组砂岩厚度与气层厚度交会图
（a）盒1段　（b）盒3段

常用的勘探目标资源量计算方法主要包括容积法、动态法和概率法。尽管圈闭所包含的油气体积是客观存在的，但受技术和经济因素限制，勘探阶段往往难以直接获得准确的油气数量，只能依靠间接手段获得圈闭相关地质参数，测算圈闭资源量大小。因此在勘探阶段，采用概率法来进行圈闭资源量计算具有风险评价的意义。

马超等人在 2015 年对大牛地气田、定北柳杨堡气田和东胜气田上古生界 64 个储量单元(气藏)进行了岩性圈闭资源量计算参数的研究(表 5-1-6)，为类似圈闭的资源量评价提供了很有价值的参数模板。

表 5-1-6　鄂尔多斯盆地北部上古生界近源大型岩性圈闭气藏资源评价门限值

参数	极大值(P1)	最大值(P10)	平均值	最小值(P90)	极小值(P99)
气层厚度(m)	18.0	13.2	7.7	5.3	3.5
孔隙度(%)	11.3	10.2	8.5	7.0	6.0
含气饱和度(%)	77	72	63	56	55
单储系数[$10^8 m^3/(km^2 \cdot m)$]	0.1800	0.1290	0.1095	0.0900	0.0800
资源丰度($10^8 m^3/km^2$)	2.19	1.60	0.99	0.50	0.40
三级岩性圈闭资源规模($10^8 m^3$)	3000	1200	530	100	40

第二节　下石盒子组辫状河砂体构型与"甜点"特征

复合河道区内砂体非均质性很强，砂体厚度较大时气层发育的概率较大，但并非就一定有较好的气层发育。因次，仍需针对评价出的有利圈闭(复合河道区)进行内部刻画，发展河道区"甜点"识别评价技术。本区储层"甜点"和气层"甜点"是辫状河心滩砂体，通过地质、地震技术方法研究，初步建立了心滩砂体的地质模式及其一体化识别技术。

一、关于河道砂体构型研究

构型，系指不同级次构成单元的形态、规模、方向及叠置关系。地质体构型的核心是地质体的层次结构性，也就是复杂地质体的内在特征。砂体构型研究是层序地层结构样式与沉积相模式研究的深化。

砂体构型研究是了解碎屑岩油气藏内部结构的一个重要手段，随着陆相碎屑岩油气藏勘探开发的深入，针对辫状河砂体构型的研究越来越多。对于砂质辫状河砂体构型的研究，主要研究手段包括野外露头解剖（杨丽莎 等，2013；金振奎 等，2014；陈彬滔 等，2015；赵康 等，2017；任晓旭 等 2018）、现代辫状河沉积解剖（廖保方 等，1998；Best 等，2003；Smith 等，2006；Lunt 等，2013）、地下密井网条件下解剖（刘钰铭 等，2009；陈玉琨 等，2012；邢宝荣，2014；牛博 等，2015）、探地雷达分析、物理模拟实验（何宇航 等，2012），主要研究内容包括辫状河岩相组合、构型界面、构型单元、砂体内部隔夹层（王改云 等，2009；刘钰铭 等，2011；李海燕 等，2015）、心滩储层内部构型（陈玉琨 等，2015）、辫状河储层地质模式（于兴河 等，2004）等。于兴河（2008）认为砾石质辫状河一般属于近源辫状河，砂质辫状河一般属于远源辫状河。砾质辫状河的辫状水道和心滩经常被改造，很不稳定，构型研究成果较少，多集中在对野外露头的系统研究。印森林等（2014）对准噶尔盆地西北缘三叠系克上组砂砾质辫状河露头研究时提出，砂砾质河道充填过程中，形成大型槽状交错层理细砾岩相到粗砂岩相最后过渡为水平层理泥质粉砂岩相序列。秦国省等（2018）对准噶尔盆地西北缘吐孜阿克内沟八道湾组砾质辫状河露头进行了系统研究，识别出 8 种岩相类型和 6 类岩相组合，辫状河道及砾质坝为砾质辫状河主要的构型单元，少见砂质坝和废弃河道。前人针对鄂尔多斯盆地盒 1 段辫状河构型的研究也较多（卢海娇 等，2014；单敬福 等，2017；刘群明 等，2018；李易隆 等，2018），但多数集中在盆地腹部，属于远源砂质辫状河。张广权等（2018）参考其他地区辫状河现代沉积、露头资料和直井资料，建立了杭锦旗独贵加汗区带盒 1 段辫状河的定量地质知识库，心滩长度 6500~8500m，心滩宽度 3000~4500m，心滩厚度主要在 5~14m，心滩长宽比 1.85~2.30。

吴胜和（2008）提出将沉积盆地内的层次界面分为 12 级（表 5-2-1），其中 6 级界面：为准层序内部的最小一级异旋回间界面，相当于层组或超短期基准面旋回界面。对于河流沉积而言，6 级构型在垂向上为单期河流沉积，其纵向跨度为河流的满岸深度，侧向上可有多个河道（组成河道带）及溢岸沉积，构成一个河流体系。在溯源和顺源方向，可发育冲积扇及三角洲，在三角洲及海（湖）相地层中则表现为海（湖）泛面角洲沉积体。

表 5-2-1 碎屑沉积地质体构型界面分级简表（吴胜和，2008）

构型界面级别	时间规模（a）	构型单元（以河流相为例）	米兰科维奇旋回	Miall 界面分级	经典层序地层分级	基准面旋回分级	油层对比单元分级
1 级	10^8	叠合盆地充填复合体			巨层序		
2 级	10^7~10^8	盆地充填复合体			超层序		

续表

构型界面级别	时间规模（a）	构型单元（以河流相为例）	米兰科维奇旋回	Miall 界面分级	经典层序地层分级	基准面旋回分级	油层对比单元分级
3 级	$10^6 \sim 10^7$	盆地充填体		8	层序	长期	含油层系
4 级	$10^5 \sim 10^6$	体系域	偏心率周期	7	准层序组	中期	油层组
5 级	$10^4 \sim 10^5$	叠置河流沉积体	黄赤交角周期	6	准层序	短期	砂组/小层
6 级	$10^3 \sim 10^4$	河流沉积体	岁差周期		层组	超短期	单层
7 级	$10^3 \sim 10^4$	曲流带/辫流带		5			
8 级	$10^2 \sim 10^3$	点坝/心滩坝		4	层		
9 级	$10^0 \sim 10^1$	增生体		3			
10 级	$10^{-2} \sim 10^{-1}$	层系组		2	纹层组		
11 级	$10^{-3} \sim 10^{-5}$	层系		1			
12 级	10^{-6}	纹层		0	纹层		

7级界面：为一个最大自成因旋回对应的主体成因单元的界面，如河道砂体底界面。界面围限的构型单元的沉积时间跨度为一千年至一万年。在河流体系中，7级构型大体相当于单一曲流带或单一辫流带沉积体。在三角洲体系内，移动型分流河道形成的复合砂体、单一分流河道形成的朵叶复合体等沉积单元为7级构型。

8级界面：为限定一个大型底形的界面，如点坝或心滩坝顶界面。大型底形为一个较长时间形成的微地貌沉积成因单元，相当于成型淤积体，沉积时间跨度为一百年至数千年。在河流体系内，8级构型相当于单一微相，如点坝、天然堤、决口扇、决口水道、牛轭湖沉积等。在三角洲体系中，移动型分流河道中的单一点坝、固定型单一分流河道、单一河口坝(朵叶体)等亦为8级构型单元。

2017年以来，针对东胜气田下石盒子组主要含气层系生产部署中对"甜点"预测的需要，利用已有钻井(特别是水平井)、测井、岩心、三维地震及解释成果资料，建立了盒2+3段限制型辫状河、盒1段游荡型辫状河6~8级砂体构型模式与心滩砂体的预测方法(秦雪霏 等，2019；齐荣 等，2019)。

二、盒1段近源砂砾质辫状河砂体构型研究

东胜气田独贵加汗区带，盒1段沉积期紧邻公卡汗古陆，发育辫状河沉积体系，河道改道频繁、横向迁移范围大、细砾石含量较高，应属于近物源砂砾质辫状河。该区盒1段砂体厚度较大、叠合连片范围较大且普遍含气，但砂体储集物性非均质性很强，造成砂体内部或砂体之间含气性变化较大(图5-2-1)。笔者通过对该区盒1段大量岩心的观察描述，结合直井测井、录井资料分析，识别研究区近源砂砾质辫状河岩相类型和主要构型单元特征，并利用大量水平井和地震资料统计得出了构型单元规模参数，在此基础上统计心滩砂体、水道充填砂体的物性参数和含气性差异，以期丰富近源砂砾质辫状河砂体构型理论并指导邻区水平井井网加密部署。

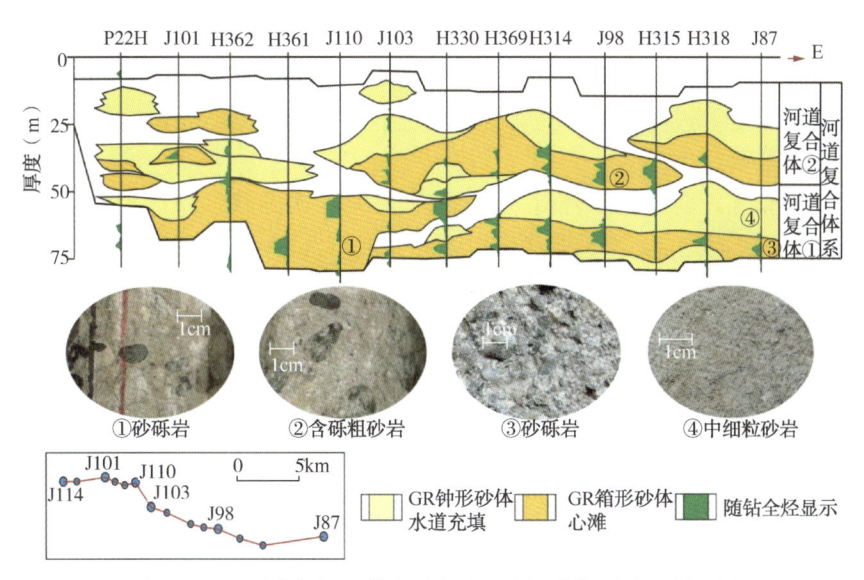

第五章 致密岩性气藏区选区及"甜点"一体化评价方法

图 5-2-1 独贵加汗区带东西向盒1段河道体系对比剖面图

中二叠世早期(下石盒子期),随着兴蒙海槽的逐渐关闭,引起强烈的南北差异升降,加剧了早二叠世晚期鄂尔多斯盆地北部隆升、向南倾斜的构造格局,古气候向半干旱—干旱转变(陈安清 等,2011),盆地北部以冲积扇—辫状河—三角洲沉积体系为主,伊盟隆起区则以冲积扇—辫状河沉积为主,形成了一套厚度较大、以粗粒为主的碎屑岩系。下石盒子早期(盒1)公卡汉凸起影响了东胜气田西部的沉积,在其东南侧断层转换带位置(独贵加汗区带一带)形成典型的近源辫状河沉积。

独贵加汗区带一带盒1段辫状河沉积厚度20~60m,向北西凸起方向减薄尖灭,砂体累计厚度一般在20~40m之间,总体表现为河道较为顺直、河床不固定、心滩发育的特点,河道砂体主要为砂砾岩、含砾粗砂岩夹中、细粒砂岩。纵向上多期砂体叠置,在平面上形成复合连片特点。该区盒1段砂体普遍含气,储层孔隙度平均9.0%,渗透率平均0.81mD,砂体的含气性与物性密切相关,是典型的岩性气藏。

1. 岩相类型

盒1段岩心的岩性、粒度、沉积构造和颜色等特征分析,共识别出6种岩相类型(图5-2-2)。

图 5-2-2 研究区盒1段砂砾质辫状河典型岩相岩心照片

— 197 —

Gm：块状砾岩相，砾岩由次棱角—次圆状、分选中等的砾石组成，整体表现为块状层理，厚度变化较大，一般为0.5~0.65cm，厚度较大时为砾质心滩主体强水动力条件下的沉积，厚度较小时(5cm)为水道充填和心滩底部强水动力条件下的滞留沉积，与下部冲刷接触，偶见撕裂状泥砾。

Sg_t：槽状交错层理含砾粗砂岩相，磨圆为次棱角—次圆状、分选一般；整体呈均匀块状，厚度一般为0.5~1.5m，为心滩或河道中部强水动力条件下快速沉积充填的产物。

Sm：块状层理砂岩相，以粗粒岩屑砂岩为主，偶见漂砾，整体呈均匀块状，厚度一般为0.5~3.5m，为砂质心滩强水动力条件下快速沉积充填的产物。

Sp：板状交错层理砂岩相，以中、细粒砂岩为主，为水道充填主体或发育心滩顶部，为河道砂体多次迁移摆动并在垂向上加积形成的产物或是心滩侧向加积形成的产物。

Sh：平行层理砂岩相，以中、细粒岩砂岩为主；为水道充填主体或心滩顶部落淤处在较稳定水动力条件下沉积的产物。

M：块状层理泥粉岩相，泥岩、泥质粉砂岩颜色为红褐色、灰绿色或两者杂色，为河漫沉积。

2. 构型单元

以 Miall(1985，1988)提出的河流相储层构型分级理论为基础，可以认为盒1段叠置辫状河道充填复合砂体为6级构型单元，由若干个5级单一辫流带构型单元组成，研究区5级单一辫流带构型单元主要发育河道构型和溢岸构型两部分，河道构型进一步分为砾质心滩、砂质心滩和水道充填三个主要的4级构型单元，溢岸构型单元主要发育河漫4级构型单元，心滩构型则由多个3级增生体组成。

心滩分为砾质心滩和砂质心滩，一般具有 Gm—Sg_t—Sm、Gm—Sm—Sp、Sg_t—Sm、Sm—Sh 四种岩相组合，粒度向上变细(图5-2-3)。

砂砾质心滩以 Gm 相和 Sg_t 相为主，底部常见冲刷面，砂质心滩底部发育滞留沉积，主体以 Sg_t 和 Sm 相为主。两种心滩顶部均发育细粒沉积，属于落淤沉积，由于研究区辫状河靠近物源，心滩顶部细粒沉积多为中—细砂岩，难见粉砂岩和泥岩，且所占比例较小，一般厚约0.2~0.5m，与水体能量强，河道易改道侵蚀原心滩顶部细粒沉积有关。心滩测井相(GR 曲线形态)多为箱形，GR 值 30~55API，内部由若干粒度向上变细的增生体组成(图5-2-4)，露头、岩心观察到的增生体厚度几十厘米到几米不等，3级增生体的构型界面为落淤层，表现为箱形测井相(GR 曲线形态)的高 GR 尖峰。

水道充填一般具有 Gm—Sp、Gm—Sh、Sg_t—Sp、Sg_h—Sh 四种岩相组合，粒度向上变细。与心滩岩相组合不同的是，底部 Gm 或 Sg_t 粗粒沉积明显减薄，粗粒沉积多为河道底部强水动力条件下的滞留沉积。水道主体岩相为 Sp 和 Sh，即中细粒沉积，厚度大，表明水道充填整体水动力较稳定且比心滩沉积水动力弱。又因辫状河道经常改迁，故细粒沉积还代表河道改迁后，原河道演变为废弃河道的沉积，整体上水道充填测井相(GR 曲线形态)多为钟形，GR 值 55~80API。水道充填与心滩在空间上交错叠置，含气性较心滩砂体差(图5-2-5)。

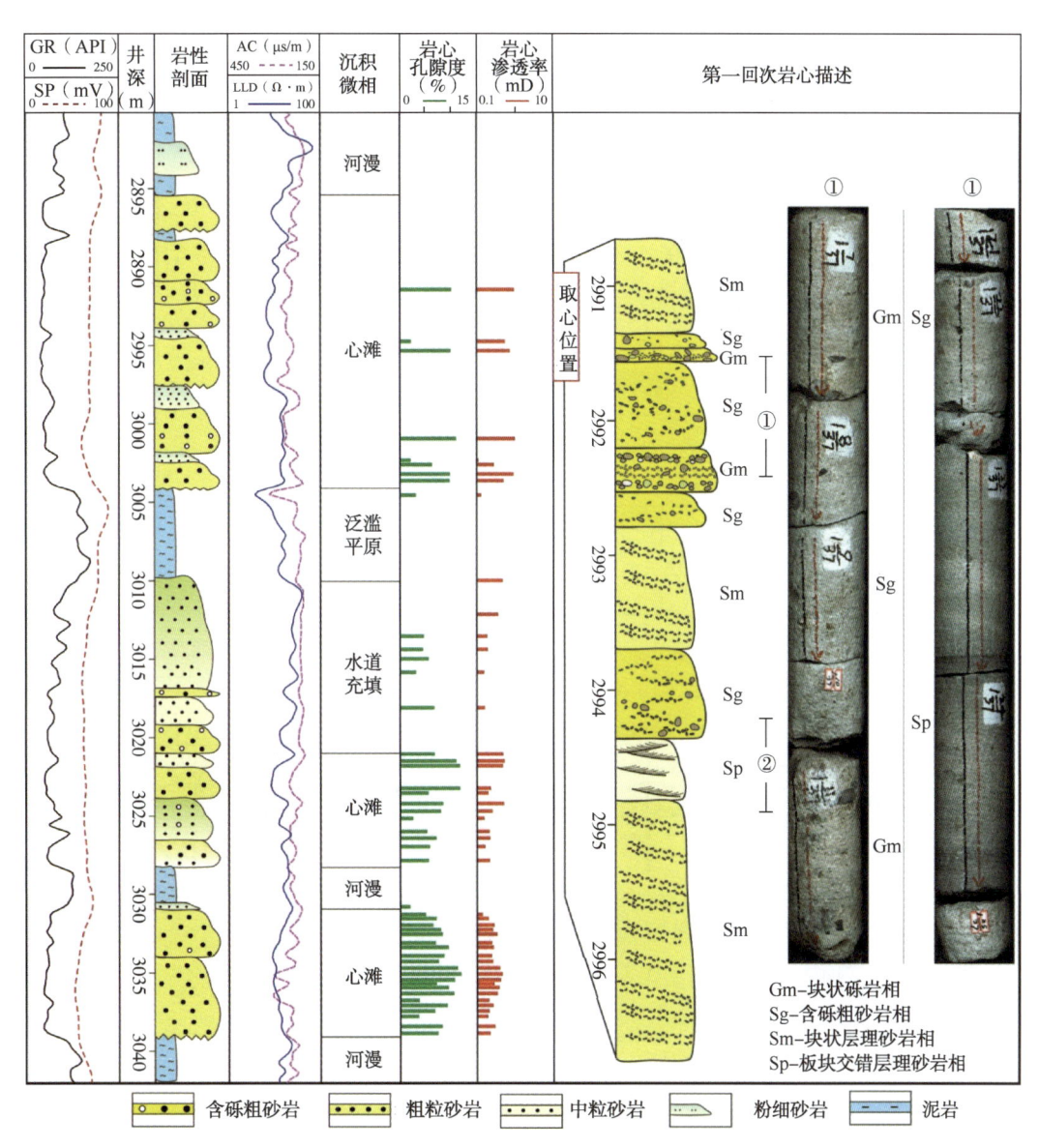

图 5-2-3　J111 井盒 1 段砂砾质辫状河心滩岩相组合垂向序列

纵向上，构型单元叠置样式主要有两种（图 5-2-6）：心滩+心滩叠置样式，心滩+水道充填叠置样式，前者多位于河道中心，水动力强且稳定，心滩粗粒砂体长期沉积，后者多位于河道边部，心滩砂体厚度小，水道充填砂体厚度大，水动力较弱且稳定性差，偶尔洪水期可沉积一期心滩砂体。

河漫构型单元一般以 M 相为主，偶见 Sd 相，前者代表河漫泥沉积，GR 曲线呈高值锯齿状，后者代表河漫砂沉积，GR 曲线呈指状。河漫细粒沉积常以隔层状分割河道砂体。

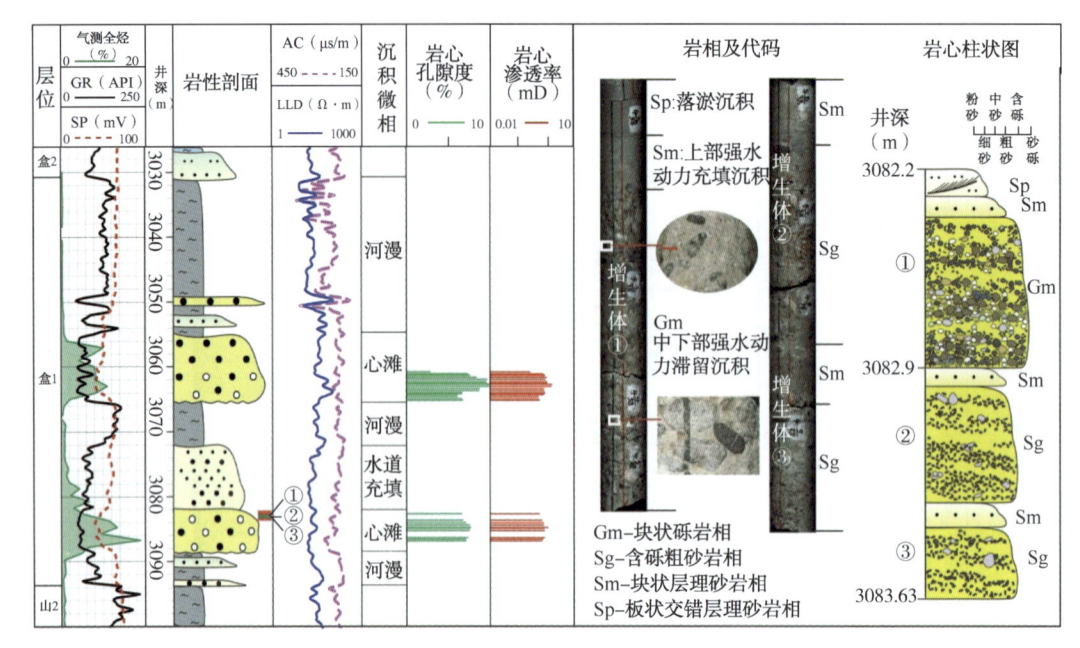

图 5-2-4　J98 井盒 1 段砂砾质辫状河心滩增生体岩相组合垂向序列

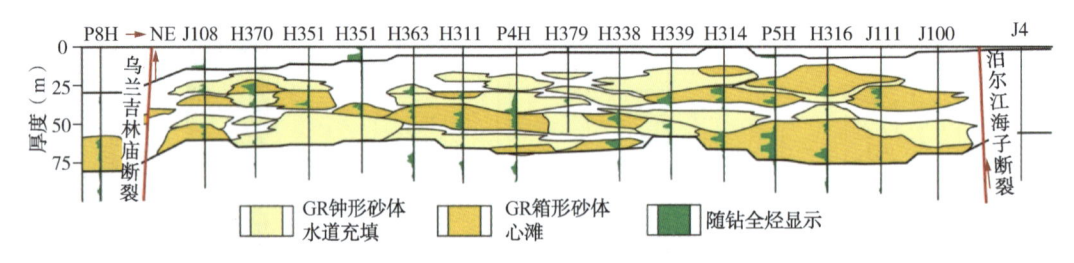

图 5-2-5　独贵加汗北东—南西向钻井盒 1 河道砂体对比剖面图

3. 心滩砂体规模参数(4级)及内部增生体(3级)构型解剖

在河流相储层的勘探开发中，首要任务是弄清河道砂体的规模。利用水平井段近似与河道流向平行这一特征，在水平段根据岩性、电性差异进行心滩和水道充填识别，从而统计心滩长度，同时利用直井对心滩厚度进行统计。结果表明，盒 1 段心滩长度 232~1046m，平均 517m，心滩厚度 3~6m。比张广权等(2018)利用地震属性和直井数据刻画的心滩规模明显偏小，分析认为地震属性分辨率有限，其更多反映的是盒 1 段辫状河复合体，即 6 级构型单元的规模，而不是 4 级心滩砂体的规模。李海明等(2014)统计认为，不同沉积环境下现代辫状河道和心滩的沉积规模也各不相同，因此要明确辫状河类型后，才能应用前人的经验公式。利用李海明等(2014)建立的近源砾质辫状河的心滩宽度、长度以及辫流带宽度之间的函数关系，计算出研究区盒 1 段心滩宽度为 43~386m，平均 172m，辫流带宽度 363~1758m，平均 886m，即心滩长、宽比值平均为 3∶1，辫流带宽与心滩宽比值平均为 5∶1。

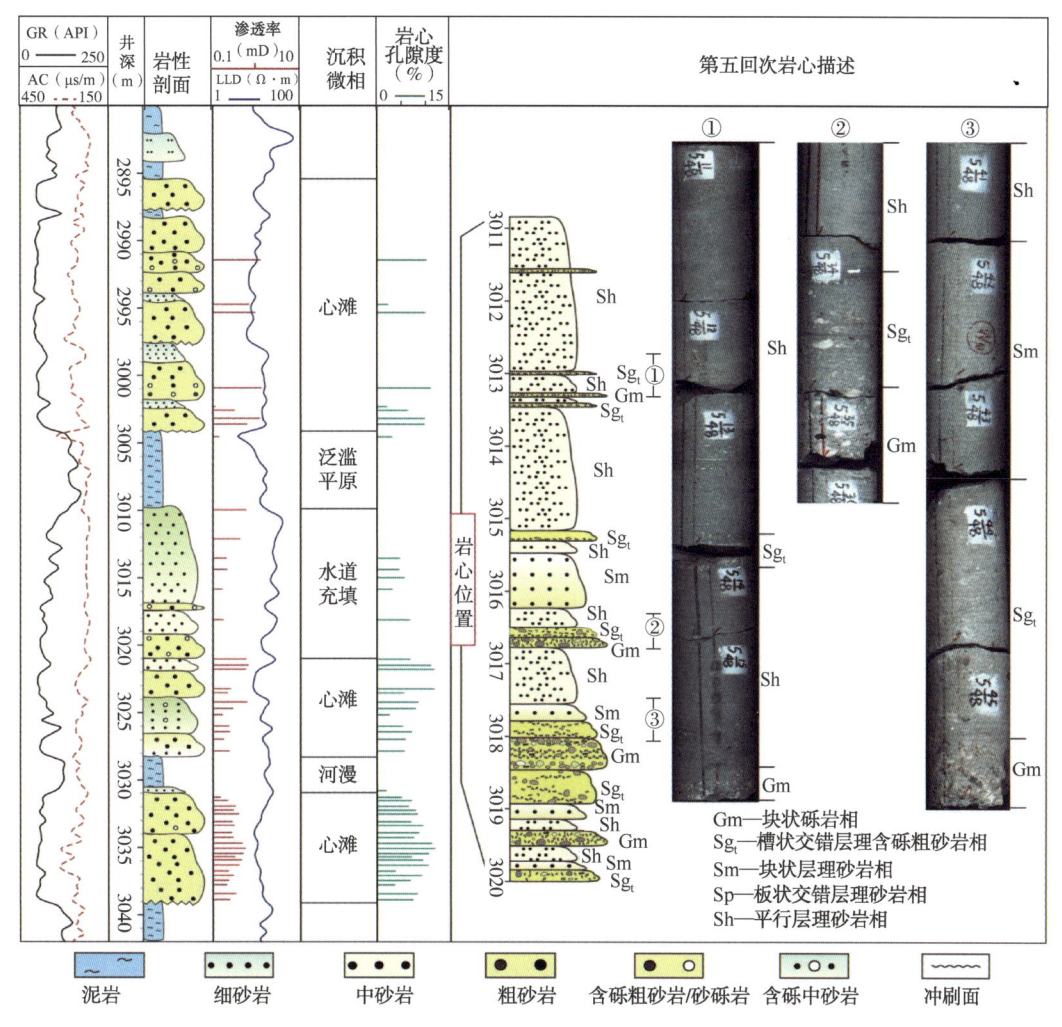

图5-2-6 J111井第五、六回次岩心段水道充填砂体构型分析

在前人心滩内部构型、隔夹层和落淤层研究成果基础上，结合上述构型研究结果，对水平井心滩展布及内部构型进行了刻画（图5-2-7）。从JPH-364（水平井）-J98井-JPH-382（水平井），纵向上钻遇两个5级单一辫流带，横向上共钻遇四个心滩，心滩长度300~500m，心滩与水道充填侧向共生；水道充填、落淤层砂体粒度均以中细砂岩为主，但水道充填规模大，长度40~400m，落淤层砂体规模小很多，多表现为高GR尖峰；坝顶水道和河漫大多为细砂—泥岩沉积，GR值大于120API，但坝顶水道多发育在心滩顶部，河漫发育在单一辫流带间；心滩坝头比坝尾物性好、含气性好。心滩内增生体粒度在纵向上向上变细，故根据瓦尔特相律，每个增生体横向上，即顺河流流向方向粒度也是由粗变细，每个心滩大致由3~4个增生体组成。

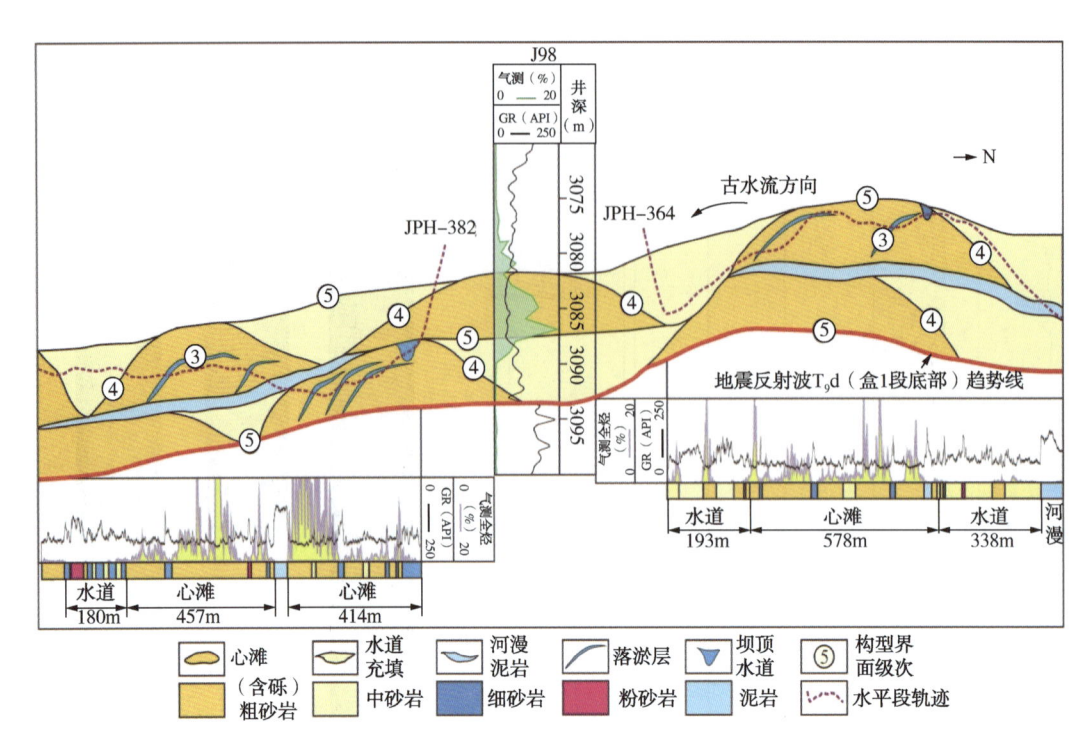

图 5-2-7 独贵加汗区带盒 1 段砂砾质辫状河砂体构型特征

利用水平井资料统计，建立了盒 1 段游荡型辫状河三类心滩发育模式、心滩分类标准及心滩发育规模数据库。统计结果显示，心滩长度为 230~1050m，主要集中在 500~800m（图 5-2-8），单期心滩厚度 6~12m，心滩宽度 250~400m；河道复合体厚度 20~40m，主河道宽度 800~1800m。图 5-2-9 是新召东区带 J30P1 井水平段解释图，依据测井资料分析该井水平段沿河道钻遇三个连接的心滩，其中第三个心滩完整长度为 425m。

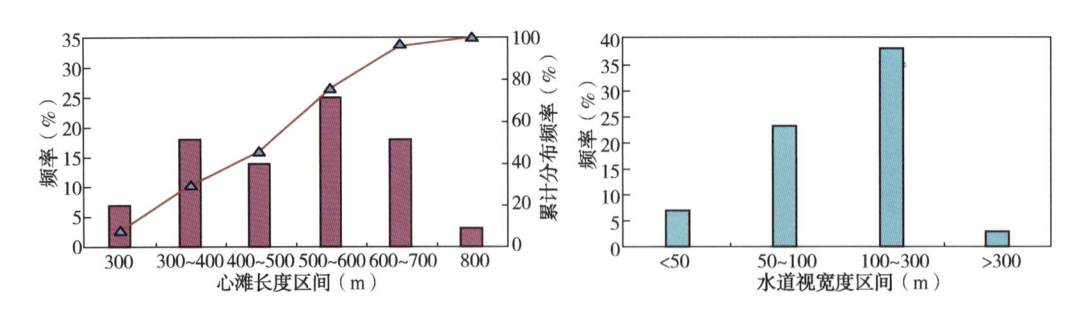

图 5-2-8 独贵加汗区带盒 1 段心滩、水道砂体规模分布直方图

心滩迎水面（坝头）至背水面（坝尾），砂岩 GR 形态由光滑箱形变为齿化箱形，GR 值由 60API 增大到 80API，声波时差由 260μs/m 降低到 216μs/m，砂岩泥质含量增加、物性逐渐变差。心滩内落淤层几乎与心滩底部平行，心滩内增生体呈前积结构，纹层与心滩底呈大角度相交。

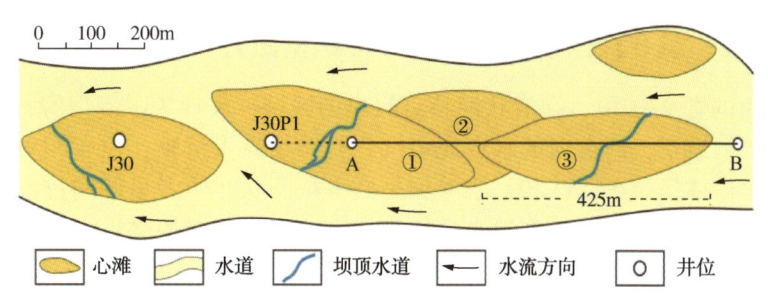

第五章 致密岩性气藏区选区及"甜点"一体化评价方法

图 5-2-9 新召东区带 J30P1 井盒 1 段辫状河砂体构型特征

4. 构型单元含气性分析

从岩性、物性和含气性等多方面统计(95 口直井和水平井)，独贵加汗区带盒 1 段心滩砂体岩性以砂砾岩、含砾粗砂岩、粗砂岩为主，含较薄中细砂岩夹层，随钻气测全烃值 1%~62%，平均 14.9%，岩心孔隙度 5.5%~19.0%，平均 11.5%，岩心渗透率 0.3~2.6mD，平均 1.1mD，含气饱和度 45%~70%，平均 60%；水道充填砂体岩性以中细砂岩为主，在底部可见薄层含砾粗砂岩，随钻气测全烃值 0.1%~22.7%，平均 6.5%，岩心孔隙度 1.8%~8.7%，平均 6.1%，岩心渗透率 0.03~1.0mD，平均 0.42mD，含气饱和度 25%~55%，平均 45%(表 5-2-2)；由此可见，心滩砂体较水道充填砂体粒度粗、厚度较大(图 5-2-10)、物性好、含气饱和度高，因此心滩砂体是研究区优势储集体，是勘探开发寻找的主要"甜点"。

表 5-2-2 独贵加汗区带盒 1 段构型单元物性及含气性参数对比表

构型单元	岩性	气测全烃(%)	岩心孔隙度(%)	岩心渗透率(mD)	含气饱和度(%)
心滩	砂砾岩、含砾粗砂岩、粗砂岩	$\frac{1\sim62}{14.9}$	$\frac{5.5\sim19.0}{11.5}$	$\frac{0.3\sim2.6}{1.1}$	$\frac{45\sim70}{60}$
水道充填	粗、中、细砂岩	$\frac{0.1\sim22.7}{6.5}$	$\frac{1.8\sim8.7}{6.1}$	$\frac{0.03\sim1.0}{0.42}$	$\frac{25\sim55}{45}$

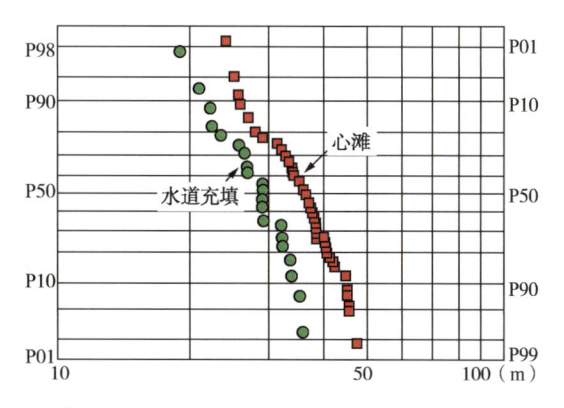

图 5-2-10 独贵加汗区带盒 1 段不同沉积微相砂体累计厚度概率分布图版

— 203 —

三、盒2段、盒3段限制型辫状河砂体构型研究

下石盒子组的盒2+3段，在辫状河特点突出的区域，表现为限制型辫状河的特征，即主流线较稳定，河道窄，河道内的水道充填沉积与滩坝界限清晰，位置相对固定，以心滩砂体为主。水道砂体呈顶平底凸状，心滩坝呈底平顶凸状，两者呈侧向过渡、纵向叠置的接触关系。心滩坝内部落淤层与坝顶水道均较发育，多期落淤层呈近平行水平分布，坝顶水道沉积呈顶平底凸的形态。

根据钻井、地震资料及井—震关系统计，明确了盒2+3限制型辫状河微相发育规模及物性特征（图5-2-11至图5-2-16）。现有资料统计结果显示，盒2+3段辫状河心滩长度在85~774m之间，平均长度413m；GR在40~78API之间，平均值56.2API；AC在216~279μs/m之间，平均值246μs/m。辫状河河道充填长度32~350m之间，平均长度190m；GR在72~172API之间，平均值104API；AC在206~254μs/m之间，平均值227μs/m。河道心滩为主要优质储层发育区。

图5-2-11 独贵加汗区带盒2+3段不同沉积微相砂体综合特征

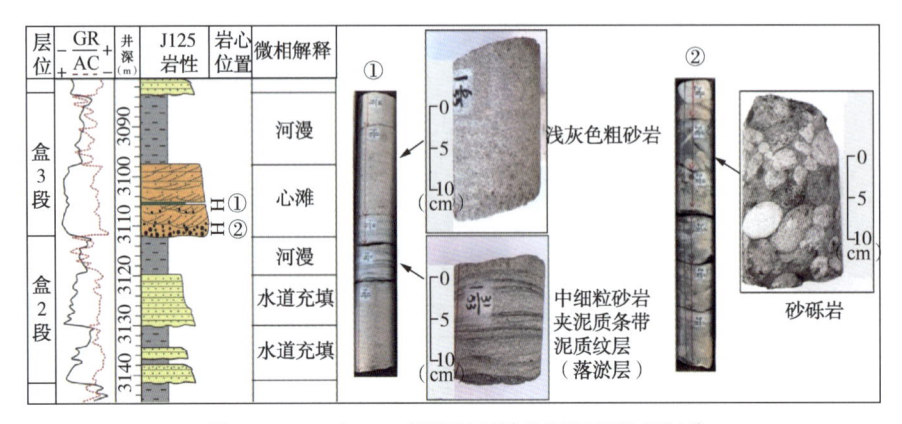

图5-2-12 盒2+3段限制型辫状河沉积微相划分

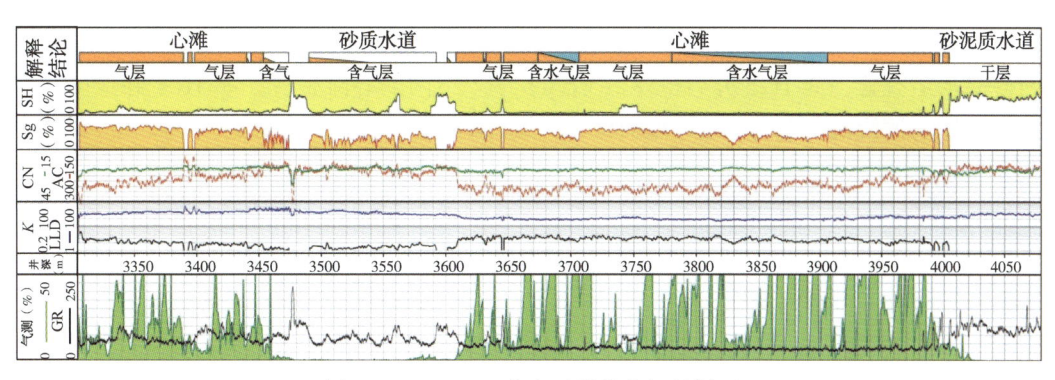

图 5-2-13　JPT1 井水平段综合解释剖面

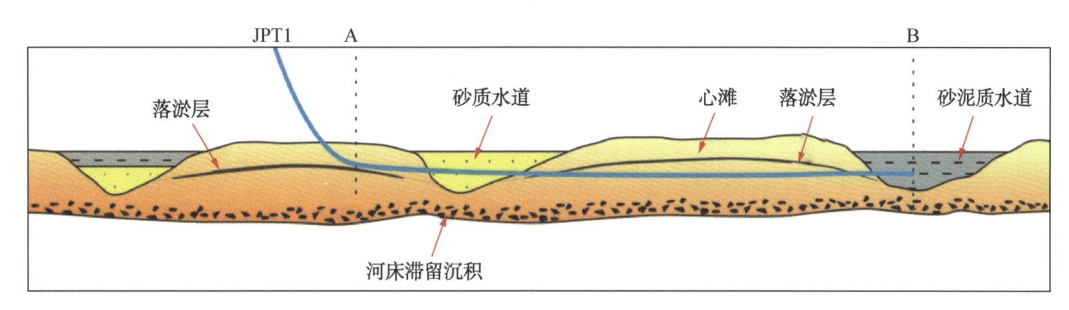

图 5-2-14　JPT1 井辫状河道剖面模式图（7 级构型界面：单河道）

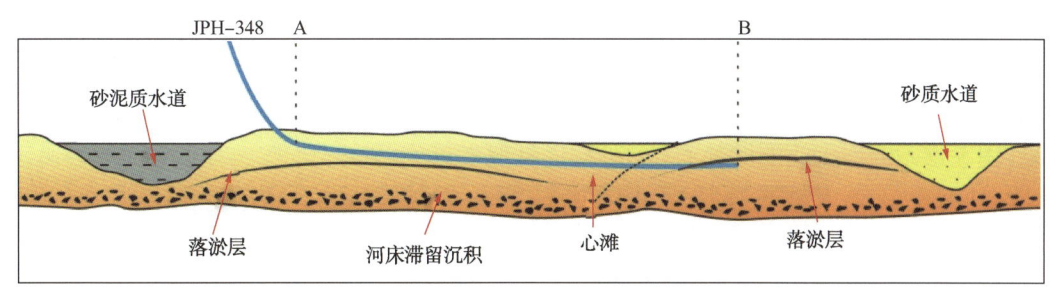

图 5-2-15　JPH-348 井辫状河道剖面模式图（7 级构型界面：单河道）

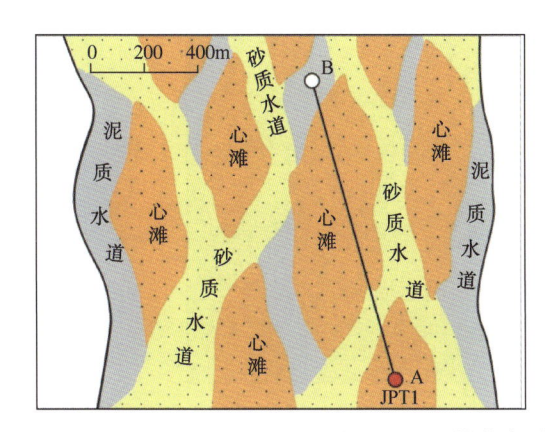

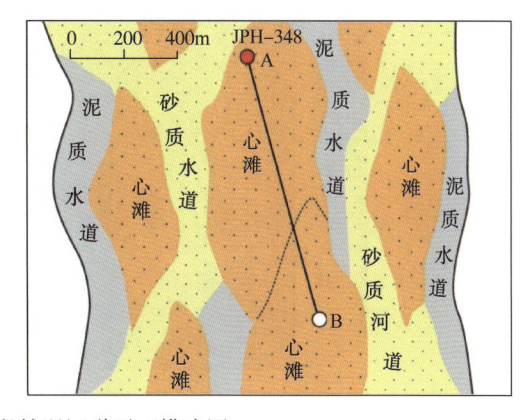

图 5-2-16　钻井水平段钻遇河道平面模式图

从单井剖面分析，独贵加汗区带盒 2+3 段辫状河河道砂体有三种叠置样式：(1) 单期心滩与砂质水道叠置，如 J125 井 [图 5-2-17(a)]；(2) 两期心滩叠置，如 J108 井；(3) 砂泥质水道充填与河漫沉积叠置，如 J98 井。

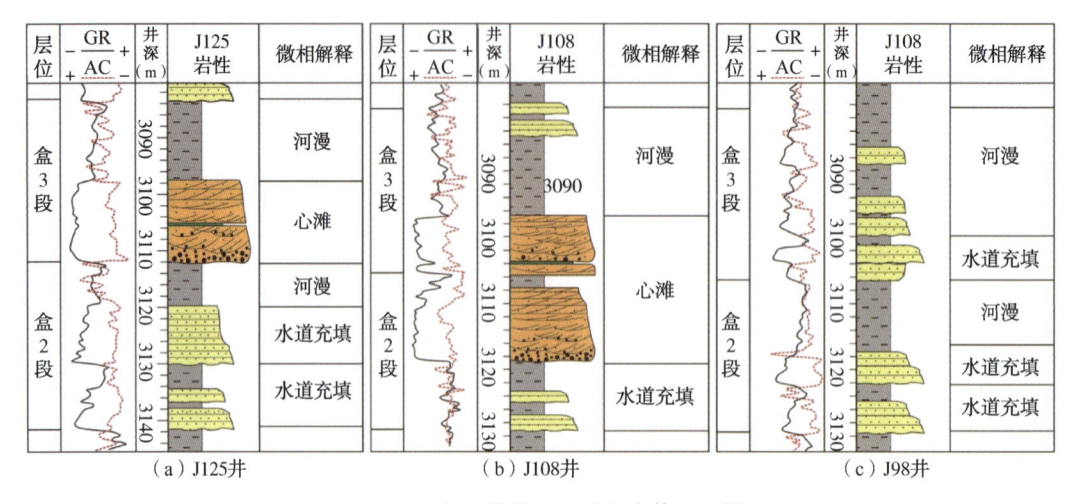

图 5-2-17　限制型辫状河河道复合体叠置模式图

在辫状河砂体构型研究的基础上，利用井—震相互印证关系可以进一步准确地刻画研究区的沉积相及其微相展布特征、提高含气"甜点"预测的成功率。对于独贵加汗区带盒 3 段，地震叠前纵横波速度比（V_p/V_s）属性具有较好的井—震关系，图 5-2-18 中红、黄色（v_p/v_s 小于 1.65）展示了盒 3 段主河道的分布状况，图 5-2-19 是其中一个区域的河道井—震联合预测。2019—2020 年，类似的河道"甜点"预测技术方法在新召东区带也取得了好的效果（图 5-2-20），大幅度提过了有效储层的钻遇率。

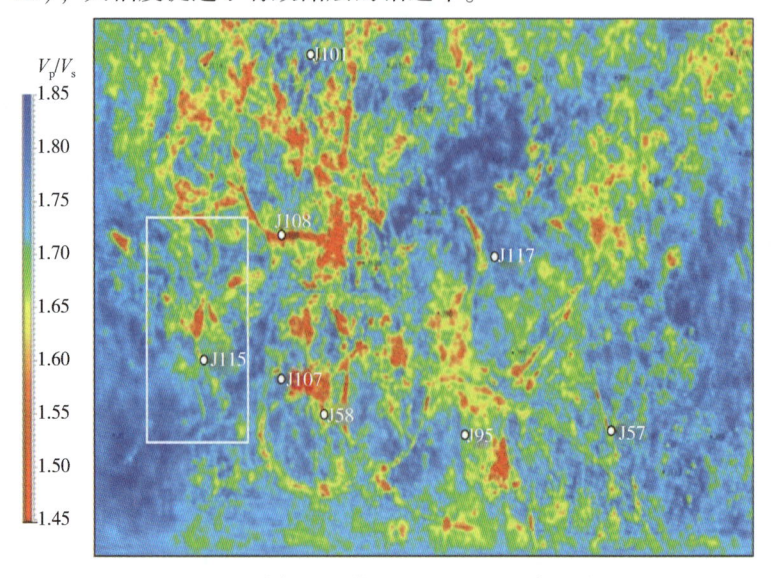

图 5-2-18　独贵加汗区带盒 3 段 v_p/v_s 联合反演平面图

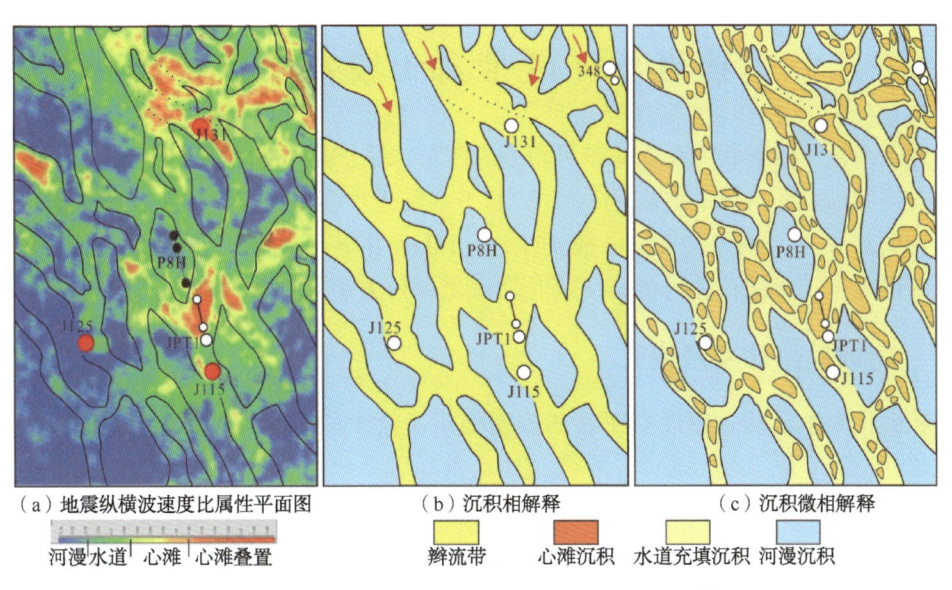

第五章 致密岩性气藏区选区及"甜点"一体化评价方法

(a)地震纵横波速度比属性平面图　　(b)沉积相解释　　(c)沉积微相解释

河漫水道　心滩　心滩叠置　　辫流带　心滩沉积　水道充填沉积　河漫沉积

图 5-2-19　独贵加汗区带 125 井区盒 2+3 段河道井—震一体化预测平面图

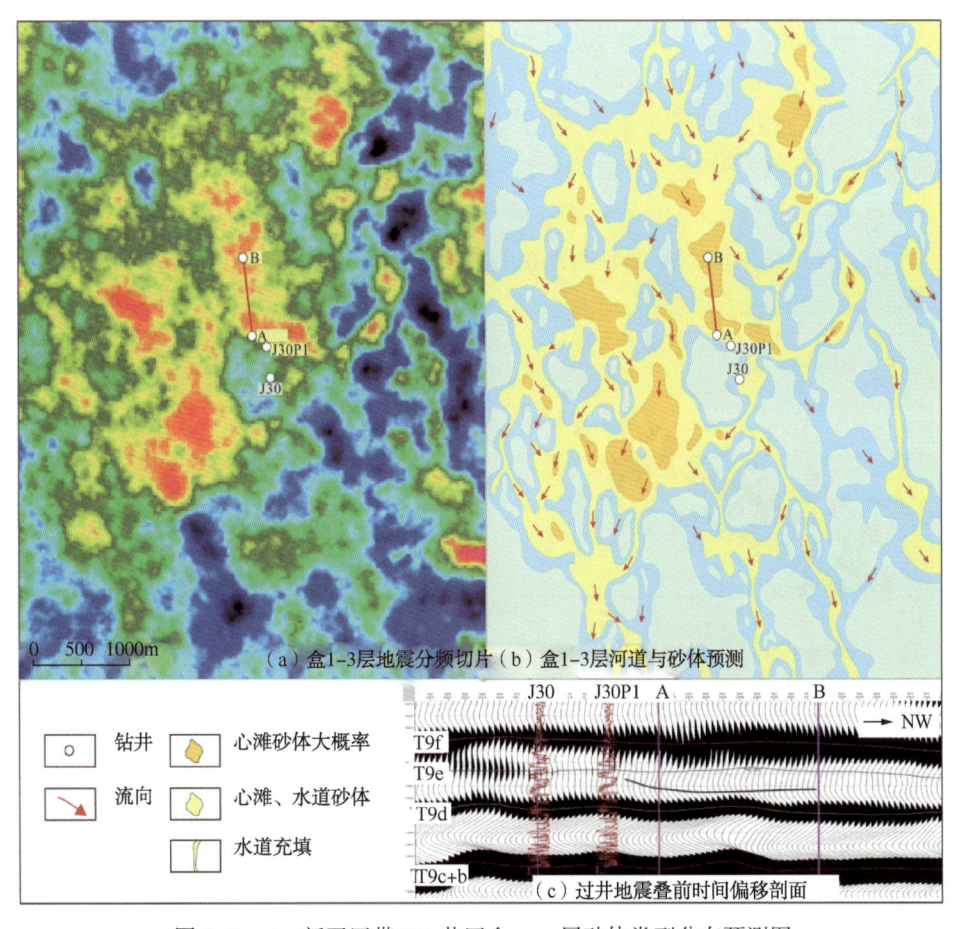

(a)盒1-3层地震分频切片　(b)盒1-3层河道与砂体预测

○ 钻井　　心滩砂体大概率
↘ 流向　　心滩、水道砂体
　　　　　水道充填

(c)过井地震叠前时间偏移剖面

图 5-2-20　新召区带 J30 井区盒 1-3 层砂体类型分布预测图

— 207 —

第三节　独贵加汗区带盒1段富集区评价描述

东胜气田盒1段辫状河自西向东可划分为四个水系，每个水系宽度大于30km，由3~5条叠置交错的辫状河主河道组成（图2-1-23）。主河道由多期河道砂体复合叠置而成，宽度3~5km，局部2~3主河道交叉合并成更宽（5~15km）的连片河道。盒1段是东胜气田最主要的含气层段，不断深化其富集区及"甜点"预测评价方法具有重要意义。

一、有效储集体发育模式

沉积微相对本区砂岩物性有明显的控制作用。盒1段辫状河的沉积微相主要由心滩、水道充填和泛滥平原组成。心滩是在河道中心部位强水动力作用下形成的，是辫状河的主体，岩性主要为含砾粗砂岩及粗砂岩，泥质含量一般小于15%；水道充填是在河道的主水流开始改道后，水动力逐渐减弱的背景下形成的，岩性主要为中、细砂岩，泥质含量10%~25%；河漫为主河道外的泥岩和砂质泥岩沉积。心滩和河道充填砂岩孔隙度平均8.0%；地面空气渗透率平均0.55mD，其中渗透率小于1.0mD的砂岩样品占总砂岩样品的87%，总体上为致密砂岩。心滩微相由于沉积水动力强，形成的砂岩粒度大，泥质含量低，颗粒抗压实能力强，渗透率平均0.83mD。河道充填微相由于沉积水动力相对较弱，形成的砂岩粒度以中细粒为主，泥质含量高，抗压实能力弱，渗透率平均0.29mD（图5-3-1）。在鄂尔多斯盆地致密砂岩中，能获得工业气流的相对高效储层平均渗透率一般大于0.5mD。在研究区盒1段大于0.5mD的砂岩中，含砾粗砂岩和粗砂岩占总样品的78%（李春堂，2017）。因此，有效储集体主要为心滩微相的含砾粗砂岩、粗砂岩。

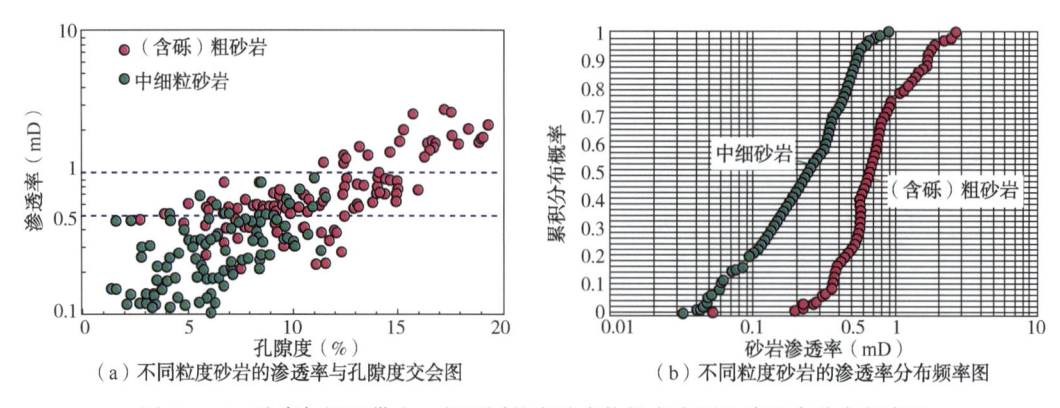

(a) 不同粒度砂岩的渗透率与孔隙度交会图　　(b) 不同粒度砂岩的渗透率分布频率图

图5-3-1　独贵加汗区带盒1段不同粒度砂岩物性交会图和渗透率分布频率图

根据单井层序分析与井—震对比，将二叠系太原组、山西组、下石盒子组划分为5个长期旋回（参照图2-1-18），对应地震剖面上的4个连续稳定的同相轴（图5-3-2）。盒1段对应包含了2个中期旋回、4个短期旋回，每个短期旋回包含1~2个正粒序沉积旋回。在此基础上对全区一级层序开展了井—震联合解释，建立区域层序地层格架。

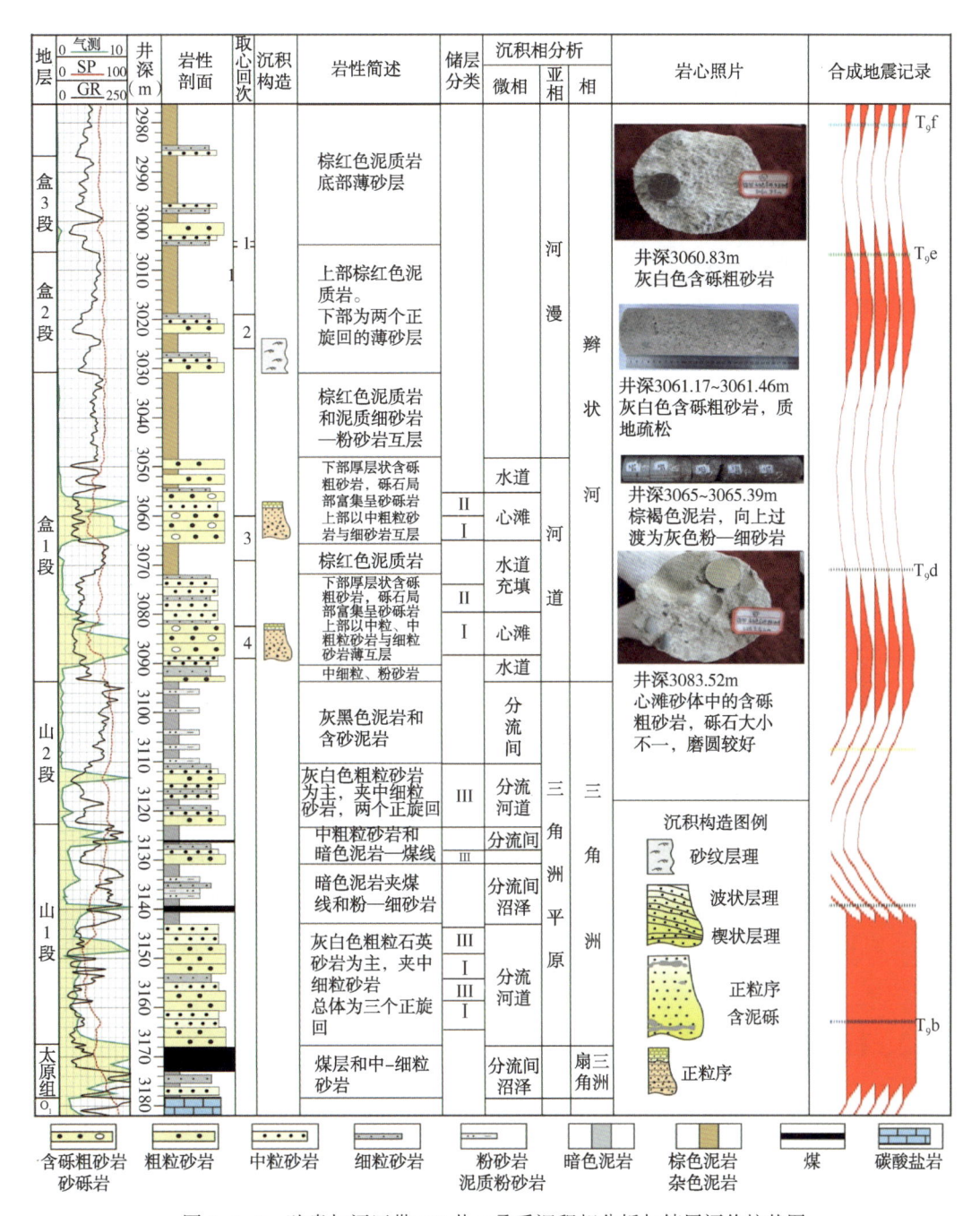

图 5-3-2 独贵加汗区带 J98 井二叠系沉积相分析与储层评价柱状图

盒 1 段共发育了 4 个次级沉积旋回，4 期频繁摆动的河道形成的 4 套砂体在侧向上交错叠置，砂体在平面上是呈连片分布。统计显示，盒 1 段砂体累计厚度主体分布 10~45m，其中厚度大于 10m 的井数占 97%，大于 20m 的井数占 75%（图 5-3-3）。因此，在该区盒 1 段钻遇没有砂体的概率基本为零。尽管单期河道砂体都有边界，但在盒 1 段这个二级层序纵向单元内，广覆式分布的席状砂体不存在明显的地质边界。

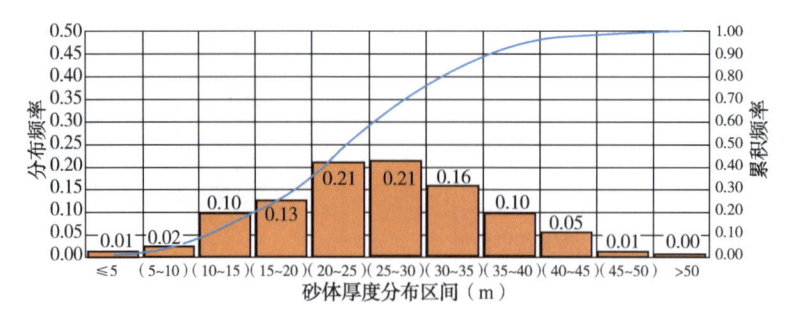

图 5-3-3 独贵加汗区带盒 1 段砂体厚度分布直方图

尽管砂岩呈大面积席状分布，但在河道频繁迁移作用下，心滩微相的（含砾）粗砂岩和水道充填相的中细粒砂岩是相互交错叠置的。因此，相对高孔渗的粗粒砂岩往往被相对致密的中细砂岩分割成不连通的渗流单元。盒 1 段（含砾）粗砂岩单井钻遇层数有 1~4 层，部分达到 5~6 层，有效储层被非储层分割后，形成了"砂体连片，储层不连通"的格局。因此，尽管河道砂体分布控制了含气的范围，而河道中有效储集体控制了天然气富集。独贵加汗区带的单井统计表明，气层厚度与砂岩厚度整体上呈正相关，当砂岩厚度大于 20m 时，以工业气流井为主；当砂岩厚度小于 20m 时，以低产气流井和干层井为主（图 5-3-4）。因此，圈闭"甜点"区的分布受沉积相带与有效储层厚度控制，圈闭描述的核心也就是对河道复合体空间位置及其储集特征的预测描述。

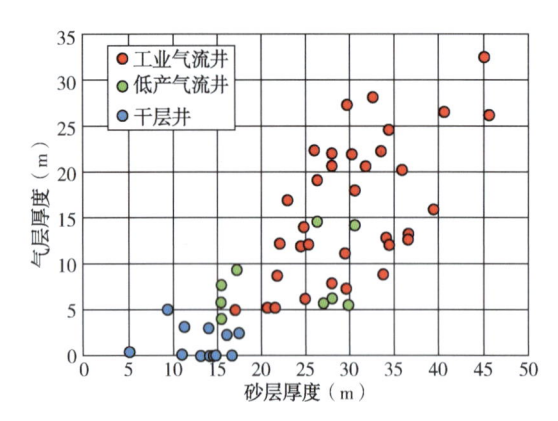

图 5-3-4 独贵加汗区带盒 1 段砂岩厚度—气层厚度交会图

二、有效储集体的地震响应模型

1. 有效储集体的地震预测难点与解决思路

由于辫状河席状复合河道具有边界模糊、内部非均质性强，相对高孔渗储层控制含气性的特点，复合河道中有效储集体空间分布预测是圈闭识别描述的核心和难点。独贵加汗区带盒 1 段（埋深 2900~3200m）三维地震主频为 20~25Hz，根据楔状模型下地震子波调谐理论（曾洪流，2012），垂向可分辨的最小厚度为 40~50m。而本区砂岩单层厚度主要为 5~15m，且不同粒度砂岩与泥岩在纵向上相互叠置，无法在常规地震剖面上直接识别。对于这种厚度小于地震绝对分辨率（$\lambda/4$）陆相砂泥岩薄互层沉积体，曾洪流 等（2012）、凌云等（2007）分别提出了地震沉积学、空间相对分辨率的概念，在沉积地质模型约束下，充分利用等时地层切片等地震属性的时空变化，在很多地区的陆相砂岩预测中取得了较好的效果。

然而，以地震切片为主要技术的方法对于在一个波组范围内仅发育一套独立的沉积体的情况，一般预测效果较好，而对于研究区砂泥岩薄互层，由于沉积体系的差异和地震子波的相互干涉作用，目前预测难度还很大。解决的思路是在建立有效储集体发育模式的基础上，建立不同类型沉积体系在特定的地震资料背景下的综合解释模型，开展井—震一体化精细解释、沉积相分析与储层预测。

2. 复合河道有效储集体的地震响应模型

在录井、岩心资料与测井曲线联合对比分析的基础上，优选没有受到井径扩大等外在因素影响的不同岩性声波时差和密度测井曲线数据，计算波阻抗并进行了交会分析。数据表明，岩石粒度越大，声波时差越高，密度越小，波阻抗越小；有效储层（含砾粗砂岩、粗砂岩）与非有效储层（中细砂岩、泥岩）的声波时差、密度和波阻抗均存在较大差异，重叠较小，而中砂岩、细砂岩与泥岩之间的岩石物理参数分布存在一定的重叠（图5-3-5、图5-3-6）。

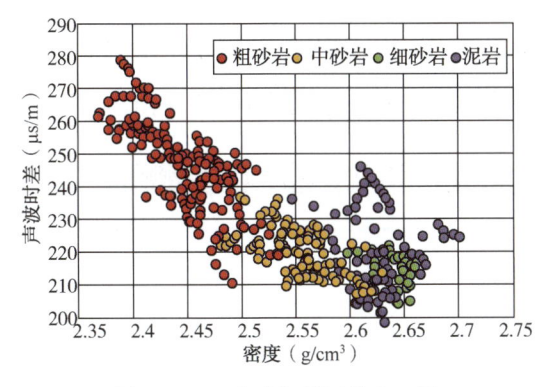

图5-3-5 独贵加汗区带盒1段不同岩性声波—密度交会图

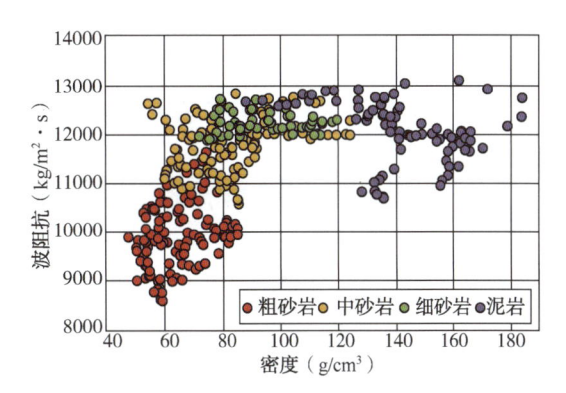

图5-3-6 独贵加汗区带盒1段不同岩性波阻抗—密度交会图

在有效储层与围岩有明显波阻抗差异情况下，当一套波组内仅发育一套砂体的简单模型下，地震振幅与这套储层有较好的对应关系，对于一套波组内有效储层与非储层相互叠置的辫状河复合砂体，就会产生相互干涉的多个波阻抗界面，储层与地震振幅、波形之间的对应关系就变得复杂。为了揭示这种复杂性和规律性，本文根据辫状河复合河道的发育模式，建立了一组10个砂泥岩剖面地震正演模型（图5-3-7）。

模型设计考虑四个因素：（1）盒1段（60m）及上覆、下伏地层（各100m）厚度按研究区平均厚度；（2）不同层位、不同岩性的地球物理参数取自研究区实际测井统计平均值；（3）盒1段上覆、下伏地层的砂岩、煤层厚度及纵向位置按均一化设计；（4）重点分析在主频20Hz情况下，盒1段有效储层厚度、纵向位置、层数的变化与地震波形、振幅变化之间的关系，储层厚度5~30m变化，层数为1~3层。

地震正演模拟显示如下特征为：（1）盒1段泥岩与下伏山西—太原组泥岩普遍存在波阻抗差异，无论盒1段砂体发育程度如何，在盒1段底部都存在一个稳定的同相轴 T_9d；

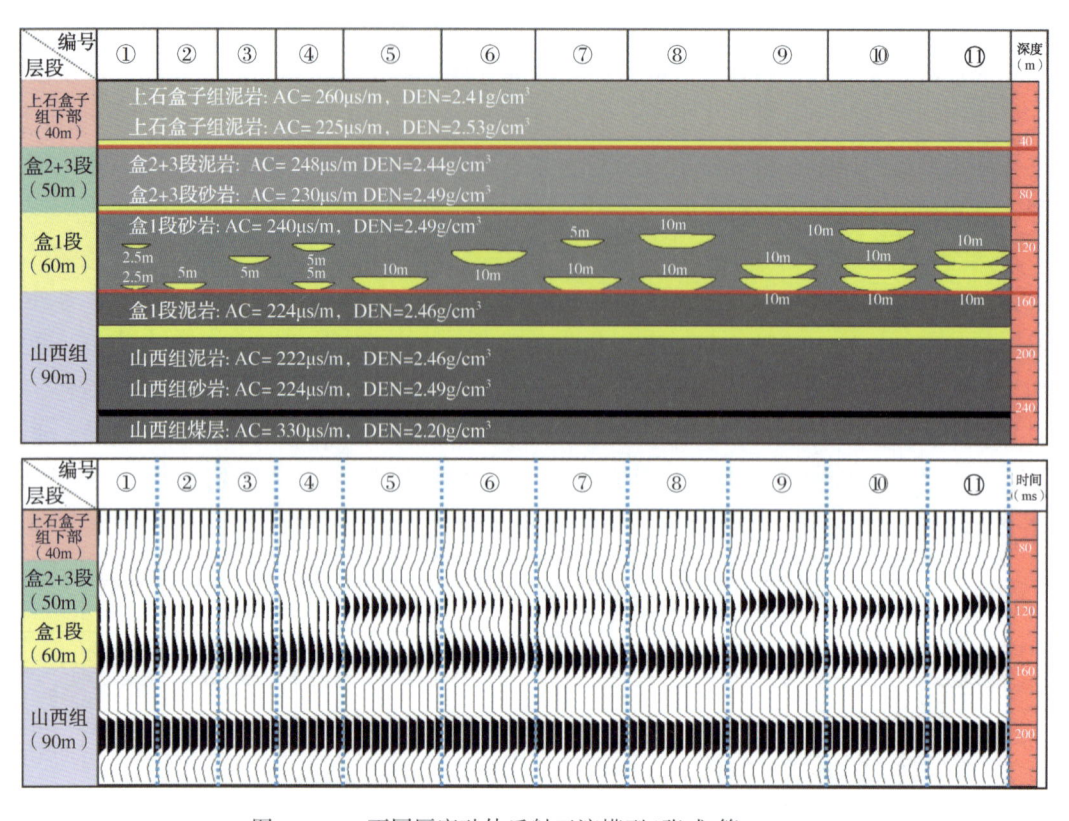

图 5-3-7　不同厚度砂体反射正演模型(张威 等，2021)

(2)当储层厚度小于(含)5m 时，T_9d 与之上的 T_9e 以复合波形式出现，振幅微弱；(3)当储层厚度大于(含)10m 时，T_9d 与 T_9e 之间的波谷开始出现，总体上波谷振幅随着储层厚度增大而增大；(4)相同储层厚度情况下，储层集中分布时的振幅强度大于分散分布时的振幅强度；(5)对于同一套储层，位置更靠近底部，振幅越大。

正演结果表明，通过地震波形可以检测出累计厚度 10m 以上的储层；储层层数、位置都对波形差异有影响，但并不能分辨出单层储层位置。

3. 独贵加汗区带盒 1 段砂泥岩剖面井—震模型

为进一步揭示不同储层叠置模式的地震响应特征，依据实际地震、测井与录井资料，总结了研究区三类 6 种井—震响应模式(图 5-3-8)。

(1)复合心滩切叠模式。一般位于多期河道交汇的中心部位，多期心滩相互切叠，形成单层大套储层，砂体总厚度大于 30m，有效储层总厚度大于 20m。在地震剖面上表现为 T_9d 之上波谷强振幅，T_9d 与 T_9e 波峰为高连续平行反射、中—小时差[图 5-3-8(Ⅰa)]。

(2)双层心滩叠置模式。位于两期河道的交汇部位，纵向上发育两套被泥岩分割的心滩。砂体总厚度大于 30m，有效储层总厚度大于 20m。在地震剖面上表现为 T_9d 之上宽缓的强波谷，T_9d 与 T_9e 波峰呈现高连续平行反射[图 5-3-8(Ⅰb)]。

(3)多层心滩叠置模式。位于三期以上河道交汇部位，单期心滩厚度小于 10m，心滩

第五章 致密岩性气藏区选区及"甜点"一体化评价方法

之间为水道充填相的中细砂岩或泛滥平原的相泥岩。砂体总厚度大于30m，有效储层总厚度大于20m。在地震剖面上表现为T_9d之上中—强波谷，T_9e波峰呈现低连续、亚平行反射[图5-3-8(Ⅰc)]。

（4）心滩河道充填互层模式。位于复合河道边部，2期以上河道交汇，由于沉积水动力较小，形成的心滩厚度小，且与河水道充填相互叠置。砂体总厚度为20~30m，有效储层总厚度为10~20m。在地震剖面上表现为T_9d之上中—弱波谷，T_9e波峰呈现低连续、亚平行反射[图5-3-8(Ⅱa)]。

（5）河道充填叠置模式。位于复合河道边部，纵向上以中、细粒的水道充填沉积物为主，夹有1~2套薄层心滩。砂体总厚度为20~30m，有效储层总厚度为5~10m。在地震剖面上表现为T_9e与T_9d波峰叠置成的复合波[图5-3-8(Ⅱb)]。

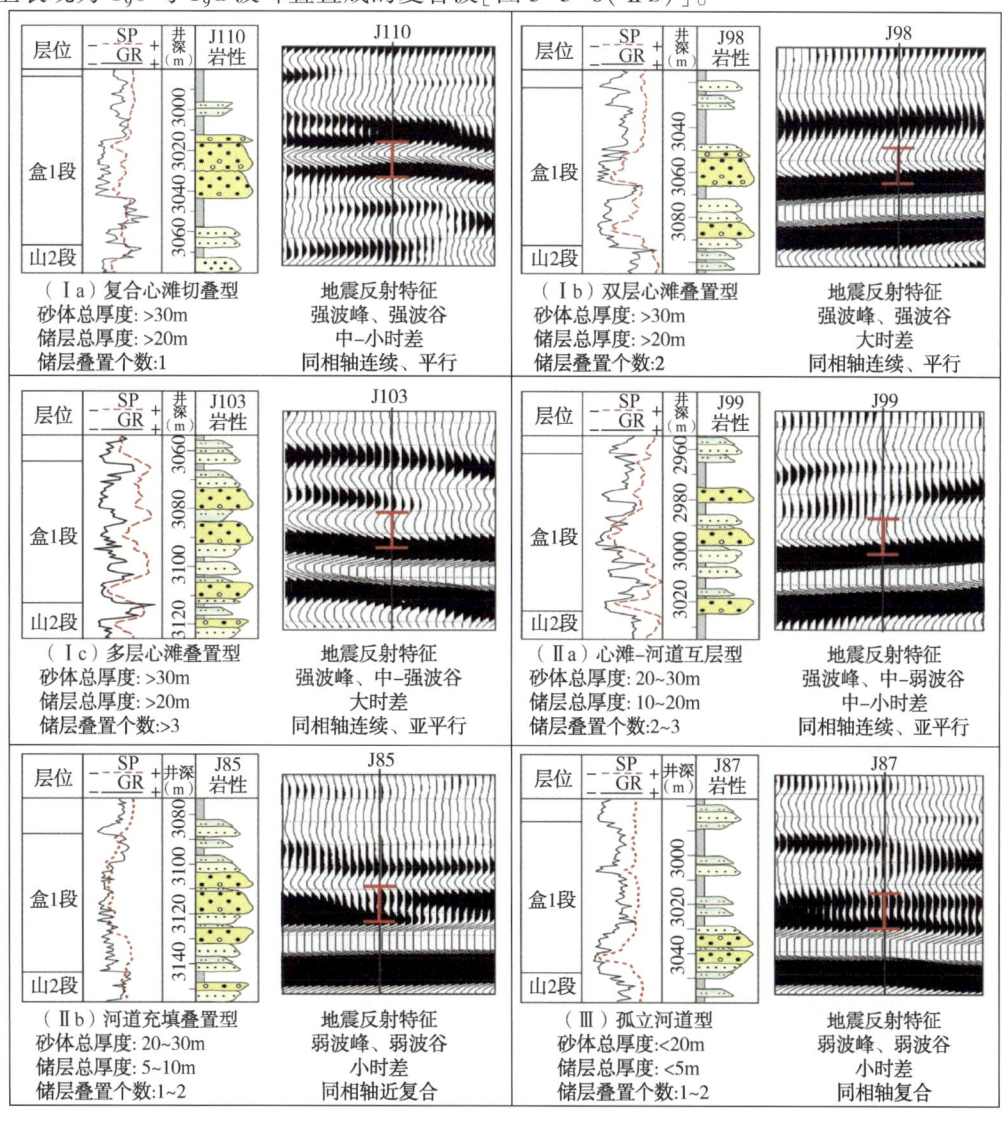

图5-3-8 独贵加汗区带盒1段不同砂岩叠置模式的井—震响应图版

(6) 孤立河道模式。位于河道间，主体以泥岩、中细砂岩为主，局部发育 1~2 套薄砂体，但在平面上不连续，呈孤立状分布。砂体总厚度小于 20m，有效储层总厚度小于 5m。在地震剖面上表现为 T_9e 与 T_9d 波峰叠置成的复合波[图 5-3-8(Ⅲ)]。

以上井—震响应模式表明，在相对低频地震资料背景下，尽管不能分辨出单层心滩，但不同厚度、不同叠置模式的复合砂体在地震波形、振幅上是有差异的，这种差异是地震沉积相分析及有效储层预测的依据。

三、纵向单元精细解释与井—震联合分析沉积相

借鉴地震沉积学的工作思路（曾洪流 等，2012），充分结合研究区辫状河复合河道有效储层的地质特点及地震响应模型，提取代表目的层段有效储层整体发育特征的最大波谷属性与代表不同期次河道发育特征的地层切片属性，并进行有效结合，对独贵加汗区带开展井—震联合沉积相分析。

1. 确定纵向作图单元

根据本区地震资料频谱分析，主要目的层地震子波调谐厚度为 40~50m；结合砂泥岩正演模型和实际井—震响应模型，在一个二级层序（盒 1 段）60m 地层厚度范围内，所有地层切片为同极性，且振幅、波形变化可以反映复合河道的厚度及叠置模式的差异。因此，本次研究把二级层序（盒 1 段）作为席状型复合河道的最小作图单元。在层序格架约束下，对二级层序顶、底界面 T_9d、T_9f 开展精细追踪解释。

2. 敏感属性选取

首先在目的层岩石物理分析及井震响应模式分析基础上，试验多种地震属性与席状型致密砂岩的岩性组合匹配模式，最终确定了波谷振幅为敏感地震属性。

3. 地层切片处理

在层序地层格架约束下，在地震数据体中沿相对等时界面制作地层切片，并建立地层切片与沉积旋回的对应关系。在地震同相轴 T_9d 与 T_9e 之间选取 8 条地层切片，对应盒 1 段两个三级层序，平均每个三级层序内有 4 张地层切片。

4. 井—震联合沉积相分析

首先在正演和井震实际模型的基础上，将盒 1 段地震相分为Ⅰ类、Ⅱ类和Ⅲ类振幅体，其中Ⅰ类为强振幅，振幅值>5500，代表多期叠合心滩砂体；Ⅱ类为中强振幅，振幅值介于 2000~5500 之间，代表心滩与水道充填砂体互层；Ⅲ类为弱振幅，振幅值<2000，代表泛滥平原沉积。在井—震联合解释的地震数据体上，提取 T_9d 之上的最大波谷振幅属性[图 5-3-9(a)]，并在 T_9d 和 T_9e 之间选取代表盒 1 段早、中、晚期的典型振幅切片[图 5-3-9(b)至图 5-3-9(d)]。

在大波谷振幅属性平面图[图 5-3-9(a)]上，可以看到Ⅰ类、Ⅱ类振幅体连片分布，代表了叠合连片的席状复合河道岩性圈闭主体，Ⅲ类振幅体（蓝、绿色）主要分布在主河道的东、西两侧。总体上从北部物源区向南部斜坡区，振幅逐渐变弱，代表了砂地比逐渐降低，说明从古地形向南逐渐平缓，沉积水动力逐渐减弱。代表心滩复合砂体的Ⅰ类振幅体

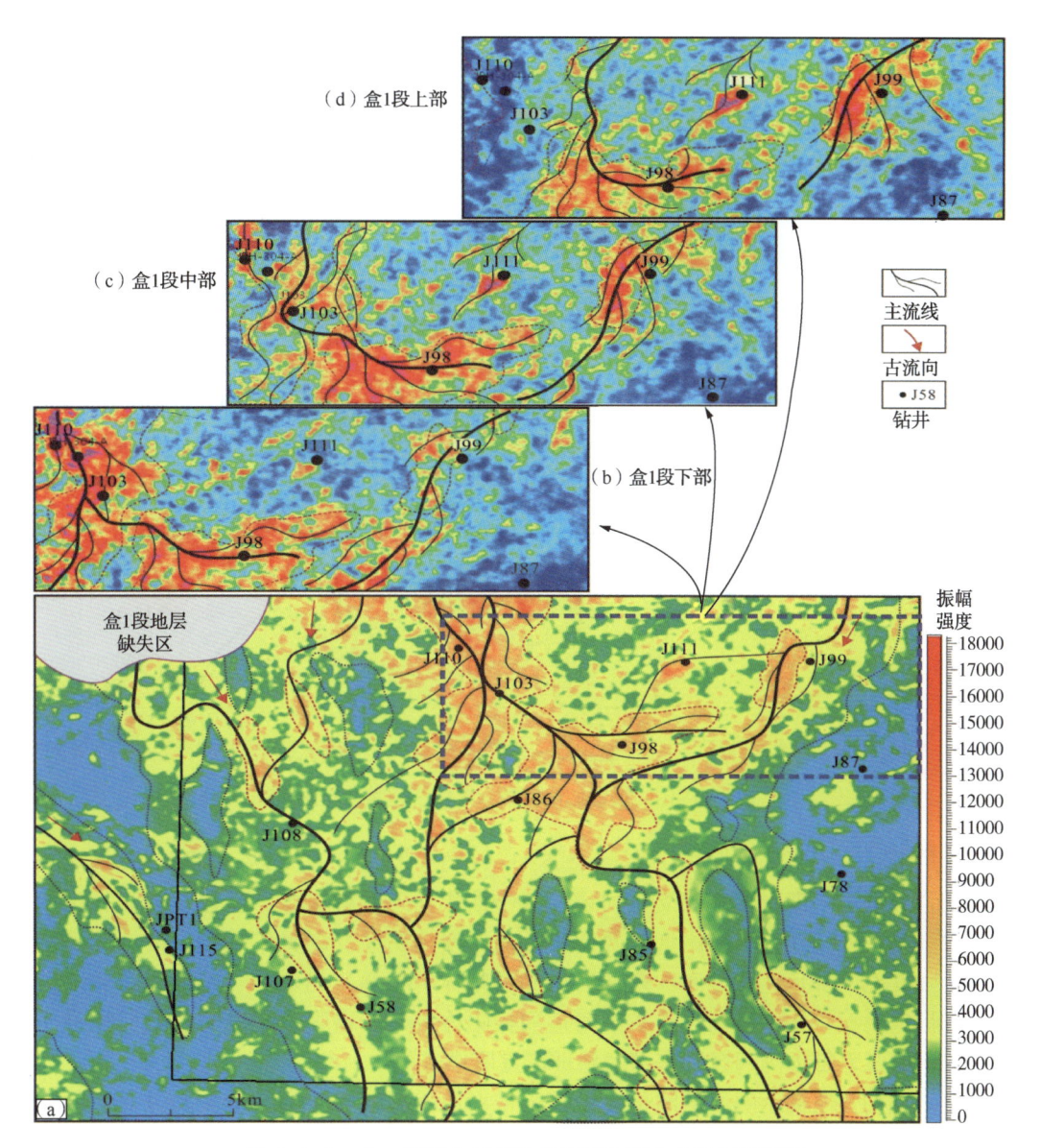

图 5-3-9　井—震联合解释独贵加汗区带盒 1 段沉积相图

呈带状、片状分布，在北部多成大面积连片，南部逐渐分散，顺河道呈小面积分布，在两条河道交汇处往往面积更大、振幅更强；代表心滩与河道充填叠合体的Ⅱ类振幅体一般顺河道方向围绕在Ⅰ类振幅体的外侧呈大面积分布，但是振幅强度不均匀，其中的强振幅呈"甜点"状分布，代表有效储层的含量在平面上变化较大。

依据井—震联合研究结果，预测了独贵加汗区段盒 1 段的沉积相分布（图 5-3-10），主要包括心滩、辫流水道和泛滥平原三种微相类型。辫流水道和心滩组成的辫状河道复合体呈大面积席状分布；心滩复合体分布在辫状河道中心部位，北部成连片近扇状分布，南部沿辫流河道呈分散带状分布。

— 215 —

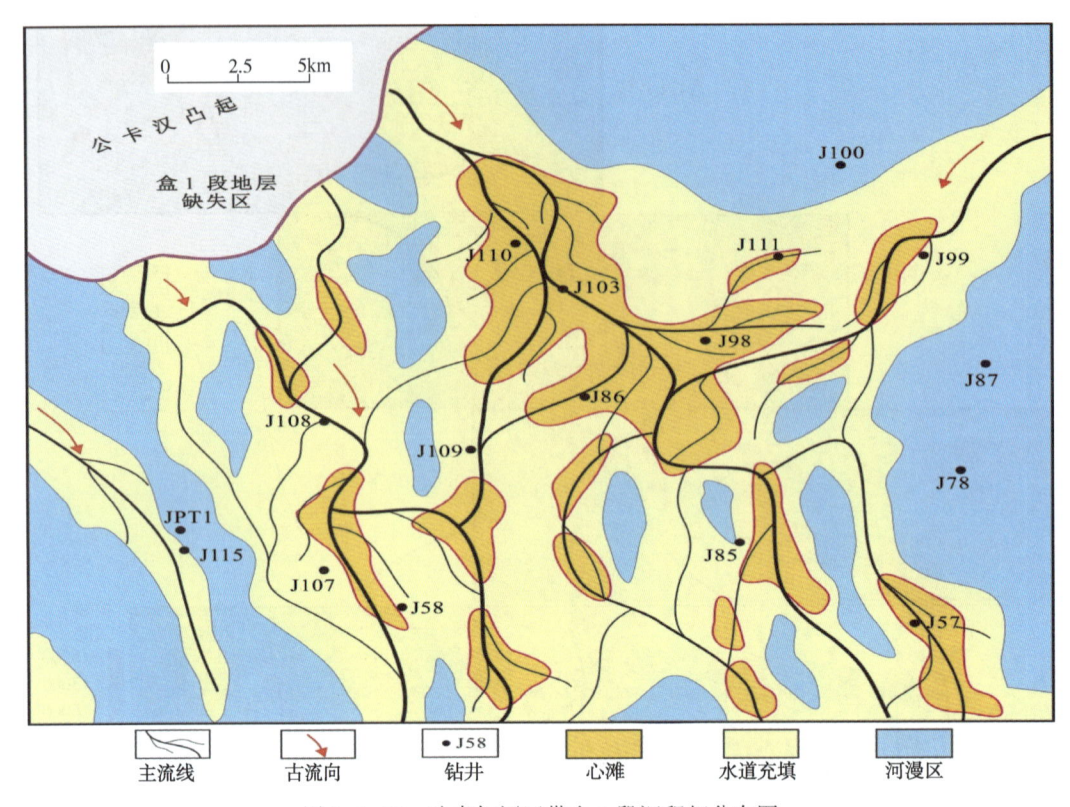

图 5-3-10 独贵加汗区带盒 1 段沉积相分布图

在代表地层上、中、下部的振幅切片上[图 5-3-9(b)至图 5-3-9(d)],可以清晰地看到河道的演化。在盒 1 早期,发育三支主河道,其中西部河道振幅最强,呈连片分布,说明早期西部水动力最强;在盒 1 段中期,西部河道的振幅体明显变弱且不连续,而中部河道的振幅体增强并在南部呈连片分布,东部河道的振幅体的振幅开始增强、连片;在盒 1 段晚期,西部河道的振幅体已经消失,东部河道的振幅体进一步增强。三期切片的变化说明了该区的河道是从西部的隆起区到东部的斜坡区逐步推进的。

三张地层切片所揭示的河道演化也验证了最大波谷振幅属性中三类振幅体对应的三类储层叠置模式。在最大波谷属性 Ⅰ 类振幅体发育区,在地层切片属性上至少两张为强振幅,说明至少有两期心滩叠置,例如 J110 井(图 5-3-8)、J103 井、J98 井。在最大波谷属性 Ⅱ 类振幅体发育区,地层切片上一般显示为 1 期强振幅,1~2 期中—弱振幅,说明河道迁移频繁,例如 J99 井、J111 井;在最大波谷属性 Ⅲ 类振幅体发育区,在地层切片上显示三期均不发育主河道,例如 J87 井。

四、圈闭评价边界("甜点"区)确定与应用效果

辫状河席状复合河道岩性圈闭是由一系列被致密层(中细砂岩、泥岩)分割的粗粒砂岩储集体叠置组成的,每个储集体都是一个独立的小型岩性圈闭。而这些单个小型岩性圈闭由于厚度小且以复合叠置状态存在,目前利用地震资料一般是不可分辨的,无法实现钻前

预测，属于隐蔽圈闭。因此，席状复合河道岩性圈闭要评价的对象是由若干独立岩性圈闭组成的隐蔽圈闭群，在勘探阶段难以精确刻画其岩性边界（砂体厚度0m等值线）或物性边界（气层孔隙度下限等值线）。因此，这里的圈闭边界强调是勘探风险边界，需要在一个合理的纵向单元内确定一个累计砂体厚度等值线作为评价边界，以圈定主河道范围，预测有效储层分布的"甜点"区，提高钻井成功率。

圈闭评价边界的砂岩厚度下限确定主要考虑两个方面：(1)在当前经济技术条件下，作为圈闭评价边界的砂岩厚度值大于或等于本区工业油气流井的累计砂岩厚度统计下限。(2)在研究区地质、地震资料条件下，在圈闭评价的纵向单元内，累计厚度大于该下限厚度的砂岩复合体可以利用地震+钻井资料预测，平面上圈闭边界内、外的地质模式和地震响应特征有差异。

具体技术流程为：(1)根据研究区层序地层与地震频率对应关系，确定与沉积相作图单元一致的圈闭评价纵向单元，研究区以盒1段作为评价单元；(2)在井—震联合沉积相分析的基础上，明确地震+钻井预测出的盒1段复合河道作为圈闭的主体；(3)在主河道范围内，利用砂岩复合体内不同岩性的岩石物理特征差异，对河道砂岩复合体开展波阻抗反演，结合井—震响应模型中地震属性值与砂岩厚度关系，绘制砂岩厚度等值线平面图，主河道边界附近的砂岩厚度等值线为20m；(4)根据本区及邻区工业气流井的砂岩厚度与气层厚度统计，砂岩厚度20m大于本区工业气流井砂岩厚度下限标准，因此确定了位于河道边界附近的20m砂岩厚度等值线作为圈闭评价边界（图5-3-11）。

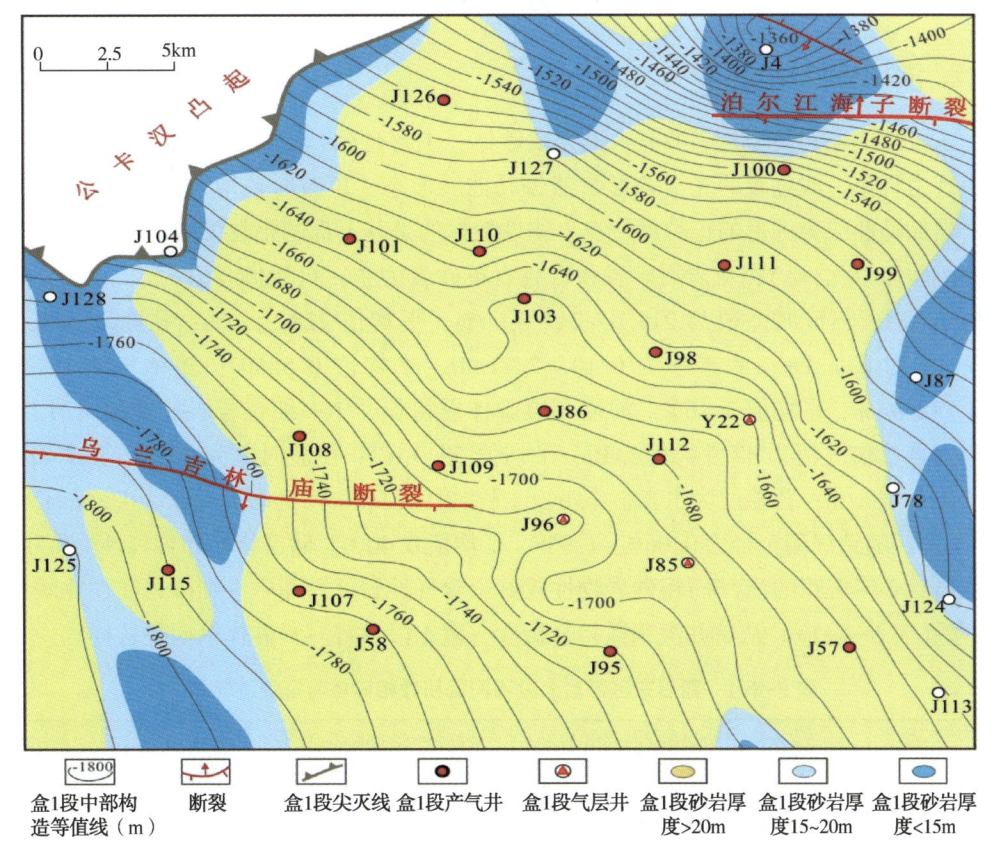

图5-3-11 独贵加汗区带盒1段圈闭因素图

在圈闭面积确定之后,根据圈闭内油气层有效厚度、含气面积系数、单储系数计算地质资源量(表5-3-1)。进一步明确勘探集中部署评价区范围,依据圈闭内部厚砂带"甜点"分布开展井位部署。

表5-3-1　独贵加汗盒1段岩性圈闭基本情况与资源量

圈闭面积（km²）	中部深度（m）	平均砂岩厚度（m）	圈闭边界砂体厚度（m）	平均孔隙度（%）	平均渗透率（mD）	气层有效厚度（m）	含气面积系数（f）	单储系数[$10^8 m^3$/（km²·m）]	地质资源量（$10^8 m^3$）
625	3150	26	20	8.0	0.55	16	0.95	0.12	1140

第四节　新召东区带盒1段富集"甜点"预测评价

新召东区带位于东胜气田西部的三眼井断裂以南,构造位置位于伊陕斜坡北端,主要含气层段是山西组上部山2段和下石盒子组下部的盒1段,属于源内致密岩性气藏区。

受北部公卡汉凸起的影响,该区太原组、山西组、下石盒子组由南向北厚度减薄。太原组、山西组发育辫状河三角洲沉积,沉积厚度受古地貌影响较为明显,下石盒子组为典型的辫状河沉积,其中盒1段广泛分布的辫状河砂体是主要储集体。

一、河道砂体特征

盒1段砂体成因类型是心滩和水道充填砂体,主要是(含砾)粗砂岩(图5-4-1)。心滩砂体表现为具单一或叠置的光滑箱形自然伽马曲线形态、声波时差增大特征;水道充填砂体是自然伽马曲线为钟形的正粒序特点,物性较好的是其下部的粗粒沉积。

心滩砂体以(含砾)粗粒岩屑砂岩和岩屑石英砂岩为主,自然伽马值为30.2~67.9API,平均值50API;声波时差值为219.0~249.0μs/m,平均值228.9μs/m;孔隙度为4.1%~10.4%,平均值7.4%;渗透率为0.10~2.71mD,平均值0.52MD;随钻气测全烃值为1.03%~12.94%,平均值3.46%。河道充填砂体以粗粒、中—细粒岩屑砂岩和岩屑石英砂岩为主,自然伽马值为47.9~78.6API,平均值58.9API;声波时差为203.1~227.4μs/m,平均值216.3μs/m;孔隙度为1.0%~6.6%,平均值4.1%;渗透率为0.05~0.26mD,平均值0.14mD;随钻气测全烃为0.06%~1.9%,平均值0.40%。储层物性和含气性受沉积微相控制明显,心滩沉积的(含砾)粗砂岩物性较好、含气性较好,而中—细砂岩往往比较致密、含气性差(表5-4-1)。从单井沉积微相分析看,盒1段发育三种砂体纵向叠置样式。

表5-4-1　新召东区带盒1段不同沉积微相砂体特征值统计表

微相	GR曲线	粒度	自然伽马（API）	声波时差（μs/m）	孔隙度（%）	渗透率（mD）	全烃（%）
心滩	低幅光滑箱形	(含砾)粗粒	$\frac{30.2~67.9}{45.3}$	$\frac{219.0~249.0}{228.9}$	$\frac{4.1~10.4}{7.4}$	$\frac{0.10~2.71}{0.52}$	$\frac{1.03~12.94}{3.46}$

续表

微相	GR 曲线	粒度	自然伽马（API）	声波时差（μs/m）	孔隙度（%）	渗透率（mD）	全烃(%)
河道充填	中—高幅齿化钟形	中—细粒	$\frac{47.9\sim78.6}{58.9}$	$\frac{203.1\sim227.4}{216.3}$	$\frac{1.0\sim6.6}{4.1}$	$\frac{0.05\sim0.26}{0.14}$	$\frac{0.06\sim1.9}{0.40}$

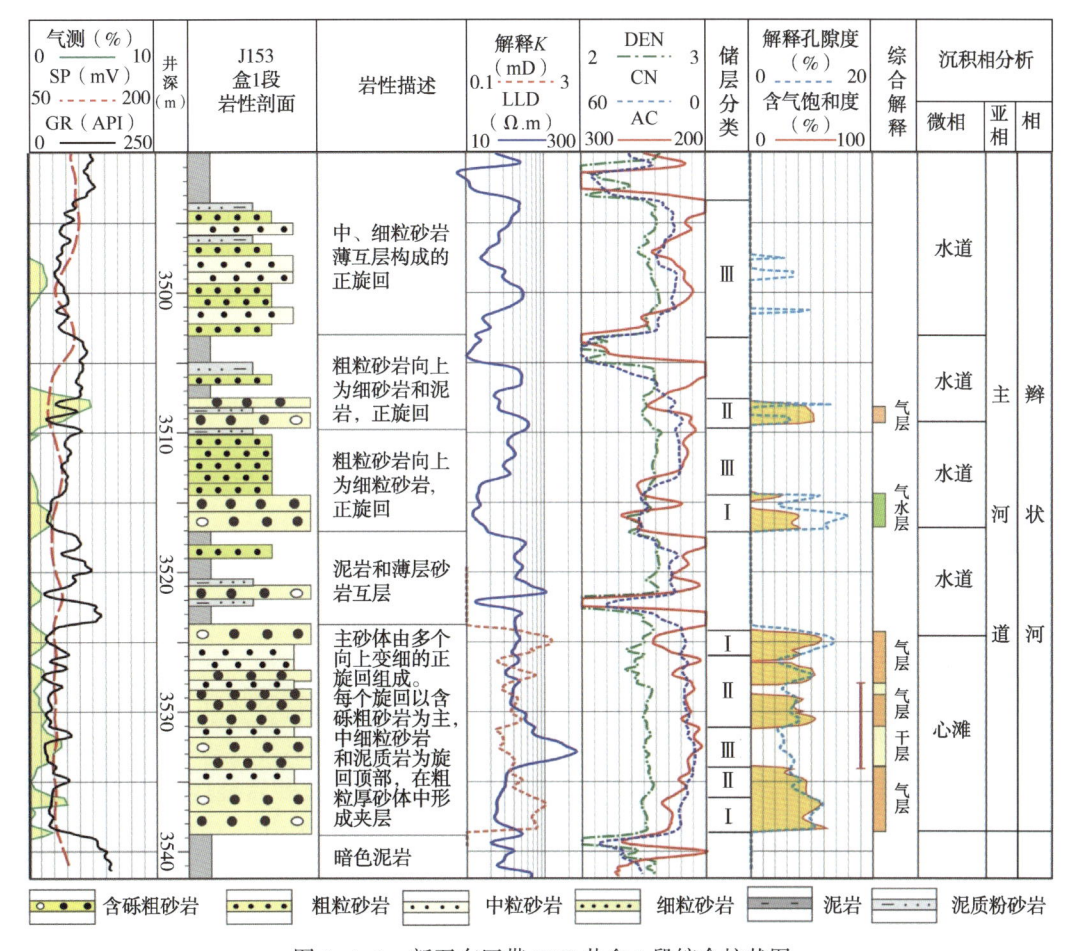

图 5-4-1　新召东区带 J153 井盒 1 段综合柱状图

（1）多心滩叠置发育模式。

以 J30 井为例，盒 1 段下部发育 3 期心滩砂体，单期心滩砂体厚 3~8m（以测井识别为准），累计厚度大于 15m，为河道中心沉积特征（图 5-4-2）；上部演变为水道充填、河漫沉积，曲线形态向上变为钟形，砂岩粒度变细、厚度变薄。纵向上显示为辫状河由盛而衰的一个过程。

（2）单心滩+多期水道充填叠置发育模式。

以 J150 井为例，盒 1 段底部发育单个薄层的箱形心滩沉积，上部为多期齿化钟形水道充填和河漫泥质岩沉积（图 5-4-2），表明河道横向迁移摆动频繁，水动力减弱。

— 219 —

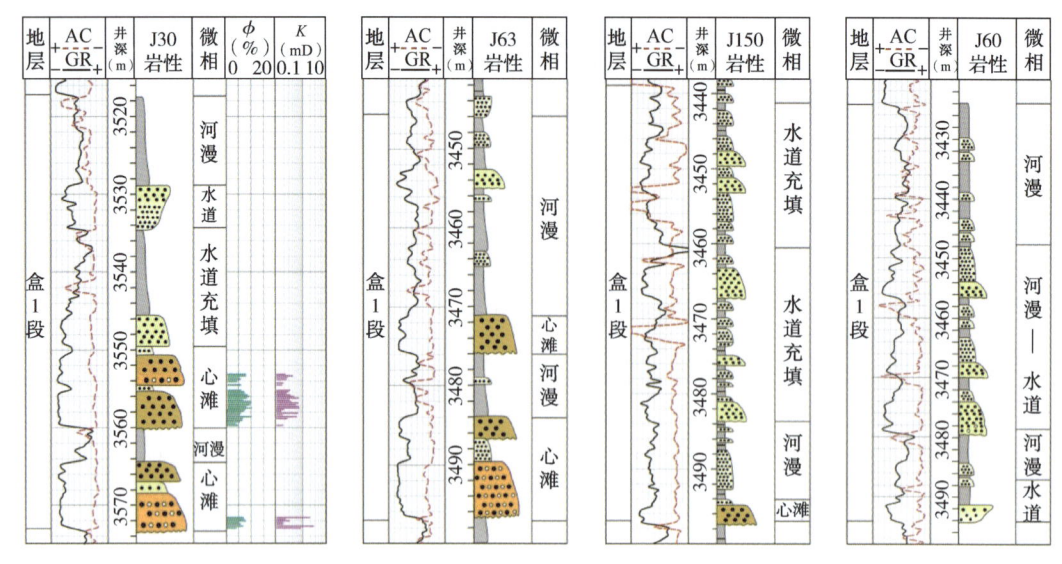

图 5-4-2 新召东区带典型井盒 1 段砂体发育模式

(3) 孤立水道发育模式。

J60 盒 1 段砂层虽多，但以中细粒砂岩为主，且单层薄(图 5-4-2)，总体为主河道外侧的河漫沉积特征。

二、河道砂体岩石物理分析

为进行有效储层预测，在明确砂体类型及其叠置模式的基础上，开展岩石物理分析，利用正演模拟，明确沉积相约束下的有利储集体地震响应特征。岩石物理分析表明，随砂岩粒度变细，自然伽马变大、声波变小、密度增大、纵波阻抗增大(图 5-4-3)。含砾砂岩、粗砂岩岩石物理特征为高声波、低密度、低伽马、低波阻抗；粉砂岩整体表现为低声波、高密度、高伽马、高波阻抗岩石物理特征，与(含砾)粗砂岩差异较大。中砂岩与细砂岩的上述四种岩石物理平均值介于(含砾)粗砂岩与粉砂岩之间。

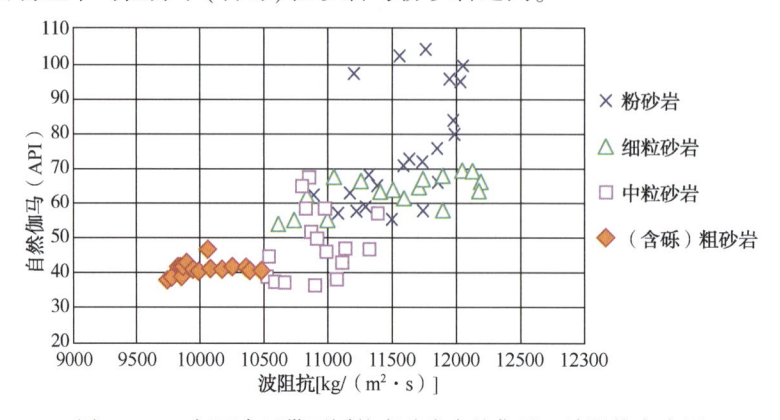

图 5-4-3 新召东区带不同粒度砂岩自然伽马—波阻抗交会图

第五章 致密岩性气藏区选区及"甜点"一体化评价方法

以钻井资料为依据，考察各种岩性的波阻抗差异，波阻抗值从高到低依次为：致密砂岩、粉砂质泥岩、泥岩、含气砂岩，含气层砂岩与其他岩性的波阻抗值有一定差异(图5-4-4)。

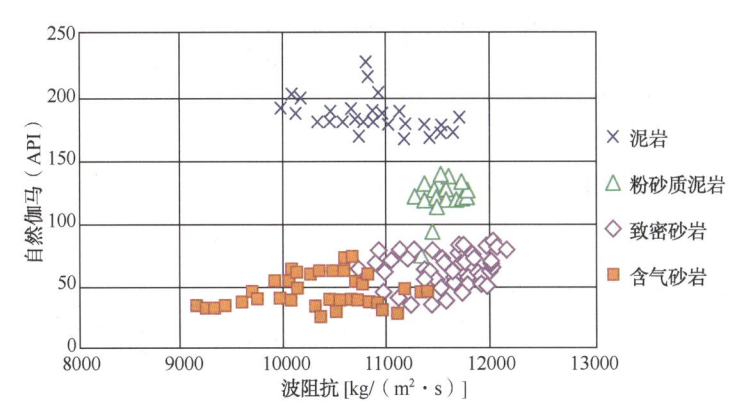

图 5-4-4 新召东区带不同岩性自然伽马—波阻抗交会图

根据单井剖面结构分析和岩石物理分析结果，建立了新召东区带盒1单复合河道正演模型(图5-4-5)，结果显示砂体纵向组合样式影响 T_9d 上波谷波形形态：主河道区多期心滩叠置，粗粒砂岩厚度较大，T_9d 上波谷为强振幅、且具有一定连续性，例如J30-1井(图5-4-6)；主河道侧翼，砂体厚度变薄，T_9d 上波谷为中或弱振幅，例如J30-13井；河漫区粗粒砂体欠发育且厚度薄，T_9d 上波谷为弱振幅，例如J60井。综上所述，T_9d 之上波谷信息主要反映盒1段(含砾)粗砂岩、中粗粒砂岩或含气砂岩发育规模，同理一定程度上反映了盒1段辫状河复合河道心滩砂体发育规模，为地震—地质综合预测心滩砂体"甜点"有利区奠定了理论基础。

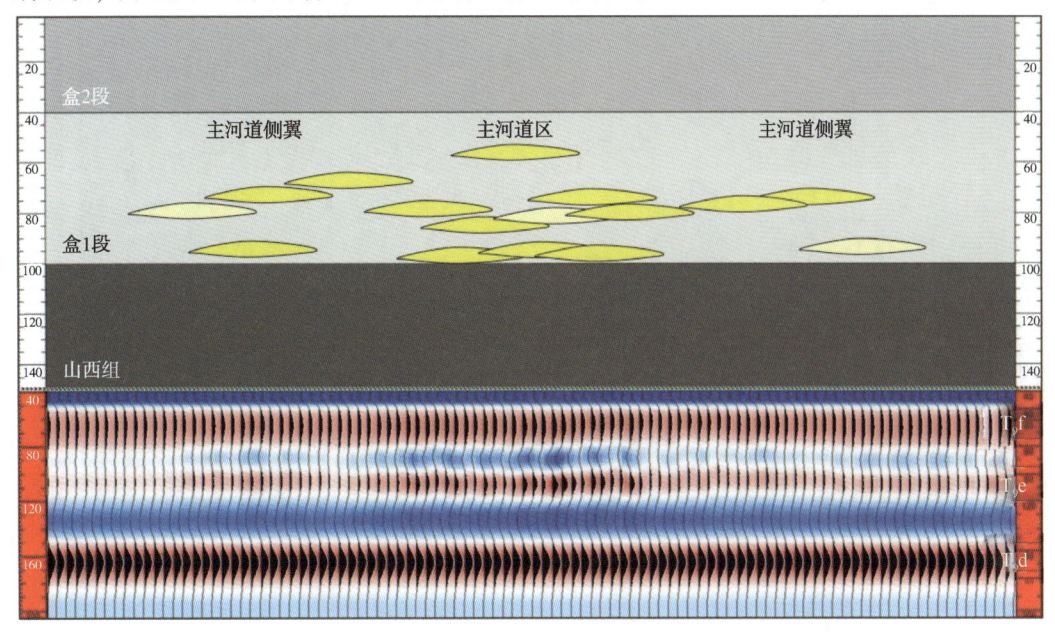

图 5-4-5 新召东区带盒1段复合河道地质模型与正演模拟图

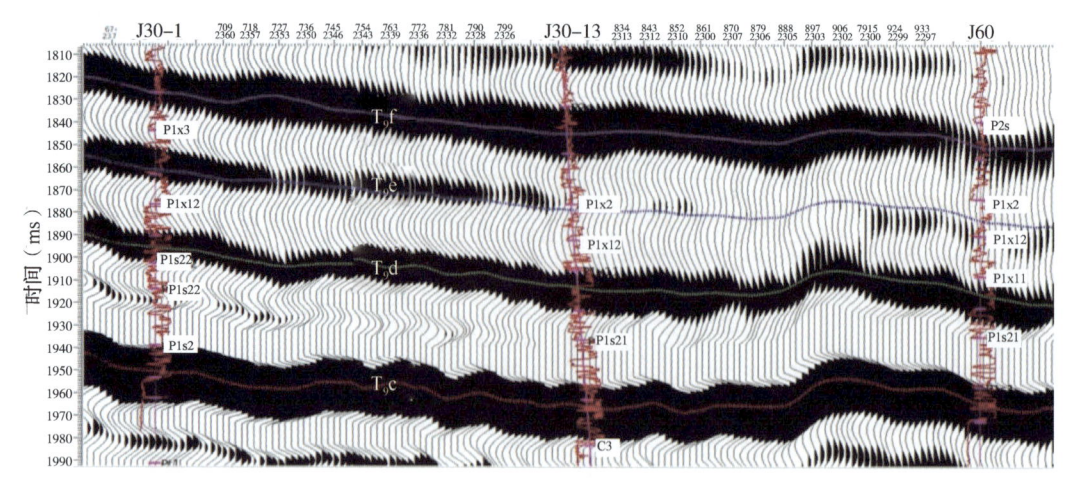

图 5-4-6 新召东区带东西向地震剖面图

三、河道分布预测

在 T_9d 上最大波谷振幅属性平面图(图 5-4-7)上,可以看到新召东区带盒 1 段砂体广泛发育,属性红黄色区域表示砂体厚度大于 15m,属性绿色区域表示砂体厚 5~15m,代表多期心滩叠置的强振幅位于河道中心部位,向两边振幅减弱,与正演模型模拟结果一致。河道呈北西—南东向展布,北部多呈宽带状,在南部多个条带汇聚呈片状分布。

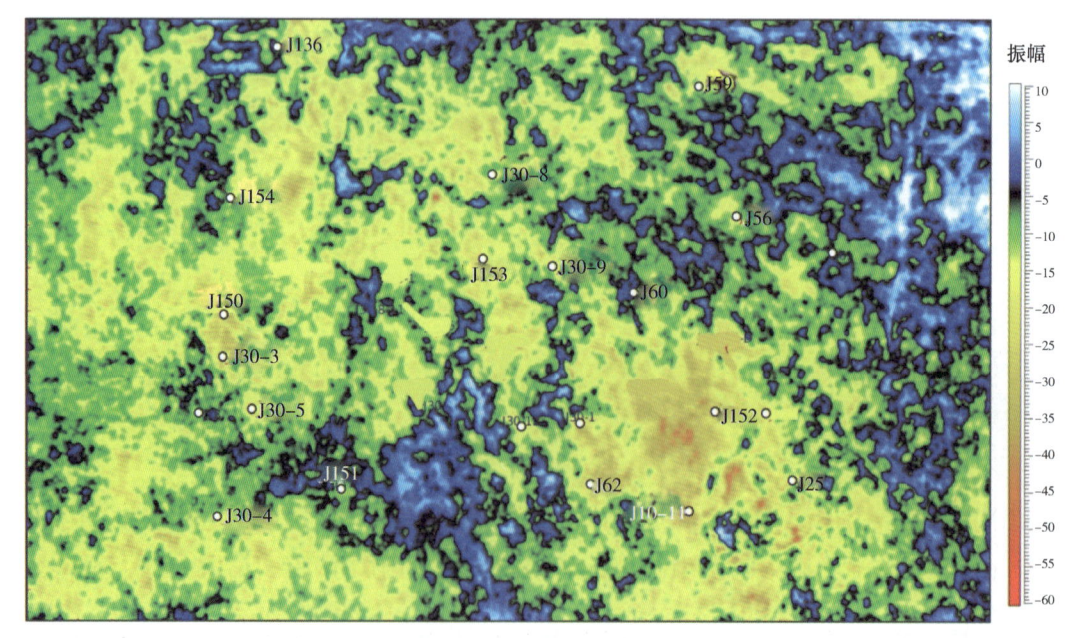

图 5-4-7 新召东区带盒 1 段最大波谷振幅属性分布图

T_9d 上最大波谷振幅属性反映了盒 1 段砂体发育程度的综合状况,从单井分析可以看出,盒 1 段厚层心滩砂体主要发育在其下部(下亚段),为了进一步分析最大波谷振幅属性

第五章 致密岩性气藏区选区及"甜点"一体化评价方法

与心滩砂体的对应关系，在研究中重点针对盒1下亚段开展基于空间相对分辨率的沿层切片演化分析，力图揭示河道在空间上的迁移特征。

图5-4-8是J151井处盒1下亚段相对等时面的瞬时频率切片，早期发育在条带状高频区，向上频率减弱。对比实钻剖面，J151井盒1下亚段底部发育8m粗粒砂岩，为一期心滩，中部、上部发育22m泥岩和泥质粉砂岩，表明早期到中晚期河道逐渐消亡。J151地震响应特征为条带状中强振幅、瞬时频率由条带状高频到低频，预测为孤立发育的单期窄河道。

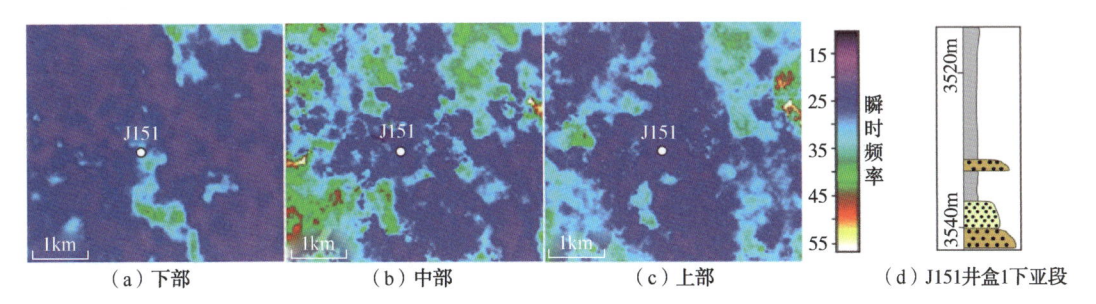

图5-4-8　J151井盒1下亚段地震瞬时频率切片

J30-12井实钻盒1下亚段地层厚度40m，粗粗粒、中粒砂岩厚度30m，中夹四层细砂岩及泥岩。从该井处瞬时频率切片图(图5-4-9)上可以看出，三个时期的瞬时频率切片均存在北北西到南南东方向的高频条带，J30-12井位于条带的中央部位。不同时间切片的瞬时频率差异不大，表明盒1下亚段沉积期该处河道发育稳定，振幅属性表现为强振幅的条带状，预测为主流线稳定、纵向多期心滩叠置为主的窄河道。

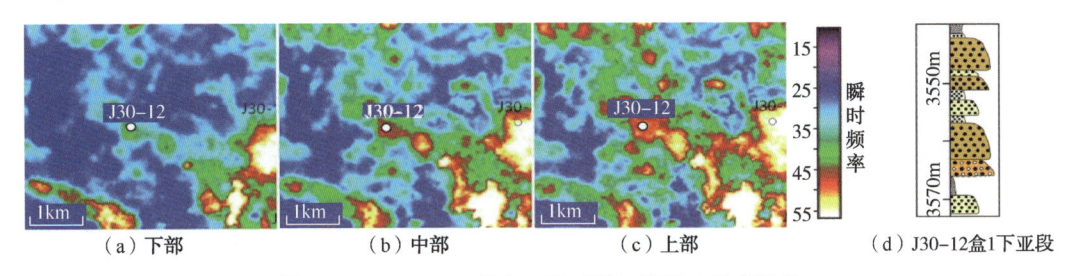

图5-4-9　J30-12井盒1下亚段地震瞬时频率切片

J152盒1下亚段在沉积早期位于片状高频区边部(图5-4-10)，中期位于片状高频区中部，到晚期由红色高频部分逐渐变为绿色、蓝色低频。对比该井实钻情况，盒1下亚段底部发育厚度2m心滩，中部有发育一期厚度6m的心滩沉积，预测为主流线不稳定、横向复合连片的宽河道沉积。

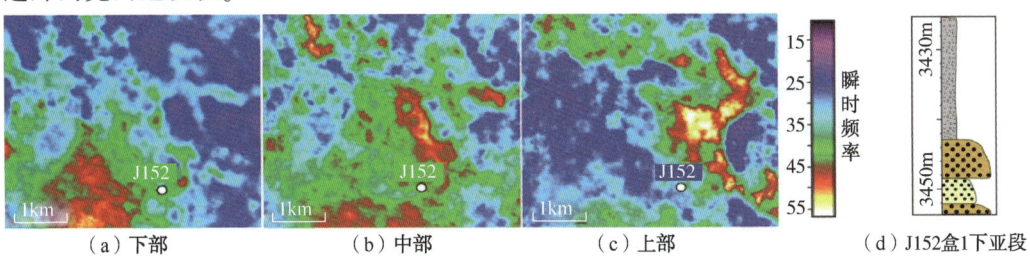

图5-4-10　J152井盒1下亚段地震瞬时频率切片

— 223 —

第六章

杭锦旗断阶多类型气藏发育特征及描述评价技术

杭锦旗断阶包括什股壕和浩绕召两个区带。1977年位于什股壕区带的第一口深探井——伊深1井完成多层试气,该井部署在一个小型背斜构造高点上,发现二叠系下石盒子组自下而上盒1段、盒2段、盒3段三套气层,并分别获工业气流(未压裂)。1984年,位于泊尔江海子断裂北侧拉不扔构造上的伊17井经小规模加砂压裂,在下石盒子组获得工业气流,其后的鄂3井、鄂4井、盟1井等井都是在断裂附近的构造上部署并获工业气流。由于杭锦旗断阶缺少大中型的构造圈闭,加之低幅度构造圈闭的预测描述技术手段限制,对该区天然气资源前景产生了不乐观的评价,"深盆气"模式将其划为水区。

"十五"至"十一五"期间,华北油气分公司在新一轮勘探评价中,随着一些探井在构造幅度不明显的位置钻遇气层(如J33井),产生了该区发育大、中型构造—岩性复合圈闭的认识。"十二五"期间,借助于三维地震对河道砂体预测精度的提高,在什股壕区带部署完成了一批水平井,采用分段压裂方式投产,水平井生产期间暴露出诸多气、水产出复杂的情况,由此对气藏特征及勘探开发潜力的认识产水分歧。通过对单井的综合解剖,笔者对气、水关系的复杂状况进行说明:(1)尽管水平段砂体钻遇率较高,但这些连续的砂体并非是连续的气层,含气"甜点"是被分割的;(2)不易识别的小断层可能是纵向串通的因素。

下石盒子组三个层段是杭锦旗断阶的主要含气层位,下部盒1段具有"宽河道、厚砂体"特点,在厚砂体上部呈现"气帽子"特征;上部盒2段、盒3段具有"窄河道、薄砂体"特点,砂体与低幅构造配置具有不同的圈闭特征,主要表现为构造—岩性复合圈闭,窄河道砂体与构造线的配置关系呈现多样性,影响圈闭形态及含气"甜点"的位置,其圈闭有效性分析尤为重要。

针对前期钻井揭示的气藏类型多样、气水复杂问题,"十三五"期间加大了气藏(气层)解剖力度,同时进一步提升、完善三维地震技术对河道砂体、低幅构造形态的预测精度,着重分析单个圈闭的有效性及含气"甜点"的空间位置,取得了显著成效,评价出Ⅰ-Ⅱ类储量近千亿立方米。圈闭识别描述较以往在以下几个方面进一步精细化:

(1)以经过验证的地震可靠属性确定Ⅰ-Ⅱ类有利储层的位置;
(2)充分分析砂体走向与构造等值线的叠合关系,确定圈闭的封堵条件及其位置;
(3)考虑了气、水分异条件,在气、水界面判别基础上确定圈闭含气范围。

第一节　沉积、构造背景与圈闭类型分布

杭锦旗断阶位于鄂尔多斯盆地伊盟北部隆起,其南以泊尔江海子断裂为界与伊陕斜坡相邻,其中东部的什股壕区带勘探、研究程度较高。从构造特征上看,什股壕区带东部为一个凸起带,局部构造相对发育,西部为一构造平缓斜坡带(图6-1-1、图6-1-2),区带内断层、局部隆起和鼻状构造比较发育,小型断层大多断穿地震T_9—T_9d层位,相当于太原组、山西组和下石盒子组,向上到上石盒子组、石千峰组断层减少。什股壕区带主要成藏层位是二叠系下统的下石盒子组,山西组山1段在局部有气藏发育。由斜坡带到隆起带,构造作用逐渐加强,圈闭类型由构造—岩性圈闭转变为构造圈闭为主;从下部到上部,构造作用逐渐减弱,圈闭类型由构造圈闭转变为构造—岩性复合圈闭。

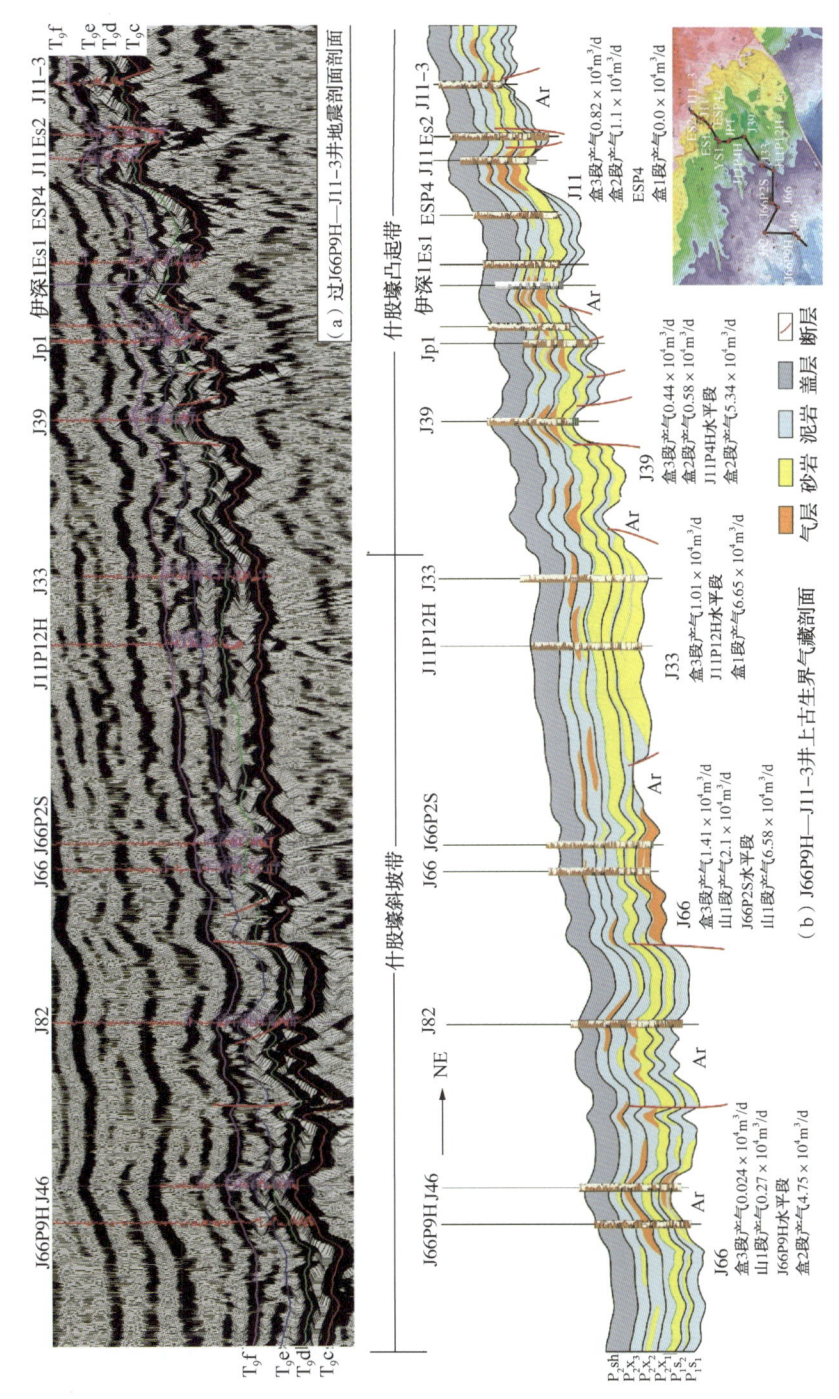

第六章 杭锦旗断阶多类型气藏发育特征及描述评价技术

图6-1-1 什股壕区带J66P9H—J11-3井南西—北东上古生界气藏剖面

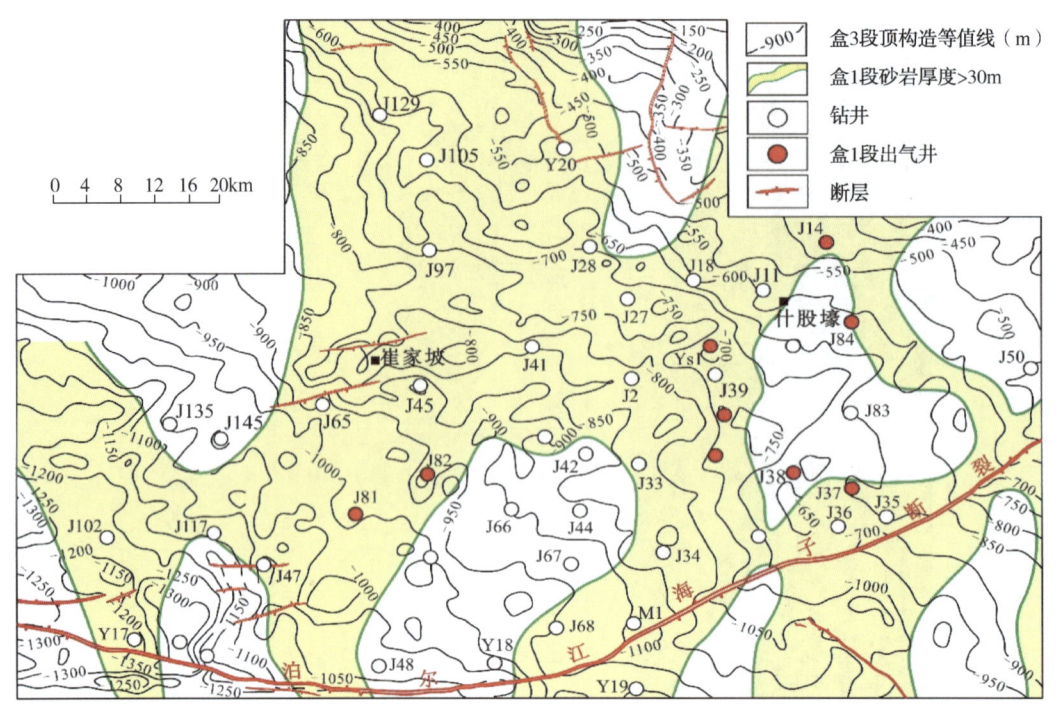

图 6-1-2　什股壕区带下石盒子组顶面(地震波组 T_9f)构造图(齐荣, 2015)

二叠纪,什股壕区带总体是乌兰格尔凸起南部的一个沟谷区,山西期为砂岩与暗色泥岩(图 6-1-3)及薄煤层的互层沉积,下石河子期自北而南的辫状河沉积贯穿全区,水动力较强,单段砂岩厚度较大(10~40m)、物性总体为特低渗透,加之相对复杂的构造背景,砂体内部易产生气、水分异,因此该区气藏边底水发育,显示出气、水关系复杂的特点。

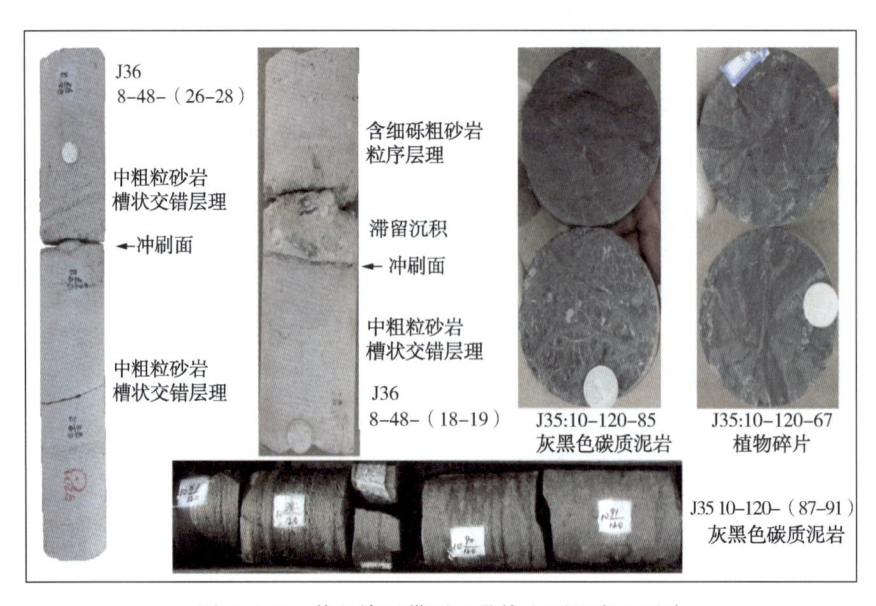

图 6-1-3　什股壕区带下二叠统山西组岩心照片

早、中二叠世什股壕地区的总体地形面貌是西高、北高，隆凹明显，东南低、地形平缓。沿泊尔江海子断裂两侧地形地貌具有明显分异，指示断裂沉积坡折的存在。山西期，泊尔江海子断裂坡折以北地区隆凹沟脊格局明显，西北部沟谷发育，局部隆起较高并遭受剥蚀，其中J48—J46井区和J34—J42井区为自西北向南张开的宽浅型"V"谷为主要的物源汇聚输送通道(图6-1-4)。沿断裂带坡折以南为明显平缓的开阔地貌，隆凹及沟谷不明显。下石盒子期古地貌呈隆凹明显特点(图6-1-5)，但断裂对地形地貌并无明显的分异。其中盒1时期在显示泊尔江断裂以北地区沟谷和隆凹较发育，以南地形隆凹、但沟谷不发育；盒2+3时期总体为低幅的隆凹，但在断裂南北无明显的沟谷发育。

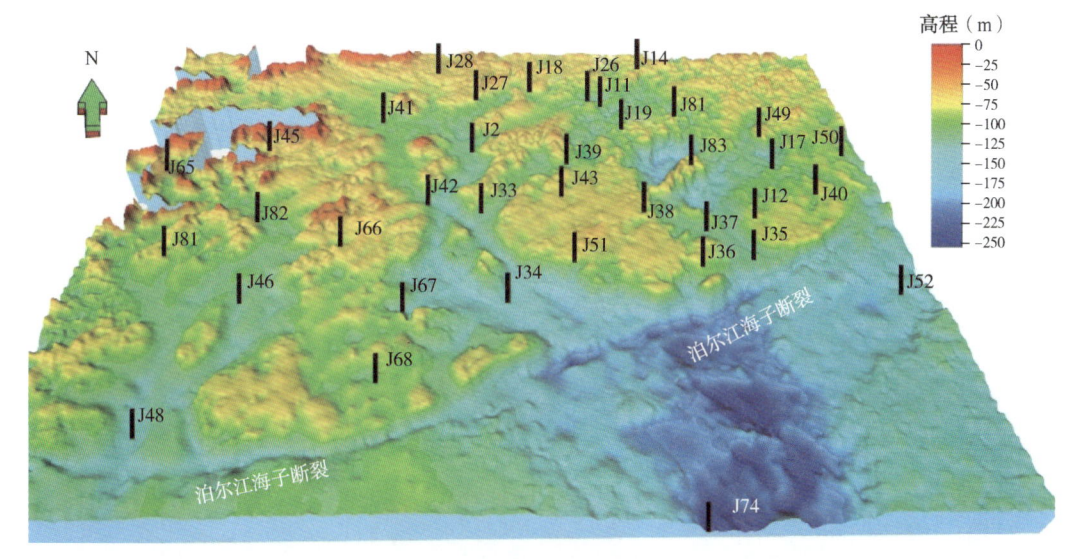

图6-1-4　杭锦旗断阶什股壕区带山西期沉积古地貌图

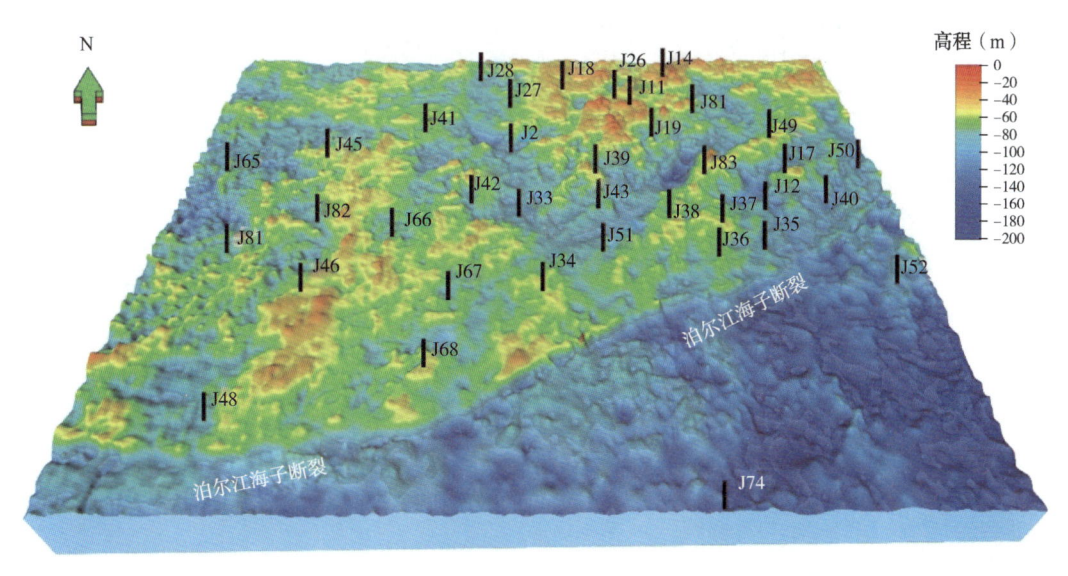

图6-1-5　杭锦旗断阶什股壕区带下石盒子期沉积古地貌图

什股壕盒 1 段沉积环境主要是陆上辫状河流沉积体系，在盒 2 段、盒 3 段经历了辫状河发生向曲流河转变的过程。通过对地质统计学反演结果的精细解剖可知，研究区辫状河道在地震剖面上的充填模式可以划分为垂向加积型、侧向加积型、复合型和不连续型四大类，其中垂向加积型又可根据离物源的远近可进一步细分为厚层和薄互层两种（图 6-1-6）。

垂向加积型充填模式主要是反映辫状河道受地貌隆凹格局控制下，在地势较低部位，连续垂向加积形成的沟谷限制型辫状河道充填模式。侧向加积型充填模式主要是反映在地势相对平缓的地区，辫状河道侧向迁移形成。复合型充填模式即为垂向加积型和侧向加积型的综合，受物源、地貌等因素的控制，早先为侧向加积模式，后期受地貌局限控制，为垂向加积特征。而不连续型充填模式主要反映辫状河道交叉切割，砂体横向连续性差，砂体厚度较薄。

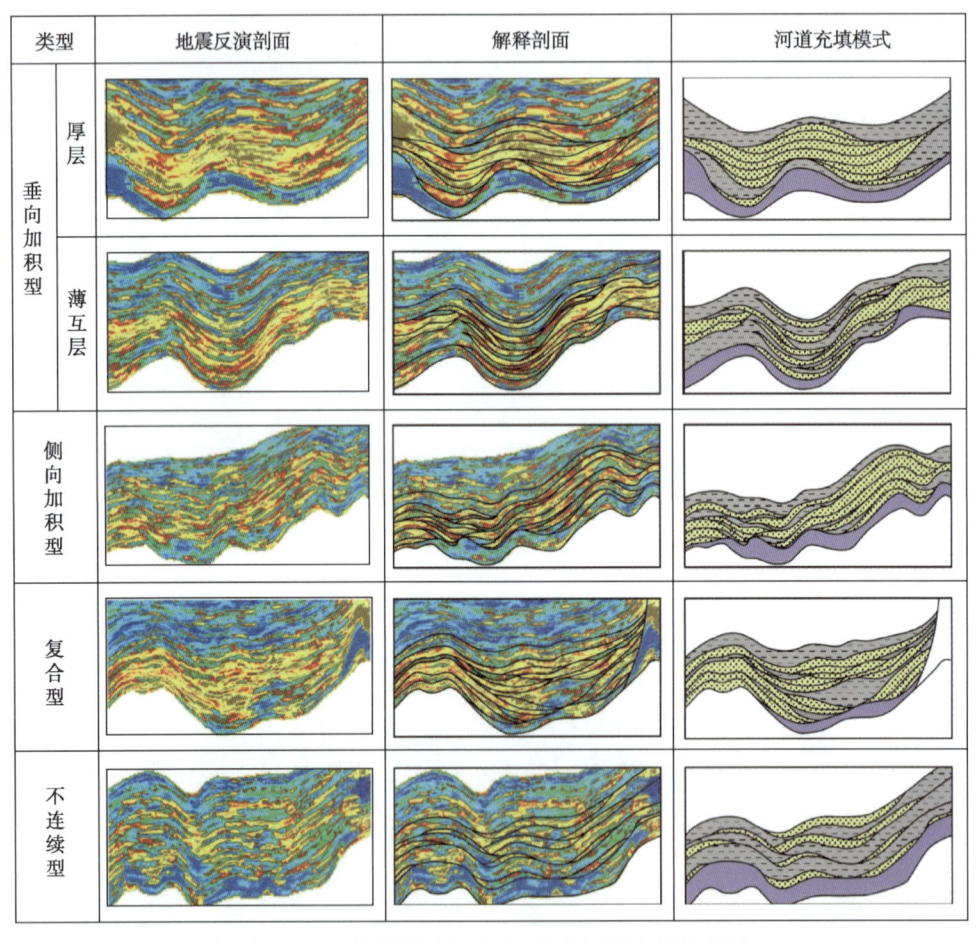

类型		地震反演剖面	解释剖面	河道充填模式
垂向加积型	厚层			
	薄互层			
侧向加积型				
复合型				
不连续型				

图 6-1-6　什股壕区带下石盒子组河道充填模式图

第二节　小型构造气藏特征及其评价

1999 年以来随着新一轮勘探评价工作的展开，确认了下石盒子组盒 1 段发育具有边、底水的背斜气藏。由于盒 1 段背斜构造规模较小（闭合面积 2~10km²，闭合高度 15~45m）、单个圈闭资源量不大，加之先前的一些井层试气射孔段的选择没有充分考虑气水界面的位置，致使气水同出，甚至只出水不产气，导致人们产生盒 1 段气水关系非常复杂的认识，影响了对其资源潜力的评价。

盒 1 段众多的小型构造圈闭具有相同的成藏条件，单个气藏具有独立的气、水界面，在剖面上表现为斜坡背景上的串珠状"气帽子"（图 6-2-1），正确认识评价盒 1 气藏的关键在于对圈闭内气水界面位置的确定，才能准确评价气藏的规模及其潜力。

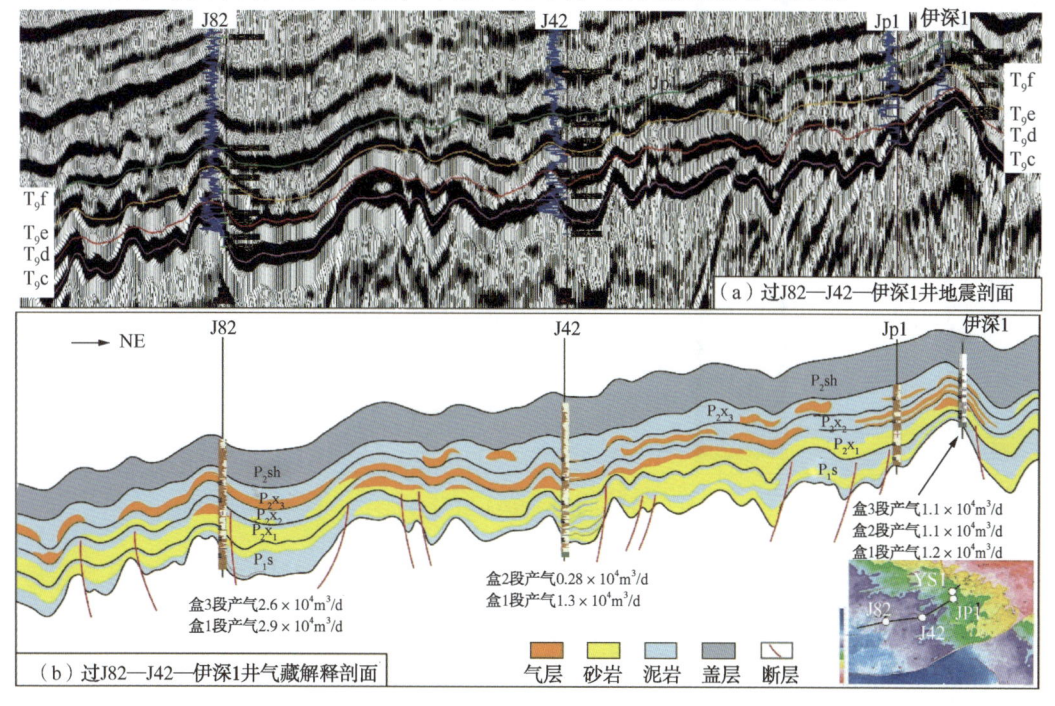

图 6-2-1 什股壕区带过 J82 井——伊深 1 井气藏剖面

"十二五"以来，随着三维地震资料的应用，以单井气、水界面识别为基础，通过气水界面在盒 1 段厚层砂体中的位置标定地震剖面，结合三维地震资料的构造圈闭形态解释，确定小型构造气藏含气面积。由于每个构造圈闭的充满度不同，会出现含气面积小于圈闭面积的现象。什股壕区带发育三十余个小型背斜气藏，储量达百亿立方米以上。建立有效方法对盒 1 段构造气藏进行气水界面识别，逐个定量评价，可以提供气藏储量计算、井位部署的依据，同时也为该区下石盒子组成藏规律的研究提供重要依据。

一、盒 1 段厚砂体的地震反射特征

盒 1 段砂体在什股壕全区分布，厚度主要分布在 20~45m 之间，仅在 J66—J44 井一带厚度相对较薄，小于 20m，除此之外已有钻井揭示厚度多在 30m 以上。盒 1 段辫状河河道砂体以厚层粗颗粒砂岩为特点，砂砾岩层、砾岩层常见（图 6-2-2），因此也有学者认为什

— 231 —

股壕区带盒 1 段为典型的冲积扇沉积。

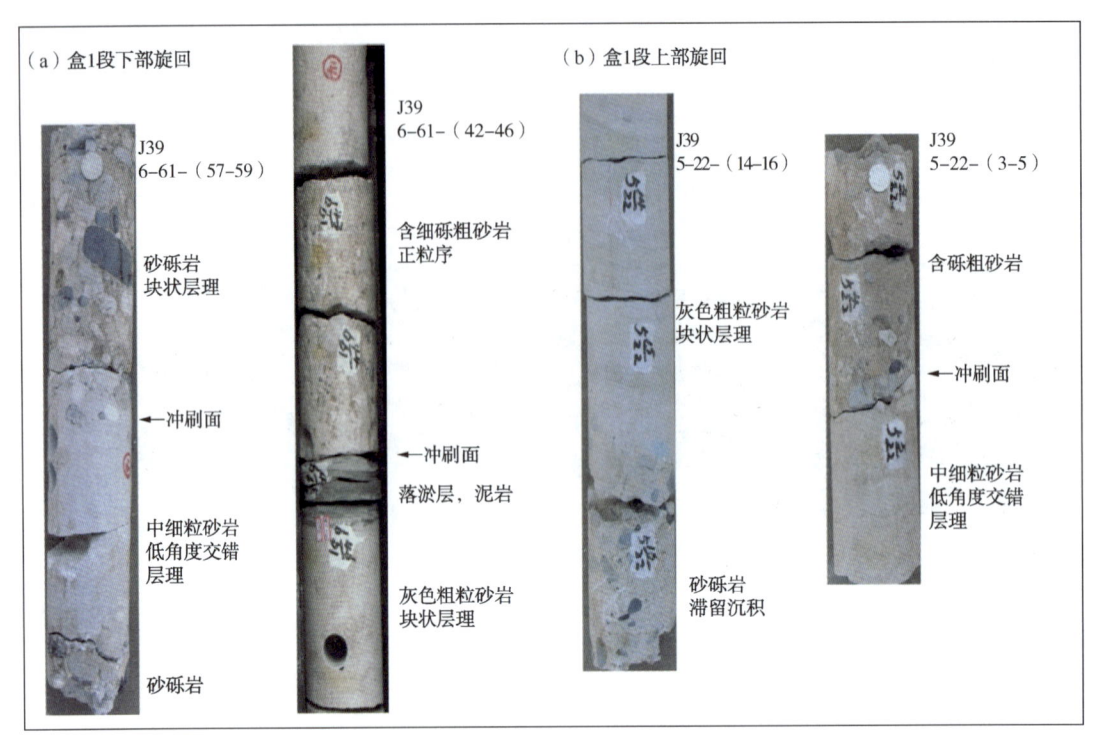

图 6-2-2　J39 井盒 1 段岩心照片

地震 T_9d 波反射强度相对较大、连续性好,是本区标志反射层之一,空间上容易追踪,具有非常良好的识别度。根据本区地震波组标定结果以及反射界面地质意义划分,盒 1 段底界面对应于地震 T_9d 波组,不同区域略有偏移。T_9d 波普遍发育,整体来说是一种强反射连续性好的反射特征,区域上相差较小。"十二五"以来,用于预测盒 1 段砂体的方法主要有 T_9d 波组反射特征分析,用来预测盒 1 段含气性的方法主要有 T9d 上最大波谷属性+局部构造。

T_9d 连续强反射是盒 1 段厚砂体的特征,其强弱与盒 1 段砂体厚度呈正相关关系。从图 6-2-3 中可以看出,T_9d 波在盒 1 段砂体厚度较小的区域多呈弱反射甚至空白反射特征,相比之下 J33 井、J43 井处盒 1 砂体厚度较大,与之对应的 T_9d 也呈连续的强反射特征。

盒 1 段砂岩与泥岩之间的波阻抗差异较小,随着砂体物性变好,其波阻抗进一步降低,从而形成更为强的反射系数,会加强 T_9d 上波谷的反射。因此,T_9d 上波谷振幅较强部位与局部构造叠合处是盒 1 段构造气藏发育的有利特征,如 J39 井,J84 井。

二、单井气、水界面确定的方法—"突降拐点"

关于气、水界面的确定,不同学者根据自己研究区的实际情况和实际资料,研究出不同的方法。陈寿先、俞明淑在 1991 年应用毛细管压力的概念,分析了用测井资料计算含水饱和度和深浅双侧向电阻率比值求取气水界面的方法。周文、王允诚(1993)在充分研究了原有压力法计算油(气)水界面海拔公式中存在的缺陷后,指出应引入含水饱和度参数对公式进行修正。齐宝权(1995)直接利用原始测井曲线,应用贝叶斯(Bayes)判别分析方法确定出了气水界面。吴超等(2002)利用暗点技术确定气藏气水界面。刘忠群(2001)、华永川(2004)、李爱国等(2005)根据同一个压力系统的气层与水层区域内,其压力梯度存在明显的差异,在气水界面处气、水层的压力相等的原理,利用气井和水井两个点的压力资料,分别在压力梯度图中作出气层和水层的压力梯度线,两线交点即为气水界面的位置。赵军、李进福(2004)利用偶极横波成像测井技术识别气水界面。丁玲(2007)以钻的井静态温度、动态温度资料为基础,应用井筒中温度—深度关系曲线进行气井气水界面的确定。李成等(2009)综合利用压汞与物性资料形成了一种定量预测气水起伏界面的方法。上述方法大多依靠研究区丰富的压力、井温和压汞等资料。

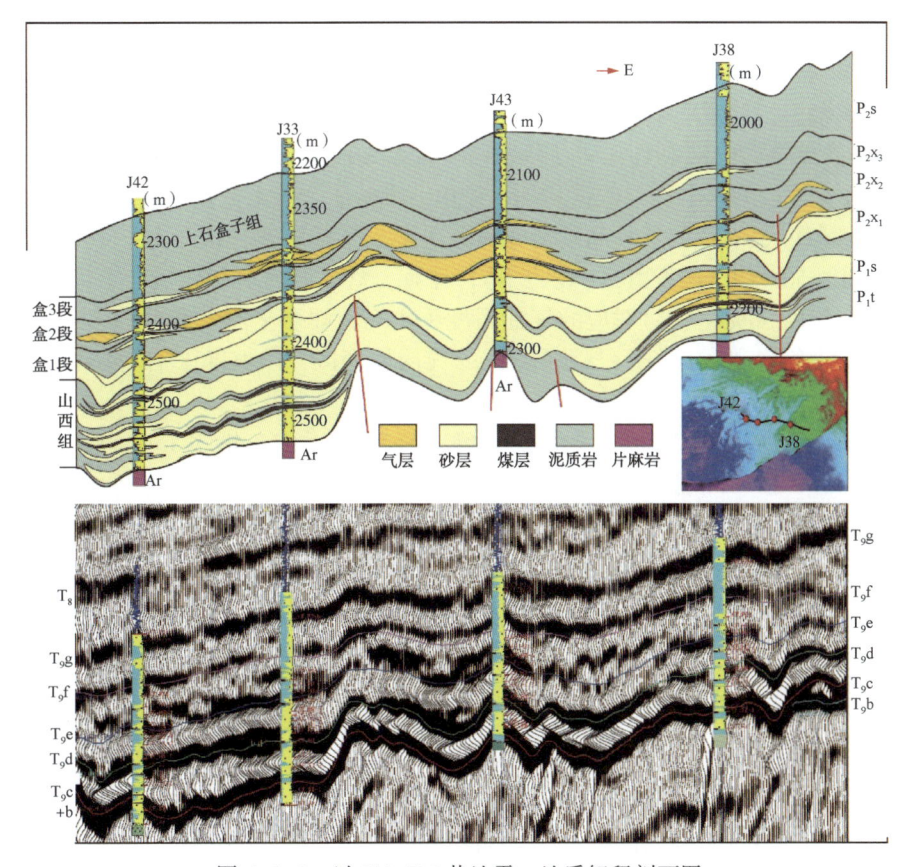

图 6-2-3　过 J42-J38 井地震—地质解释剖面图

在借鉴前人气、水界面识别方法的基础上,立足生产测试数据和测、录井资料分析,建立了本区以随钻气测异常+深侧向电阻率值"突降拐点"和偶极横波测井值"突升拐点"识别为主的盒1段单井气水界面识别方法(齐荣,2015)。

1. 什股壕区带下石盒子组气层识别标准

下石盒子组辫状河道砂体总体为特低渗透储层,具有气、水分异条件。依据砂岩物性和含气性的测井参数声波时差(AC)、深侧向电阻率(LLD)、感应电阻率(iLD)、补偿中子曲线(CN)、随钻气测全烃含量等,将下石盒子组砂岩分为气层、水层、含气层和干层(表6-2-1),其中气层和水层属于Ⅰ类、Ⅱ类储层。

表6-2-1 什股壕区带下石盒子组气层分类表

解释结论	孔隙度(%)	渗透率(mD)	AC(μs/m)	LLD(Ω·m)	iLD(Ω·m)	CN(%)	SG(%)	随钻全烃(%)
气层	>11.7	>2.3	≥230	≥18	≥10	≤16	50~80	≥3
水层	>11.7	>2.3	≥230	<18	<10	>16	<30	<1
含气层	6~11.7	0.2~2.3	220~230	18~40	10~20	≤16	30~50	1~3
干层	<6	<0.2	<220	>20	≥10	≤16	<30	<1

2. 气柱高度计算

天然气成藏后,储层毛细管力与气体向上浮力共同影响气、水分异及其分布(陈元千等,1990)。齐荣等(2018)利用压汞 J 函数法确定盒2段、盒3段和盒1段的气柱高度。资料取用J39井盒2段的4个压汞数据和J11井盒1段的3个压汞数据。计算结果,盒2段含气饱和度50%(气层)对应的气柱高度为20m,即盒2气藏从砂岩顶部向下20m的范围内均是含气饱和度≥50%的气层发育区,以坡度1°计算,盒2段河道砂体横向上需连续1146m;盒1段含气饱和度50%(气层)对应的气柱高度为12m,即盒1段气藏从砂岩顶部向下12m的范围内均是含气饱和度≥50%(气水界面)的气层发育区,以坡度1°计算,盒1段河道砂体横向上需连续近570m。

采用压汞 J 函数法确定盒1段气柱高度,资料取用J11井盒1段的3个压汞数据(图6-2-4)。

(1)压汞曲线进行 J 函数处理。

室内样品的毛细管压力曲线是对岩心样品测定的,每块岩样只能代表气藏某一点的特征,只有将气藏若干条毛细管压力曲线平均为一条代表气藏特征的毛细管压力曲线,J 函数处理是获得平均毛细管压力资料的经典方法,采用公式(6-2-1)先对全部压汞毛细管压力曲线进行 J 函数处理,得到图6-2-5。

$$J = P_c \sqrt{\frac{K}{\phi}} / (\delta_{Hg} \cos\theta_{Hg}) \tag{6-2-1}$$

式中 δ_{Hg}——汞—空气系统界面张力,mN/m(即480mN/m);

θ_{Hg}——汞—空气系统接触角($\theta_{Hg} = 140°$),(°);

P_c——毛细管压力,MPa;

K——渗透率,mD;

ϕ——孔隙度,%。

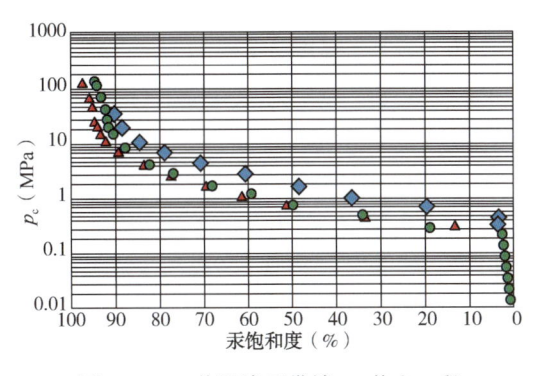

第六章 杭锦旗断阶多类型气藏发育特征及描述评价技术

图 6-2-4 什股壕区带锦 11 井盒 1 段砂岩样品压汞曲线

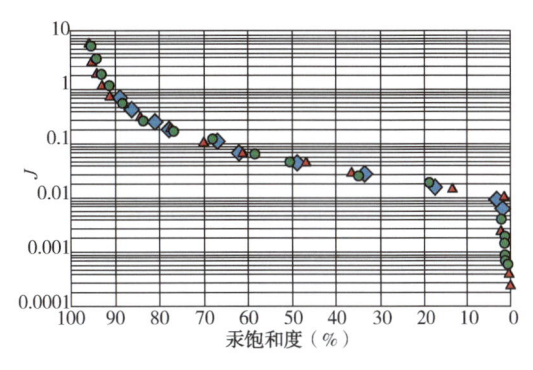

图 6-2-5 什股壕区带盒 1 段砂岩压汞曲线 J 函数图

(2) 求取室内平均毛细管压力曲线

做 J 函数处理后，即可求取平均毛细管压力曲线。

① 式中 $\sqrt{\dfrac{K}{\phi}}/(\delta_{Hg}\cos\theta_{Hg})=C$，由 J 函数曲线通过 $P_c=J/C$ 换算获得平均毛细管压力曲线(图 6-2-6)。

(3) 求取气藏平均毛细管压力。

获得室内平均毛细管压力后，通过公式(6-2-2)将其转换为气藏平均毛细管压力(图 6-2-7)。

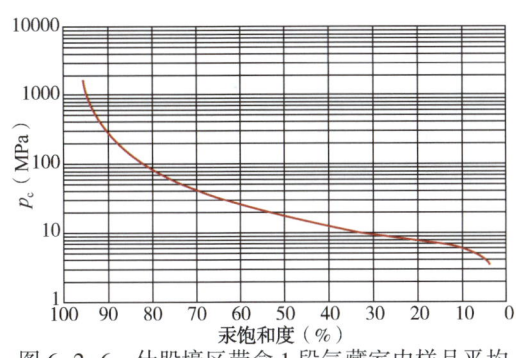

图 6-2-6 什股壕区带盒 1 段气藏室内样品平均毛细管压力曲线图

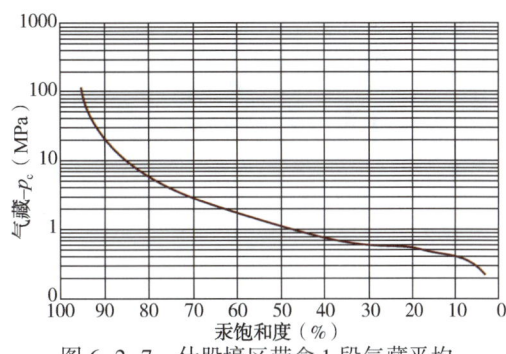

图 6-2-7 什股壕区带盒 1 段气藏平均毛细管压力曲线图

$$p_{c(气藏)}=(\delta_{气藏}\cos\theta_{气藏})/(\delta_{室内}\cos\theta_{室内})p_{c(室内)} \tag{6-2-2}$$

式中 $\delta_{气藏}$——气藏条件下界面张力；

$\theta_{气藏}$——气藏条件下接触角；

$\delta_{室内}$——试验室内界面张力；

$\theta_{室内}$——试验室内接触角。

(4) 计算气柱高度。

获得气藏平均毛细管压力后，用含气高度公式(6-2-3)，即可计算气柱高度(图 6-2-8)。

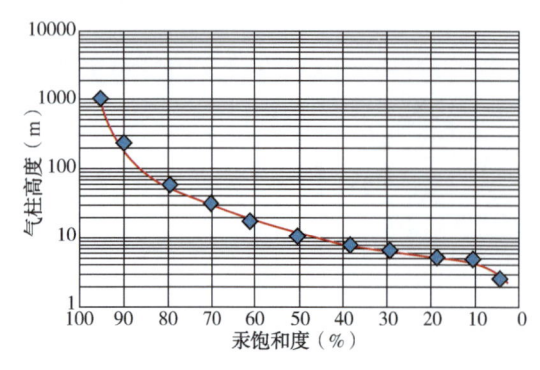

图 6-2-8　什股壕区带盒 1 段气藏气柱高度图

$H=100p_c(气藏)/(\rho_w-\rho_o)$　（6-2-3）

式中　H——含气高度，m；

ρ_w、ρ_o——分别是气藏条件下水和气的密度，g/cm³；

最终得到什股壕区带盒 1 段含水饱和度 50%对应的气柱高度为 12m，即气柱高度 12m 以上，含水饱和度逐渐降低，含气饱和度逐渐升高，且大于 50%。

3. 盒 1 段砂体随钻气测异常+深侧向电阻率值"突降拐点"

什股壕区带盒 1 段地层厚 60m，连续砂岩厚度平均为 40m，砂地比达到 67%，砂体横向连片、连通性较好，是研究区天然气成藏的主要输导层。总体上，盒 1 段圈闭是宽河道砂体叠合小背斜形成的，具有"气帽子"特点。

在盒 1 段单井剖面上，砂岩段由上往下出现随钻全烃异常+深侧向电阻率值的"突降拐点"是其气、水界面。随钻全烃异常值、深侧向电阻率值在砂层中自上而下从高降低的拐点往往具有一致性，而砂岩物性没有变化（图 6-2-9），这是气、水界面在井剖面上的直接反映。同时在地震剖面上，背斜上部地震波形表现出强波谷特征。

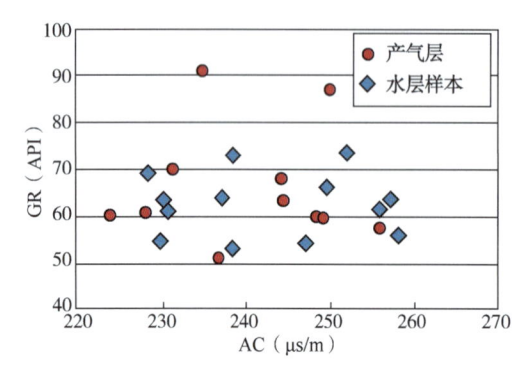

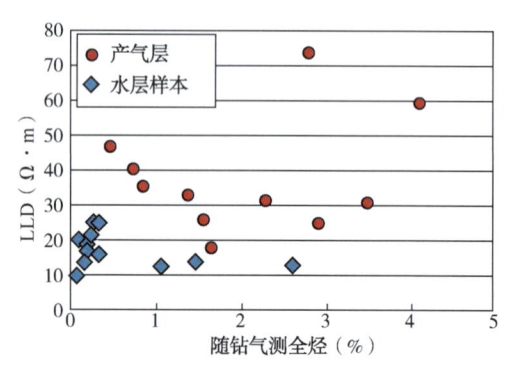

图 6-2-9　什股壕区带盒 1 段气水、界面上下砂岩测井、录井参数交汇图

齐荣、范玲玲等在 2017 年进行了统计，什股壕区带 42 口井中有 14 口井存在盒 1 段气、水界面。盒 1 段的气、水界面所处厚层砂体的位置并不相同，根据气层分类和气、水界面识别特征，将盒 1 段单井剖面分为三种：

（1）整个砂体处或大部于气、水界面之上，如 J38 井大部分砂体位于气水界面之上（图 6-2-10），气层随钻气测异常值平均 1.1%，深侧向电阻率平均 40Ω·m，水层随钻气测异常值为 0.4%，深侧向电阻率 17Ω·m。

（2）气、水界面位于厚层砂体中上部，如图 6-2-10 中 J82 井，气层随钻气测异常值平均 4%，深侧向电阻率平均 26Ω·m，水层随钻气测异常值为 1%，深侧向电阻率 12Ω·m。

（3）气、水界面位于厚层砂体之上，如 J65 井厚层砂体均在气、水界面之下，整段厚

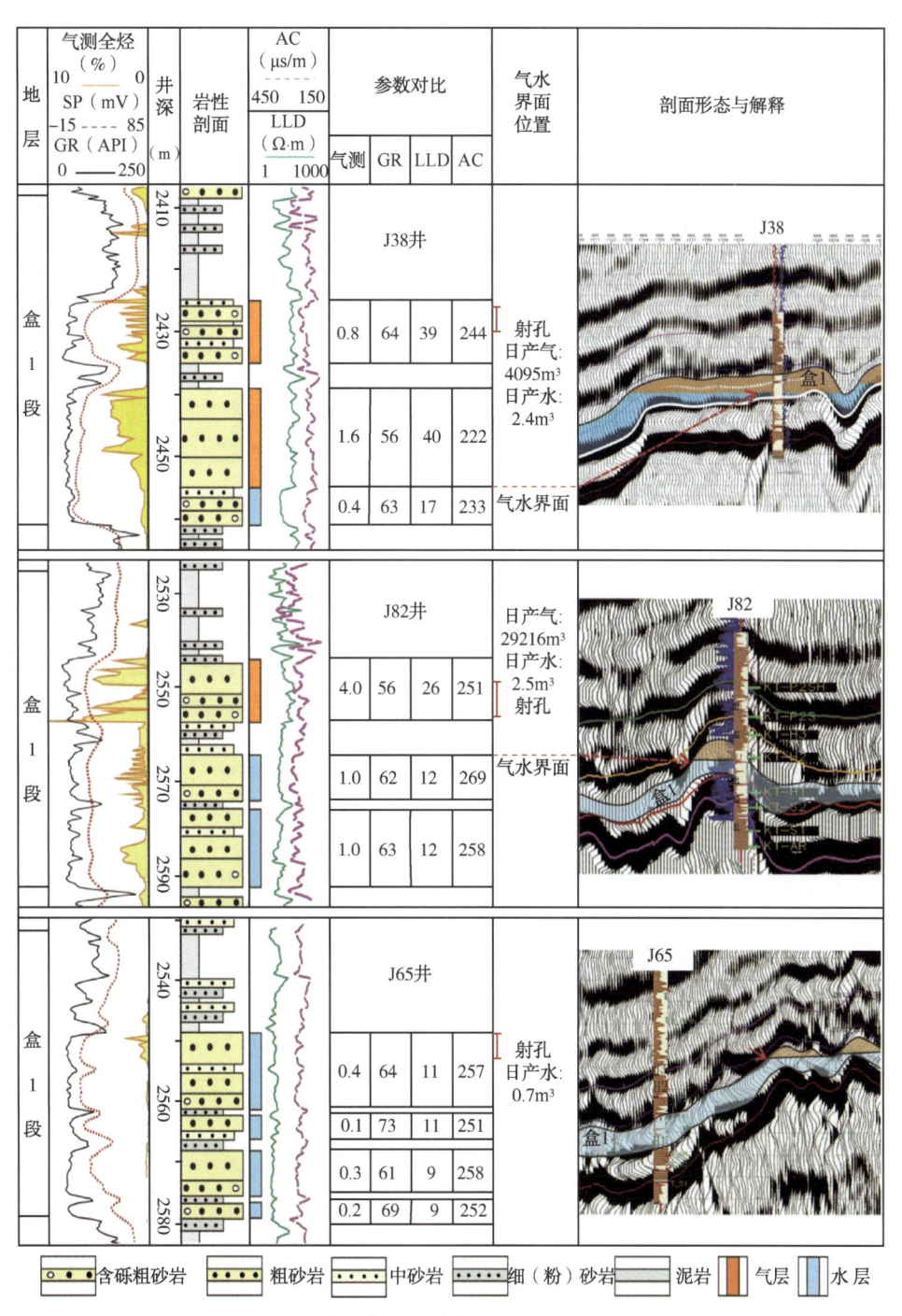

图 6-2-10 什股壕区带单井盒 1 段气、水界面分析图

层砂体为水层，随钻气测异常值平均 0.2%，深侧向电阻率平均 10Ω·m，说明该井不在盒 1 段有效圈闭内。

详细分析盒 1 段气、水层特征及其发育关系对于合理认识盒 1 段气藏类型具有重要作用,对钻井部署和射孔位置选择具有指导作用。J81井处于盒1段的一个低幅构造边部,其厚砂体顶部发育薄气层,气层之下为气水层(图6-2-11),但由于当时对气、水层的特点认识不足,射开了气水层并进行压裂,试气结果只产水、不产气。

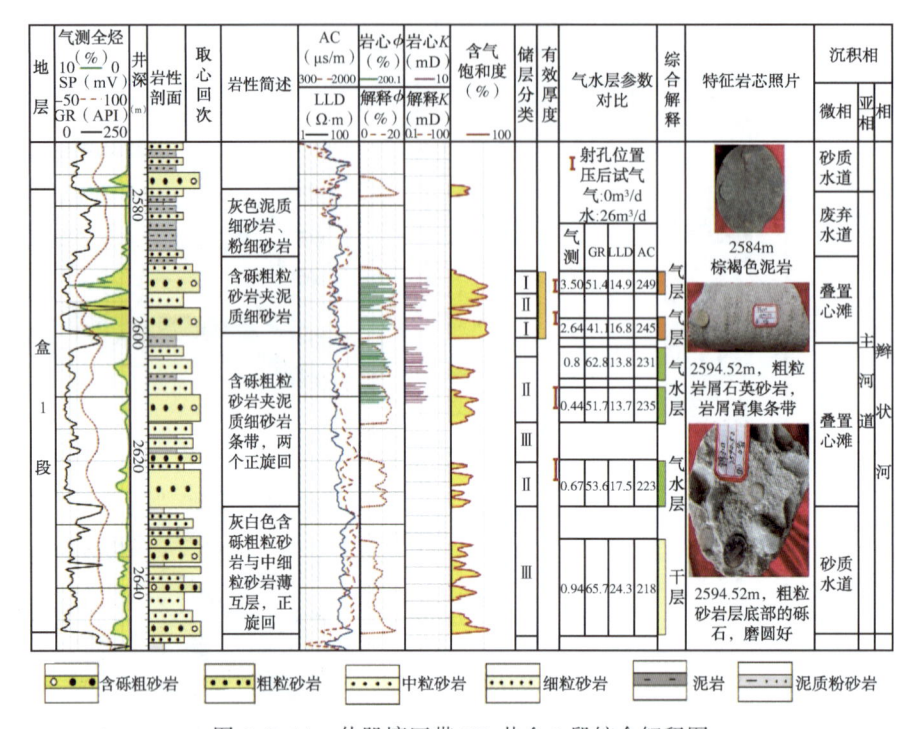

图 6-2-11　什股壕区带 J81 井盒 1 段综合解释图

4. 盒 1 段背斜圈闭气藏评价实例

以随钻全烃异常+深侧向电阻率值"突降拐点"确定的气、水界面为依据,对 J82 井盒 1 段背斜气藏进行详细解剖(图 6-2-12)。该背斜圈闭溢出点海拔为 -1060m,圈闭高度 60m、面积 4.69km²,气、水界面海拔 -1030m,气藏高度 30m、面积 1.62km²。可以看出,由于背斜圈闭的充满度不同,出现含气面积小于圈闭面积的现象。伊深 1 井盒 1 段背斜圈闭(图 6-2-13)溢出点海拔 -815m,圈闭高度 47m,圈闭面积 4.1km²,气、水界面海拔 -790m,气藏高度 22m,气藏面积 1.06km²。

地层中的气体使纵波速度降低,但由于横波不能在气体中传播,故对横波的影响很小,导致含气地层的纵横波速度比要比饱和水地层的纵横波速度比小得多,利用这一性质可以识别气层,进而有效地识别流体界面(吴超 等,2002)。如 J82 井盒 1 段,埋深小于 2557m 的砂体,纵横波速比明显小于 1.65,泊松比明显小于 0.2;埋深大于 2557m 的砂体,纵横波速比明显大于 1.65,泊松比明显大于 0.2。可以确定 J82 井盒 1 段气水界面在井深 2557m 附近,与随钻气测异常+深侧向电阻率值"突降拐点"法确定的界面一致,从另一方面说明,随钻气测异常+深侧向电阻率值"突降拐点"法在研究区具有有效性,同时研究区偶极横波测井数据很少,因此随钻气测异常+深侧向电阻率值"突降拐点"法在更具有实用性。J82 井盒 1 段射孔井段为 2548.5~2557m,试气稳定日产气量 29216m³。

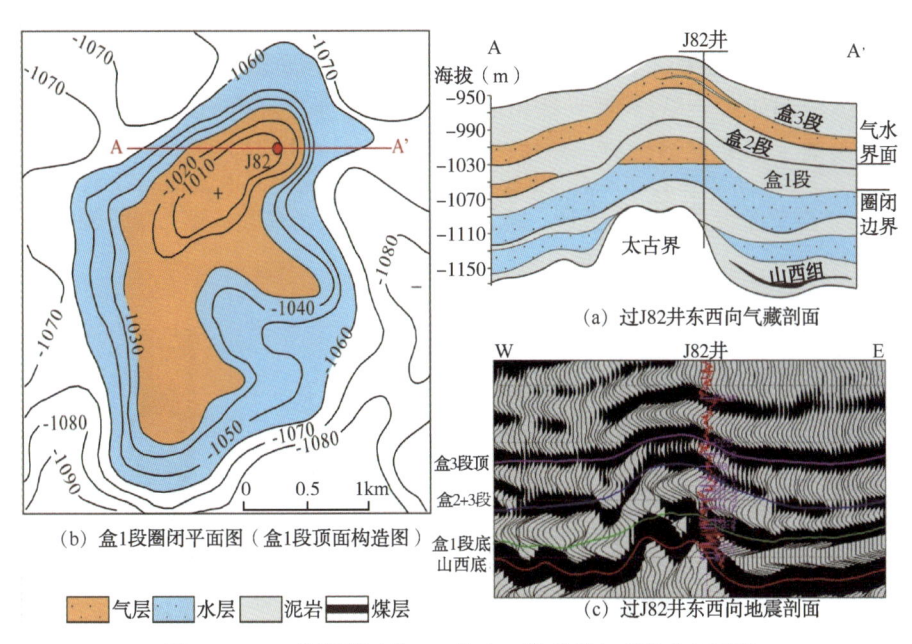

第六章 杭锦旗断阶多类型气藏发育特征及描述评价技术

图 6-2-12　什股壕区带 J82 井盒 1 段背斜气藏综合解释图

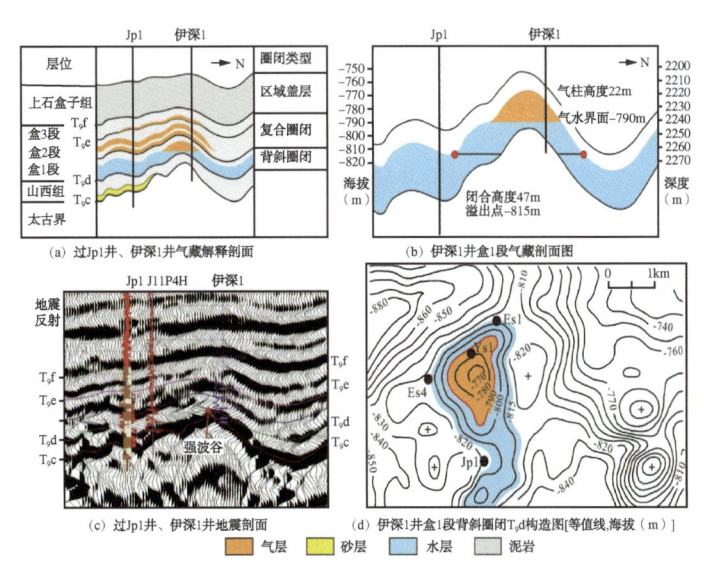

图 6-2-13　什股壕区带伊深 1 井盒 1 段背斜气藏综合解释图

第三节　下石盒子组上部复合气藏特征及评价方法

不同圈闭类型有不同的评价识别要素。背斜圈闭识别重点在背斜构造的精细解释和气水界面的识别，低幅度构造—岩性复合圈闭是研究区数量最多的圈闭类型，评价关键是储层的展布、构造的精细解释、封堵条件的分析和气水界面的识别。

— 239 —

下石盒子组上部盒2段、盒3段合计厚度60m,砂岩平均厚度20m,砂地比平均值33%,有利于岩性圈闭形成,当河道砂体与不同的构造形态叠合,则形成复杂的复合圈闭。前期沉积相研究,盒2期、盒3期为本区辫状河逐渐向曲流河的过渡期,盒2期自北部向南部主要发育辫状河—曲流河河道沉积和洪泛平原沉积(朱宗良 等,2010;李蓉 等,2014),河道砂体粒度依然较粗(图6-3-1),盒3期河流的曲流化程度更高。

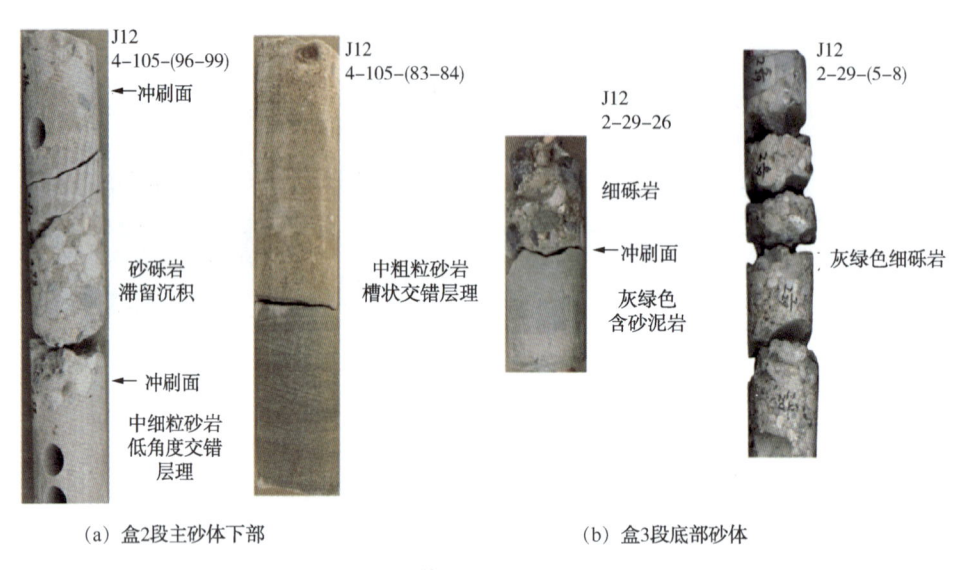

图6-3-1　J12井盒2段、盒3段岩心照片

通过对什股壕区带圈闭形成条件分析和气藏解剖,目前可以划分出的类型有:构造圈闭,如背斜圈闭、断块圈闭;复合圈闭,如背斜—岩性圈闭、断层—岩性圈闭、断背斜—岩性圈闭等;岩性圈闭,河道砂体与不闭合的构造线叠置形成的、封堵因素主要为岩性因素的圈闭。由于构造起伏相对不大、砂体厚度较薄,有效圈闭识别难度相应也较大,必须做好各项基础研究工作。通过深化气藏认识和技术方法,"十三五"以来什股壕区带、浩绕召区带小型构造圈闭、低幅度复合圈闭识别描述较以往在以下几个方面进一步精细化:

(1)以经过验证的有利地震属性确定Ⅰ类、Ⅱ类有利储层的位置。
(2)充分分析砂体走向与构造叠合关系,确定圈闭的封堵性及含气"甜点"位置。
(3)考虑了气、水分异条件,在气、水界面判别基础上确定圈闭含气范围。

水平井钻后的细致解剖分析对深入了解复合圈闭的含气"甜点"的分布规律及其重要。图6-3-2所示的是两口水平井在水平段储层钻遇率较高,说明地震"窄条带"振幅属性异常预测有效储集体的方法可靠,但由于砂体起伏、砂体间不连通,造成砂体横向上含气、含水变化,致使水平段气层钻遇率并不高。图6-3-3所示的两口水平井钻遇了典型的岩性气藏,尽管水平段有一定高差,但没有钻遇水层或气水层。

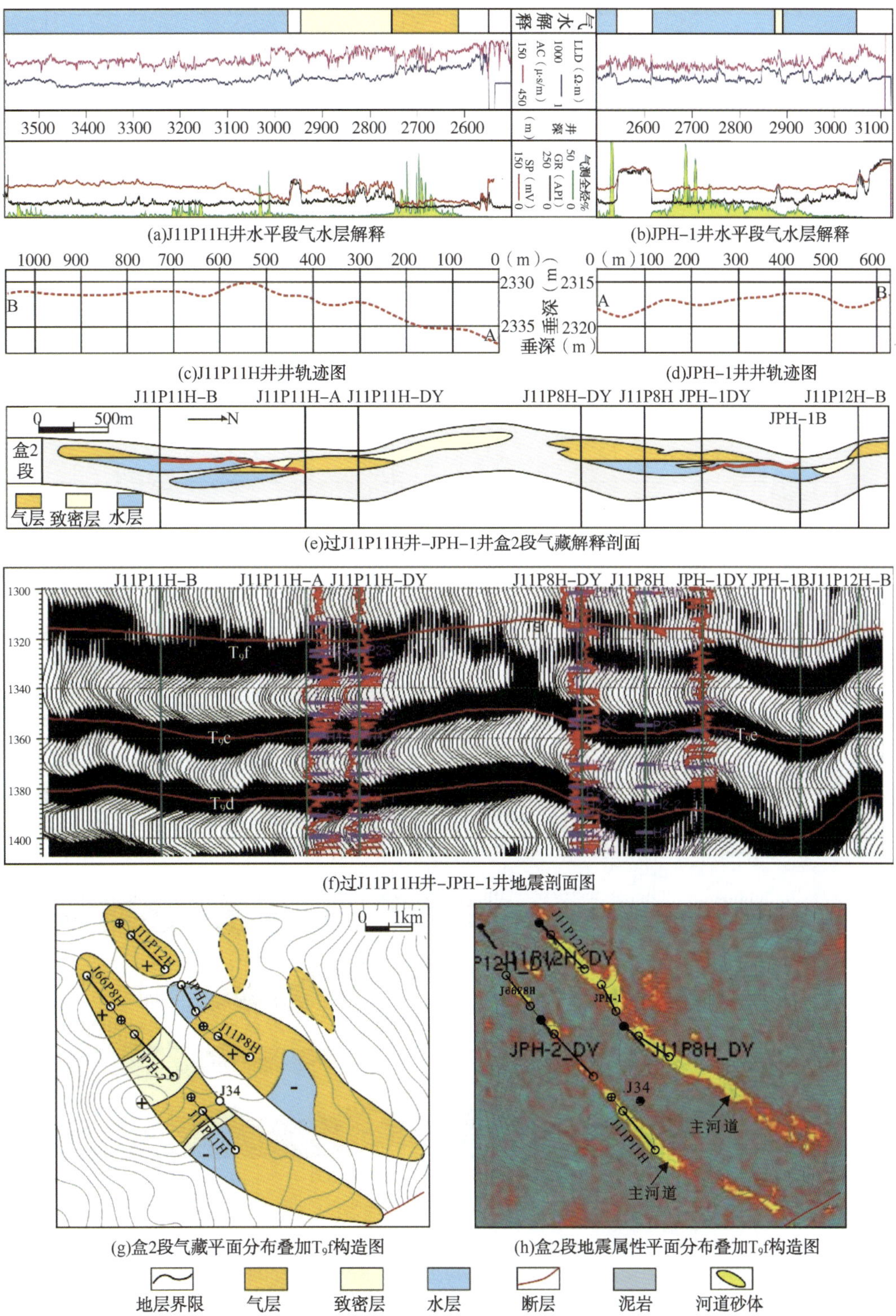

第六章 杭锦旗断阶多类型气藏发育特征及描述评价技术

(a) J11P11H井水平段气水层解释

(b) JPH-1井水平段气水层解释

(c) J11P11H井井轨迹图

(d) JPH-1井井轨迹图

(e) 过J11P11H井-JPH-1井盒2段气藏解释剖面

(f) 过J11P11H井-JPH-1井地震剖面图

(g) 盒2段气藏平面分布叠加T₉f构造图

(h) 盒2段地震属性平面分布叠加T₉f构造图

图6-3-2 J11P11H井和JPH-1井水平段钻遇分析解剖图

连续成藏 与 非连续成藏过渡带上的气藏分布特征
——以鄂尔多斯盆地北部东胜气田为例

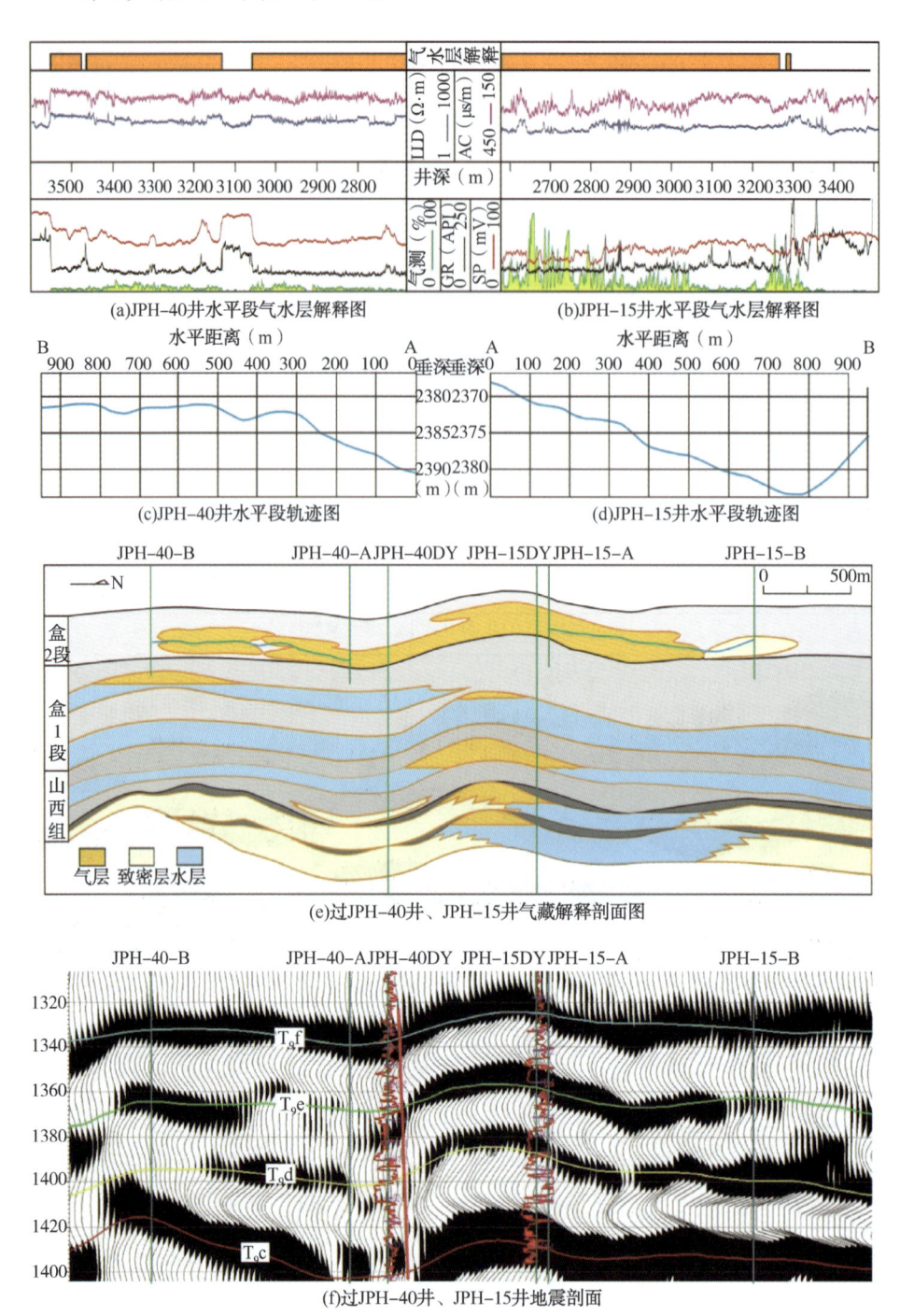

图 6-3-3　JPH-40 井和 JPH-15 井水平段钻遇分析解剖图

本区气、水关系复杂的主要原因是，低渗透砂体叠加构造因素造成的气、水分异现象在砂体内部变化，含气"甜点"规模小但个数众多，复合气藏形态、封堵因素的不同组合形式：

（1）砂体+单斜构造，主要是岩性封堵（图 6-3-4）。

(2) 砂体+背斜，构造封堵为主，其次为岩性封堵。
(3) 砂体+断层，断层与岩性联合封堵。
(4) 砂体+鼻状构造，岩性与构造联合封堵。

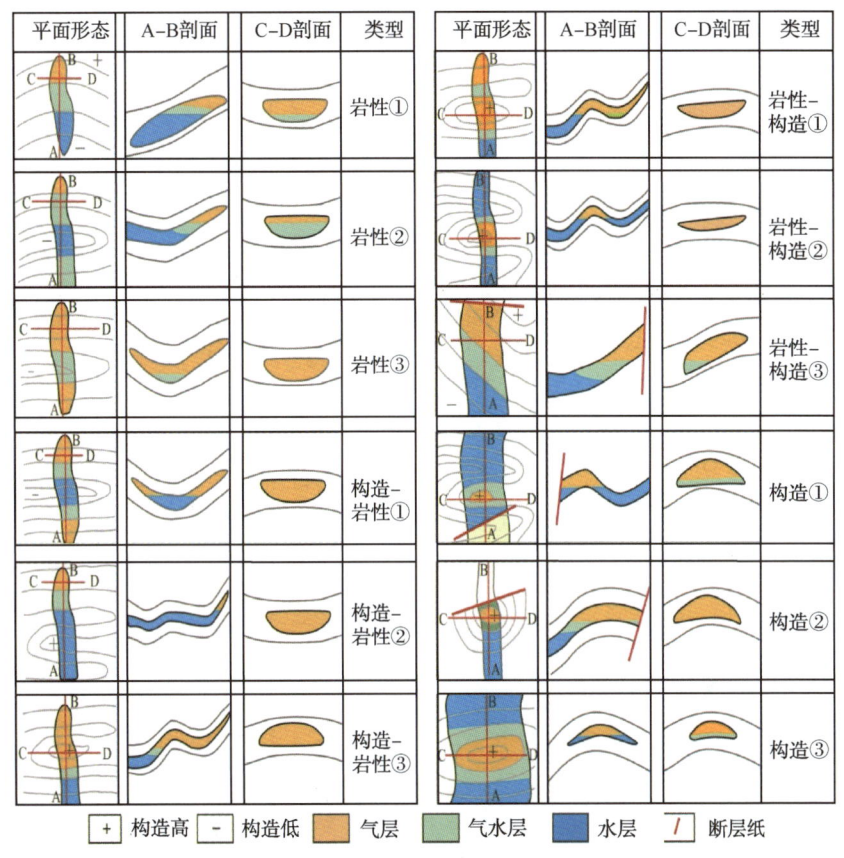

图 6-3-4 复合气藏形态、封堵因素的不同组合形式

一、河道砂体发育特征与地震预测技术方法

1. 盒 2 段、盒 3 段砂体发育特征

盒 2 段、盒 3 段主要为辫状河沉积，部分区域为曲流化的河流沉积，砂体岩性以砾岩、含砾粗砂岩为主，主要发育心滩、水道充填、河漫沉积微相，有效储层主要为心滩、水道充填砂体。心滩、水道充填砂体底部发育砂砾岩滞留沉积，心滩主体发育含砾粗砂岩、粗砂岩、中砂岩和细砂岩；单期心滩整体呈向上变细的正韵律，发育块状层理、槽状交错层理、平行层理，厚度 1~4m；心滩砂体的自然伽马测井曲线呈箱形，当多期心滩叠加，表现砂体厚度加大。

由盒 2 段到盒 3 段总体上表现为基准面上升，可容纳空间减小，物源供给减小，单河道砂体规模减小，由"砂包泥"变为"泥包砂"的特点（图 6-3-5）。其中盒 2 段下小层测井曲线以光滑箱形、齿化箱形为主，反映该时期水动力较强；纵向上多期辫状水道和心滩沉积叠置，砂岩厚度大，单层砂体平均厚度9.8m，泥岩较薄。

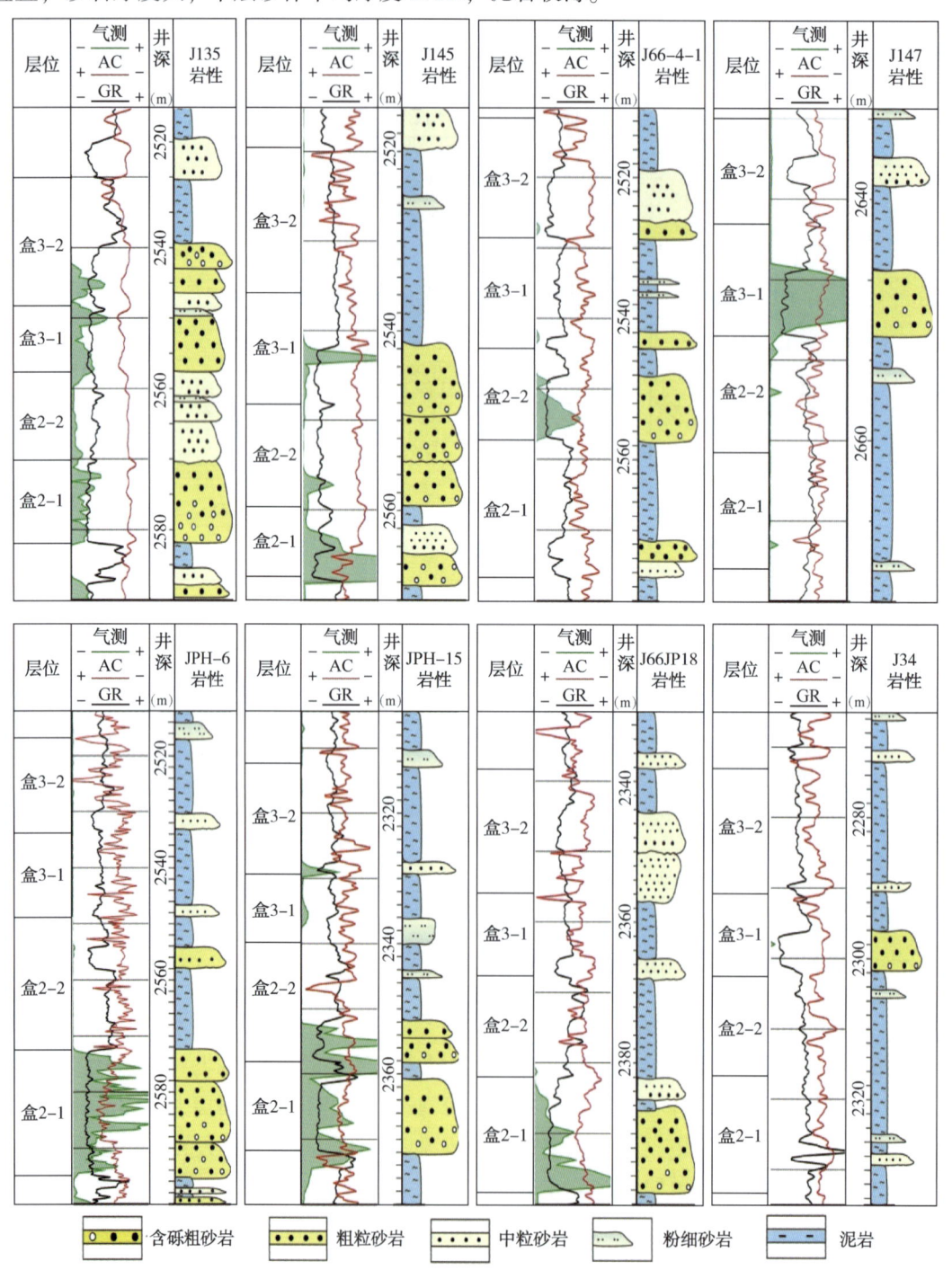

图6-3-5 下石盒子组上部河道砂体发育形式

盒2段上小层沉积期基准面上升，水动力较盒2段下小层沉积期减弱，测井曲线以箱形、钟形和指形为主，纵向上以单期辫状水道和心滩沉积为主，单砂体平均厚7.6m，河漫沉积较盒2段下小层沉积期更发育，总体表现为以砂质沉积为主、泥质沉积增多的特征。

盒3段下小层沉积期基准面继续上升，水动力较盒2段上小层沉积期明显减弱，测井曲线以指形、钟形和低幅箱形为主，单河道砂体孤立式分布，单砂体平均厚6.7m，河漫沉积发育，呈"泥包砂"的特征。

盒3段上小层沉积期基准面继续上升，水动力条件弱，测井曲线以指形为主，薄层单河道砂体孤立式分布，单砂体平均厚5.5m，河漫沉积发育，呈"泥包砂"的特征。

通过岩相、测井相分析，根据砂体发育位置及其纵向叠置关系，划分出盒2+3段五种河道砂体组合模式。

模式Ⅰ：多期心滩强叠置型，伽马曲线为箱形，盒2+3段河道砂体连续沉积、厚度大于10m，隔夹层欠发育。

模式Ⅱ：多期心滩弱叠置型，盒2+3段发育大套厚砂体，心滩厚度大于10m，累计厚度大于30m，中间夹多套泥岩隔夹层。

模式Ⅲa：单期心滩，盒2段底部河道砂体发育，厚度较薄，小于5m。

模式Ⅲb：单期心滩，盒3段河道砂体发育，厚度较薄，小于5m。

模式Ⅳ：河道曲流化，心滩不发育，水道充填砂体厚度薄，小于2m。

2. 河道砂体地震响应特征及其预测方法

在对盒2段、盒3段地震反射波组特征进行分析和研究的基础上，从沉积规律和井点合成记录标定得知（图6-3-6），本区盒2段和盒3段反射波形成的机制主要是河道砂泥岩互层叠置，而砂、泥岩层速度和密度的差异导致波阻抗差异的出现，从而形成反射波，当砂体发育时，形成波谷反射。

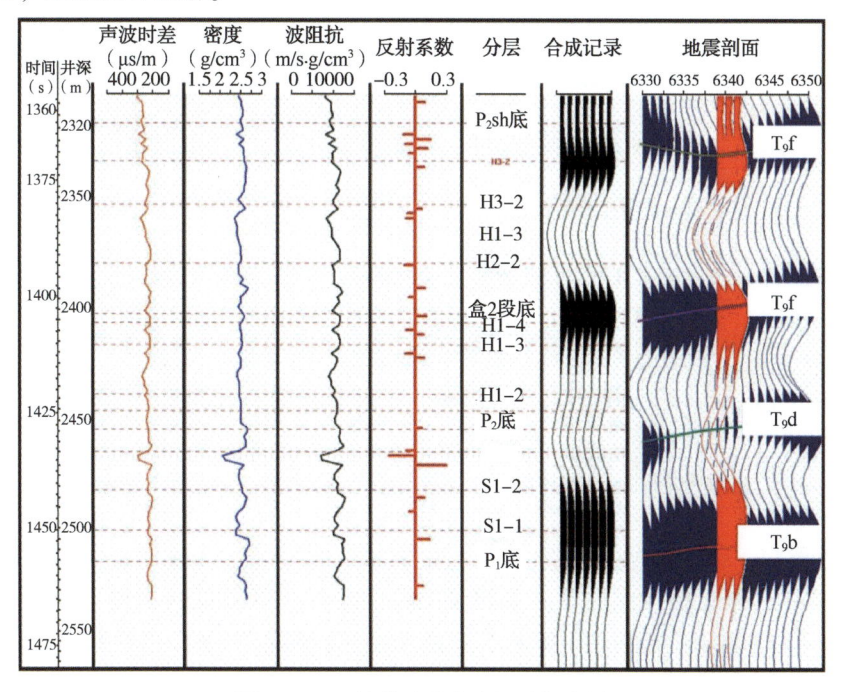

图6-3-6 钻井地震合成记录标定图

通过建立地质模式，开展正演模拟分析，明确了不同河道砂体组合形式地震响应特征具有差异性。砂体越厚，地震响应越明显，横切河道剖面上表现为透镜状[图6-3-7(a)]。结合区内井旁地震响应模式，细化分析砂体纵向组合形式不同引起的地震波形的变化，砂体厚度变化引起地震波形一定变化，横切河道方向地震剖面上表征为透镜状。单层砂体厚度大时，在地震 T_9e 之上表现既有强波谷，也有 T_9e 之上亮点反射（主要分布在区内东部）（表6-3-1）。在基底局部凸起部位，往往缺失太原组、山西组，甚至盒1段，地震 T_9b、T_9c 与 T_9d 合并，T_9e 也不明显[图6-3-7(b)]，凸起上 T_9f 之下的振幅异常是下石盒子组砂体（包括盒1段）发育的综合反映。

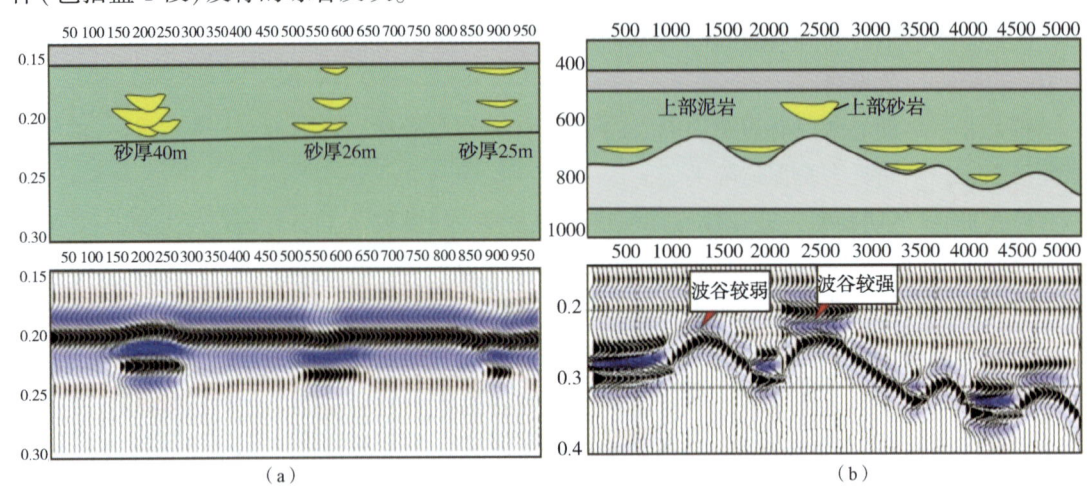

图6-3-7 盒2段、盒3段不同地质模型正演模拟分析

表6-3-1 什股壕区带盒2段、盒3段不同河道砂体组合模式及其地震响应特征

类型	层位与波组	砂体特征	地震波组响应特征	砂体特征
1	盒3段 盒2段 地震 波组 T_9f—T_9e	单层砂体厚度大于10m，自然伽马曲线呈箱形	宽—强波谷，大时差；平面上显示强振幅条带	多期心滩切割叠置
2		砂体累计厚度大于10m，	较强的波谷反射，时差较小，平面上显示较强振幅条带	多期心滩叠置有泥岩夹层
3		砂体发育在盒2段底部，厚度薄，小于5m	波谷振幅弱且有下拉现象，时差较小，平面上显示较弱的条带	单期心滩
4		砂体发育在盒3段上部，厚度薄，小于5m	波谷振幅弱且有上拉现象，时差较小，平面上显示较弱的条带	单期心滩
5		砂体厚度小于5m，自然伽马值较高；或无砂体	波谷振幅弱，呈点状，无条带形态	水道充填河漫砂

通过井震结合、岩石物理分析、岩性组合关系，明确了盒2段、盒3段河道砂体组合模式的地震响应特征。砂体纵向厚度及叠置关系的差异，可以反映在地震响应上，纵向砂体厚度大时，在振幅属性平面图上显示为强的窄条带，特征清晰，也称"窄条形河道"。经过与岩心资料对照，这种"窄河道"砂体主要由Ⅰ类、Ⅱ类储层构成。

图 6-3-8 显示东北部伊深 1 井一带局部构造发育区域，"窄河道"多表现为"亮点"反射，而在平缓的 J33 井、J34 井一带及其以西区域，"窄河道"多表现为强波谷(图 6-3-9)。

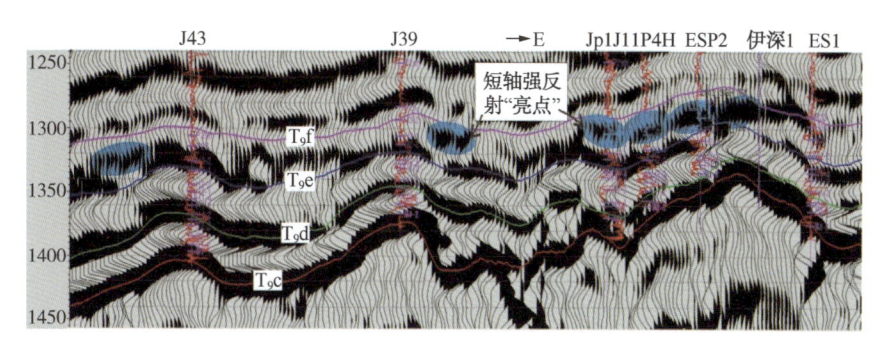

图 6-3-8　什股壕区带东部过 J43 井—伊深 1 井地震剖面

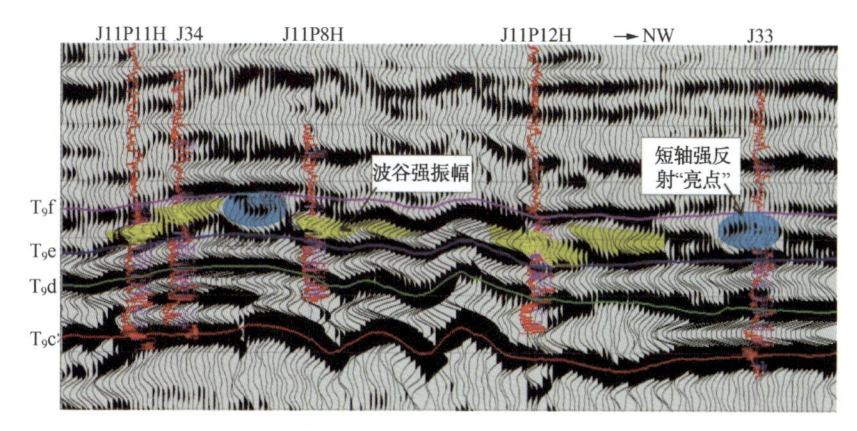

图 6-3-9　什股壕区带南部过 J34 井—J33 井地震剖面

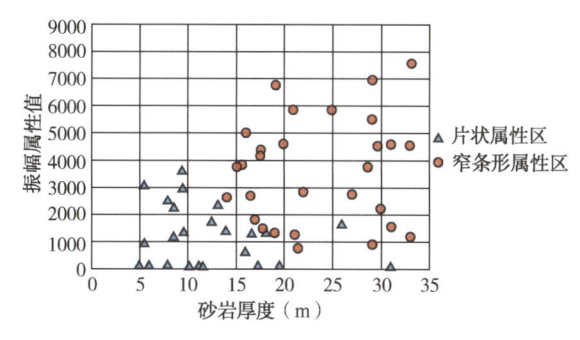

图 6-3-10　什股壕区带 J66 井区地震 T_9e—T_9f 振幅属性值与砂体厚度交汇图

地震 T_9e—T_9f 振幅属性异常可以作为定性判定盒 2 段、盒 3 段河道Ⅰ类、Ⅱ类储集体的有效方法，振幅属性值越大则砂体厚度越大(图 6-3-10)。在振幅属性分布图上，振幅值异常形态可分为"窄条形"(俗称：火柴棍儿)和"片状"两种。根据什股壕区带 J66 井区实钻井统计，条带区域砂体厚度均大于 15m，片状区域砂体厚度普遍小于 15m。

与实钻对比，"窄条形"属性区砂岩层自然伽马测井曲线上表现为"箱形"，相应的有效储层厚度均大于 5m、孔隙度大于 12%(图 6-3-11)。

— 247 —

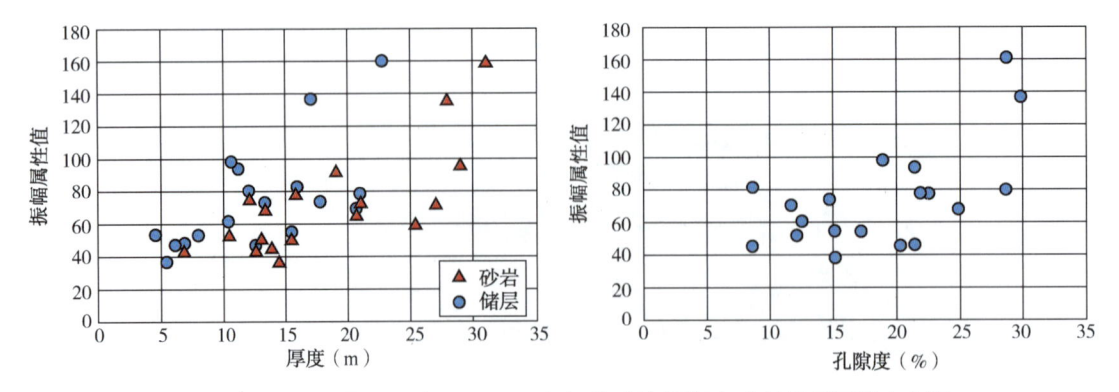

图 6-3-11　J66 井区地震 T_9e—T_9f "窄条形" 振幅属性与有效储层厚度交会图

在钻井部署，特别是水平井部署时，需要进行储层厚度及其延伸形态的定量预测，主要技术方法有深度域岩性反演、波阻抗反演，与定性预测结果相互验证，这里不作具体介绍。

当地震分辨率较低或者同一个同相轴为多套砂泥岩综合响应特征时，特别是对于砂泥薄互层来说，识别分辨率及精度较低，地震绝对分辨率很难刻画真实的河道发育状况，而依据横向分辨率，更容易识别河道的空间迁移分布特点。

为了解决纵向不同砂体接触、横向"串时"，实践中通过地层等时振幅切片与地质解释成果数据计算相关性分析，实现响应小层地层切片预测结果优选，并结合研究区沉积环境特征及测井解释结果，分析识别地震属性切片预测地质体的合理性。方法是，以地震波组精细标为基础，在 T_9d—T_9f 之间进行地层等时振幅切片属性提取；结合钻井资料进行切片筛选，选出能够反映各小层特征的地层切片，进行河道砂体识别、进行河道空间迁移研究。该种方法最大优势是不受中间层位 T_9e 分布的影响，使得条带特征更为清晰。通过考察符合率，盒 2 段下层属性验证符合率 83%，盒 2 段上层属性验证符合率 81%，盒 3 段属性验证符合率 73%。盒 3 段储层薄，变化快，符合率较低。

平面振幅属性图上，片状属性异常通常属于厚度较薄、物性较差的砂体，但其中隐藏有"条带型"河道砂体，通过地质模式控制下的属性沿层切片技术不仅可以发现那些隐藏得较好的储集体，还可以进一步研究河道的迁移特征。比如图 6-3-12 所展示，J34 井是没有三维地震资料时部署的钻井，在盒 2 段位于强振幅条带外侧，砂体不发育，在盒 3-1 小层图上位于强振幅条带上，实钻盒 3-1 小层发育 5m 厚有效砂体；JPH6 井导眼盒 2-1 小层位于强振幅条带，在盒 2-1 小层钻遇单层 22m 厚有效砂体，在盒 2-2 小层钻遇单层 5m 厚有效砂体，在盒 3 段无有效砂体；J66P8H 井导眼位于 2-2 小层强振幅条带上，在盒 2-2 小层钻遇单层 14m 厚有效砂体。

3. 小层系构造趋势的精细刻画

针对低幅度构造的特点，在层位精细解释基础上，严格控制基础工作的质量，通

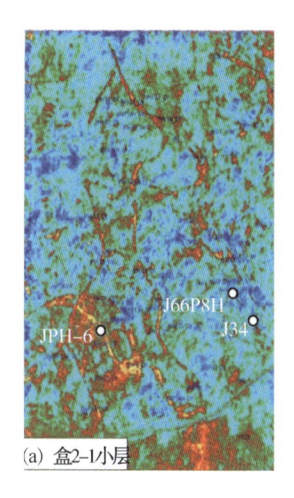

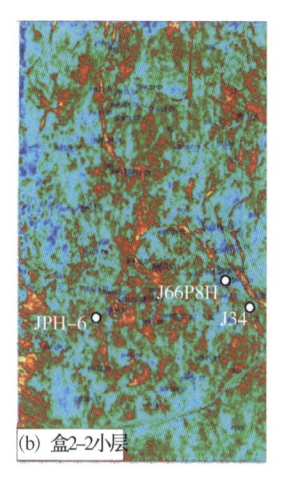

第六章 杭锦旗断阶多类型气藏发育特征及描述评价技术

图6-3-12 什股壕区带西部 T_9e—T_9f 振幅属性切片显示河道迁移

过小网格、井点校正+地震约束、逐层递进，实现小层系构造的精细刻画。同时，进行大比例尺构造解释成图，落实构造趋势分布，分辨气藏差异化特征。在主频20～25Hz，频宽8～40Hz相对低分辨率地震资料条件下，通过建立分序级断层响应模式及井震融合空变速度场，结合量化评价及质量控制技术，准确落实了10m低幅度构造及断距5～10m层间断层的空间展布。运用趋势面技术对研究区进行趋势面成图，突出了低幅构造的局部高点，可识别出不小于5m低幅度构造。针对全区构造发育特征，统计全区闭合圈闭165个，总面积148km²，其中大于1km²的42个，闭合面积100km²。利用井约束变速大比例尺成图对局部构造刻画更精细，更有利于圈闭识别，为选区评价和井位部署提供依据（图6-3-13）。

图6-3-13 趋势面法低幅度构造识别效果图

二、浩绕召区带大营低幅构造带圈闭识别描述

大营低幅构造带位于浩绕召区带东部，东邻什股壕区带。1984年，以泊尔江海子断裂北侧局部构造为目标部署的伊17井在下石盒子组获得工业气流，2002年在伊17井东侧部

— 249 —

署的 J5 井失利。2012 年以来，随着什股壕区带勘探工作的展开，以寻找岩性圈闭为思路，依托二维地震资料的预测精度，向伊 17 井北部进行探索，J47 井、J102 井、J117 井等三口探井相继失利，虽钻遇储层，但无气层发育。"十三五"后期，随着对什股壕区带低幅构造—岩性复合气藏的深入解剖和在河道储集体预测、低幅构造精细解释技术手段的有效进展，大营一带复合圈闭预测及其钻探取得了良好效果。

1. J135 复合圈闭

盒 2 段、盒 3 段合计地层厚度 60m，累计砂岩厚度平均 20m，砂地比平均值为 33%，有利于岩性圈闭形成，但当河道砂体与局部构造叠合时，则形成复杂的复合圈闭。

为进一步调查大营一带气藏的发育特点，根据区域沉积相、河道规模经验值、储层判别标准，对大营一带进行了盒 2+3 段 Ⅰ 类储层展布刻画。Ⅰ 类储层厚度在平面上主要发育两个条带（图 6-3-14），其中东部条带一类储层厚度较大，可达 11m，呈北东—南西向延伸，

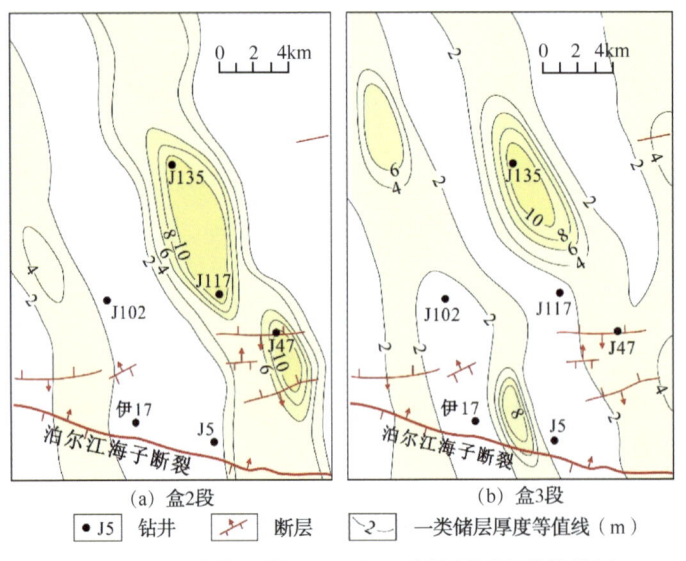

图 6-3-14　大营一带盒 2+3 段 Ⅰ 类储层厚度等值线图

其厚度 2m 等值线圈定的范围是有效圈闭识别的一个要素。区内主要发育一条规模较大的北西—南东向鼻隆带及少量小型背斜构造，南部还发育一些规模较小的逆断层。鼻隆带上发育若干向南西倾伏的鼻状构造（图 6-3-15）。在利用三维地震资料进行详细构造刻画后，J135 井部署在河道与鼻隆带叠合的有利位置，取得成功。

尽管 J135 井一带的低幅鼻状隆起没有规模较大的闭合构造，但河道砂体沿鼻隆带发育，切割鼻状构造，这种配置易于形成构造—岩性复合圈闭。单个鼻隆在北东方向（上倾方向）不闭合，但北方向河道砂体横向尖灭带可以形成封堵带；沿河道上游的北西方向则依靠构造起伏形成封堵。

J135 井盒 3 段钻遇砂岩厚度 18.2m（图 6-3-16），根据气、水层测井识别标准和随钻气测全烃值，将其划分出气层 2 层，厚 11.9m，含气层 2 层，厚 6.3m；盒 2 段砂岩厚

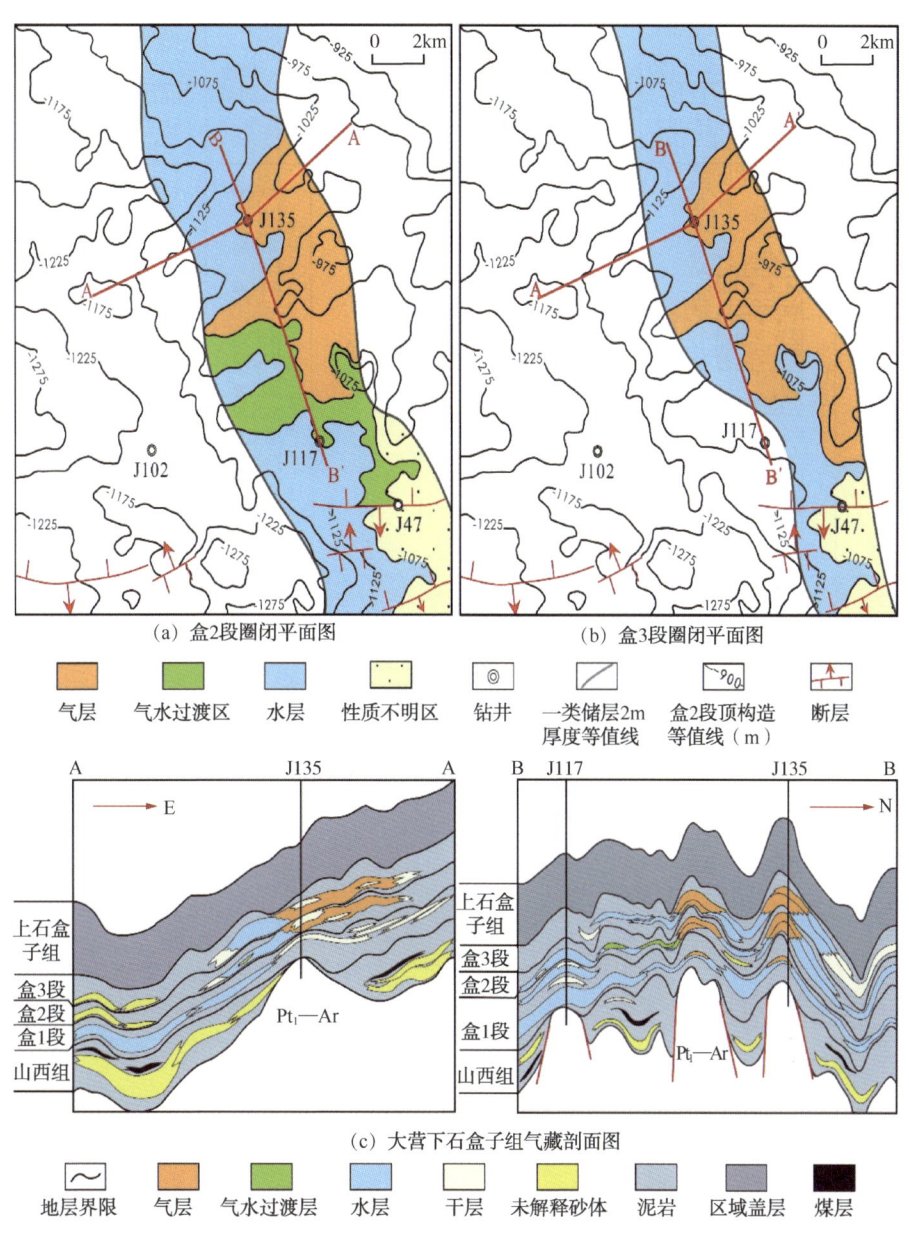

第六章 杭锦旗断阶多类型气藏发育特征及描述评价技术

(a) 盒2段圈闭平面图　　(b) 盒3段圈闭平面图

气层　气水过渡区　水层　性质不明区　钻井　一类储层2m厚度等值线　盒2段顶构造等值线（m）　断层

(c) 大营下石盒子组气藏剖面图

地层界限　气层　气水过渡层　水层　干层　未解释砂体　泥岩　区域盖层　煤层

图 6-3-15　什股壕区带西部大营圈闭盒2段、盒3段构造—岩性复合圈闭解剖图

度 24.2m，划分出气层 1 层，厚 11.85m，含气层 1 层，厚 12.45m，无水层发育。借鉴盒 1 段气、水界面确定方法，J135 井位于气、水界面之上，从保守角度将其盒 2 段、盒 3 段砂岩底部所在深度（分别为 -1110m、-1085m）确定为其所在圈闭的气、水界面深度，即盒 2 段气柱高度为 24.2m、盒 3 段为 18.2m，与用 J 函数法计算出的气柱高度 20m 相近。

— 251 —

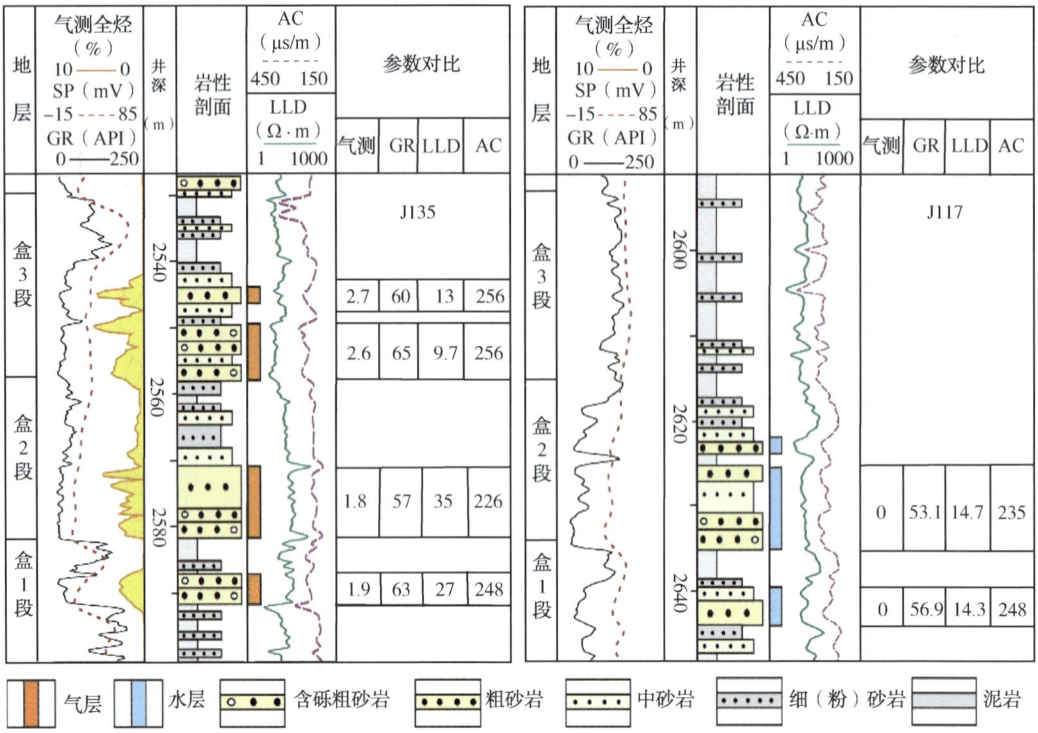

图 6-3-16 J135 井和 J117 井盒 2 段、盒 3 段气水层解释

J117 井盒 2 段砂岩厚 11.25m（图 6-3-16），根据气、水层测井识别标准和随钻气测全烃值，将其划分出水层 2，厚 11.25m，盒 3 段砂岩不发育。评价结果是 J117 井只钻遇水层、未见气层，因此判断 J117 井位于气水界面之下，从乐观角度将其盒 2 段砂岩顶面所在深度（-1134m）定为所在圈闭的水层顶面深度，将处于海拔-1134~-1110m 地带划分为盒 2 段气水过渡区，作为进一步验证区。因 J117 井盒 3 段储层不发育，仅先确定气层区的范围。

根据储层展布特征、构造特征、封堵条件分析和气水界面的分析结果，对大营圈闭盒 2 段、盒 3 段圈闭进行刻画，其特征是窄河道叠置不闭合构造形成的复合圈闭。按保守的气水界面海拔，圈定盒 2 段有效圈闭面积为 22.9km^2，计算圈闭资源量为 11.45×10^{8}m^3；盒 3 段有效圈闭面积为 28.8km^2，圈闭资源量为 14.4×10^{8}m^3。按乐观的气水界面海拔，圈定盒 2 段有效圈闭面积为 38km^2，圈闭资源量为 19×10^{8}m^3；盒 3 段有效圈闭面积为 43km^2，估算圈闭资源量为 21.5×10^{8}m^3。按中值的气水界面海拔，圈定盒 2 段有效圈闭面积为 30km^2，圈闭资源量为 15×10^{8}m^3；盒 3 段有效圈闭面积为 35km^2，估算圈闭资源量为 17.5×10^{8}m^3。2018 年部署在 J135 井东南侧高点上的 J145 井如期取得成功，测试产气量 27605m^3/d，进一步证实了该构造—岩性复合气藏的可靠性。

2. J147 复合圈闭

在总结 J135 井、J145 井复合圈闭预测描述思路与方法的基础上，2019 年向大营低幅构造带西部扩展，开展复合圈闭精细预测评价，优选了 J147 复合圈闭作为上钻目标，实施后取得成功,其中盒1-2层试气产量7600m³/d,盒3段气层试气产量26500m³/d。

以下石盒子组区域沉积相分布规律为基础,利用钻井、地震资料对大营西部下石盒子组目的层段砂体、储层分布进行预测(图6-3-17),选择J147鼻状隆起进行井位部署(图6-3-18)。J147构造是一个向西倾没的鼻状隆起,被小断层切割,隆起上T_9d—T_9f时差减小,显示下石盒子组厚度有减薄趋势,但隆起上T_9d—T_9f间强波谷特征明显,说明河道砂体与构造高部位叠合,圈闭类型与J135复合圈闭相似。分析构造东侧上上倾方向为河道侧向尖灭构成封堵,顺河道方向南、北两侧为鼻状构造封堵,预测有利圈闭层在为盒2+3段(表6-3-2、图6-3-19)。实钻结果,在盒1段上部解释气层6.10m,在盒3段下部钻遇气层7.70m,盒2段砂体不发育。

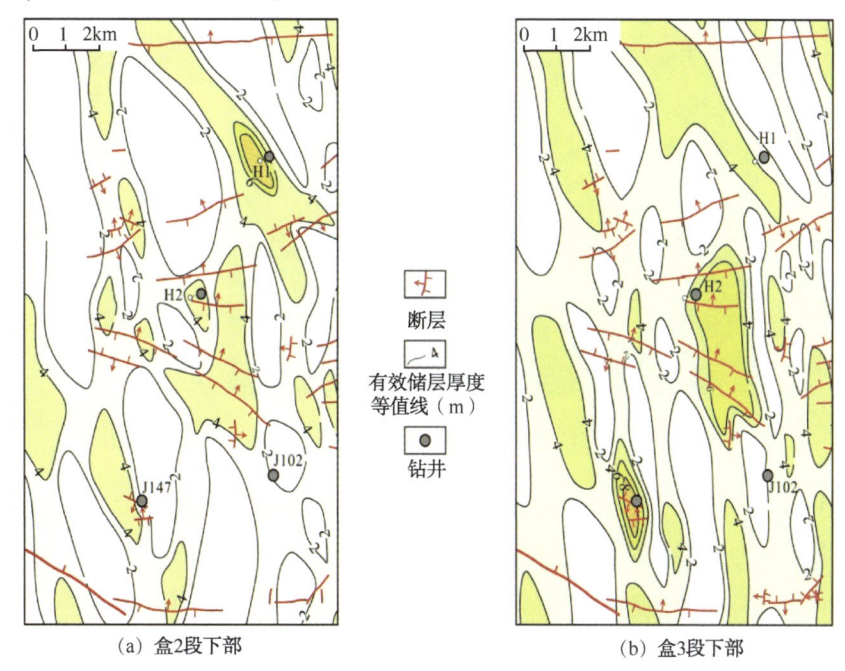

(a) 盒2段下部　　(b) 盒3段下部

图6-3-17　大营西部盒2段下部、盒3段下部河道与有效储层分布预测图

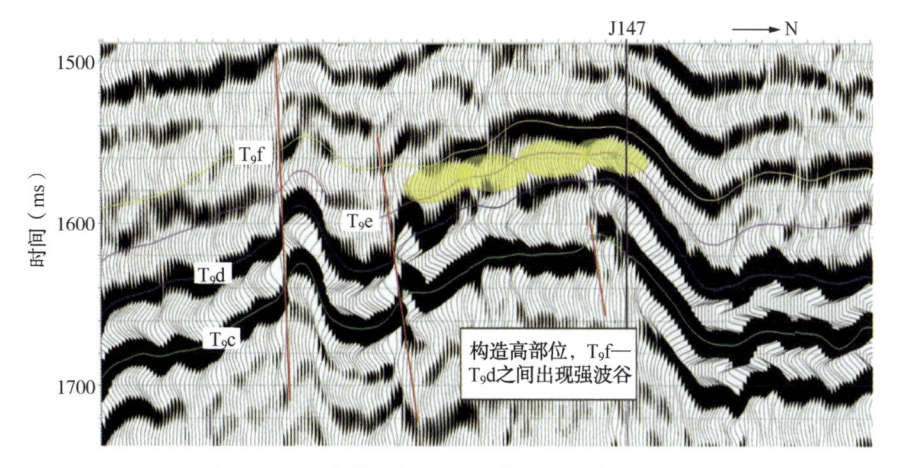

图6-3-18　大营西部过J147构造南北向地震剖面

表 6-3-2 大营西部 J147 复合圈闭预测参数表

圈闭	层位	气藏类型	闭合高度(m)	面积(km^2)	气层厚度(m)
J147	盒 2+3 段	复合气藏	70	8.5	10

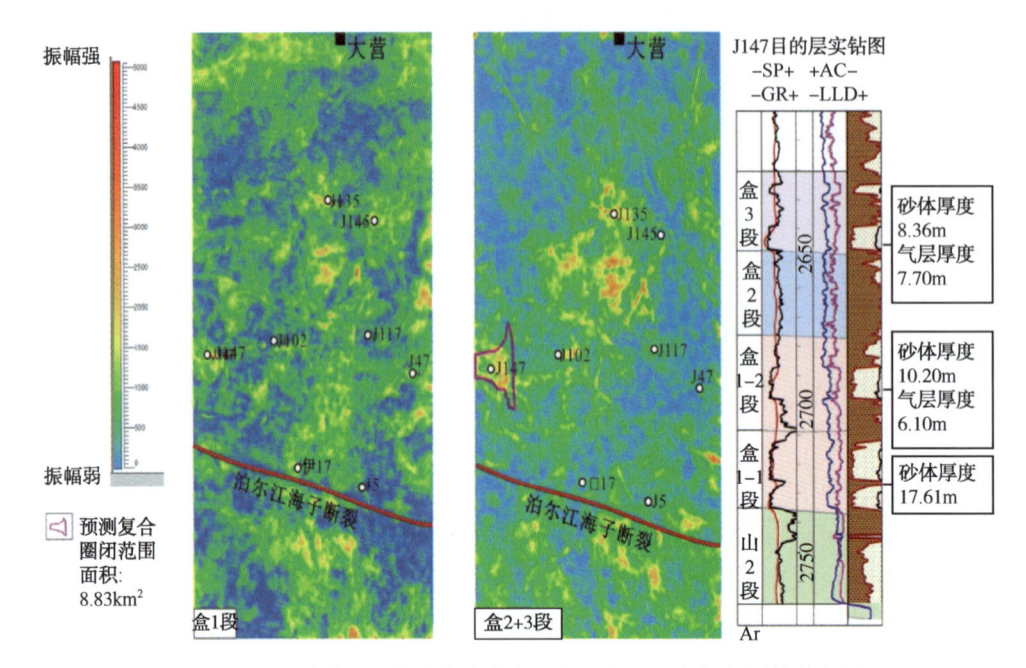

图 6-3-19 浩绕召区带东部大营盒 1 段和盒 2+3 段振幅属性分布图

根据 J135、J147 复合圈闭预测成功的做法，2019 年下半年，以小层沉积相及辫状河有利储集体发育模式为基础，在构造精细刻画和振幅属性切片刻画的支撑下，通过圈闭封堵因素分析，重点识别描述下石盒子组上部盒 2 段、盒 3 段构造—岩性复合圈闭，在盒 2-1 层识别出 29 个复合圈闭，圈闭面积合计 52.17km^2，圈闭资源量合计 29.29×10^{8}m^3；在盒 2-2 层共识别出 36 个复合圈闭，圈闭面积 56km^2，圈闭资源量 34.24×10^{8}m^3；在盒 3-1 层共识别出 24 个复合圈闭，圈闭面积合计 54.58km^2，圈闭资源量 31.60×10^{8}m^3；在盒 3-2 层共识别出 18 个复合圈闭，圈闭面积合计 44.92km^2，圈闭资源量 24.1731.60×10^{8}m^3。

3. H2 复合圈闭

H2 复合圈闭位于 J147 圈闭北部，是一个向西倾没的鼻状构造（图 6-3-20、图 6-3-21），在南北向地震平面上显示为背斜构造，在东西向剖面上向东为上倾的单斜，T$_9$d—T$_9$e 具有与 J135 井、J147 井相似的波谷强振幅（图 6-3-22）。范玲玲、归平军等根据盒 2 段、盒 3 段南北向—河道与鼻状构造叠合面积预测复合圈闭面积 4.47km^2。2020 年，部署的 H2 井在盒 1 段上部、盒 2 段分别钻遇气层，其中盒 1 气层厚度 12.0m，试气产量 5.6×10^{4}m^3。

H2 井的实钻揭示，该鼻状隆起上缺失盒 1 段下部及其以下的二叠系，因此基底凸起上地震波组实际的地质含义有所变化。

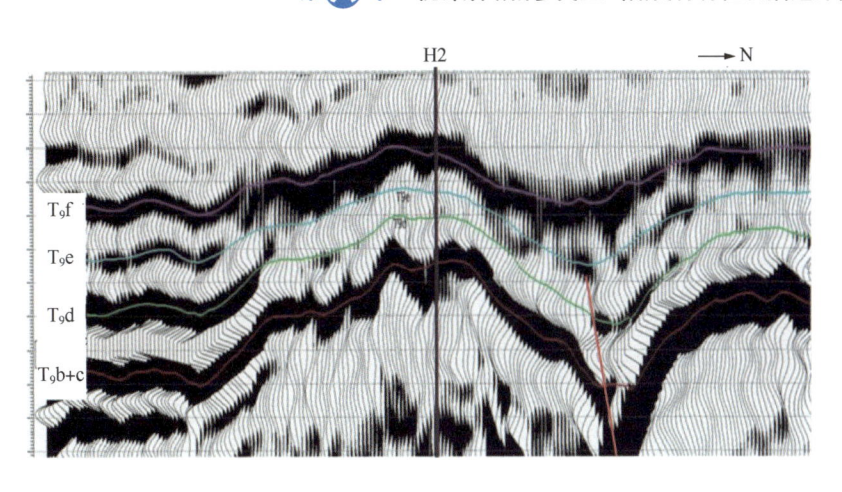

图 6-3-20 大营西部过 H2 井南北向地震剖面

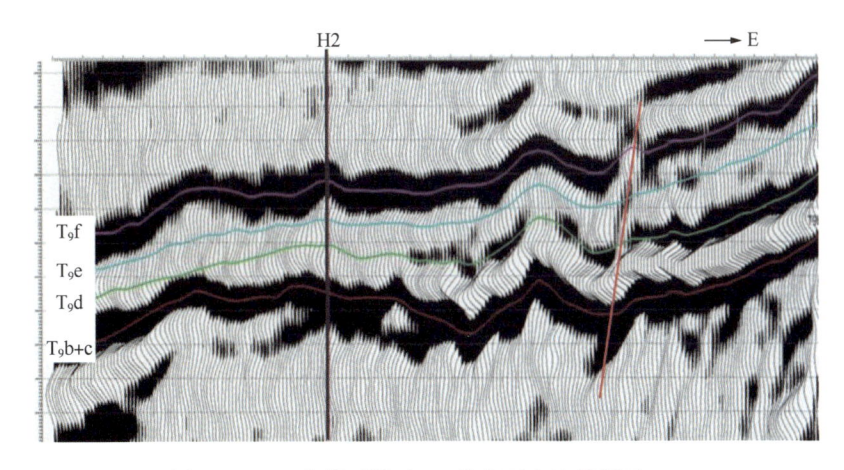

图 6-3-21 大营西部过 H2 井东西向地震剖面

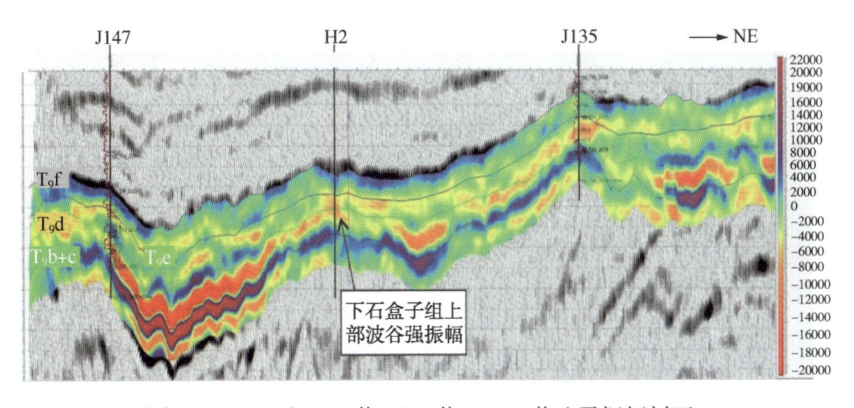

图 6-3-22 过 J147 井—H2 井—J135 井地震振幅剖面

三、什股壕区带北部呼吉太符合圈闭识别评价

呼吉太工区位于什股壕区带最北部，北邻乌兰格尔凸起，区内已有探井在盒 2+3 段钻

遇气层，表明该区天然气成藏具有有利条件。盒 2+3 段发育多期多条叠置河道，砂体呈条带状、片状分布，关键问题是圈闭有效性的识别评价。单井合成记录表明，盒 2+3 段有利储层反射特征是 T_9f 及 T_9f 之下亮点短轴强反射。T_9f 波是上石盒子组底界反射，为一个中—弱反射波，局部有亮点强反射，横向变化快，反映河道迁移的沉积特征。

李灿、孙涵静在 2018 年根据 T_9f 之下地震属性特征（图 6-3-23）及其与河道砂体类型的关系，将呼吉太工区盒 2+3 段河道储集体的类型分为两类。

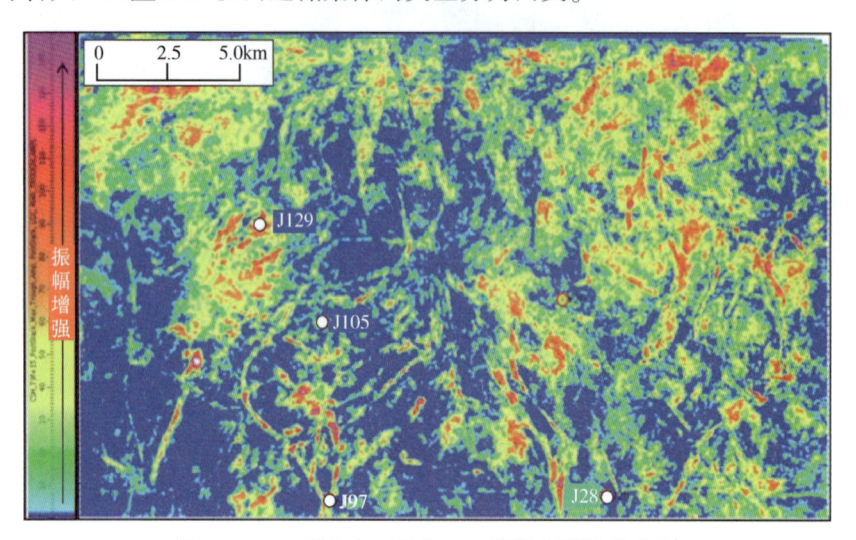

图 6-3-23　呼吉太工区盒 2+3 段振幅属性分布图

Ⅰ 类：地震属性亮点反射窄条带区域（图 6-3-24、图 6-3-25），为砂体垂向叠加形成。
Ⅱ 类：地震属性较好的片状区域，为砂体侧向叠加形成。

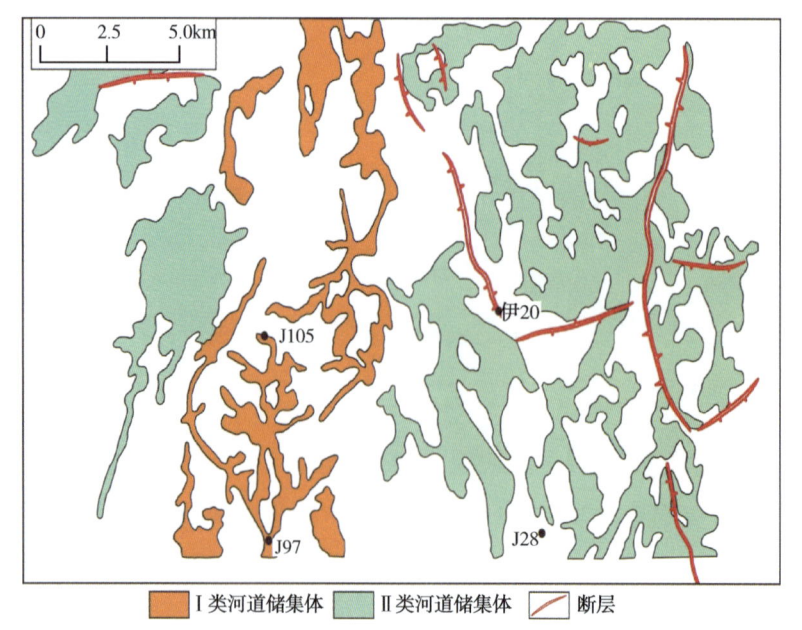

图 6-3-24　呼吉太工区盒 2+3 段储集体类型分布图

— 256 —

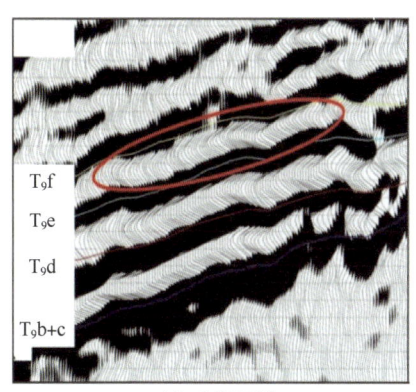

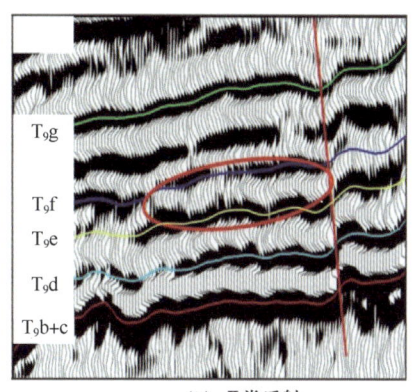

(a) Ⅰ类反射　　　　　　　　　　　　(b) Ⅱ类反射

图 6-3-25　盒 2+3 段储集体的地震反射特征

将封堵有效性分为四类(图 6-3-26)：A 类，上倾方向河道砂体断开，相变岩性封堵；B 类，砂体(有利反射)与局部构造叠合；C 类，上倾方向有断穿区域盖层的断层；D 类，上倾封堵条件不明确。

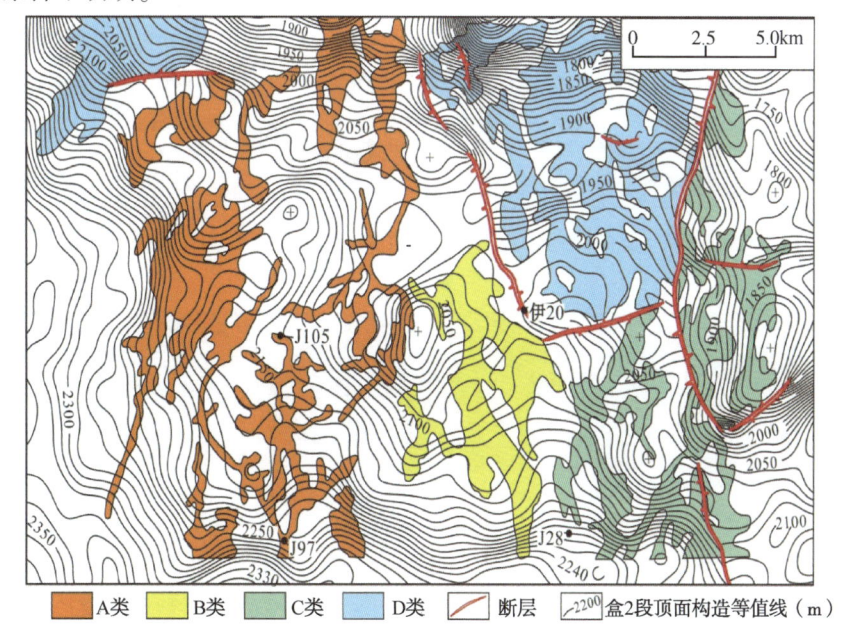

图 6-3-26　乎吉太工区盒 2+3 段Ⅰ类、Ⅱ类砂体封堵有效性分类(李灿、孙涵静，2018)

图 6-3-27 是盒 2+3 段Ⅰ类、Ⅱ类砂体封堵有效性的剖面特征。一般来说，砂体与局部构造叠合、砂体走向与构造线走向近于垂直这两种圈闭气水分异条件更好、气柱高度较高。根据圈闭的储层和封堵性综合分析，将其分为三类(表 6-3-3、图 6-3-28)，其中Ⅰ类圈闭 25.8km²。

表 6-3-3　乎吉太盒 2+3 段圈闭分类表

综合分类	圈闭特征	储层分类	封闭性分类
Ⅰ	地震亮点、强波谷反射窄条带，封堵性好	Ⅰ	A、B
Ⅱ	地震属性较好的片状区，封堵性好	Ⅱ	A、B
Ⅲ	地震属性较好的片状区，封堵性较差	Ⅲ	C、D

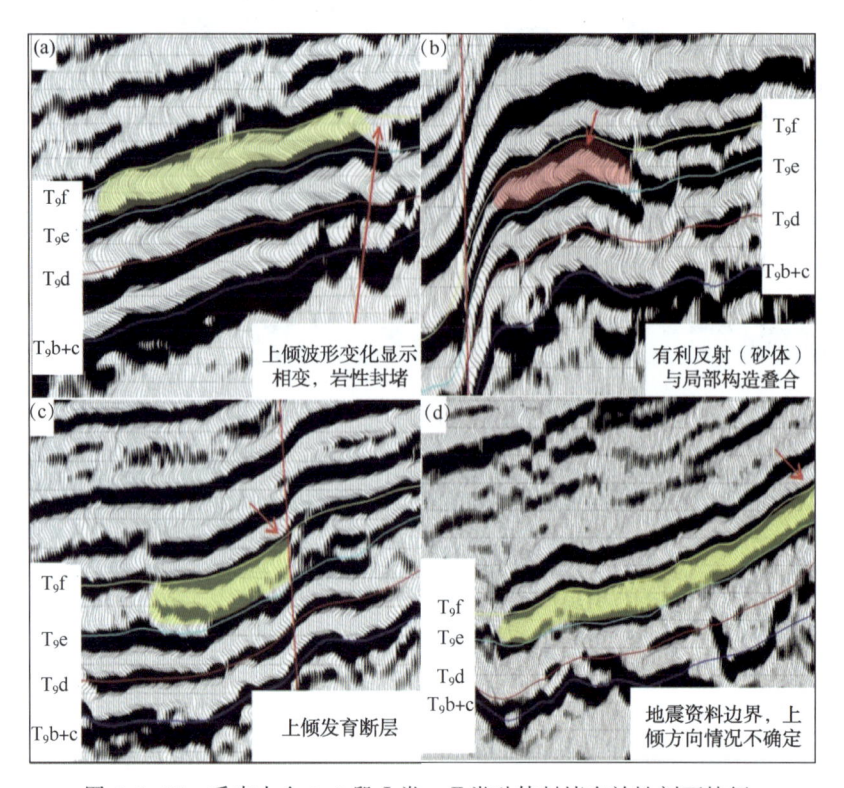

图 6-3-27　乎吉太盒 2+3 段 I 类、II 类砂体封堵有效性剖面特征

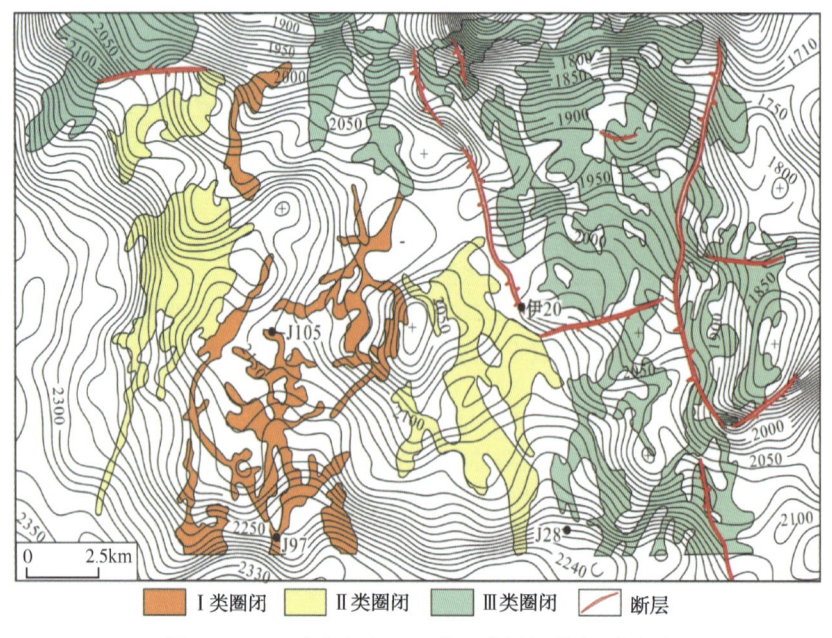

图 6-3-28　乎吉太盒 2+3 段三类圈闭分布预测图

后 记

东胜气田的发现与千亿立方米大气田的规模培育,再一次证明了理论与实践相结合的创新具有强大的生命力,也为中国非常规油气地质理论增添了典型实例。通过研究与实践,取得了以下主要成果。

(1)提出鄂尔多斯盆地石炭系—二叠系特大型含气系统在伊陕斜坡—伊盟隆起过渡带上呈(准)连续聚集向非连续聚集成藏的演化过渡、两种成藏机理并存的成藏规律新认识。在此成藏规律控制下,斜坡带源内致密岩性气藏与隆起区源侧低渗透构造气藏、复合气藏在空间上有序分布。

受伊盟隆起继承性演化的控制,从伊陕斜坡向伊盟隆起,太原组和山西组烃源岩层分布在隆起下方的斜坡区,上覆主要储集层段(下石盒子组)对烃源岩层以向隆起方向超覆形式发育,在斜坡区形成"近源接触式下生上储"源储配置,在隆起上形成"侧接式下生上储"源储配置。因此,从伊陕斜坡向伊盟隆起方向,分别发育源内充注成藏、源内充注调整成藏和源侧断—砂输导成藏三种成藏模式,呈现出致密岩性气藏区和构造、复合气藏区的有序分布。这种过渡在下石盒子组表现最为典型,平面上在东胜气田东部十里加汗区带—什股壕区带下石盒子组砂岩向隆起方向物性变好的这一区域最为典型。过渡确定了该区"源储差异配置,区域多样封堵,空间分带富集"的多种气藏类型空间分布及其富集主控因素。

(2)建立了盆缘过渡带以"源、储、输、构"成藏主控因素差异配置评价为核心的选区评价方法,形成了复合河道单元近源致密岩性气藏富集带有效边界识别技术方法、辫状河单期河道心滩"甜点"储层识别预测技术、致密—低渗透砂岩气水层识别方法、窄河道+微幅构造复合圈闭精细描述预测技术。

致密岩性气藏区的特点有:河道砂体非均质强,先致密后成藏;非浮力驱动聚集,气藏无明显的边底水;气藏个数众多,边界模糊。在勘探早中期,以河道相带控藏为主导思路,进行复合河道单元的富集带("甜点"区)评价;在勘探评价后期、开发阶段,以物性控富为主导思路,重点进行单期河道心滩储集体"甜点"的分布预测。

断裂带以北的隆起区(如什股壕区带)下石盒子组具有源侧非连续成藏特征;气源对比表明天然气来自断裂带以南高熟烃源岩;下石盒子组河道砂体普遍为厚层低渗透储层,相对于断裂带以南物性变好;处于区域构造上倾方向;气藏类型以构造气藏和构造—岩性复合气藏为主,边底水发育,单个气藏规模小但个数多。该区的"甜点"预测需要河道预测与低幅度构造精细解释并举,同时加强构造、岩性封堵的分析,以确定圈闭的有效性。

两种典型的聚集成藏方式并非截然分离,而是之间存在一个过渡带,在个过渡带中砂体物性由致密向低渗透过渡、砂体非均质性由强转弱、岩性和物性封堵条件由好变差、封堵因素由岩性转变为构造因素。

目前已查明，东胜气田主要含气层段是下石盒子组，而太原组和山西组由于处于沉积尖灭带上，其成藏特征具有一定的复杂性，是下一步继续研究勘探评价的重点。另一个勘探评价方向是二叠系煤系烃源岩层之下的中元古界潜山类型圈闭和奥陶系岩溶洞缝型圈闭。

再次向为东胜气田勘探、研究付出辛勤努力的人们致敬！勘探无止境，发现无止境。

2021 年 4 月 30 日

参 考 文 献

《华北石油局 华北分公司志》编纂委员会, 2009. 华北石油局 华北分公司志(1975—2005)年[M]. 北京: 中国石化出版社.

蔡希源, 辛仁臣, 2004. 松辽坳陷深水湖盆层序构成模式对岩性圈闭分布的控制[J]. 石油学报, 25(5): 6-10.

陈安清, 陈洪德, 徐林胜, 等, 2011. 鄂尔多斯盆地北部晚古生代沉积充填与兴蒙造山带"软碰撞"的耦合[J]. 吉林大学学报: 地球科学版, 41(4): 953-965.

陈彬滔, 于兴河, 王天奇, 等, 2015. 砂质辫状河岩相与构型特征——以山西大同盆地中侏罗统云冈组露头为例[J]. 石油与天然气地质, 36(1): 111-117.

陈建平, 赵长毅, 何忠华, 1997. 煤系有机质生烃潜力评价标准探讨[J]. 石油勘探与开发, 24(1): 1-5.

陈敬轶, 贾会冲, 李永杰, 等, 2016. 鄂尔多斯盆地伊盟隆起上古生界天然气成因及气源[J]. 石油与天然气地质, 37(2): 205-209.

陈瑞银, 罗晓容, 陈占坤, 等, 2006. 鄂尔多斯盆地中生代地层剥蚀量估算及其地质意义[J]. 地质学报, 80(5): 685-693.

陈玉琨, 吴胜和, 毛平, 等, 2012. 砂质辫状河储集层构型表征——以大港油区羊三木油田馆陶组为例[J]. 新疆石油地质, 33(5): 523-526.

陈玉琨, 吴胜和, 王延杰, 等, 2015. 常年流水型砂质辫状河心滩坝内部落淤层展布样式探讨[J]. 沉积与特提斯地质, 35(1): 96-101.

陈元千, 杨通佑, 范尚炯, 等, 1990. 石油与天然气储量计算方法[M]. 北京: 石油工业出版社.

陈中红, 查明, 朱筱敏, 2003. 准噶尔盆地陆梁隆起不整合面与油气运聚关系[J]. 古地理学报, 5(1): 120-126.

戴金星, 戚厚发, 王少昌, 2001. 我国煤系的气油地球化学特征、煤成气藏形成条件及资源评价[M]. 北京: 石油工业出版社: 42-45.

戴金星, 钟宁宁, 刘德汉, 等, 2000. 中国煤成大中型气田地质基础和主控因素[M]. 北京: 石油工业出版社.

戴金星, 倪云燕, 廖凤荣, 等, 2019. 煤成气在产气大国中的重大作用[J]. 石油勘探与开发, 46(3): 417-432.

戴金星, 倪云燕, 吴小奇, 2012. 中国致密砂岩气及在勘探开发上的重要意义[J]. 石油勘探与开发, 39(3): 257-264.

戴金星, 裴锡古, 戚厚发, 1992. 中国天然气地质学(卷一)[M]. 北京: 石油工业出版社.

戴金星, 于聪, 黄士鹏, 等, 2014. 中国大气田的地质和地球化学若干特征[J]. 石油勘探与开发, 41(1): 1-13.

戴金星. 1999. 中国煤成气研究二十年的重大进展[J]. 石油勘探与开发, 26(3): 1-10.

戴金星. 等, 2014. 中国煤成大气田及气源[M]. 北京: 科学出版社.

单敬福, 陈欣欣, 汤军, 2017. 砂质辫状河储层构型及天然气分布规律研究[J]. 科技通报, 33(10): 29-33.

第四届中国石油地质年会学术委员会, 2012. 第四届中国石油地质年会论文集[M]. 北京: 石油工业出版社.

丁玲, 2007. 确定气水界面的新方法[J]. 油气井测试, 16(3): 28-30.

范玲玲, 2017. 杭锦旗地区十里加汗区带致密砂岩高产气层识别方法研究[J]. 石油地质与工程, 31(4): 54-56, 124.

范玲玲, 2017. 杭锦旗地区十里加汗区带致密砂岩高产气层特征研究[J]. 石油化工应用, 36(03): 81-84.

冯志强, 张顺, 付秀丽, 2009. 松辽盆地葡萄花油层成藏特征研究[C]. 第五届油气成藏机理与油气资源评价国际学术研讨会.

付金华, 段晓文, 席胜利, 2000. 鄂尔多斯盆地上古生界气藏特征[J]. 天然气工业, 20(6): 16-18.

归平军, 范玲玲, 李灿, 2020. 相对等时面在东胜气田盒2+3段河道识别中的应用[J]. 石油地质与工程, 34(4): 24-30.

国景星, 王霄霆, 刘文凯, 等, 2018. 基于属性波形分类的地震沉积学应用[J]. 大庆石油地质与开发, 37(6): 125-131.

郝国丽, 柳广弟, 谢增业, 2010. 川中地区须家河组致密砂岩气藏气水分布模式及影响因素分析[J]. 天然气地球科学, 21(3): 427-433.

郝蜀民, 李良, 2018. 大牛地气田大型岩性圈闭地质评价技术[M]. 北京: 石油工业出版社.

郝蜀民, 李良, 尤欢增, 2007. 大牛地气田石炭—二叠系海陆过渡沉积体系与近源成藏模式[J]. 中国地质(4): 606-611.

郝蜀民, 李良, 张威, 等, 2016. 鄂尔多斯盆地北缘石炭系-二叠系大型气田形成条件[J]. 石油与天然气地质, 37(2): 149-154.

何登发, 1995. 塔里木盆地的地层不整合面与油气聚集[J]. 石油学报, 16(3): 14-21.

何宇航, 宋保全, 张春生, 2012. 大庆长垣辫状河砂体物理模拟实验研究与认识[J]. 地学前缘, 19(2): 41-48.

候洪斌, 牟泽辉, 朱宏权, 等, 2004. 鄂尔多斯盆地北部上古生界天然气成藏条件与勘探方向[M]. 北京: 石油工业出版社.

胡宗全, 2003. 砂体连通性评价在隐蔽圈闭预测中的应用[J]. 新疆石油地质, 24(2): 167-170.

华永川, 2004. 飞仙关组鲕滩气藏气水界面预测方法[J]. 天然气工业, 24(8): 76-77.

贾承造, 2017. 论非常规油气对经典石油天然气地质学理论的突破及意义[J]. 石油勘探与开发, 44(1): 1-11.

贾承造, 2018. 陆相油气地质理论在中国中西部盆地的重大进展[J]. 石油勘探与开发, 45(4): 546-560.

姜福杰, 庞雄奇, 武丽, 2010. 致密砂岩气藏成藏过程中的地质门限及其控气机理[J]. 石油学报, 31(1): 49-54.

金振奎, 杨有星, 尚建林, 等, 2014. 辫状河砂体构型及定量参数研究——以阜康、柳林和延安地区辫状河露头为例[J]. 天然气地球科学, 3: 311-317.

李爱国, 易海永, 涂建斌, 等, 2005. 压力交会法确定ZG气田石炭系气藏气水界面[J]. 天然气工业, 25(A): 35-37.

李本亮, 冉启贵, 高哲荣, 等, 2002. 中国深盆气勘探展望[J]. 天然气工业, 22(4): 27-30.

李成, 孙来喜, 袁京素, 等, 2009. 低渗透气藏气水界面预测新方法[J]. 钻采工艺, 32(3): 60-62.

李春堂, 2017. 杭锦旗地区独贵圈闭盒1段储层特征及控制因素[J]. 石油化工应用, 36(5): 102-105.

李海明, 王志章, 乔辉, 等, 2014. 现代辫状河沉积体系的定量关系[J]. 科学技术与工程, 14(29): 21-26.

李海燕, 高阳, 王延杰, 等, 2015. 辫状河储集层夹层发育模式及其对开发的影响: 以准噶尔盆地风城油田为例[J]. 石油勘探与开发, 42(2): 364-373.

李军, 赵靖舟, 凡元芳, 等, 2013. 鄂尔多斯盆地上古生界准连续型气藏天然气运移机制[J]. 石油与天然气地质, 34(5): 592-600.

李君, 林世国, 黄志龙, 等, 2009. 吐哈盆地西部岩性油气藏成藏主控因素分析及分布模式[J]. 天然气地球科学, 20(6): 879-883.

李良, 2003. 大牛地气田多层叠合岩性圈闭的发育特征及其勘探潜力评价[M].//复杂油气田勘探开发技术新进展(文集). 北京: 石油工业出版社: 30-37.

李良, 袁志祥, 惠宽洋, 等, 2000. 鄂尔多斯盆地北部上古生界天然气聚集规律[J]. 石油与天然气地质, 21(3): 268-271.

李明诚, 李先奇, 尚尔杰, 2001. 深盆气预测与评价中的两个问题[J]. 石油勘探与开发, 28(2): 6-7.

李蓉, 田景春, 张翔, 等, 2014. 鄂北什股壕地区下石盒子组沉积微相及展布特征[J]. 矿物岩石, 34(1): 104-113.

李易隆, 贾爱林, 冀光, 等, 2018. 鄂尔多斯盆地中—东部下石盒子组八段辫状河储层构型[J]. 石油学报, 39(9): 1037-1050.

李振铎, 1999. 鄂尔多斯盆地上古生界深盆气勘探研究新进展[J]. 天然气工业, 19(3): 15-17.

李振铎, 胡义军, 谭芳, 1998. 鄂尔多斯盆地上古生界深盆气研究[J]. 天然气工业, 18(3): 10-17.

李仲东, 郝蜀民, 李良, 等, 2007. 鄂尔多斯盆地上古生界压力封存箱与天然气的富集规律[J]. 石油与天然气地质, 28(4): 466-472.

李仲东, 郝蜀民, 李良, 等, 2009. 鄂尔多斯盆地上古生界气藏与深盆气藏特征对比[J]. 石油与天然气地质, 30(2): 149-155.

李仲东, 张哨楠, 周文, 等, 2007. 大牛地气田上古生界压力封存箱与储层孔隙演化[J]. 矿物岩石, 27(3): 73-80.

廖保方, 张为民, 李列, 等, 1998. 辫状河现代沉积研究与相模式——中国永定河剖析[J]. 沉积学报, 16(1): 34-39, 50.

凌云, 高军, 孙德胜, 等, 2007. 基于地质概念的空间相对分辨率地震勘探研究[J]. 石油物探(5): 13, 433-450+462.

刘池洋, 赵红格, 谭成仟, 等, 2006. 多种能源矿产赋存与盆地成藏(矿)系统[J]. 石油与天然气地质, 27(2): 131-142.

刘冬冬, 陈义才, 王晓飞, 等, 2017. 鄂尔多斯盆地山西组5#煤岩生烃热模拟研究[J]. 非常规油气, 4(3): 44-48.

刘群明, 唐海发, 吕志凯, 等, 2018. 辫状河致密砂岩气藏阻流带构型研究—以苏里格气田中二叠统盒8段致密砂岩气藏为例[J]. 天然气工业, 38(7): 25-33.

刘四洪, 贾会冲, 李功强, 2015. 杭锦旗地区山1段致密砂岩气水分布影响因素及分布特征研究[J]. 石油地质与工程, 29(5): 8-12.

刘四洪, 李功强, 2015. 杭锦旗地区盒1段储层含水特征与测井识别方法研究[J]. 石油地质与工程, 29(增刊): 45-47.

刘文汇, 徐永昌, 1999. 煤型气碳同位素演化二阶段分馏模式及机理[J]. 地球化学, 28(4): 359-366.

刘钰铭, 侯加根, 王连敏, 等, 2009. 辫状河储层构型分析[J]. 中国石油大学学报(自然科学版), 33(1): 7-11.

刘钰铭, 侯加根, 宋保全, 等, 2011. 辫状河厚砂层内部夹层表征——以大庆喇嘛甸油田为例[J]. 石油学报, 32(5): 836-841.

刘忠群, 2001. 什股壕地区下石盒子组气水分布[J]. 天然气工业, 21(增刊): 24-26.

娄瑞, 刘宗堡, 张云峰, 等, 2019. 齐家地区高Ⅲ、高Ⅳ组砂岩输导层静态连通评价[J]. 断块油气田, 26(3): 285-289.

卢海娇, 赵红格, 李文厚, 2014. 苏里格气田盒8气层组厚层辫状河道砂体构型分析[J]. 东北石油大学学报, 38(1): 54-62.

吕延防, 付广, 高大岭, 等, 1996. 油气藏封盖研究[M]. 北京: 石油工业出版社, 55-123.

罗晓容, 雷裕红, 张立宽, 等, 2012. 油气运移输导层研究及量化表征方法[J]. 石油学报, 33(3): 428-436.

马艳萍, 刘池洋, 王建强, 等, 2006. 盆地后期改造中油气运散的效应——鄂尔多斯盆地东北部中生界漂白砂岩的形成[J]. 石油与天然气地质, 27(2): 233-243.

倪春华, 刘光祥, 朱建辉, 等, 2018. 鄂尔多斯盆地杭锦旗地区上古生界天然气成因及来源[J]. 石油实验地质, 40(2): 193-199.

牛博, 高兴军, 赵应成, 等, 2015. 古辫状河心滩坝内部构型表征与建模——以大庆油田萨中密井网区为例[J]. 石油学报, 36(1): 89-100.

庞雄奇, 李倩文, 陈践发, 等, 2014. 含油气盆地深部高过成熟烃源岩古TOC恢复方法及其应用[J]. 古地理学报, 16(6): 769-789.

齐宝权, 1995. 用Bayes判别法确定单井的气水界面[J]. 测井技术, 19(6): 435-438.

齐荣, 2015. 东胜气田盒1背斜气藏气水界面识别及其意义[J]. 石油地质与工程, 29(增刊): 65-68.

齐荣, 2016. 伊盟隆起什股壕区带气藏类型解析[J]. 石油与天然气地质, 37(2): 218-223.

齐荣, 李良, 2018. 鄂尔多斯盆地杭锦旗地区泊尔江海子断裂以北有效圈闭的识别[J]. 石油实验地质, 40(6): 793-799.

齐荣, 李良, 秦雪霏, 2019. 鄂尔多斯盆地北缘近源砂砾质辫状河砂体构型与含气性[J]. 石油实验地质, 41(5): 682-690.

秦国省, 胡文瑞, 宋新民, 等, 2018. 砾质辫状河构型及隔夹层分布特征: 以准噶尔盆地西北缘八道湾组露头为例[J]. 中国矿业大学学报, 47(5): 1008-1020.

秦建中, 李志明, 张志荣, 2005. 不同类型煤系烃源岩对油气藏形成的作用[J]. 石油勘探与开发, 32(4): 131-136.

秦雪霏, 齐荣, 李巍, 2019. 杭锦旗地区盒1段辫状河道构型及心滩半定量地震识别[J]. 石油物探, 58(4): 572-579.

裘亦楠, 1990. 储层沉积学研究工作流程[J]. 石油勘探与开发, 17(1): 85-90.

任晓旭, 侯加根, 刘钰铭, 等, 2018. 砂质辫状河不同级次构型表征及其界面控制下的岩性分布模式——以山西大同盆地侏罗系辫状河露头为例[J]. 石油科学通报, 3(3): 245-261.

沈平, 申岐祥, 王先彬, 等, 1987. 气态烃同位素组成特征及煤型气判识[J]. 中国科学(B辑): 化学, 17(6): 647-656.

沈平, 徐永昌, 王先彬, 1991. 气源岩和天然气地球化学特征及成气机理研究[M]. 兰州: 甘肃科技出版社.

施继锡, 余孝颖, 2002. 深盆气藏地质特征与研究意义——以鄂尔多斯盆地为例[J]. 矿物岩石地球化学通报，21(3)：171-173.

S. P. Cumella, K. W. Shanley, W. K. Camp, 2014. 致密砂岩气勘探与开发[M]. 李建忠, 郑民, 马洪, 等, 译. 北京：石油工业出版社.

孙晓, 李良, 丁超, 2016. 鄂尔多斯盆地杭锦旗地区不整合结构类型及运移特征[J]. 石油与天然气地质, 37(2)：165-172.

王改云, 杨少春, 廖飞燕, 等, 2009. 辫状河储层中隔夹层的层次结构分析[J]. 天然气地球科学, 20(3)：378-383.

王惠君, 赵桂萍, 李良, 等, 2020. 基于卷积神经网络（CNN）的泥质烃源岩TOC预测模型—以鄂尔多斯盆地杭锦旗地区为例[J]. 中国科学院大学学报, 37(1)：139-148.

王庭斌, 董立, 张亚雄, 2014. 中国与煤成气相关的大型、特大型气田分布特征及启示[J]. 石油与天然气地质, 35(2)：167-182.

王万春, 1996. 天然气、原油、干酪根的氢同位素地球化学特征[J]. 沉积学报, 14(A00)：131-135.

王文胜, 兰义飞, 史红然, 等, 2019. 基于砂地比的复合河道沉积期次空间解析方法—以鄂尔多斯盆地苏里格气田ST密井网试验区盒8下(2)为例[J]. 石油与天然气地质, 40(5)：1135-1140.

王先彬, 1989. 稀有气体同位素地球化学和宇宙化学[M]. 北京：科学出版社.

王艳忠, 操应长, 王淑萍, 等, 2006. 不整合空间结构与油气成藏综述[J]. 大地构造与成矿学, 30(3)：326-330.

吴超, 王晓云, 叶翠华, 等, 2002. 利用暗点技术确定气藏气水界面—以柯克亚E2K气藏为例[J]. 新疆石油地质, 23(6)：435-438.

吴胜和, 岳大力, 刘建民, 等, 2008. 地下古河道储层构型的层次建模研究[J]. 中国科学：D辑, 38(S1)：111-121.

夏竹, 李中超, 贾瑞忠, 等, 2016. 井震联合薄储层沉积微相表征实例研究[J]. 石油地球物理勘探, 51(5)：1002-1011.

邢宝荣, 2014. 辫状河储层地质知识库构建方法——以大庆长垣油田喇萨区块葡一组储层为例[J]. 东北石油大学学报, 38(6)：46-53.

徐永昌, 1994. 天然气成藏理论及应用[M]. 北京：科学出版社.

徐永昌, 沈平, 刘文汇, 等, 1996. 东部油气区天然气中幔源挥发份的地球化学-Ⅱ. 幔源挥发份中的氦、氩及碳化合物[J]. 中国科学：D辑, 26(2)：187-192.

徐永强, 何永宏, 仲向云, 等, 2019. 特低渗岩性油藏间连通性表征研究-以鄂尔多斯盆地马岭地区长8油藏为例[J]. 沉积学报, 37(3)：623-632.

薛欣宇, 刘宗堡, 张云峰, 等, 2017. 三角洲外前缘亚相储层井间连通性定量评价-以大庆长垣萨尔图油田南二区东部为例[J]. 石油学报, 38(11)：1275-1283.

杨华, 席胜利, 魏新善, 等, 2016. 鄂尔多斯盆地大面积致密砂岩气成藏理论[M]. 北京：科学出版社.

杨丽莎, 陈彬滔, 李顺利, 等, 2013. 基于成因类型的砂质辫状河泥岩分布模式：以山西大同侏罗系砂质辫状河露头为例[J]. 天然气地球科学, 24(1)：93-98.

杨明慧, 刘池洋, 兰朝利, 等, 2008. 鄂尔多斯盆地东北缘晚古生代陆表海含煤岩系层序地层研究[J]. 沉积学报, 26(6)：1005-1010.

姚泾利, 王怀厂, 裴戈, 等, 2014. 鄂尔多斯盆地东部上古生界致密砂岩超低含水饱和度气藏形成机理[J]. 天然气工业, 34(1)：37-43.

印森林,吴胜和,许长福,等,2014. 砂砾质辫状河沉积露头渗流地质差异分析——以准噶尔盆地西北缘三叠系克上组露头为例[J]. 中国矿业大学学报,36(4):29-36.

于兴河,2000. 碎屑岩系油气储层沉积学[M]. 北京:石油工业出版社:108-121.

于兴河,2008. 碎屑岩系油气储层沉积学[M]. 北京:石油工业出版社.

于兴河,马兴祥,穆龙新,等,2004. 辫状河储层地质模式及层次界面分析[M]. 北京:石油工业出版社.

曾洪流,朱筱敏,朱如凯,等,2012. 陆相坳陷型盆地地震沉积学研究规范[J]. 石油勘探与开发,39(03):275-284.

曾洪流,朱筱敏,朱如凯,等,2012. 陆相坳陷型盆地地震沉积学研究规范[J]. 石油勘探与开发,39(3):275-284.

张福东,李君,魏国齐,等,2018. 低生烃强度区致密砂岩气形成机制:以鄂尔多斯盆地天环坳陷北段上古生界为例[J]. 石油勘探与开发,45(1):73-81.

张广权,胡向阳,贾超,等,2018. 杭锦旗地区辫状河定量地质知识库建立及应用[J]. 西南石油大学学报(自然科学版),40(4):79-89.

张金亮,常象春,张金功,2000. 鄂尔多斯盆地上古生界深盆气藏研究[J]. 石油勘探与开发,27(4):30-35.

张矿明,范志伟,马成宪,等,2018. 桂中地区下石炭统寺门组物源特征与岩相古地理分析[J]. 东北石油大学学报,42(6):10-21.

张哨楠,2008. 致密天然气砂岩储层:成因与讨论[J]. 石油与天然气地质,29(1):1-10.

张顺,崔坤宁,张晨晨,等,2011. 松辽盆地泉头组三、四段河流相储层岩性油藏控制因素及分布规律[J]. 石油与天然气地质,32(3):411-419.

张威,何发岐,闫相宾,等,2021. 大型辫状河席状复合河道岩性圈闭识别描述方法及应用[J]. 石油实验地质,43(3):432-442.

张威,李良,贾会冲,2016. 鄂尔多斯盆地杭锦旗地区十里加汗区带下石盒子组1段岩性圈闭成藏动力及气水分布特征[J]. 石油与天然气地质,37(2):189-196.

张岳桥,施炜,廖昌珍,等,2006. 鄂尔多斯盆地周边断裂运动学分析与晚中生代构造应力体制转换[J]. 地质学报,80(5):639-647.

赵桂萍,2016. 鄂尔多斯盆地杭锦旗地区上古生界烃源岩热演化特征模拟研究[J]. 石油实验地质,38(5):641-646.

赵健,罗晓容,张宝收,等,2011. 塔中地区志留系柯坪塔格组砂岩输导层量化表征及有效性评价[J]. 石油学报,32(6):949-958.

赵靖舟,白玉彬,曹青,等,2012. 鄂尔多斯盆地准连续型低渗透-致密砂岩大油田成藏模式[J]. 石油与天然气地质,33(6):811-827.

赵靖舟,等,2017. 致密油气成藏理论与评价技术[M]. 北京:石油工业出版社.

赵靖舟,付金华,姚泾利,等,2012. 鄂尔多斯盆地准连续型致密砂岩大气田成藏模式[J]. 石油学报,33(S1):37-52.

赵靖舟,李军,曹青,等,2013. 论致密大油气田成藏模式[J]. 石油与天然气地质,34(5):573-583.

赵军,李进福,2004. 测井新技术在塔里木油田气藏描述中的应用[J]. 天然气地球科学,15(3):285-289.

赵康,双棋,王兵,等,2017. 准噶尔盆地南缘阿尔钦沟剖面八道湾组河道砂体构型[J]. 新疆石油地质,

38(5)：530-536.

赵林，夏新宇，戴金星，等，2000. 鄂尔多斯盆地上古生界天然气富集的主要控制因素[J]. 石油实验地质，22(2)：136-139.

周文，王允诚，1993. 利用压力资料预测油(气)水界面方法的修正[J]. 矿物岩石，13(4)：100-104.

朱宗良，李文厚，李克永，等，2010. 杭锦旗地区上古生界层序及沉积体系发育特征[J]. 西北大学学报：自然科学版，40(6)：1050-1054.

邹才能，杨智，何东博，等，2018. 常规—非常规天然气理论、技术及前景[J]. 石油勘探与开发，45(4)：575-587.

邹才能，杨智，黄士鹏，等，2019. 煤系天然气的资源类型、形成分布与发展前景[J]. 石油勘探与开发，46(3)：433-442.

邹才能，杨智，张国生，等，2019. 非常规油气地质学建立及实践[J]. 地质学报，93(1)：12-23.

Allen J R I, 1978. Studies in Fluviatile Sedimentation：An Exploratory Quantitative Model for the Architecture of A-vulsion-Controlled Alluvial Suites[J]. Sedimentary Geology, 21(2)：129-147.

Allan U S, 1989. Model for Hydrocarbon Migration and Entrapment Within Fault-ed Structures. AAPG Bulletin, 73：803-811.

Bouvier J D, Kaars-Sijpesteijn C H, Kluesner D F, et al, 1989. Three-Dimensional Seismic Interpretation and Fault Sealing Investigations, Nun River Field, Nigeria[J]. AAPG Bull, 73：1397-1414.

Ballentine C J, Burnard P G, 2002. Production, Release and Transport of Noble Gases in the Continental Crust[J]. Reviews in Mineralogy and Geochemistry, 47(1)：481-538.

Best J L, Ashworth P J, Brlstow C S, et al, 2003. Three-Dimensional Sedimentary Architecture of a Large, Mid-Channel Sand Braidbar, Jamuna River, Bangladesh[J]. Journal of Sedimentary Research, 73(4)：516-530.

King P R, 1990. The Connectivity and Conductivity of Overlapping SandBodies[M]//Buller A T. North Sea Oil and Gas Reservoirs II. London：Graham & Trotman：353-358.

Lindsay N G, 1993. Outcrop Studies of Shale Smears on Fault Surfaces[J]. Special Publication of the International Association of Sedimentologists, 15：113-118.

Lunt I A, Smlth G H S, Best J L, et al, 2013. Deposits of the Sandy Braided South Saskatchewan River：Implications for the Use of Modern Analogs in Reconstructing Channel Dimensions in Reservoir Characterization[J]. AAPU Bulletin, 97(4)：553-576.

Masters J A, 1984. Lower Cretaceous Oil and Gas in Western Canada[M]. AAPG Memoir 38：Elmworth：Case Study of a Deep Basin Gas Field. US：AAPG：1-33.

Miall A D, 1985. Architectural Elements Analysis：A New Method of Facies Analysis Applied to Fluvial Deposits[J]. Earth Science Reviews, 22(4)：261-308.

Miall A D, 1988. Reservoir heterogeneities in Fluvial Sandstones：Lessons from Outcrop Studies[J]. AAPG Bulletin, 72：682-697.

Matthew J P, Nicholas K S, 2011. Static Connectivity of Fluvial Sandstones in a Lower Coastal-Plain Setting：An Example From the Upper Cretaceous lower Williams Fork formation, Piccancc basin, Colorado[J]. AAPG Bulletin, 95(6)：899-923.

Passey Q R, Creaney S, 1990. A Practical Model for Organic Richness From Porosity and Resistivity Logs[J]. AAPG Bulletin, 74(12)：1777-1794.

Prinzhofer A A, Huc A Y, 1995. Genetic and Post–Genetic Molecular and Isotopic Fractionations in Natural Gases[J]. Chemical Geology, 126(3-4): 281-290.

Stahl W J, 1977. Carbon and Nitrogen Isotopes in Hydrocarbon Research Andexploration[J]. Chemical Geology, 20: 121-149.

Smith G H, Ashworth P J, Bwst J L, et al, 2006. The Sedimentology And Alluvial Architecture of the Sandy Braided South Saskatchewan River, Canada[J]. Sedimentology, 53(2): 413-434.

Yielding G, Freeman B, Needham D T, 1998. Quantitative Fault Seal Prediction[J]. AAPG Bulletin, 81(6): 897-917.